双偏振多普勒天气雷达（CINRAD/SA-D）维护维修手册

主　编：刘　洁
副主编：王箫鹏　范学峰

内 容 简 介

本书以 CINRAD/SA-D 型双偏振多普勒天气雷达维护维修为主线，系统地介绍了双偏振多普勒天气雷达工作原理和故障诊断技术与方法。从系统、分机、组件级信号流程出发，以调试、参数测量为手段，结合关键信号波形，总结出对应系统、分机、组件的故障诊断方法，建立了故障诊断流程，通过典型故障维修案例，帮助读者掌握维护维修技术。探讨双偏振多普勒天气雷达故障诊断规范化流程，为双偏振多普勒天气雷达测试平台软件故障维修建模提供帮助，进而提高基层雷达保障人员维修效率和技术水平，充分发挥双偏振多普勒天气雷达在灾害性天气监测和预警中的作用。

本书可供天气雷达技术保障人员及高校相关专业师生参考使用，也可供大气探测、大气物理的技术人员和研究人员参考阅读。

图书在版编目（CIP）数据

双偏振多普勒天气雷达（CINRAD/SA-D）维护维修手册 / 刘洁主编 ; 王箫鹏，范学峰副主编. -- 北京 : 气象出版社，2022.1
ISBN 978-7-5029-7795-5

Ⅰ. ①双… Ⅱ. ①刘… ②王… ③范… Ⅲ. ①偏振一天气雷达一维修一手册 Ⅳ. ①TN959.4-62

中国版本图书馆CIP数据核字(2022)第158242号

SHUANGPIANZHEN DUOPULE TIANQI LEIDA（CINRAD/SA-D）WEIHU WEIXIU SHOUCE

双偏振多普勒天气雷达（CINRAD/SA-D）维护维修手册

出版发行：气象出版社

地　　址：北京市海淀区中关村南大街 46 号　　**邮政编码**：100081

电　　话：010－68407112（总编室）　010－68408042（发行部）

网　　址：http://www.qxcbs.com　　E-mail：qxcbs@cma.gov.cn

责任编辑：蔺学东　　**终　　审**：吴晓鹏

责任校对：张硕杰　　**责任技编**：赵相宁

封面设计：艺点设计

印　　刷：三河市君旺印务有限公司

开　　本：787 mm×1092 mm 1/16　　**印　　张**：18.5

字　　数：490 千字

版　　次：2022 年 1 月第 1 版　　**印　　次**：2022 年 1 月第 1 次印刷

定　　价：130.00 元

《双偏振多普勒天气雷达（CINRAD/SA-D）维护维修手册》

编　委　会

主　编：刘　洁

副主编：王箫鹏　范学峰

编　委：杨　奇　叶　勇　陈士英　李成阳　马传成
步志超　韩　旭　杨　亭　熊　峰　陈玉宝
潘新民　郭志勇　杜云东　于永鑫　黄　朕
舒　毅　尹春光

前 言

我国新一代天气雷达建设始于20世纪90年代末，截至2021年底，我国新一代天气雷达已建成236部，其中CINRAD/SA-D型双偏振多普勒天气雷达有63部。新一代天气雷达在暴雨、台风、冰雹、龙卷等灾害性强天气监测和预警中发挥了重要作用，取得了显著的经济、社会效益。随着我国气象观测体系现代化建设的推进，对标“监测精密”，建设“精细化保障”业务，提高天气雷达运行质量和效率成为气象业务运行中必须要解决的问题，这对气象装备，尤其大型气象装备双偏振多普勒天气雷达可靠、稳定和持续运行提出更高要求。

天气雷达维修一直是大型气象装备技术保障的难点，为了提高天气雷达技术人员的维修维护技能，规范新一代天气雷达维修操作流程，解决天气雷达维修难问题，最大限度发挥天气雷达在灾害性天气监测和预警中的重要作用，中国气象局气象探测中心组织了气象雷达保障一线技术骨干和雷达生产厂家的技术专家等，成立编写组，以CINRAD/SA-D型双偏振多普勒天气雷达维护维修为主线，结合其工作原理和技术特点，编写了《双偏振多普勒天气雷达（CINRAD/SA-D）维护维修手册》一书。

本书从整机连接电缆、系统、分机、组件级信号流程出发，以调试技术、参数测量方法为手段，结合系统、分机和组件级关键信号参数和波形，分别整理出系统、分机、组件对应的故障诊断技术与方法。本书的出版，能为天气雷达技术人员和高等院校师生提供一部很好的工具书，能为广大双偏振多普勒天气雷达技术保障人员在维修工作中理清思路、规范故障诊断流程提供有益参考，进而可提高技术人员故障维护维修水平。

本书共分10章。第1章介绍了双偏振多普勒天气雷达工作原理。对雷达系统组成和结构、主要技术参数进行了详细介绍。第2章介绍了雷达系统在线标定和监测报警。从雷达在线标定信号和在线监测信号流程、雷达系统报警代码分析几个方面做了详细介绍。第3章介绍了雷达系统级故障诊断与维修。先介绍了雷达整机信号流程、系统关键点信号波形或信号电平，接着从故障检修流程、在线故障现象观测、在线性能检测、脱机测试诊断软件测试、脱机关键点参数测试、通电试机、事后故障分析总结、系统到分机故障诊断方法等方面介绍了雷达诊断技术与方法。第4章介绍了发射机维护维修方法。对发射机工作原理、技术要求、组成和信号流程进行了介绍，接着从发射机各组件（主要包括开关组件、触发器、调制器、充电校平组件、高频放大链等）方面详细介绍了各自工作原理、信号流程、关键点信号波形、参数调试方法，最后从故障诊断方法、故障诊断流程、典型故障维修个例几方面介绍了发射机组件级故障诊断技术与方法。第5章介绍了接收机维护维修方法。对接收机工作原理、技术要求、信号流程、报警代码与分析、关键点信号波形进行了详细介绍，最后从故障诊断方法、故障诊断流程、典型故障维修个例几方面介绍了接收机模块级故障诊断技术与方法。第6章介绍了伺服系统维护维修方法。对伺服系统工作原理、技术要求、伺服系统各单元功能、报警代码与分析、关键点信号波形进行了介绍，最后从信号流程、故障诊断方法、故障诊断流程、常见故障处理及排查几方面介绍了伺服系统故障诊断技术与方法。第7章介绍了天馈系统维护维修方法。详细介绍了天馈系统工作原理、技术特性、功能、信号流程、报警代码与分析、故障诊断技术与方法和常见故障处理等内容。第8章介绍了监控系统（DAU）维护维修方法。分别介绍了DAU监控系统工作原理、系统组成、功能、信号流程、关键点监测值、报警代码及分析、故障诊断方法和诊断流程、常见故障处理等内容。第9章介绍了配电分系统维护维修方法。分别介绍了配电分系统工作原理与组成、系统功能、手动和自动模式开关机方法、信号流程、供电系统常见故障诊断技术与方法、故障诊断流程等内容。第10章介绍了双偏振雷达参数测试和标定。详细介绍了双偏振天气雷达双通道一致性定义、技术指标、测量方法、所需测量仪表、测量步骤、调整方法，以及天顶标定法的天气条件、参数设置和测量步骤。

衷心希望本书能成为广大天气雷达技术支持和保障人员的良师益友，并能通过后期双偏振多普勒天气雷达维修案例总结的不断丰富，进一步完善故障诊断流程，使双偏振多普勒天气雷达故障的分析、诊断、处理更具可操作性、普适性和规范、高效性。

本书在编写过程中参考了一些他人已经成型的研究成果，除了参考资料中列出的正式发表的论文、论著，还有部分内容源自各省份雷达培训讲义及厂家技术资料。对未正式发表的内容，未能一一列出作者和出处，恳请有关作者谅解，在此也深表谢意。

由于作者水平有限和编写时间较为仓促，书中存在的不足和差错在所难免，我们真诚地希望广大读者给予批评指正。

作者

2022年1月

目 录

第1章

新一代双偏振多普勒天气雷达系统（CINRAD/SA-D）基本原理和基本组成

1.1 系统概述

中国新一代双偏振多普勒天气雷达（CINRAD/SA-D）是一个探测、处理、分配并显示雷达天气数据的综合系统，它采用双发双收双偏振模式和多普勒雷达技术来获取回波的距离、方位、反射率、径向速度、差分反射率、差分传播相移等信息，通过配套软件来全自动控制雷达工作，生成双偏振雷达探测基本天气数据（以下简称“基数据”），然后利用气象算法对获得的基数据进行处理，生成基本的天气产品和多种导出的天气产品，并通过一定的图像处理显示给最终用户。

新一代双偏振多普勒天气雷达系统采用高相位稳定的全相干脉冲多普勒体制，具有高增益低副瓣天线系统，大功率全固态调制器速调管发射机，低噪声大动态线性范围、高精度数字中频接收机，软件化多普勒信号处理器以及智能型多普勒数据处理和显示终端，能为用户提供高精度径向风场分布数据、丰富的双偏振多普勒应用软件产品和图形图像产品。

雷达对主要性能参数进行在线监测和强度、速度自动标校，具有较高的相干性和地物杂波抑制能力，能对降水回波功率和风场信息进行准确的测量。

雷达在监测远距离目标强度信息时，采用低脉冲重复频率的探测模式，以减少二次回波出现的概率。在测量风场分布时，采用较高脉冲重复频率的探测模式，以减少速度模糊现象，并采用双重复频率的探测模式，进行速度退模糊处理，扩大对径向风速测量的不模糊区间。

接收分系统中的频综输出射频激励信号，送入发射分系统，经固态功率放大器做前置放大和脉冲形成器整形后，送至速调管功率放大器。固态调制器向速调管提供阴极调制脉冲，从而控制雷达发射脉冲波形。速调管功率放大器输出峰值功率≥650 kW 的发射脉冲能量，发射机输出功率功分两路，分别以水平和垂直极化方式经馈线到达天线同时发射，向空间定向辐射。天线定向辐射的电磁波能量遇到云、雨等降水目标时，便会发生后向散射，形成气象目标的射频回波信号被天线接收。

天线接收到的射频回波信号，经过雷达的水平和垂直极化馈线部分，送往双偏振雷达接收系统，经过接收系统的水平和垂直通道射频放大和变频，送至双偏振数字中频进行数字中频信号处理，双偏振数字中频输出水平和垂直双通道 16 位的 I/Q 正交信号送往软件多普勒信号处理分系统。

信号处理分系统接收来自数字中频输出的水平和垂直双通道的16位I/Q正交信号，进行平均处理、地物对消滤波处理，得到水平和垂直反射率的估测值，即回波强度Z_H、Z_V；并通过脉冲对处理（PPP）或快速傅里叶变换（FFT）处理，从而得到散射粒子群的平均径向速度V和速度的平均起伏即速度谱宽W。上述回波强度、平均径向速度和速度谱宽，以及双偏振ZDR、KDP等信息，送至数据处理和产品生成分系统，通过宽带通信系统将产品分发到各级用户。

监控分系统负责对雷达全机的监测和控制。它自动将检测、搜集雷达各分系统的故障信息和状态信息，通过通信总线（如串口通信、光纤通信、网线）送往终端分系统。由终端分系统发出对其他各分系统的操作控制指令和工作参数设置指令，通过通信总线传送到监控分系统，经监控分系统分析和处理后，转发至各相应的分系统，完成相应的控制操作和工作参数设置。雷达操作人员在终端显示器上能实时监视雷达工作状态、工作参数和故障情况。

伺服分系统直接接收来自信号处理器经监控分系统的控制指令，由其计算处理后，输出电机驱动信号，完成天线的方位和俯仰扫描控制；同时它将天线的实时方位角、仰角数据经数字中频送往信号处理分系统，将故障信息送往监控分系统。

数据处理和产品生成分系统对于信号处理分系统送来的雷达探测气象目标回波的原始数据进行采集、处理，形成原始数据文件，并在终端显示器上显示各种气象雷达产品。通过服务器和通信网络，可以将原始数据和气象产品传送给其他用户。新一代双偏振多普勒天气雷达原理框图见图1-1。

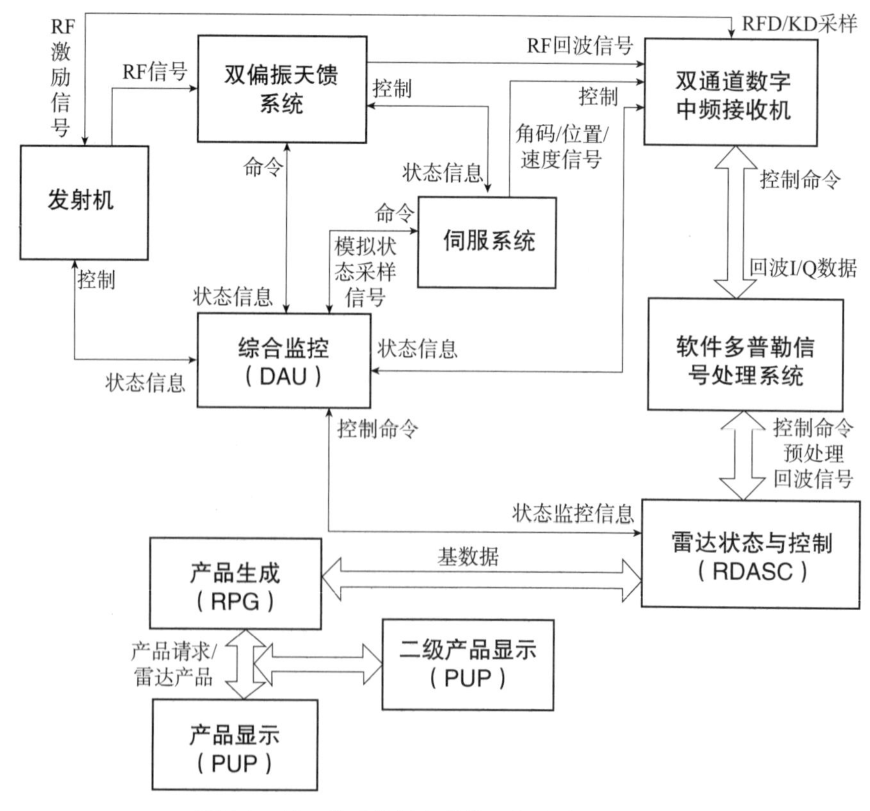

图1-1　新一代双偏振多普勒天气雷达原理框图

（RF：射频；RFD：射频驱动信号；KD：速调管输出信号）

1.2 基本组成与结构

新一代双偏振多普勒天气雷达系统是一个智能型的雷达系统，它综合了先进的雷达技术、计算机技术、通信技术，集成探测、资料采集、处理、分发、存储等多种功能于一体。总体上雷达由三大部分组成：雷达数据采集（RDA）、产品生成（RPG）、用户终端（PUP）。

雷达数据采集（RDA）：雷达主要硬件都集中在这一部分，包括天线、天线罩、馈线、天线座、伺服系统、发射机、接收机、信号处理器等，与一般雷达基本相同。新一代双偏振多普勒天气雷达还在这部分设有雷达状态与控制软件 RDASC，它由计算机和一些接口装置构成，控制雷达运行、数据采集、参数监控、误差检测、自动标定等。RDA 按无人值守设计，满足可靠性、可维护性、可利用性要求。新一代双偏振多普勒天气雷达系统硬件组成见图 1-2。

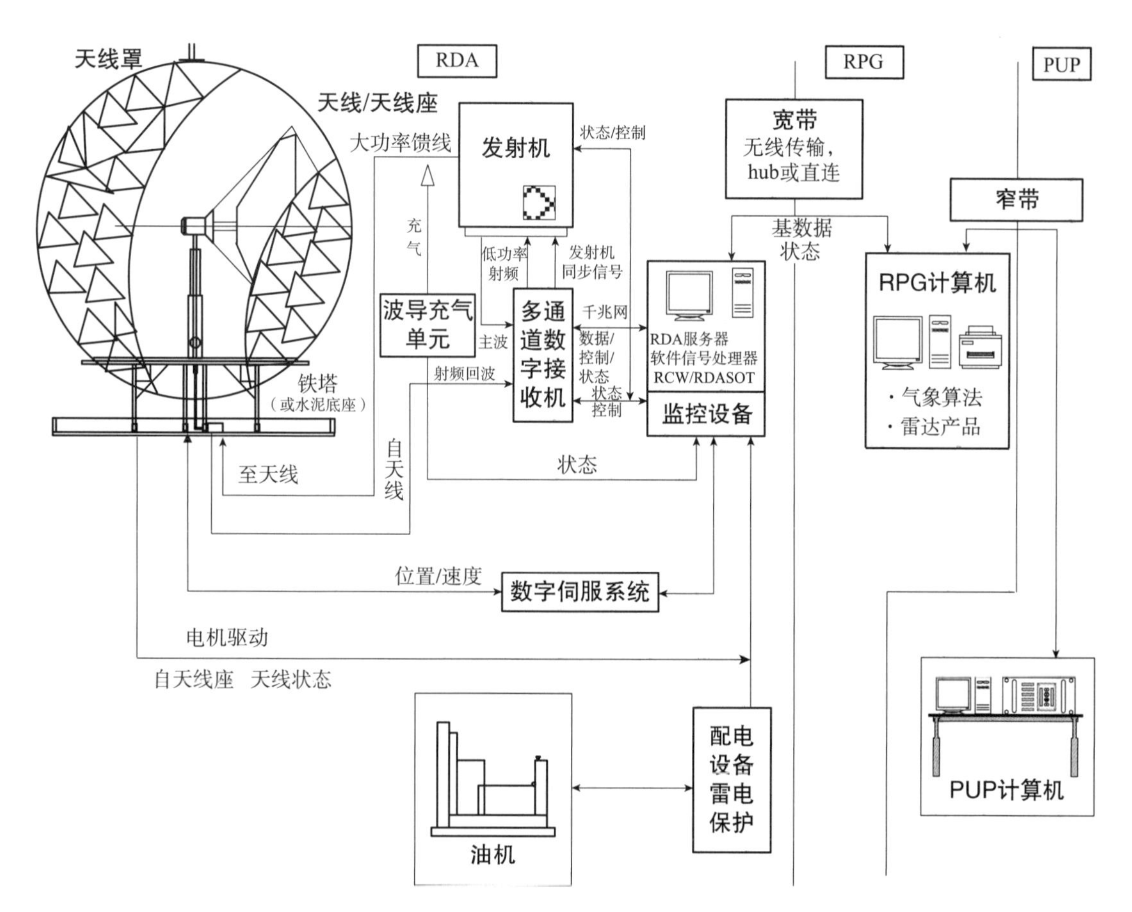

图 1-2 双偏振多普勒天气雷达系统硬件组成框图

产品生成：由计算机及通信接口等组成，对采集的雷达观测数据进行处理后形成多种分析、识别、预警预报产品，重点在软件系统的设计（软件编程、产品算法等）、运行。

用户终端：由计算机及通信接口等组成，对形成的产品进行图形、图像显示。

新一代双偏振多普勒天气雷达功能结构示意图见图 1-3。

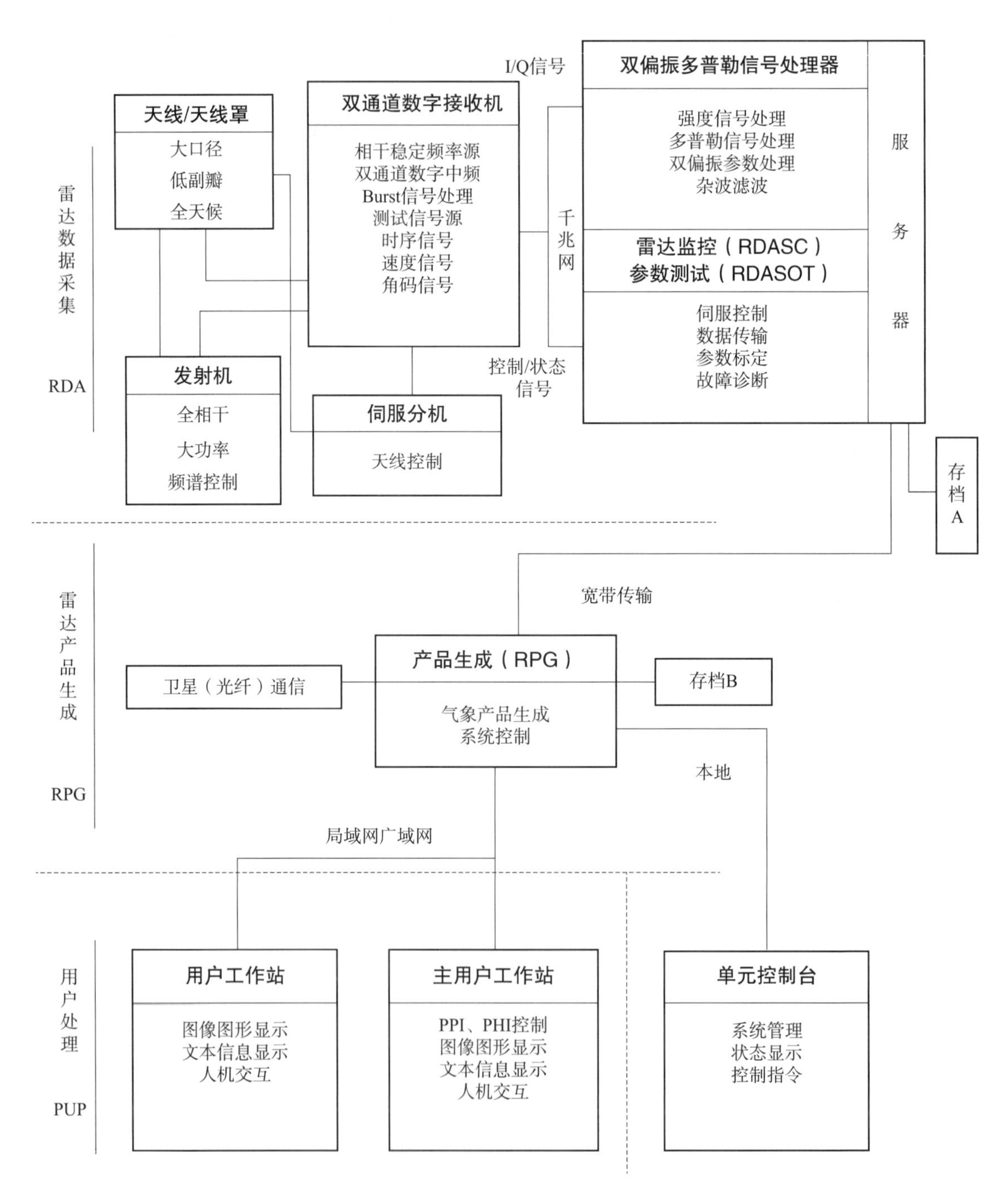

图 1-3　新一代双偏振多普勒天气雷达功能结构示意图

新一代双偏振多普勒天气雷达数据处理流程图见图 1-4。

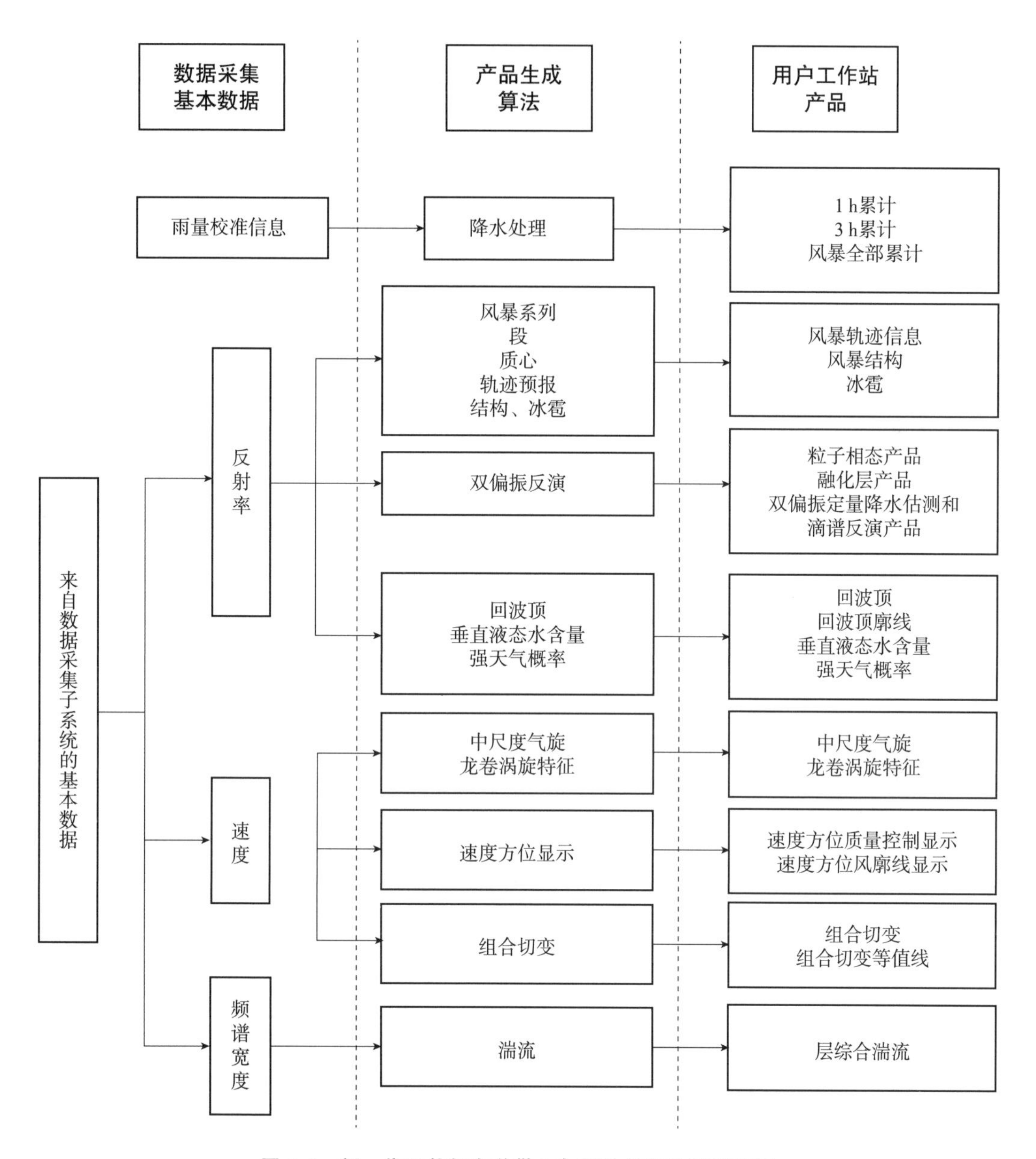

图 1-4　新一代双偏振多普勒天气雷达数据处理流程图

1.3　系统主要技术参数

S 波段新一代双偏振多普勒天气雷达（CINRAD/SA-D）RDA 主要性能指标见表 1-1。

表 1-1　S 波段双偏振雷达总体性能要求和分机性能指标

<table>
<tr><th colspan="3">项目</th><th>指标要求</th><th>备注</th></tr>
<tr><td colspan="5">1. 天线罩</td></tr>
<tr><td colspan="3">直径（m）</td><td>11.98</td><td rowspan="5"></td></tr>
<tr><td colspan="2" rowspan="2">引入波束偏差（°）</td><td>水平</td><td rowspan="2">≤0.03</td></tr>
<tr><td>垂直</td></tr>
<tr><td colspan="2" rowspan="2">引入波束展宽（°）</td><td>水平</td><td rowspan="2">误差≤5%</td></tr>
<tr><td>垂直</td></tr>
<tr><td colspan="2" rowspan="2">射频损失（dB）</td><td>水平</td><td rowspan="2">≤0.3</td><td rowspan="2">双程</td></tr>
<tr><td>垂直</td></tr>
<tr><td colspan="5">2. 天线系统</td></tr>
<tr><td colspan="2" rowspan="2">功率增益（dB）</td><td>水平</td><td rowspan="2">≥44.0</td><td rowspan="13"></td></tr>
<tr><td>垂直</td></tr>
<tr><td rowspan="4">波束宽度（°）</td><td rowspan="2">水平</td><td>H 面</td><td rowspan="2">≤1.0</td></tr>
<tr><td>E 面</td></tr>
<tr><td rowspan="2">垂直</td><td>H 面</td><td rowspan="2">≤1.0</td></tr>
<tr><td>E 面</td></tr>
<tr><td colspan="3">功率增益偏差（dB）</td><td>≤0.3</td></tr>
<tr><td colspan="3">3 dB 双极化波束宽度差异（°）</td><td>≤0.1</td></tr>
<tr><td colspan="3">双极化波束指向一致性（°）</td><td>≤0.05</td></tr>
<tr><td colspan="3">第一副瓣电平（dB）</td><td>≤−29.0</td></tr>
<tr><td colspan="3">远端副瓣电平（±10°以外）（dB）</td><td>≤−42.0</td></tr>
<tr><td colspan="3">交叉极化隔离度（dB）</td><td>≥35.0</td></tr>
<tr><td colspan="3">双极化正交度（°）</td><td>90±0.03</td></tr>
<tr><td colspan="3">方位角转动范围（°）</td><td>0.0～360.0</td><td></td></tr>
<tr><td colspan="3">仰角转动范围（°）</td><td>−2.00～+90.00</td><td></td></tr>
<tr><td colspan="3">PPI 扫描范围（°）</td><td>0.0～360.0</td><td></td></tr>
<tr><td colspan="3">RHI 扫描范围（°）</td><td>0.0～30.0</td><td></td></tr>
<tr><td colspan="3">天线座水平度（″）</td><td>≤30</td><td></td></tr>
<tr><td colspan="5">3. 馈线系统</td></tr>
<tr><td rowspan="4">收发支路总损耗（dB）</td><td rowspan="2">单发双收</td><td>水平</td><td rowspan="4">差异≤0.2</td><td rowspan="4"></td></tr>
<tr><td>垂直</td></tr>
<tr><td rowspan="2">双发双收</td><td>水平</td></tr>
<tr><td>垂直</td></tr>
<tr><td rowspan="2">驻波比</td><td colspan="2">水平</td><td rowspan="2">≤1.5</td><td rowspan="2"></td></tr>
<tr><td colspan="2">垂直</td></tr>
</table>

续表

<table>
<tr><th colspan="3">项目</th><th>指标要求</th><th>备注</th></tr>
<tr><td colspan="5">4. 伺服系统</td></tr>
<tr><td rowspan="2">控制精度（°）</td><td colspan="2">方位角最大差值</td><td rowspan="2">±0.05 之间</td><td></td></tr>
<tr><td colspan="2">俯仰角最大差值</td><td></td></tr>
<tr><td rowspan="2">天线波束指向检验（°）</td><td colspan="2">方位角最大差值</td><td rowspan="2">±0.05 之间</td><td></td></tr>
<tr><td colspan="2">俯仰角最大差值</td><td></td></tr>
<tr><td rowspan="2">天线最大转速误差（%）</td><td colspan="2">方位 60（°）/s</td><td>≤5</td><td></td></tr>
<tr><td colspan="2">俯仰 36（°）/s</td><td>≤5</td><td></td></tr>
<tr><td colspan="5">5. 发射机</td></tr>
<tr><td colspan="3">工作频率（GHz）</td><td>2.7～3.0</td><td></td></tr>
<tr><td rowspan="2">脉冲重复频率（Hz）</td><td colspan="2">窄脉冲</td><td>300～1300</td><td></td></tr>
<tr><td colspan="2">宽脉冲</td><td>300～450</td><td></td></tr>
<tr><td colspan="3">参差脉冲重复频率比</td><td>3/2，4/3，5/4</td><td></td></tr>
<tr><td rowspan="2">脉冲宽度（μs）</td><td colspan="2">窄脉冲</td><td>1.57±0.10</td><td></td></tr>
<tr><td colspan="2">宽脉冲</td><td>4.70±0.25</td><td></td></tr>
<tr><td rowspan="2">上升时间（ns）</td><td colspan="2">窄脉冲</td><td rowspan="4">120～250</td><td rowspan="4"></td></tr>
<tr><td colspan="2">宽脉冲</td></tr>
<tr><td rowspan="2">下降时间（ns）</td><td colspan="2">窄脉冲</td></tr>
<tr><td colspan="2">宽脉冲</td></tr>
<tr><td rowspan="2">顶降</td><td colspan="2">窄脉冲</td><td rowspan="2">≤5%</td><td rowspan="2"></td></tr>
<tr><td colspan="2">宽脉冲</td></tr>
<tr><td colspan="3">机外峰值功率平均值（kW）</td><td>≥650</td><td></td></tr>
<tr><td colspan="3">机外峰值功率波动（dB）</td><td>≤0.3</td><td></td></tr>
<tr><td colspan="3">机内峰值功率波动（dB）</td><td>≤0.4</td><td></td></tr>
<tr><td colspan="3">机内、机外峰值功率波动（dB）</td><td>±0.4 之间</td><td></td></tr>
<tr><td rowspan="4">谱宽特件</td><td rowspan="2">左频偏（MHz）</td><td>窄脉冲</td><td rowspan="2">≥－22.95</td><td rowspan="4">距中心频率频谱线衰减量－60 dB 处</td></tr>
<tr><td>宽脉冲</td></tr>
<tr><td rowspan="2">右频偏（MHz）</td><td>窄脉冲</td><td rowspan="2">≤22.95</td></tr>
<tr><td>宽脉冲</td></tr>
<tr><td colspan="3">发射机输出端极限改善因子（dB）</td><td>≥58.0</td><td></td></tr>
<tr><td colspan="3">发射机输出端杂噪比（SSNR）（dB）</td><td>≤10.0</td><td></td></tr>
<tr><td colspan="5">6. 接收机</td></tr>
<tr><td colspan="3">中频频率（MHz）</td><td>≥48.0</td><td></td></tr>
<tr><td colspan="2" rowspan="2">中频带宽（MHz）</td><td>窄脉冲</td><td>0.63±0.05</td><td></td></tr>
<tr><td>宽脉冲</td><td>0.21±0.05</td><td></td></tr>
</table>

续表

项目				指标要求	备注
接收机噪声系数（dB）	水平	窄脉冲		≤3.0	机外
		宽脉冲			
	垂直	窄脉冲			机内
		宽脉冲			
窄脉冲双通道噪声系数差异（dB）				≤0.3	机外
					机内
窄脉冲机内、机外噪声系数差异（dB）	水平			≤0.2	
	垂直			≤0.2	
最小可测功率（dBm）	水平	窄脉冲		≤ -110.0	机外
	垂直				
	水平	宽脉冲		≤ -114.0	
	垂直				
频率源射频输出相位噪声（dBc/Hz）				≤ -138	10 kHz 处
接收机线性动态范围（dB）	水平			≥115；大修雷达≥95	机外窄脉冲
	垂直				
	水平			≥115；大修雷达≥95	机内窄脉冲
	垂直				
7. 系统指标					
系统相位噪声（°）	水平			≤0.06；大修雷达≤0.1	窄脉冲
	垂直				
系统极限改善因子（dB）	128 处理点			≥58.0	单库 FFT 谱分析法测试
	256 处理点			≥58.0	
估算地物对消能力（dB）	水平			≥60.0；大修雷达≥55.0	窄脉冲
	垂直				
实际地物对消能力（dB）				≥35.0	
强度定标检验差值（dB）	单发双收	水平	窄脉冲	±1.0 之间	机外
			宽脉冲		
		垂直	窄脉冲		
			宽脉冲		
	双发双收	水平	窄脉冲		
			宽脉冲		
		垂直	窄脉冲		
			宽脉冲		

续表

<table>
<tr><th colspan="4">项目</th><th>指标要求</th><th>备注</th></tr>
<tr><td colspan="2" rowspan="4">机外速度测量检验差值（m/s）</td><td rowspan="2">正测速方向</td><td>水平</td><td rowspan="4">±1.0 之间</td><td rowspan="4"></td></tr>
<tr><td>垂直</td></tr>
<tr><td rowspan="2">负测速方向</td><td>水平</td></tr>
<tr><td>垂直</td></tr>
<tr><td colspan="2" rowspan="4">双重频测速范围展宽能力检验差值（m/s）</td><td rowspan="2">正测速方向</td><td>水平</td><td rowspan="4">±1.0 之间</td><td rowspan="4">机外</td></tr>
<tr><td>垂直</td></tr>
<tr><td rowspan="2">负测速方向</td><td>水平</td></tr>
<tr><td>垂直</td></tr>
<tr><td colspan="3" rowspan="2">机内速度测量检验差值（m/s）</td><td>水平</td><td rowspan="2">±1.0 之间</td><td rowspan="2"></td></tr>
<tr><td>垂直</td></tr>
<tr><td colspan="3" rowspan="2">速度谱宽测量检验差值（m/s）</td><td>水平</td><td rowspan="2">±1.0 之间</td><td rowspan="2">机内（选做）</td></tr>
<tr><td>垂直</td></tr>
<tr><td rowspan="6">双偏振参数检验</td><td colspan="3" rowspan="3">差分反射率标准差（dB）</td><td rowspan="3">≤0.2</td><td>机外</td></tr>
<tr><td>机内</td></tr>
<tr><td>考机期间</td></tr>
<tr><td colspan="3" rowspan="3">差分传播相移标准差（°）</td><td rowspan="3">≤3.0</td><td>机外</td></tr>
<tr><td>机内</td></tr>
<tr><td>考机期间</td></tr>
<tr><td rowspan="3">在线自动标校能力检验</td><td colspan="3">增益变化引起的回波强度波动（dB）</td><td>±1.0 之间</td><td>水平通道
窄脉冲</td></tr>
<tr><td colspan="2" rowspan="2">定标系数波动（dB）</td><td>窄脉冲</td><td rowspan="2">±1.0 之间</td><td rowspan="2"></td></tr>
<tr><td>宽脉冲</td></tr>
</table>

第2章

雷达系统在线标定和监测报警

2.1 雷达在线标定信号和在线监测信号流程

2.1.1 雷达在线标定信号流程

雷达在线标定信号主要有接收机频率源输出连续波 CW 信号、发射机速调管输出 KD 脉冲信号、发射机脉冲形成器（3A5）输出的 RFD 脉冲信号和噪声源输出噪声信号。

接收机频率源输出连续波 CW 信号在线标定流程见图 2-1。

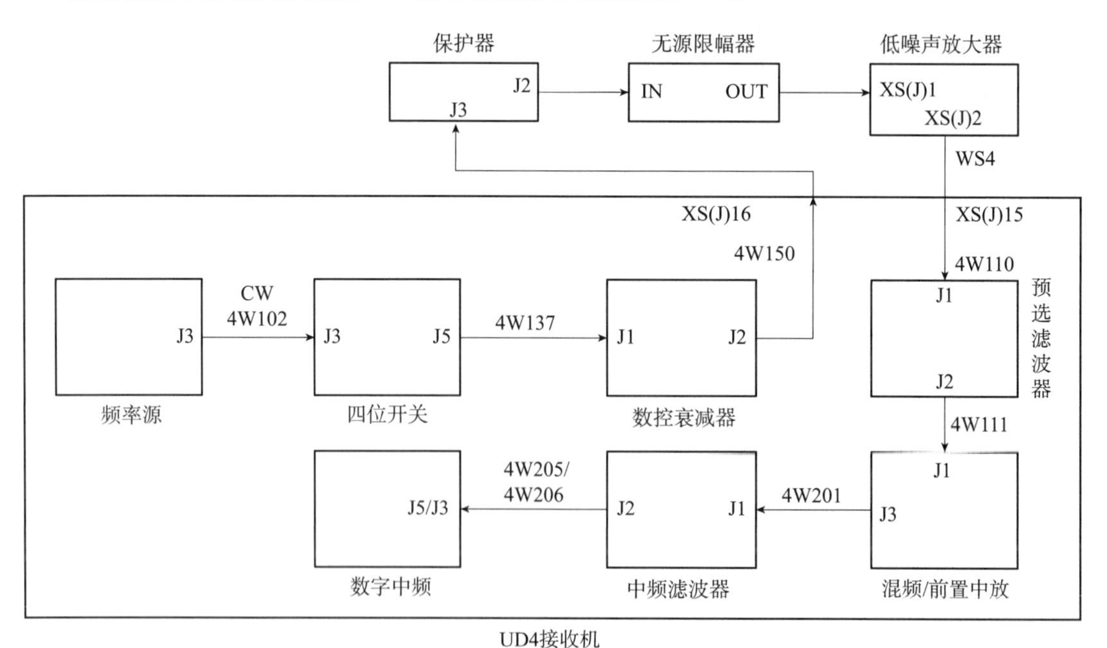

图 2-1 CW 信号在线标定流程图

发射机速调管输出 KD 脉冲信号在线标定流程见图 2-2。

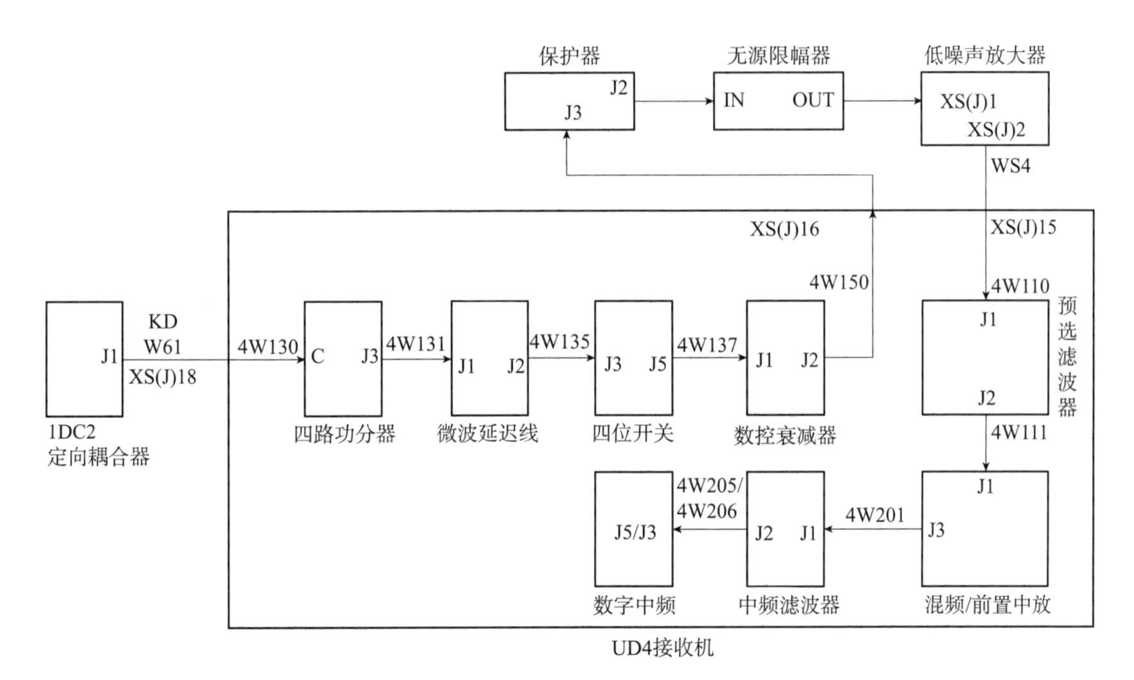

图 2-2 KD 信号在线标定流程图

发射机脉冲形成器（3A5）输出的 RFD 脉冲信号在线标定流程见图 2-3。

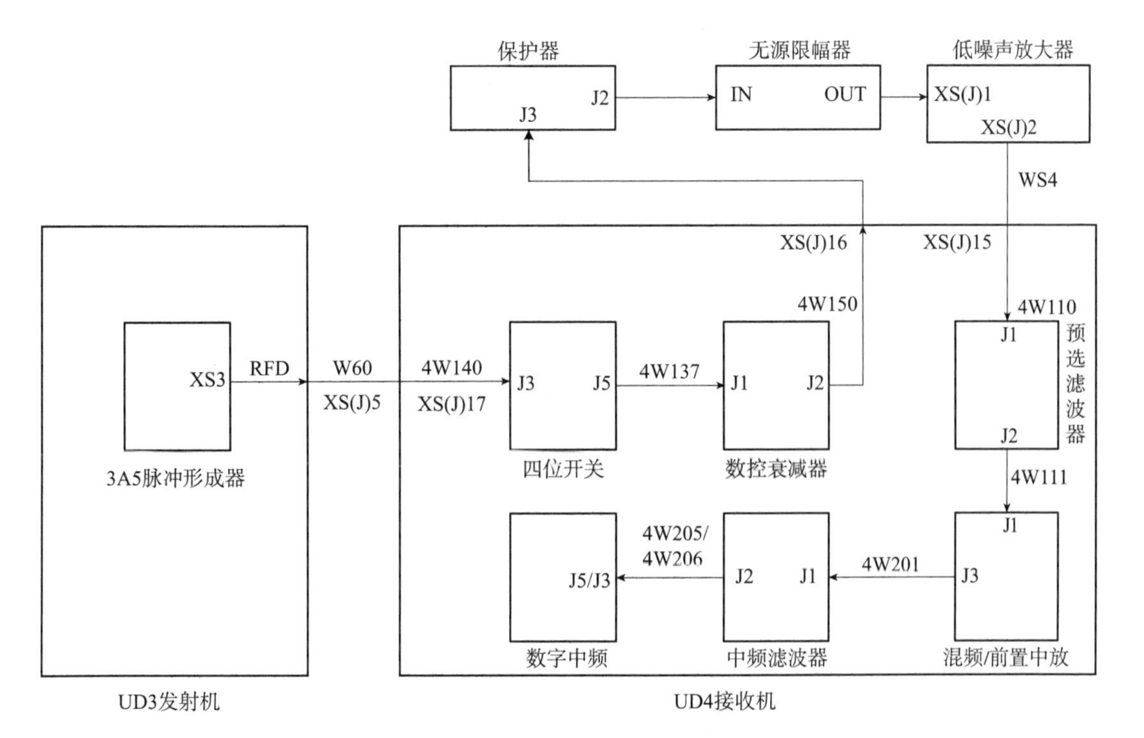

图 2-3 RFD 信号在线标定流程图

发射机功率输出检测信号流程见图 2-4。

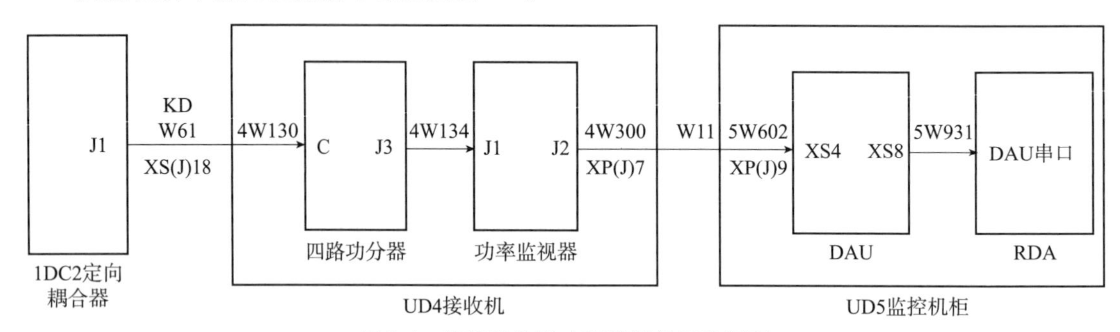

图 2-4　发射机输出功率检测信号流程图

噪声源输出信号在线标定流程见图 2-5。

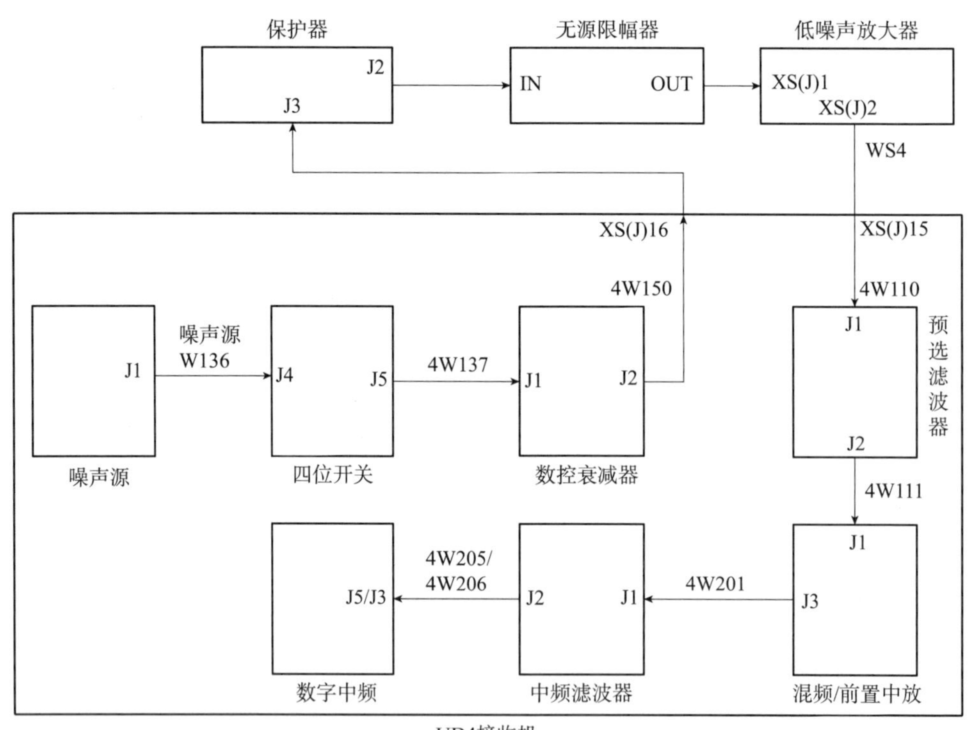

图 2-5　噪声测试信号流程图

2.1.2　在线监测报警信号流程

在线监测报警信号主要是发射机报警信号，其中波导打火报警信号流程见图 2-6。

图 2-6　波导打火报警信号流程图

波导连锁报警信号流程见图2-7。

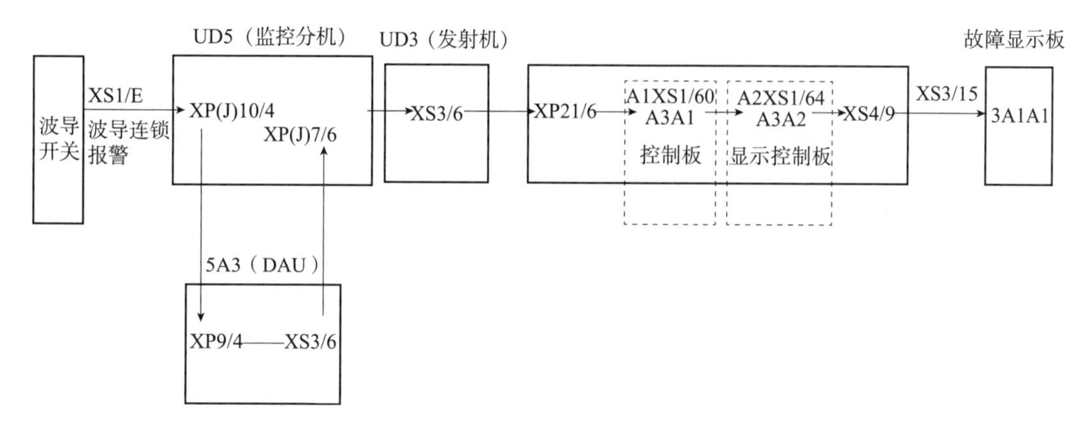

图 2-7　波导连锁报警信号流程图

波导压力报警信号流程见图2-8。

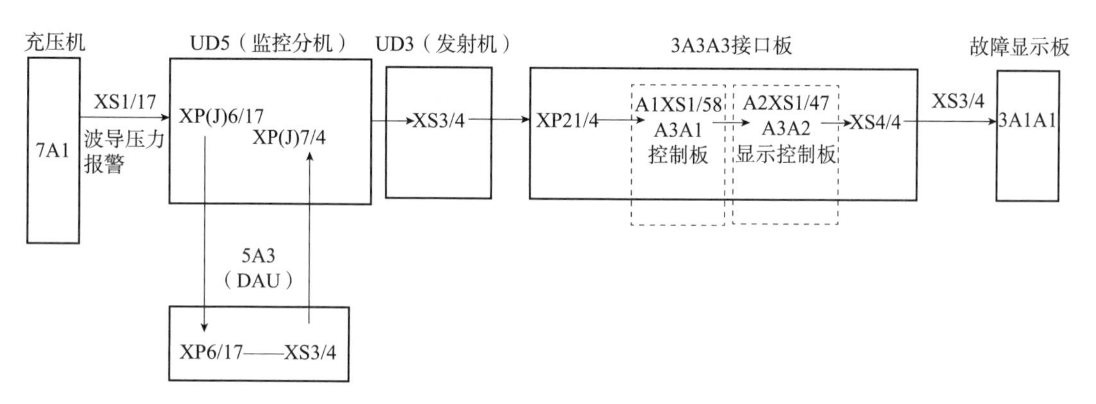

图 2-8　波导压力报警信号流程图

波导湿度报警信号流程见图2-9。

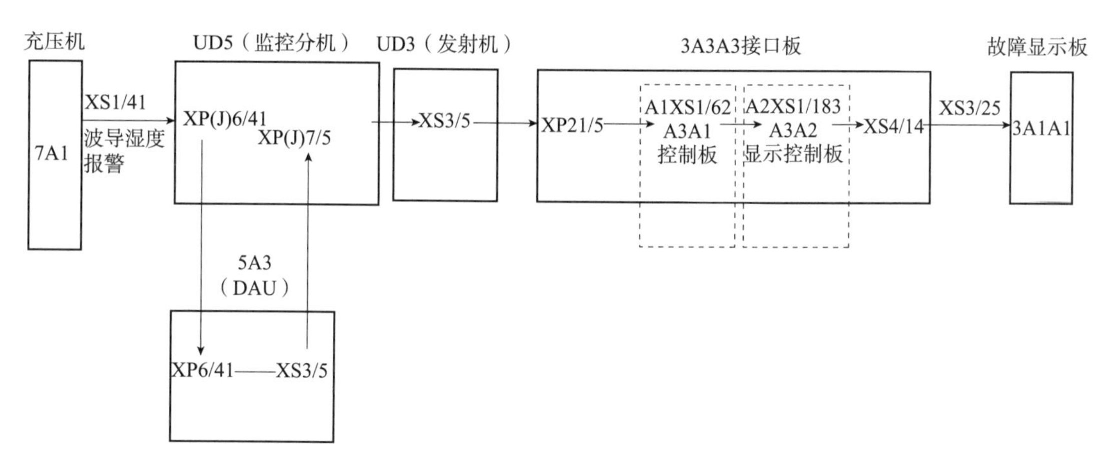

图 2-9　波导湿度报警信号流程图

充电故障报警信号流程见图 2-10。

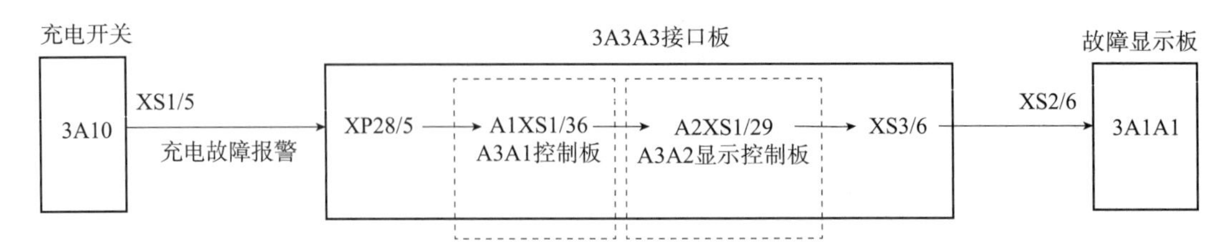

图 2-10　充电故障报警信号流程图

触发器故障报警信号流程见图 2-11。

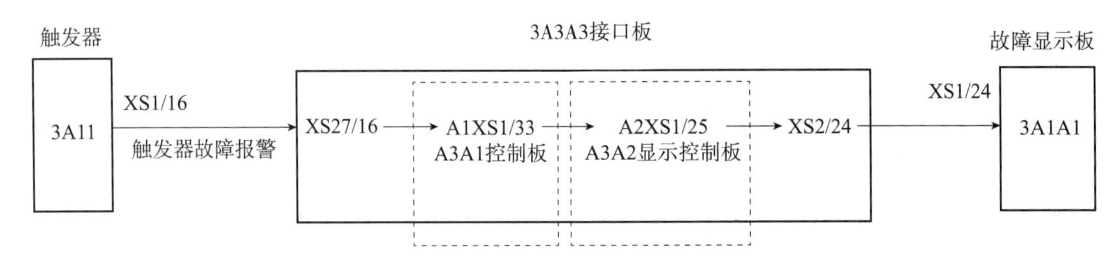

图 2-11　触发器故障报警信号流程图

灯丝电压故障报警信号流程见图 2-12。

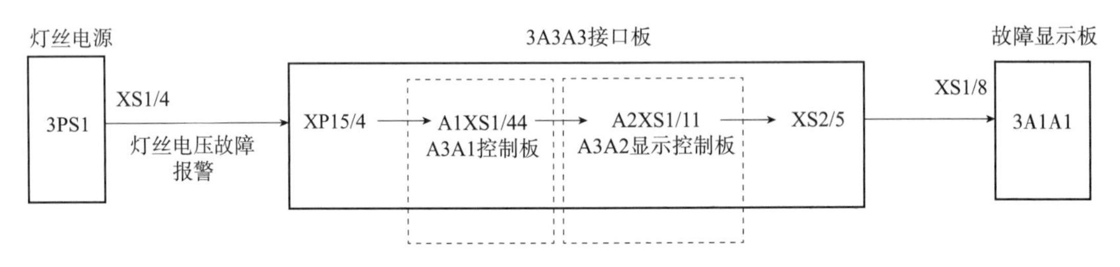

图 2-12　灯丝电压故障报警信号流程图

灯丝电流过流报警信号流程见图 2-13。

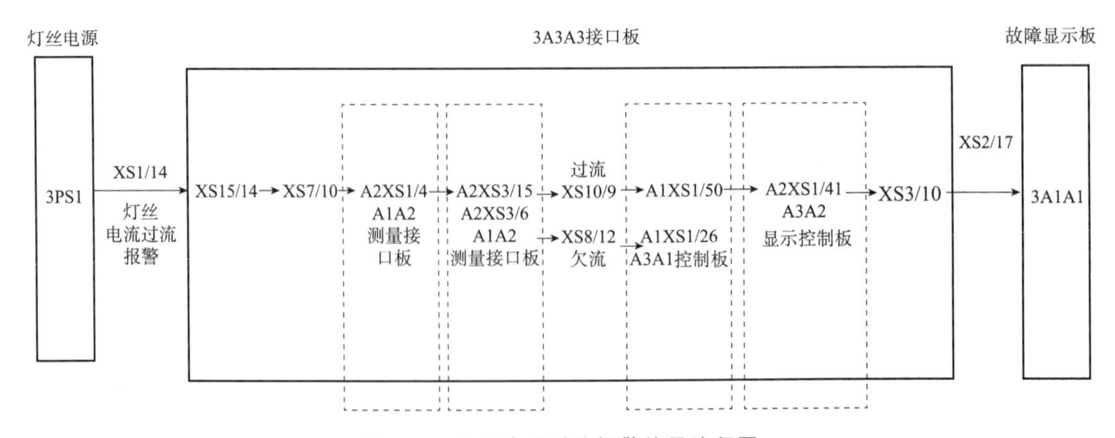

图 2-13　灯丝电流过流报警信号流程图

低压电源报警信号流程见图2-14。

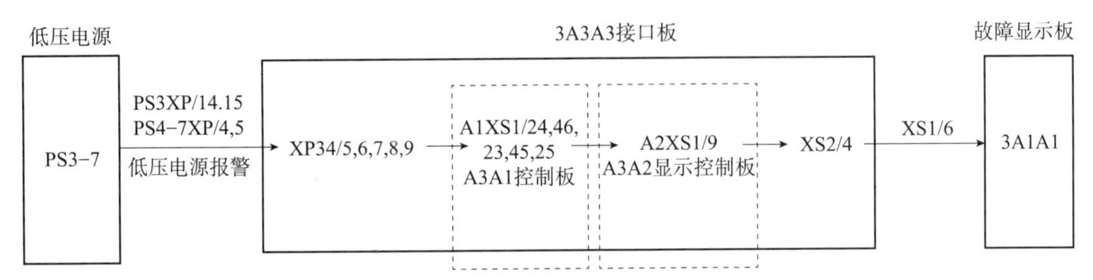

图 2-14 低压电源报警信号流程图

充电过流报警信号流程见图2-15。

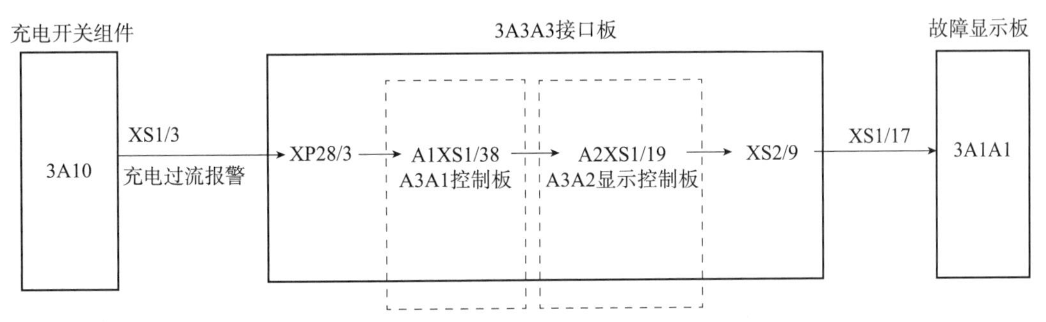

图 2-15 充电过流报警信号流程图

发射机过压报警信号流程见图2-16。

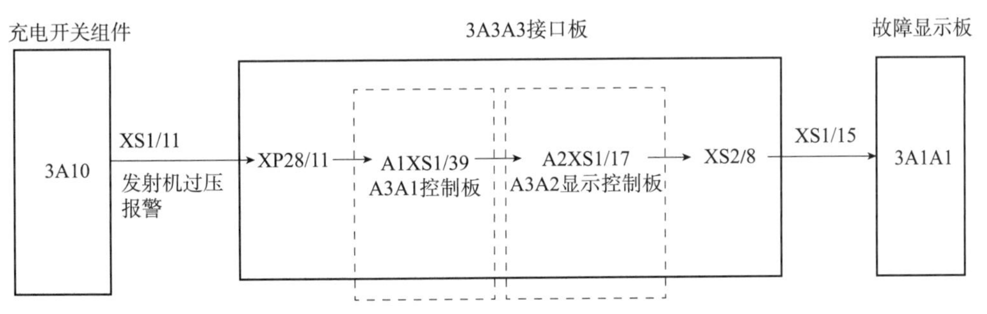

图 2-16 发射机过压报警信号流程图

反馈过流报警信号流程见图2-17。

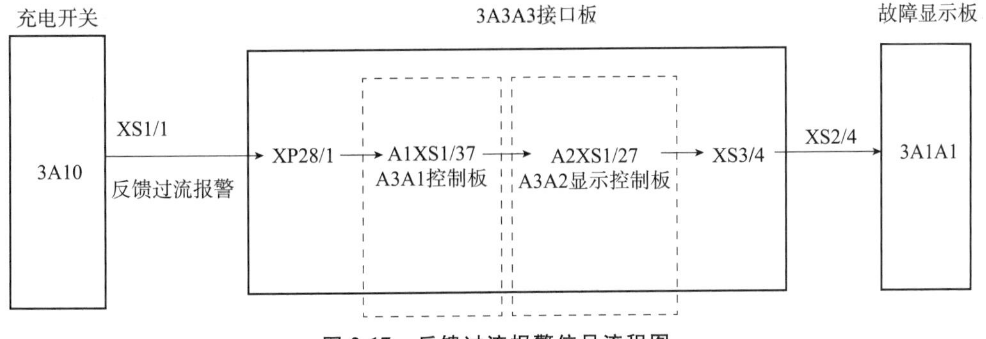

图 2-17 反馈过流报警信号流程图

环流器过温报警信号流程见图 2-18。

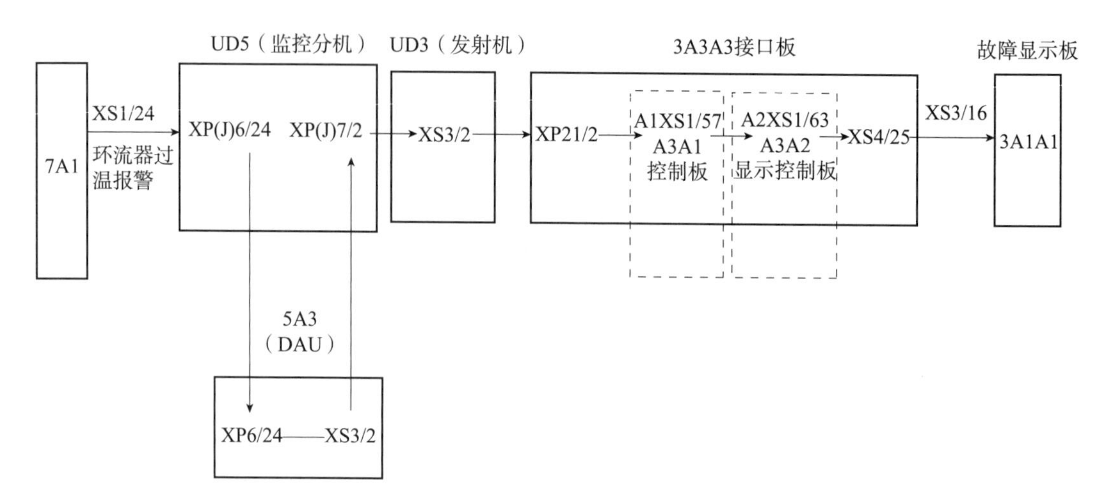

图 2-18　环流器过温报警信号流程图

磁场电压报警信号流程见图 2-19。

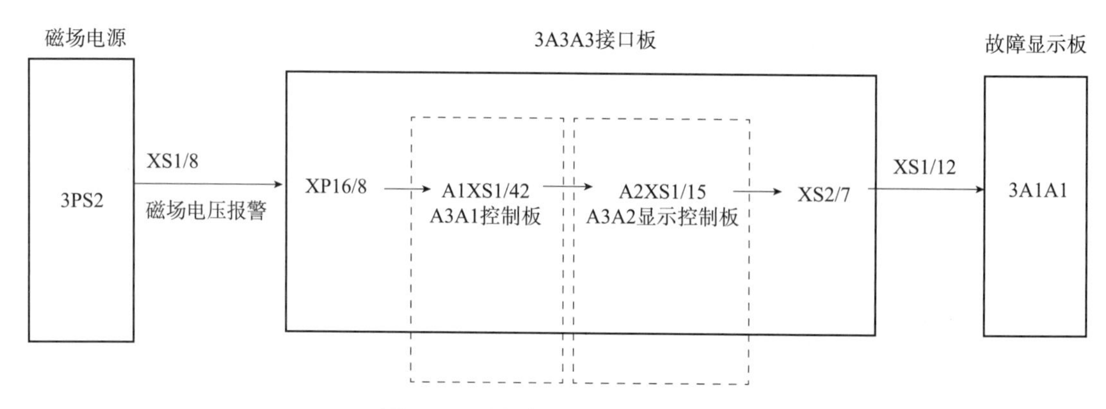

图 2-19　磁场电压报警信号流程图

聚焦线圈风流量报警信号流程见图 2-20。

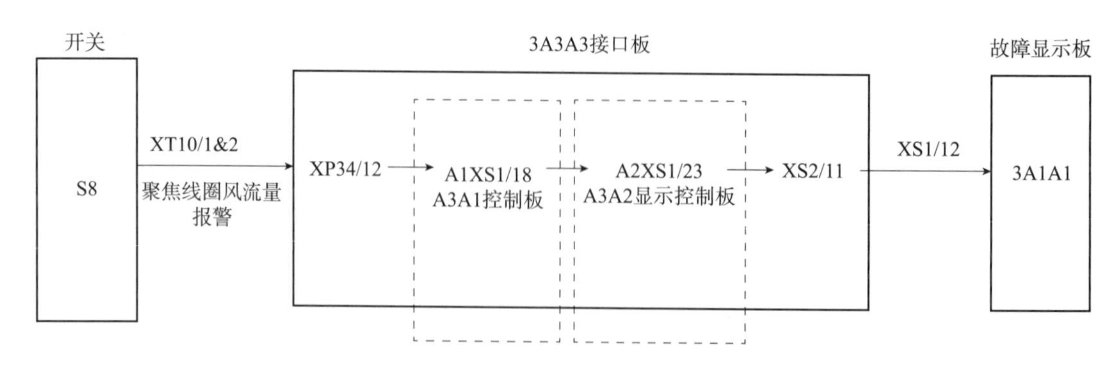

图 2-20　聚焦线圈风流量报警信号流程图

磁场过流报警信号流程见图2-21。

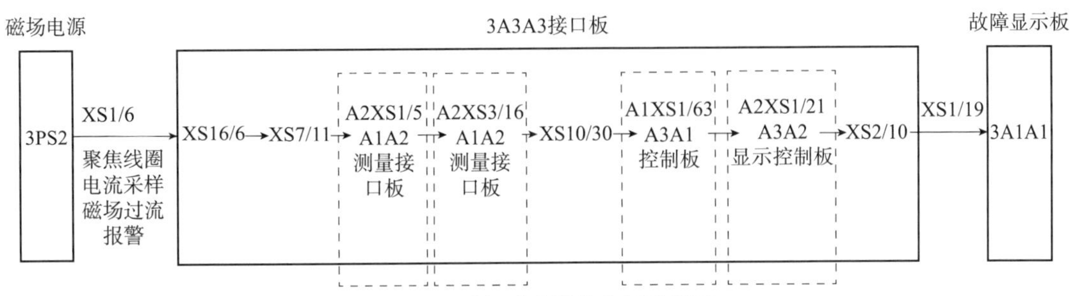

图2-21 磁场过流报警信号流程图

束流过流报警信号流程见图2-22。

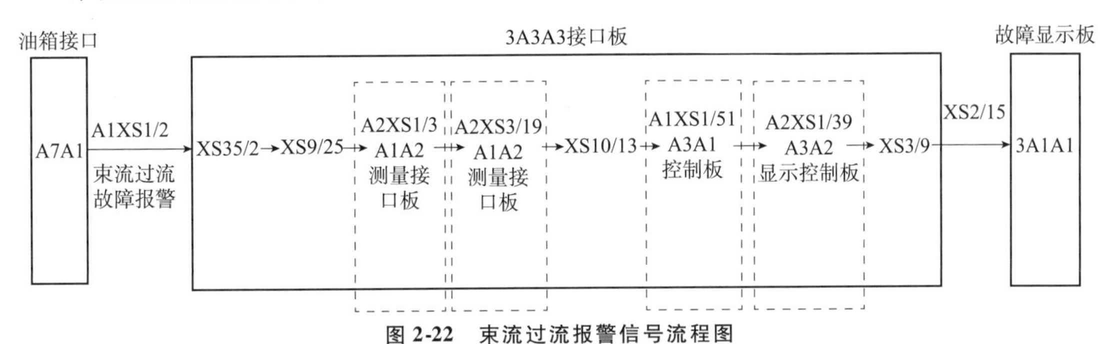

图2-22 束流过流报警信号流程图

速调管风流量报警信号流程见图2-23。

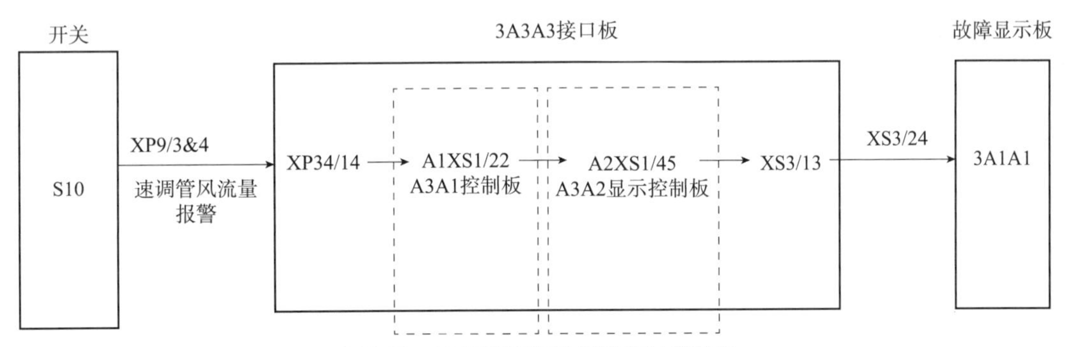

图2-23 速调管风流量报警信号流程图

速调管风温报警信号流程见图2-24。

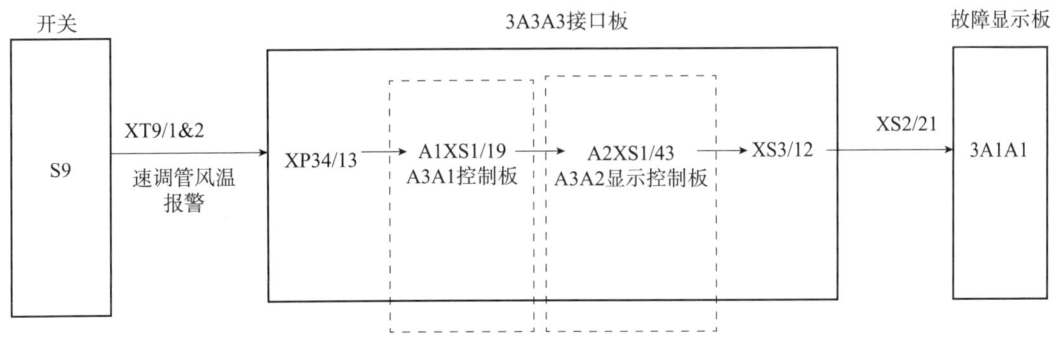

图2-24 速调管风温报警信号流程图

钛泵欠压报警信号流程见图 2-25。

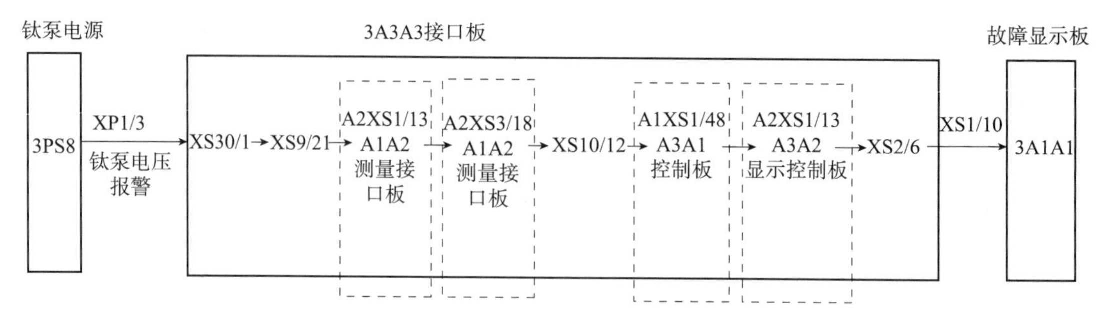

图 2-25 钛泵欠压报警信号流程图

钛泵过流报警信号流程见图 2-26。

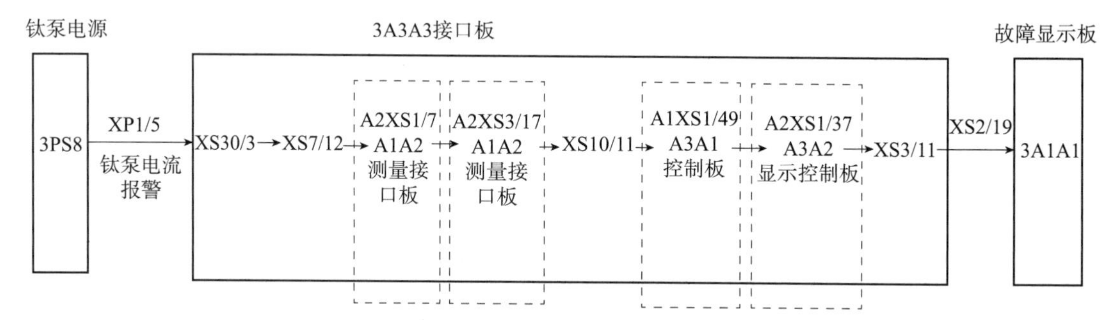

图 2-26 钛泵过流报警信号流程图

油箱油位报警信号流程见图 2-27。

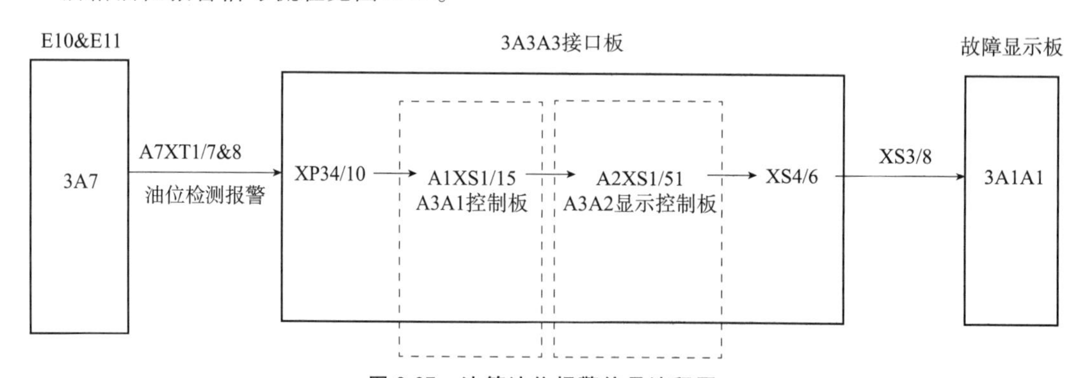

图 2-27 油箱油位报警信号流程图

+510V 电压报警信号流程见图 2-28。

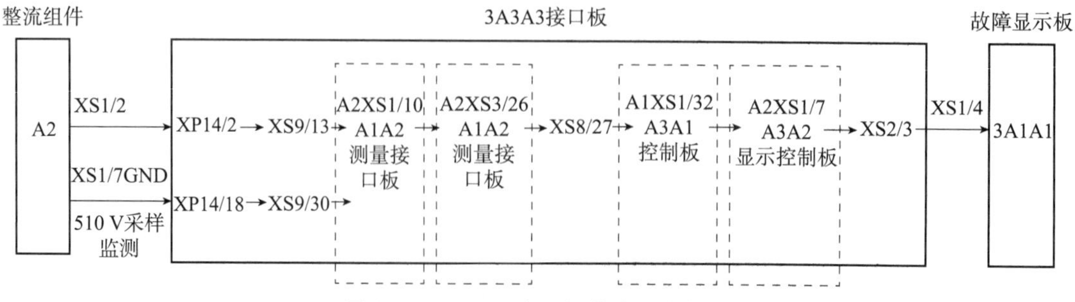

图 2-28 +510V 电压报警信号流程图

调制器过载（放电电流过载）故障信号流程见图 2-29。

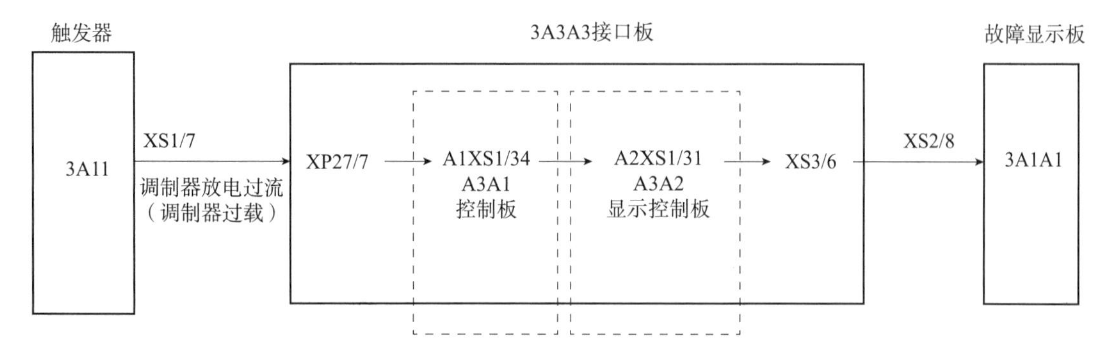

图 2-29　调制器过载（放电电流过载）故障报警信号流程图

反峰过流故障信号流程见图 2-30。

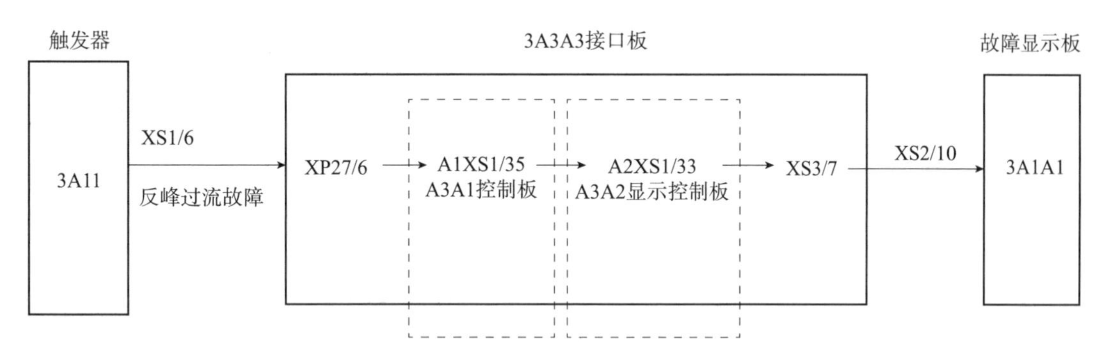

图 2-30　反峰过流故障报警信号流程图

2.2　雷达系统报警代码分析和报警通路

系统报警代码包括系统、发射机、接收机、天线、伺服、综合监控（DAU）等，报警代码和报警内容及报警经历路径如下。

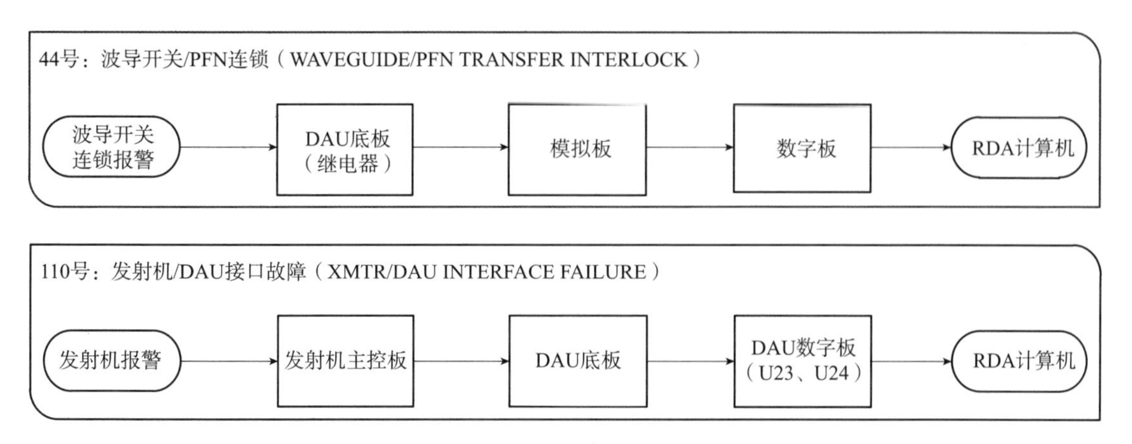

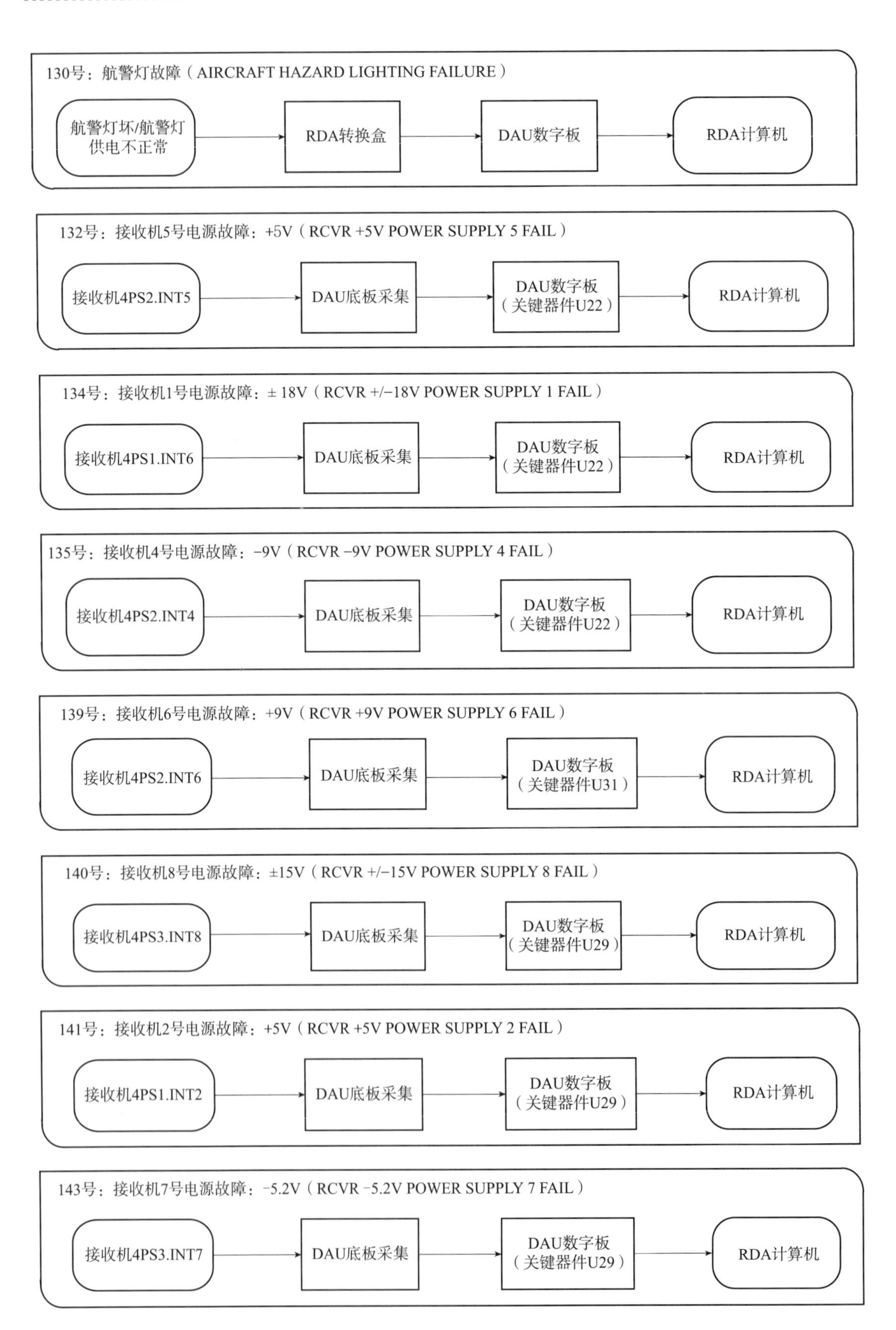
130号：航警灯故障（AIRCRAFT HAZARD LIGHTING FAILURE）
航警灯坏/航警灯供电不正常
RDA转换盒
DAU数字板
RDA计算机
132号：接收机5号电源故障：+5V（RCVR +5V POWER SUPPLY 5 FAIL）
接收机4PS2.INT5
DAU底板采集
DAU数字板（关键器件U22）
RDA计算机
134号：接收机1号电源故障：± 18V（RCVR +/−18V POWER SUPPLY 1 FAIL）
接收机4PS1.INT6
DAU底板采集
DAU数字板（关键器件U22）
RDA计算机
135号：接收机4号电源故障：−9V（RCVR −9V POWER SUPPLY 4 FAIL）
接收机4PS2.INT4
DAU底板采集
DAU数字板（关键器件U22）
RDA计算机
139号：接收机6号电源故障：+9V（RCVR +9V POWER SUPPLY 6 FAIL）
接收机4PS2.INT6
DAU底板采集
DAU数字板（关键器件U31）
RDA计算机
140号：接收机8号电源故障：±15V（RCVR +/−15V POWER SUPPLY 8 FAIL）
接收机4PS3.INT8
DAU底板采集
DAU数字板（关键器件U29）
RDA计算机
141号：接收机2号电源故障：+5V（RCVR +5V POWER SUPPLY 2 FAIL）
接收机4PS1.INT2
DAU底板采集
DAU数字板（关键器件U29）
RDA计算机
143号：接收机7号电源故障：−5.2V（RCVR −5.2V POWER SUPPLY 7 FAIL）
接收机4PS3.INT7
DAU底板采集
DAU数字板（关键器件U29）
RDA计算机

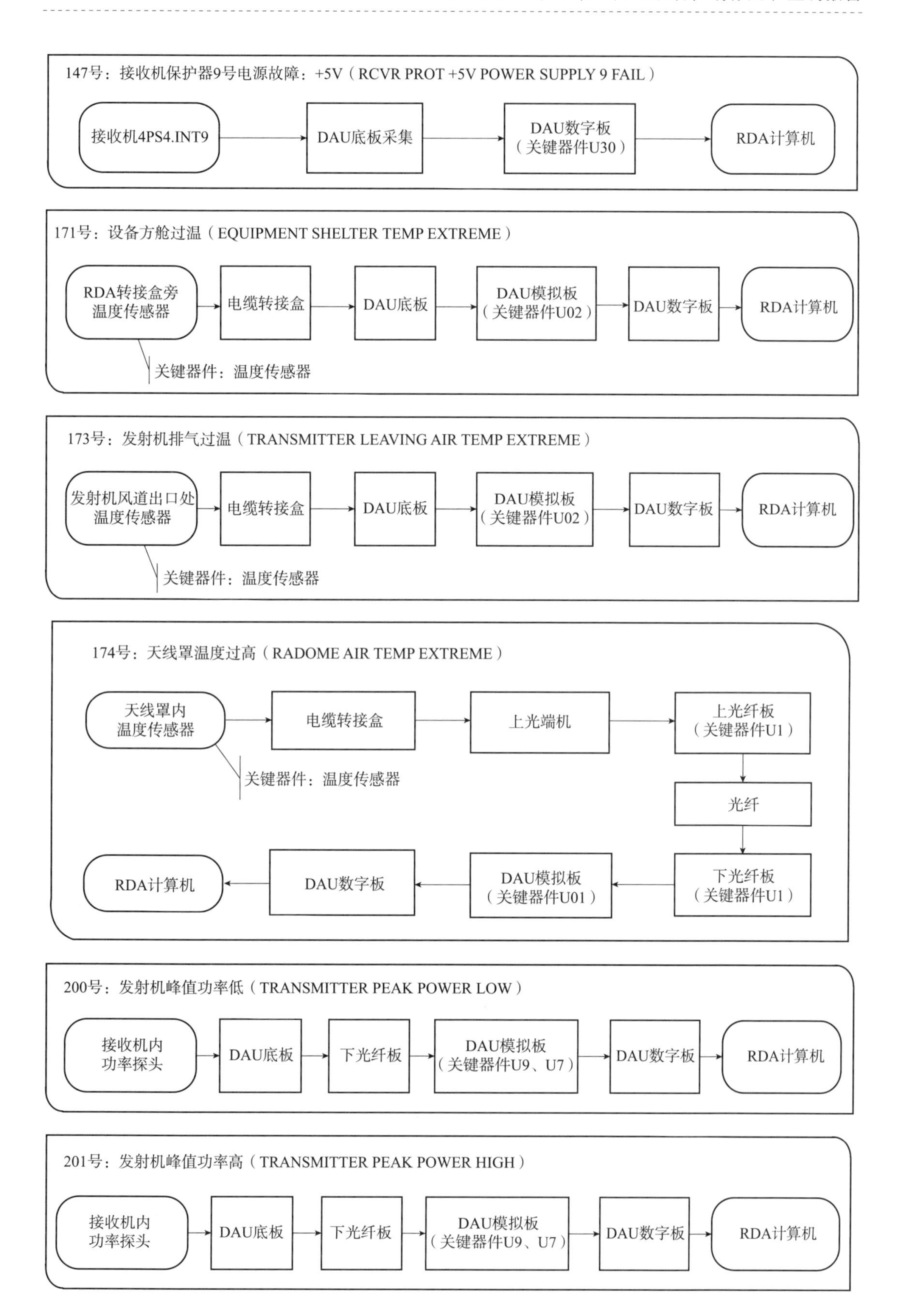
147号：接收机保护器9号电源故障：+5V（RCVR PROT +5V POWER SUPPLY 9 FAIL）
接收机4PS4.INT9
DAU底板采集
DAU数字板（关键器件U30）
RDA计算机
171号：设备方舱过温（EQUIPMENT SHELTER TEMP EXTREME）
RDA转接盒旁温度传感器
电缆转接盒
DAU底板
DAU模拟板（关键器件U02）
DAU数字板
RDA计算机
关键器件：温度传感器
173号：发射机排气过温（TRANSMITTER LEAVING AIR TEMP EXTREME）
发射机风道出口处温度传感器
电缆转接盒
DAU底板
DAU模拟板（关键器件U02）
DAU数字板
RDA计算机
关键器件：温度传感器
174号：天线罩温度过高（RADOME AIR TEMP EXTREME）
天线罩内温度传感器
电缆转接盒
上光端机
上光纤板（关键器件U1）
关键器件：温度传感器
光纤
下光纤板（关键器件U1）
DAU模拟板（关键器件U01）
DAU数字板
RDA计算机
200号：发射机峰值功率低（TRANSMITTER PEAK POWER LOW）
接收机内功率探头
DAU底板
下光纤板
DAU模拟板（关键器件U9、U7）
DAU数字板
RDA计算机
201号：发射机峰值功率高（TRANSMITTER PEAK POWER HIGH）
接收机内功率探头
DAU底板
下光纤板
DAU模拟板（关键器件U9、U7）
DAU数字板
RDA计算机

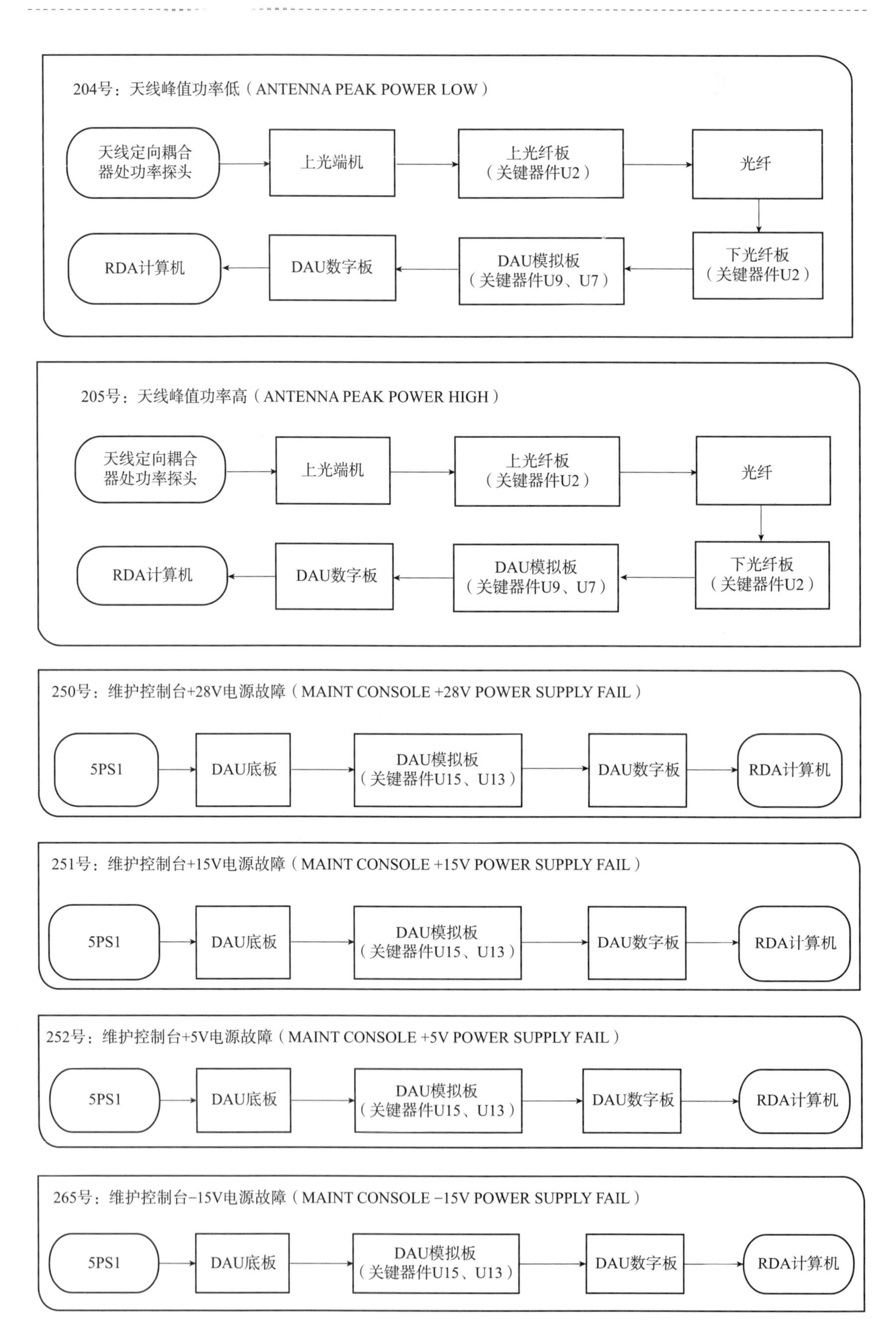
204号：天线峰值功率低（ANTENNA PEAK POWER LOW）
天线定向耦合器处功率探头
上光端机
上光纤板（关键器件U2）
光纤
下光纤板（关键器件U2）
DAU模拟板（关键器件U9、U7）
DAU数字板
RDA计算机
205号：天线峰值功率高（ANTENNA PEAK POWER HIGH）
天线定向耦合器处功率探头
上光端机
上光纤板（关键器件U2）
光纤
下光纤板（关键器件U2）
DAU模拟板（关键器件U9、U7）
DAU数字板
RDA计算机
250号：维护控制台+28V电源故障（MAINT CONSOLE +28V POWER SUPPLY FAIL）
5PS1
DAU底板
DAU模拟板（关键器件U15、U13）
DAU数字板
RDA计算机
251号：维护控制台+15V电源故障（MAINT CONSOLE +15V POWER SUPPLY FAIL）
5PS1
DAU底板
DAU模拟板（关键器件U15、U13）
DAU数字板
RDA计算机
252号：维护控制台+5V电源故障（MAINT CONSOLE +5V POWER SUPPLY FAIL）
5PS1
DAU底板
DAU模拟板（关键器件U15、U13）
DAU数字板
RDA计算机
265号：维护控制台−15V电源故障（MAINT CONSOLE −15V POWER SUPPLY FAIL）
5PS1
DAU底板
DAU模拟板（关键器件U15、U13）
DAU数字板
RDA计算机

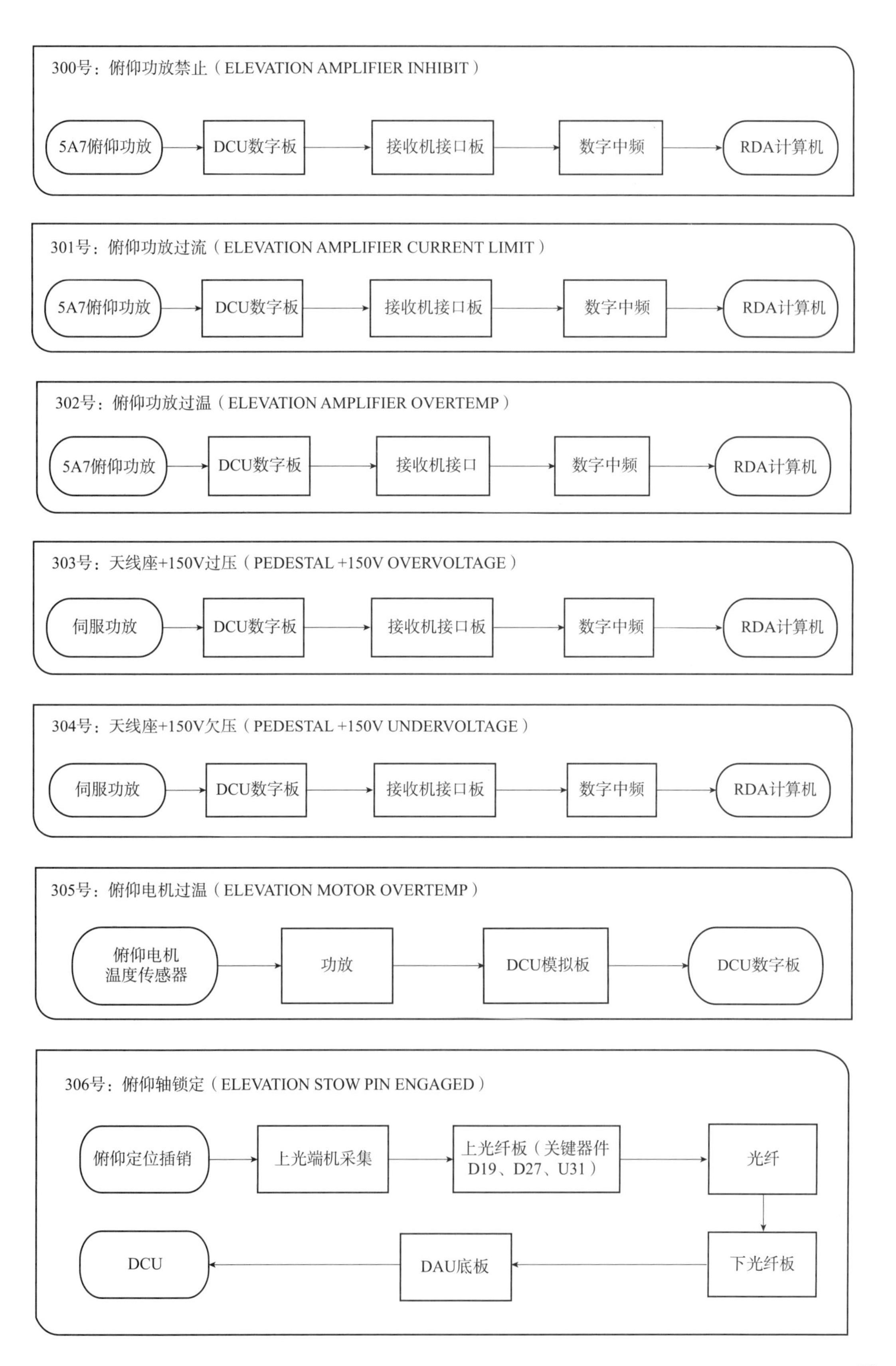
300号：俯仰功放禁止（ELEVATION AMPLIFIER INHIBIT）
5A7俯仰功放
DCU数字板
接收机接口板
数字中频
RDA计算机
301号：俯仰功放过流（ELEVATION AMPLIFIER CURRENT LIMIT）
5A7俯仰功放
DCU数字板
接收机接口板
数字中频
RDA计算机
302号：俯仰功放过温（ELEVATION AMPLIFIER OVERTEMP）
5A7俯仰功放
DCU数字板
接收机接口
数字中频
RDA计算机
303号：天线座+150V过压（PEDESTAL +150V OVERVOLTAGE）
伺服功放
DCU数字板
接收机接口板
数字中频
RDA计算机
304号：天线座+150V欠压（PEDESTAL +150V UNDERVOLTAGE）
伺服功放
DCU数字板
接收机接口板
数字中频
RDA计算机
305号：俯仰电机过温（ELEVATION MOTOR OVERTEMP）
俯仰电机
温度传感器
功放
DCU模拟板
DCU数字板
306号：俯仰轴锁定（ELEVATION STOW PIN ENGAGED）
俯仰定位插销
上光端机采集
上光纤板（关键器件
D19、D27、U31）
光纤
下光纤板
DAU底板
DCU

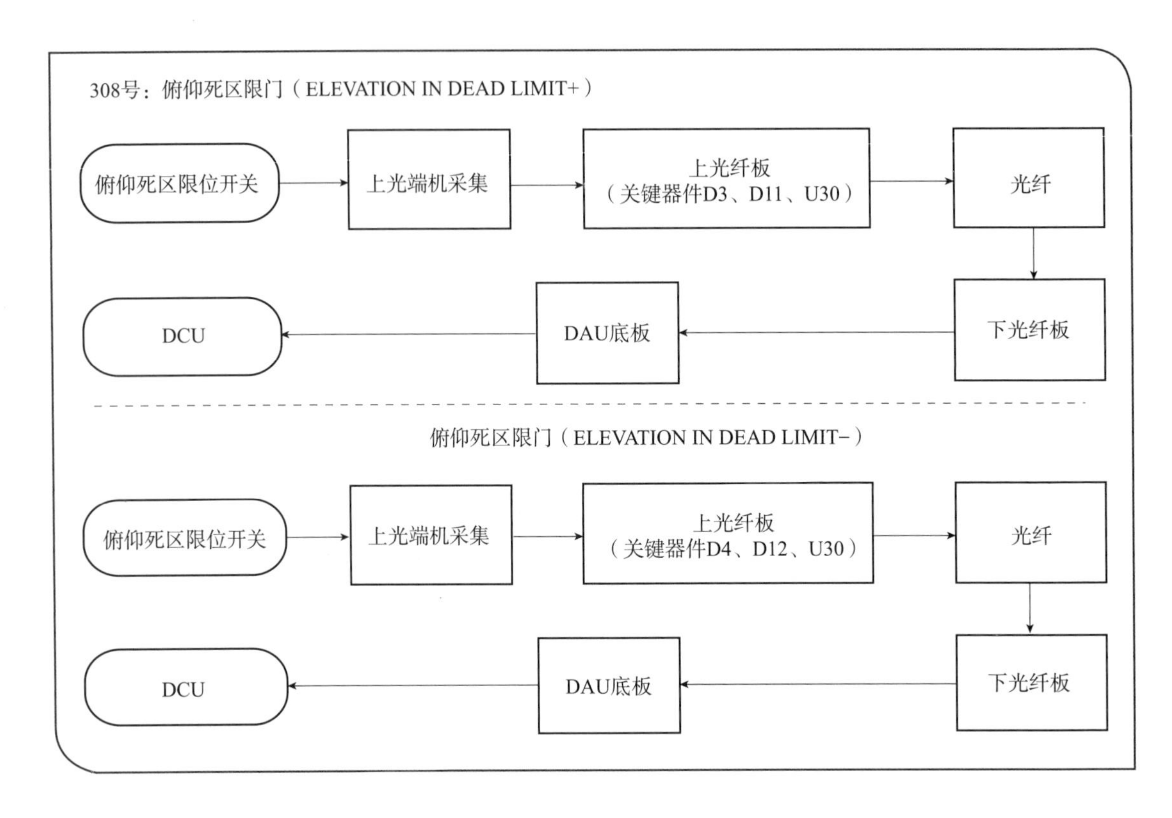
308号：俯仰死区限门（ELEVATION IN DEAD LIMIT+）
俯仰死区限位开关
上光端机采集
上光纤板
（关键器件D3、D11、U30）
光纤
下光纤板
DAU底板
DCU
俯仰死区限门（ELEVATION IN DEAD LIMIT−）
俯仰死区限位开关
上光端机采集
上光纤板
（关键器件D4、D12、U30）
光纤
下光纤板
DAU底板
DCU

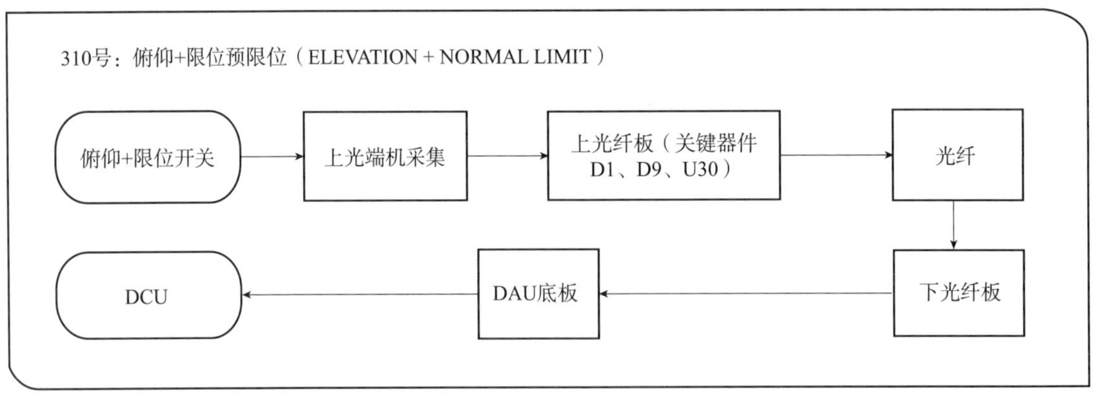
310号：俯仰+限位预限位（ELEVATION + NORMAL LIMIT）
俯仰+限位开关
上光端机采集
上光纤板（关键器件
D1、D9、U30）
光纤
下光纤板
DAU底板
DCU

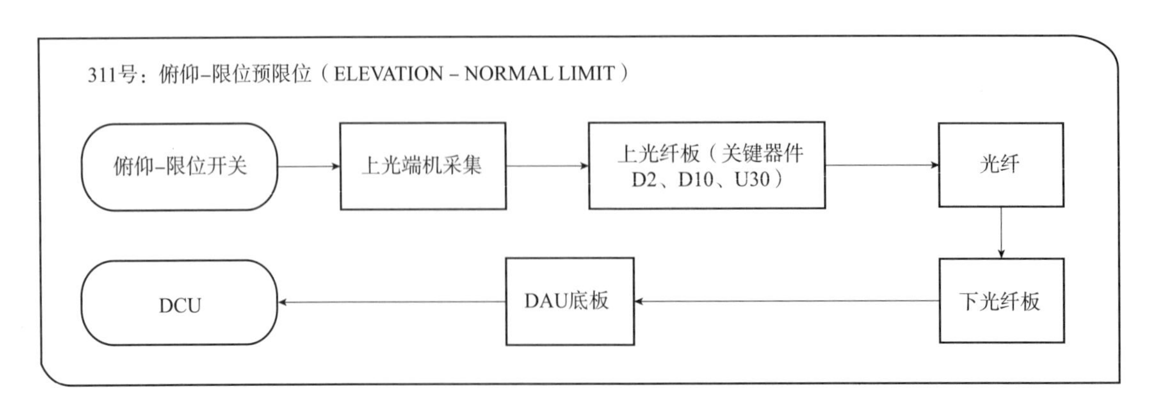
311号：俯仰−限位预限位（ELEVATION − NORMAL LIMIT）
俯仰−限位开关
上光端机采集
上光纤板（关键器件
D2、D10、U30）
光纤
下光纤板
DAU底板
DCU

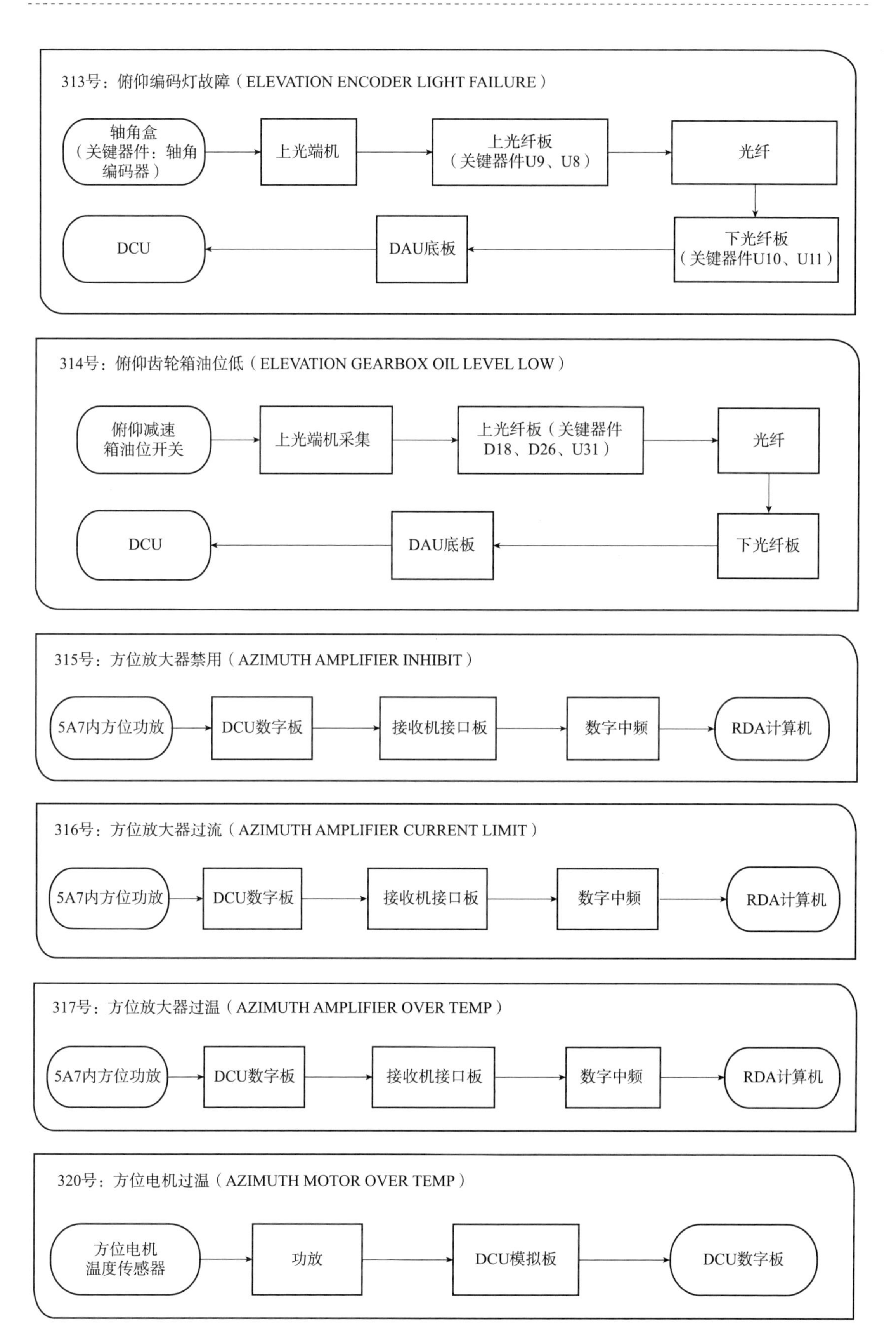
313号：俯仰编码灯故障（ELEVATION ENCODER LIGHT FAILURE）
轴角盒（关键器件：轴角编码器）
上光端机
上光纤板（关键器件U9、U8）
光纤
下光纤板（关键器件U10、U11）
DAU底板
DCU
314号：俯仰齿轮箱油位低（ELEVATION GEARBOX OIL LEVEL LOW）
俯仰减速箱油位开关
上光端机采集
上光纤板（关键器件D18、D26、U31）
光纤
下光纤板
DAU底板
DCU
315号：方位放大器禁用（AZIMUTH AMPLIFIER INHIBIT）
5A7内方位功放
DCU数字板
接收机接口板
数字中频
RDA计算机
316号：方位放大器过流（AZIMUTH AMPLIFIER CURRENT LIMIT）
5A7内方位功放
DCU数字板
接收机接口板
数字中频
RDA计算机
317号：方位放大器过温（AZIMUTH AMPLIFIER OVER TEMP）
5A7内方位功放
DCU数字板
接收机接口板
数字中频
RDA计算机
320号：方位电机过温（AZIMUTH MOTOR OVER TEMP）
方位电机温度传感器
功放
DCU模拟板
DCU数字板

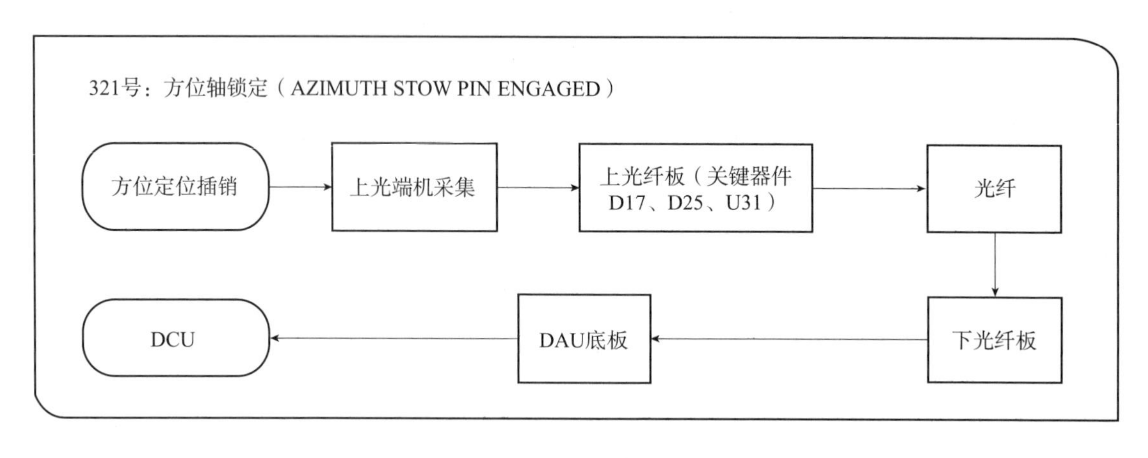
321号：方位轴锁定（AZIMUTH STOW PIN ENGAGED）
方位定位插销
上光端机采集
上光纤板（关键器件D17、D25、U31）
光纤
下光纤板
DAU底板
DCU

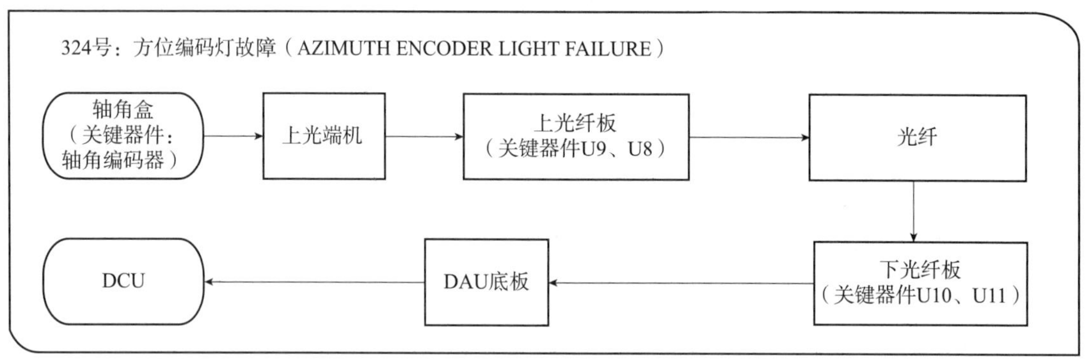
324号：方位编码灯故障（AZIMUTH ENCODER LIGHT FAILURE）
轴角盒（关键器件：轴角编码器）
上光端机
上光纤板（关键器件U9、U8）
光纤
下光纤板（关键器件U10、U11）
DAU底板
DCU

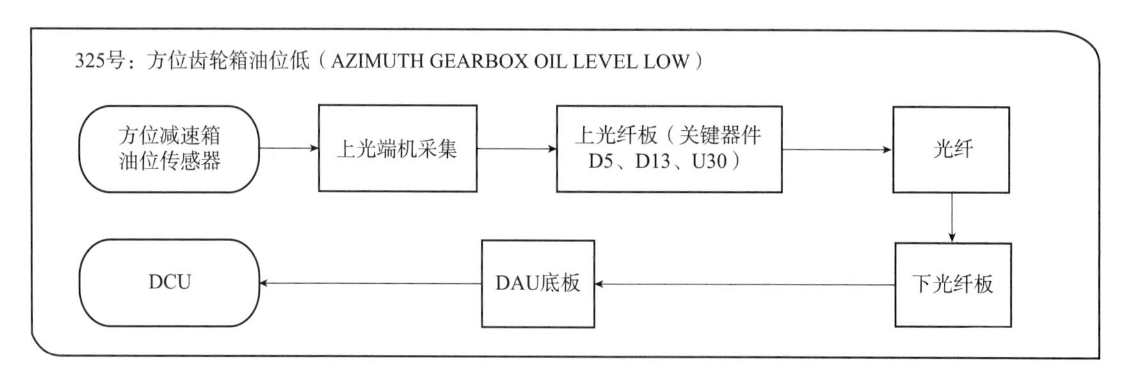
325号：方位齿轮箱油位低（AZIMUTH GEARBOX OIL LEVEL LOW）
方位减速箱油位传感器
上光端机采集
上光纤板（关键器件D5、D13、U30）
光纤
下光纤板
DAU底板
DCU

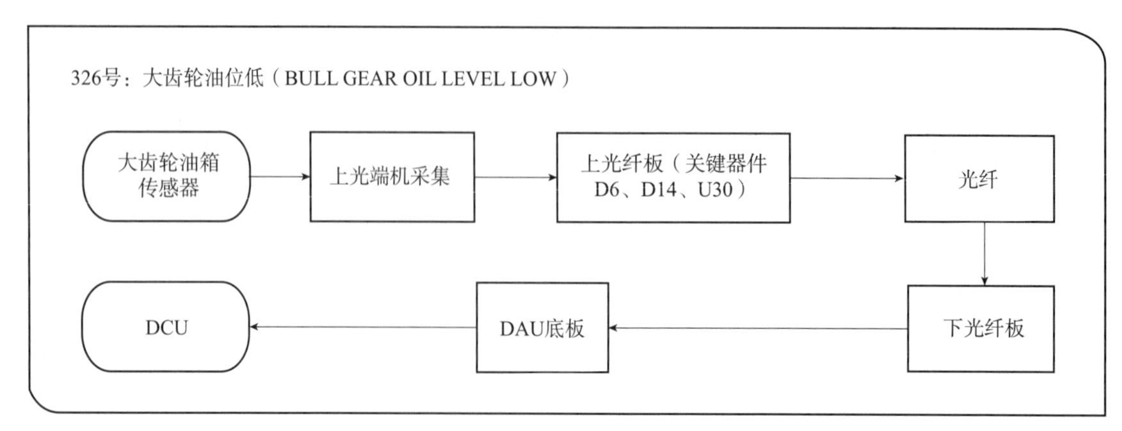
326号：大齿轮油位低（BULL GEAR OIL LEVEL LOW）
大齿轮油箱传感器
上光端机采集
上光纤板（关键器件D6、D14、U30）
光纤
下光纤板
DAU底板
DCU

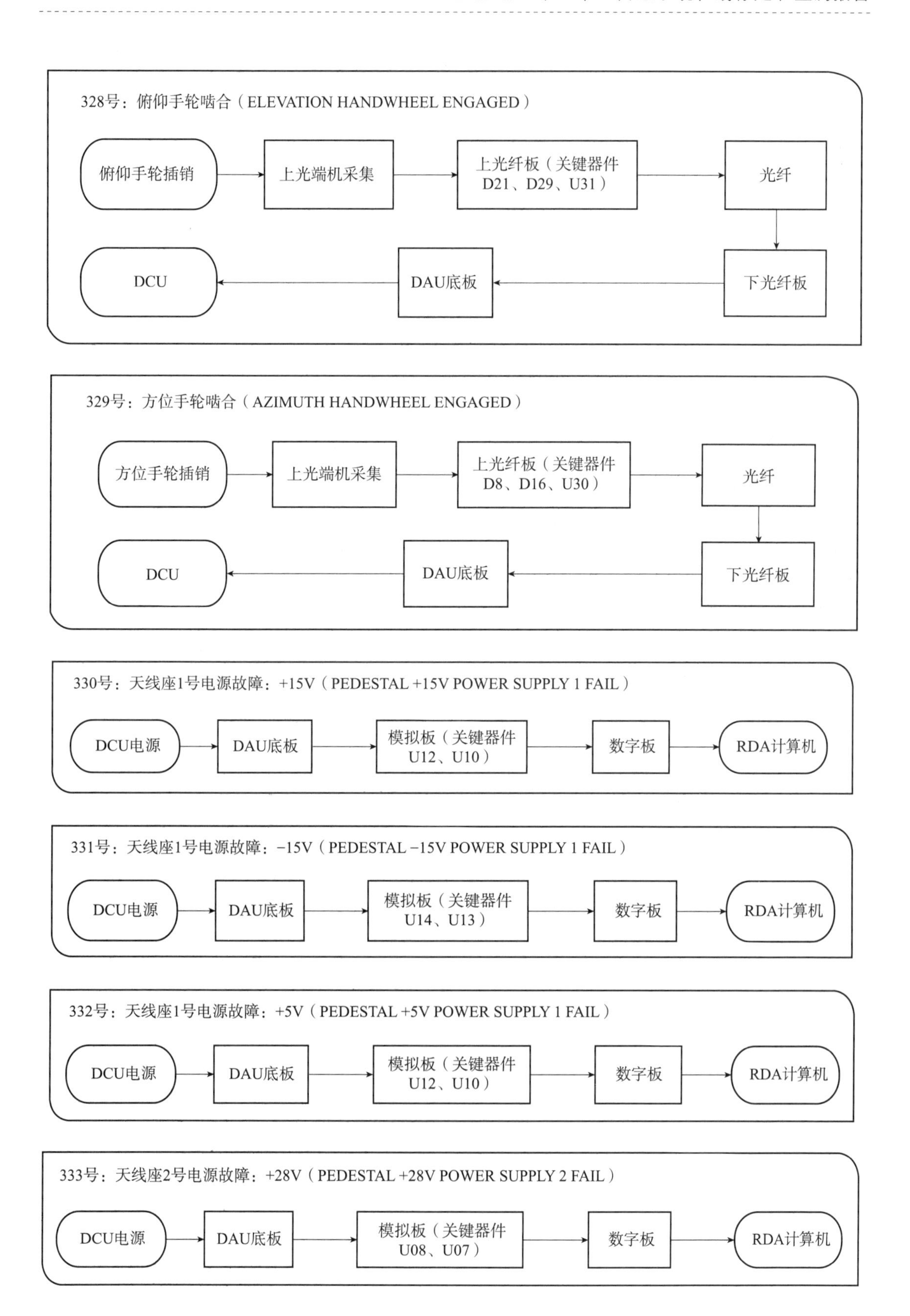
328号：俯仰手轮啮合（ELEVATION HANDWHEEL ENGAGED）
俯仰手轮插销
上光端机采集
上光纤板（关键器件 D21、D29、U31）
光纤
下光纤板
DAU底板
DCU
329号：方位手轮啮合（AZIMUTH HANDWHEEL ENGAGED）
方位手轮插销
上光端机采集
上光纤板（关键器件 D8、D16、U30）
光纤
下光纤板
DAU底板
DCU
330号：天线座1号电源故障：+15V（PEDESTAL +15V POWER SUPPLY 1 FAIL）
DCU电源
DAU底板
模拟板（关键器件 U12、U10）
数字板
RDA计算机
331号：天线座1号电源故障：−15V（PEDESTAL −15V POWER SUPPLY 1 FAIL）
DCU电源
DAU底板
模拟板（关键器件 U14、U13）
数字板
RDA计算机
332号：天线座1号电源故障：+5V（PEDESTAL +5V POWER SUPPLY 1 FAIL）
DCU电源
DAU底板
模拟板（关键器件 U12、U10）
数字板
RDA计算机
333号：天线座2号电源故障：+28V（PEDESTAL +28V POWER SUPPLY 2 FAIL）
DCU电源
DAU底板
模拟板（关键器件 U08、U07）
数字板
RDA计算机

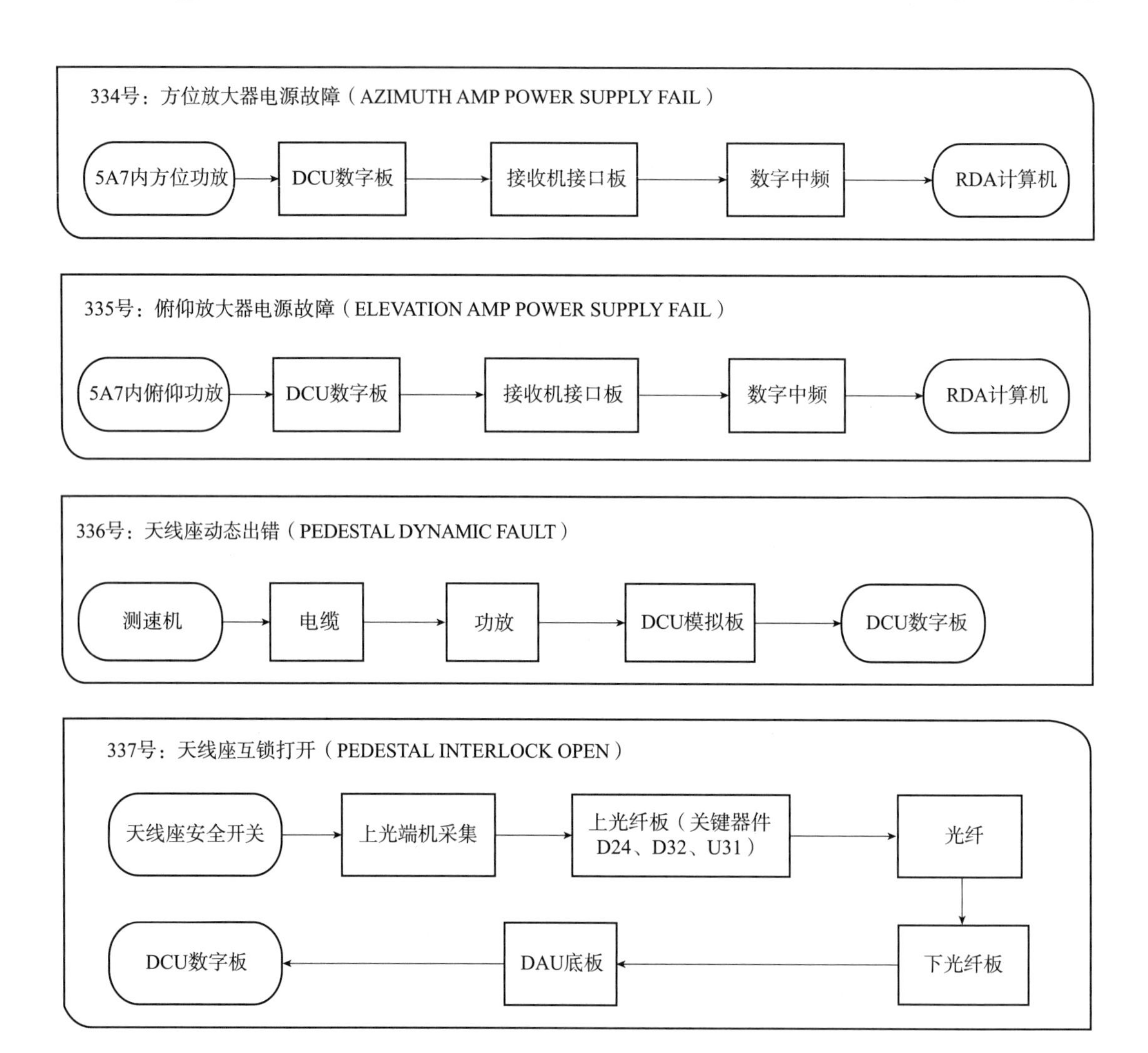
334号：方位放大器电源故障（AZIMUTH AMP POWER SUPPLY FAIL）
5A7内方位功放
DCU数字板
接收机接口板
数字中频
RDA计算机
335号：俯仰放大器电源故障（ELEVATION AMP POWER SUPPLY FAIL）
5A7内俯仰功放
DCU数字板
接收机接口板
数字中频
RDA计算机
336号：天线座动态出错（PEDESTAL DYNAMIC FAULT）
测速机
电缆
功放
DCU模拟板
DCU数字板
337号：天线座互锁打开（PEDESTAL INTERLOCK OPEN）
天线座安全开关
上光端机采集
上光纤板（关键器件D24、D32、U31）
光纤
下光纤板
DAU底板
DCU数字板

第 3 章

雷达系统级故障诊断与维修

3.1 雷达整机系统信号流程

雷达整机系统信号包含发射系统和接收系统和双偏振馈线系统等，雷达整机系统信号流程见图 3-1。

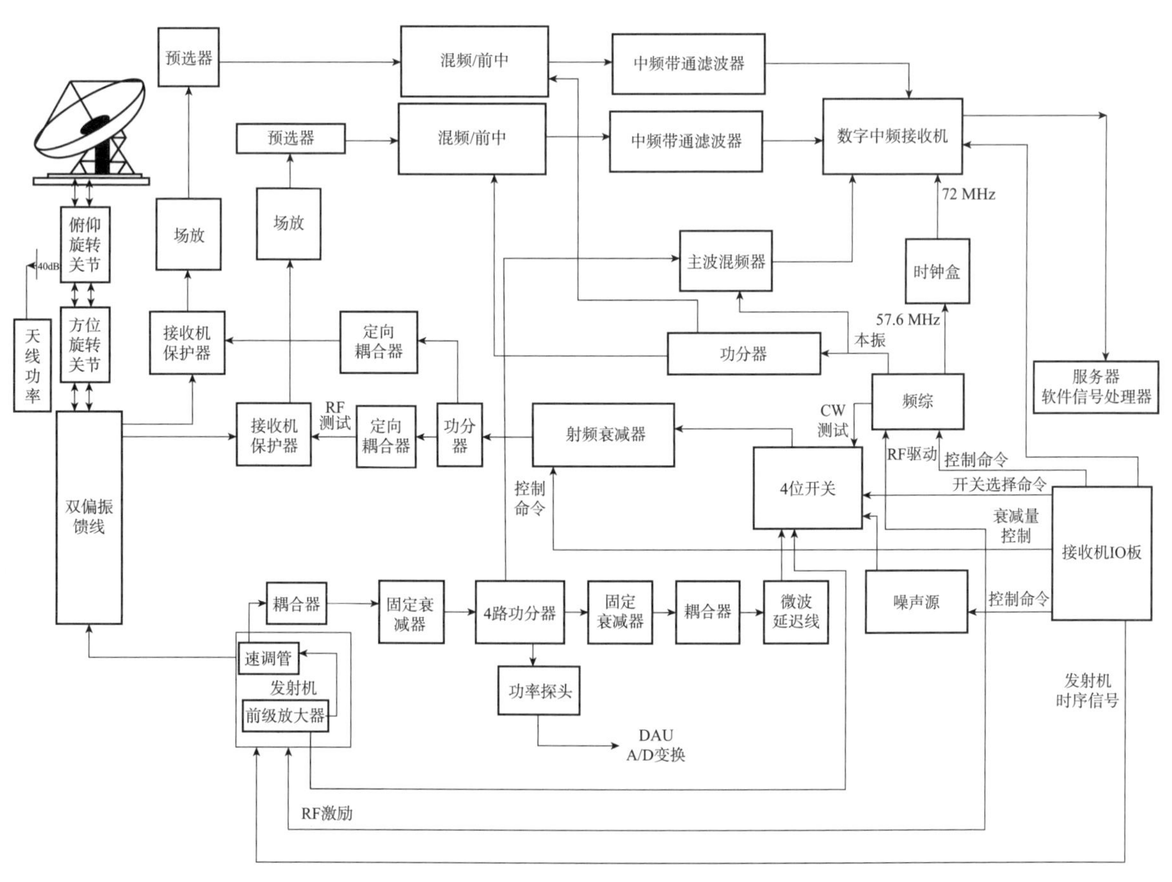

图 3-1　SA-D 雷达整机信号流程

雷达系统电缆连接见图 3-2。

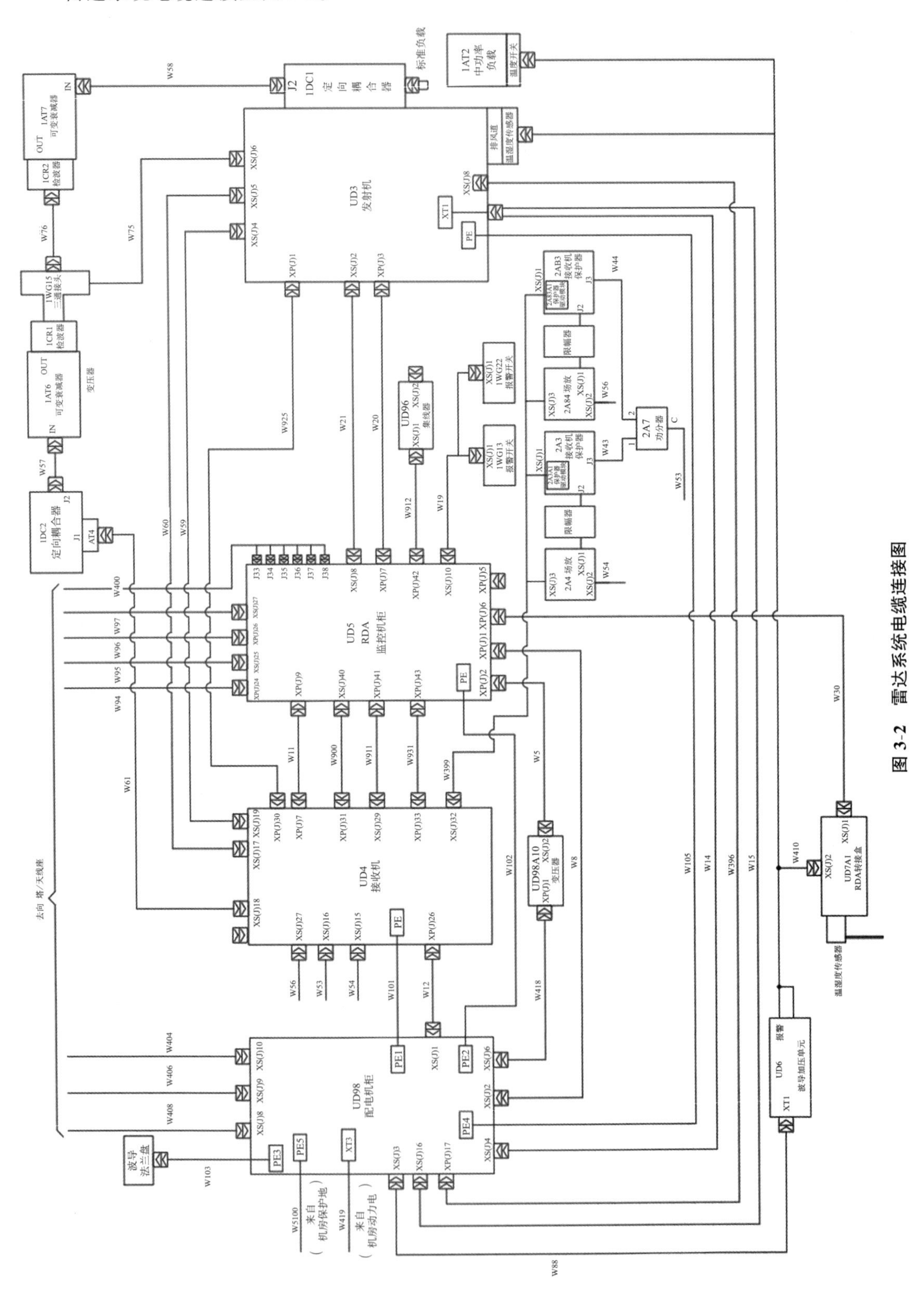

图 3-2　雷达系统电缆连接图

配电机柜电缆连接见图 3-3。

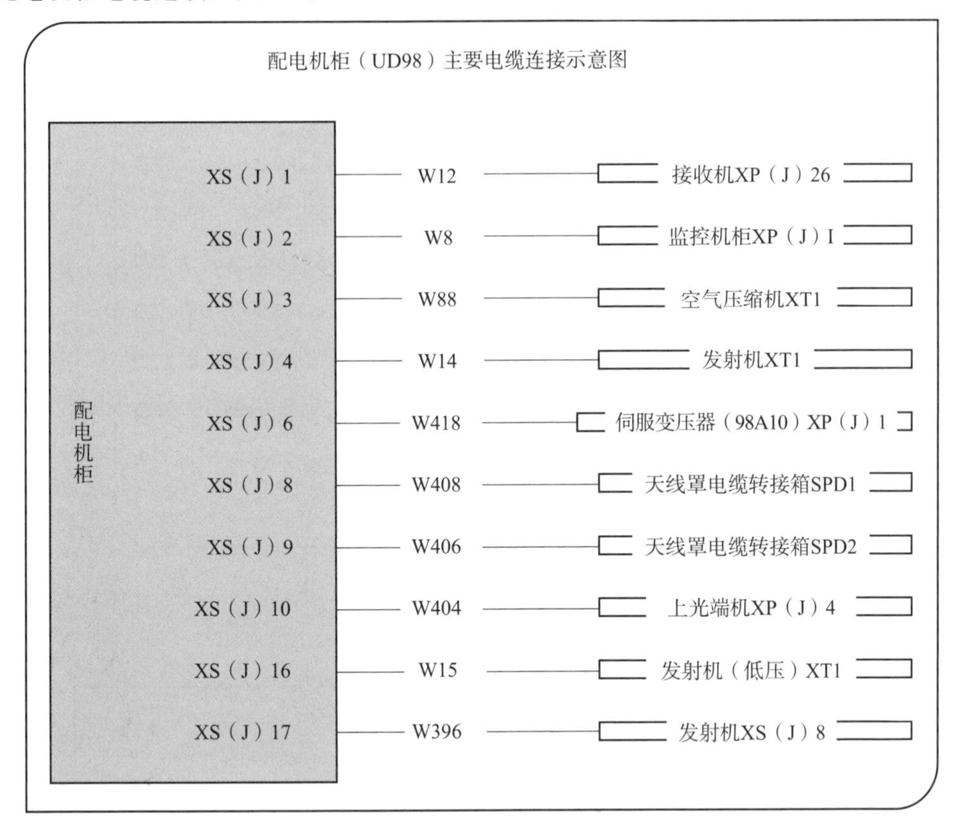

图 3-3　配电机柜电缆连接图

天伺系统电缆连接见图 3-4。

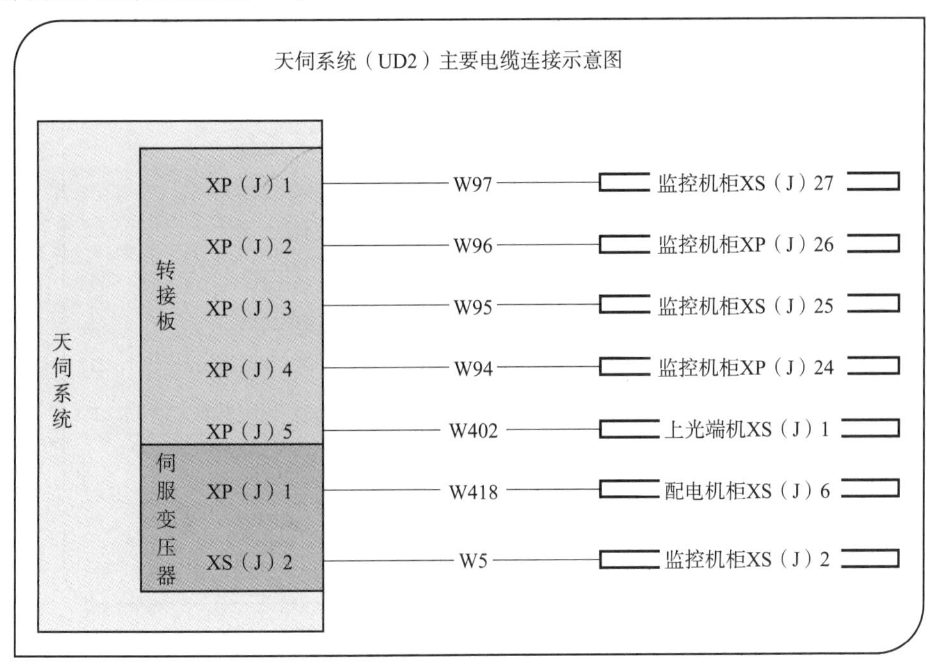

图 3-4　天伺系统电缆连接图

发射机电缆连接见图 3-5。

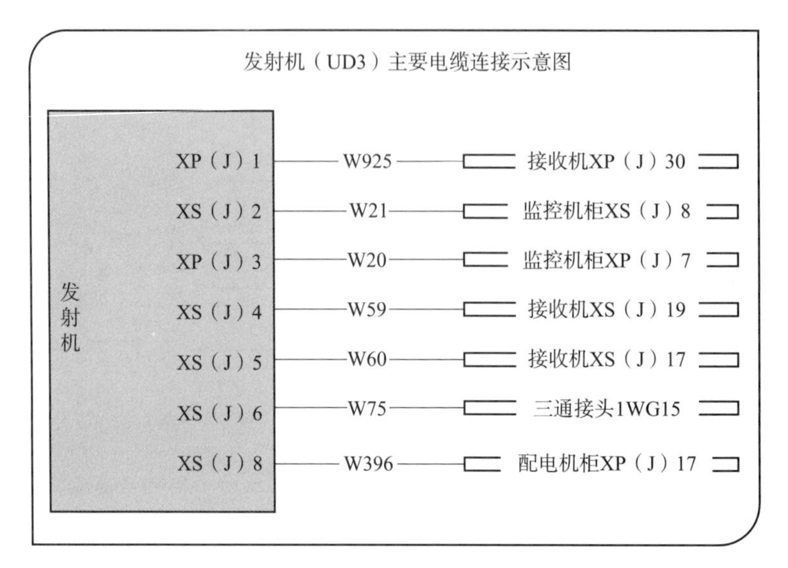

图 3-5　发射机电缆连接图

接收机电缆连接见图 3-6。

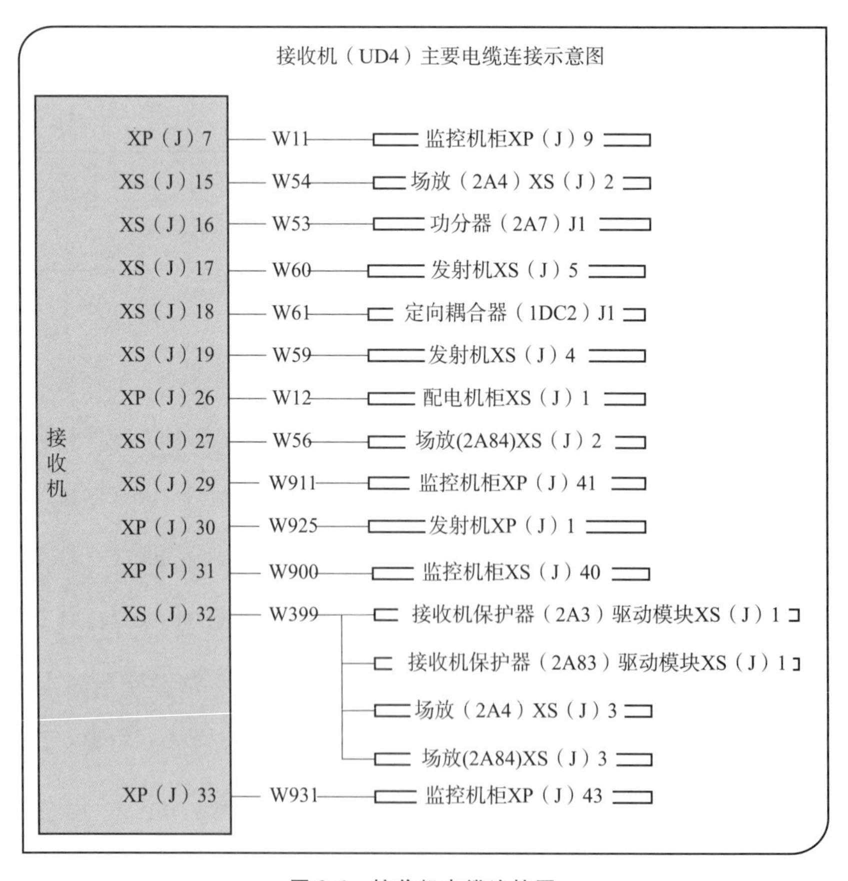

图 3-6　接收机电缆连接图

监控电缆连接见图 3-7。

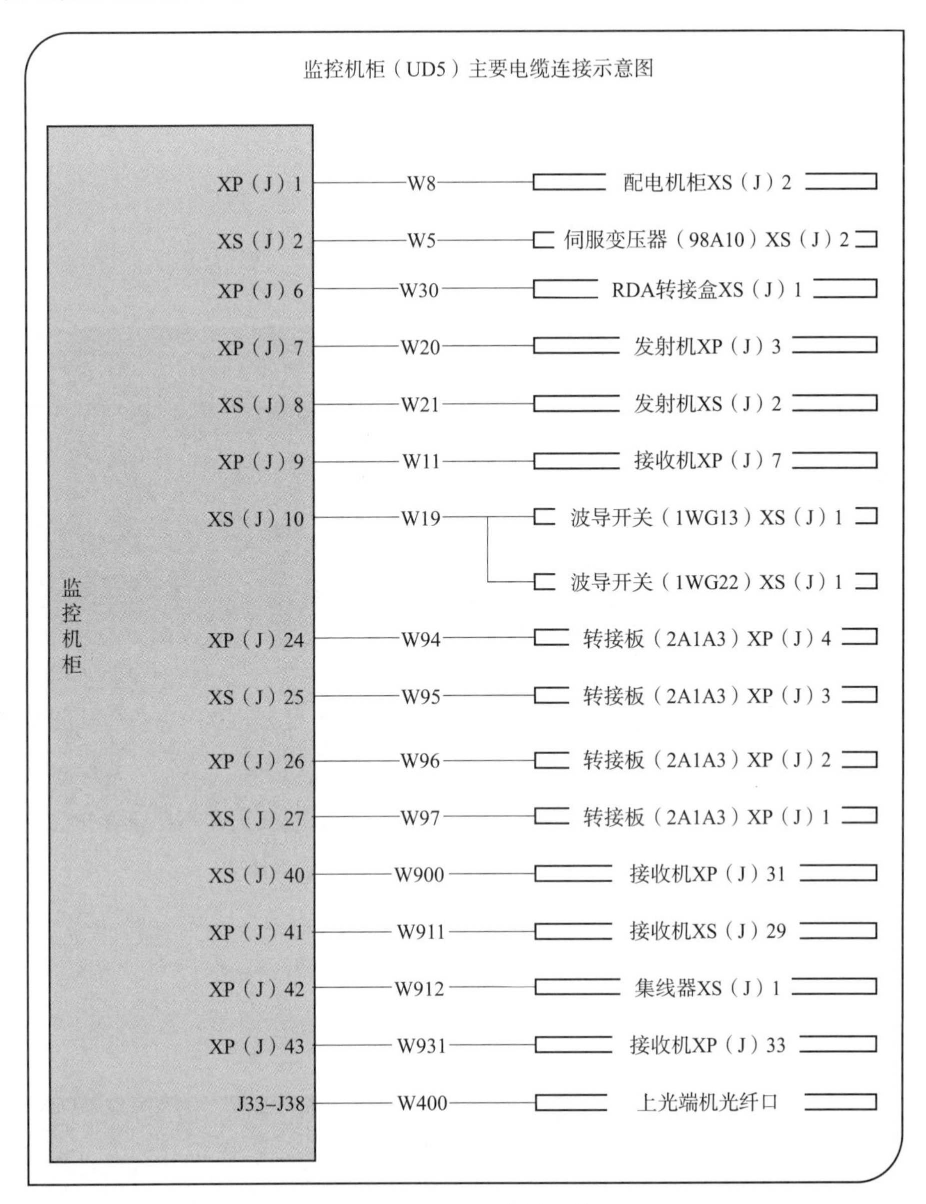

图 3-7 RDA 监控电缆连接图

3.2 雷达关键点信号波形或信号电平

雷达关键点包括系统级、发射机、接收机和伺服系统的关键测试点等。

3.2.1 雷达系统级关键点信号参数或波形

新一代双偏振多普勒天气雷达（CINRAD/SA-D）系统级关键点信号参数或波形

见图 3-8 ~ 图 3-16。

开关组件（3A10），ZP1 输出充电触发，ZP6 是信号地。发射机充电触发信号测试点及典型波形如图 3-8 所示，充电触发信号输出幅值在 15 V 左右，如果 3A10 无输出或波形异常，则可能有以下 4 个原因：

①无保护器响应；

②3A10A1 故障；

③发射机主控板未发触发信号；

④数字中频故障。

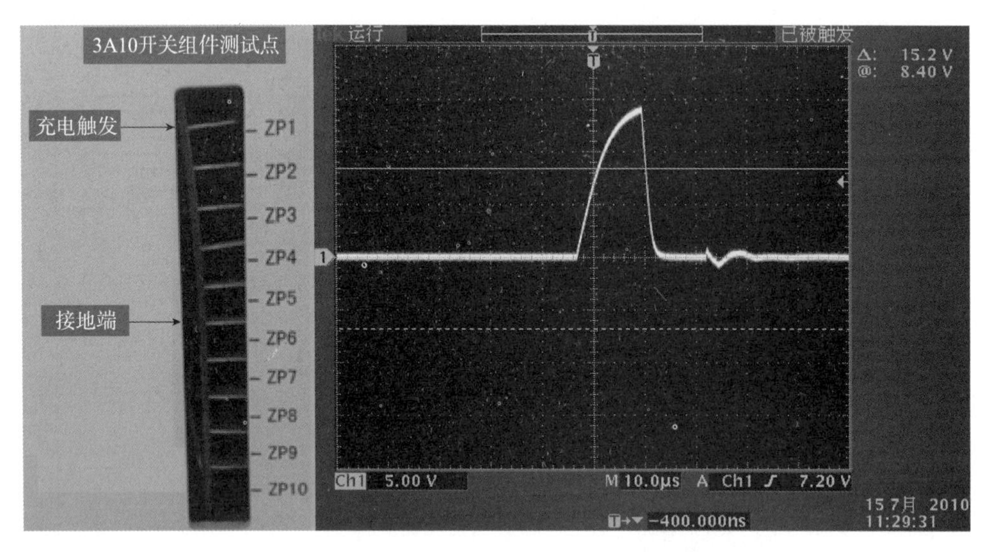

图 3-8　发射机充电触发信号测试点及典型波形

3A11 是 ZP4 输出放电触发，ZP1 是信号地。发射机放电触发信号测试点及典型波形如图 3-9 所示，放电触发信号输出幅值约 -200 V。3A11 无输出或波形异常一般有 2 个原因：

①数字中频无触发信号输出；

②3A11A1 电路板故障。

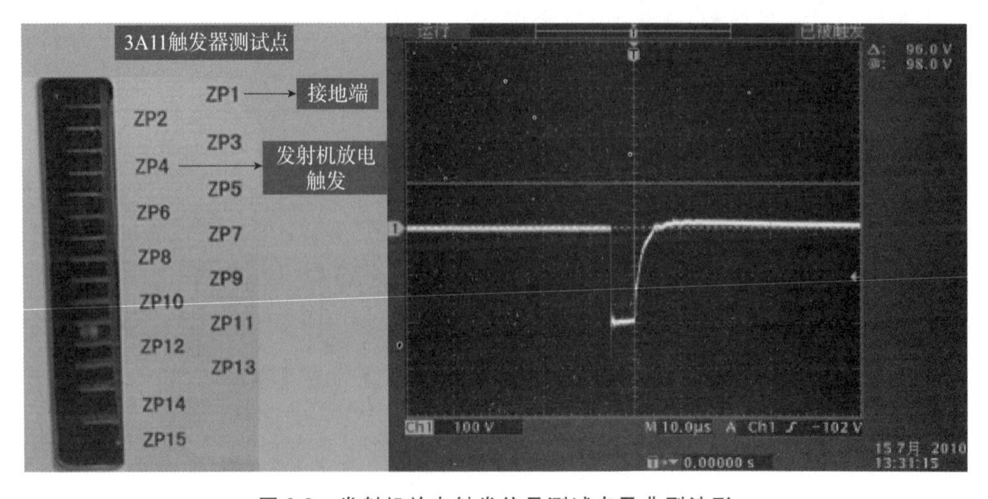

图 3-9　发射机放电触发信号测试点及典型波形

时钟信号 COHO 测试点与关键波形如图 3-10 所示，频率为 57.55 MHz，时钟信号无输出波形或波形异常一般都是频综故障引起。时钟信号 COHO 经时钟盒转换为 72 MHz 主时钟信号供给数字中频（WRSP）。

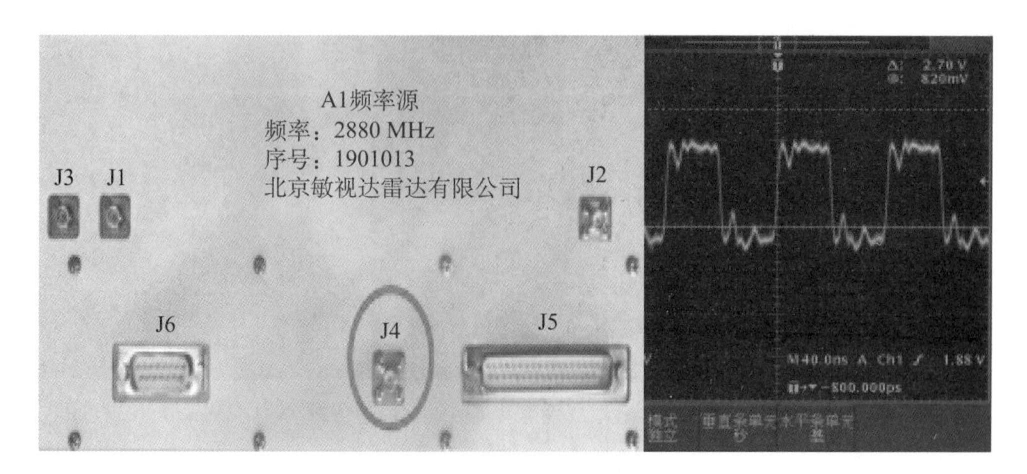

图 3-10　时钟信号测试点与关键波形

人工线电压测试点与典型波形如图 3-11 所示，电压幅度为 4～5 V，无电压输出或波形异常一般有以下 3 个原因：

①调制器 3A12 故障；

②开关组件 3A10 故障；

③触发器 3A11 故障。

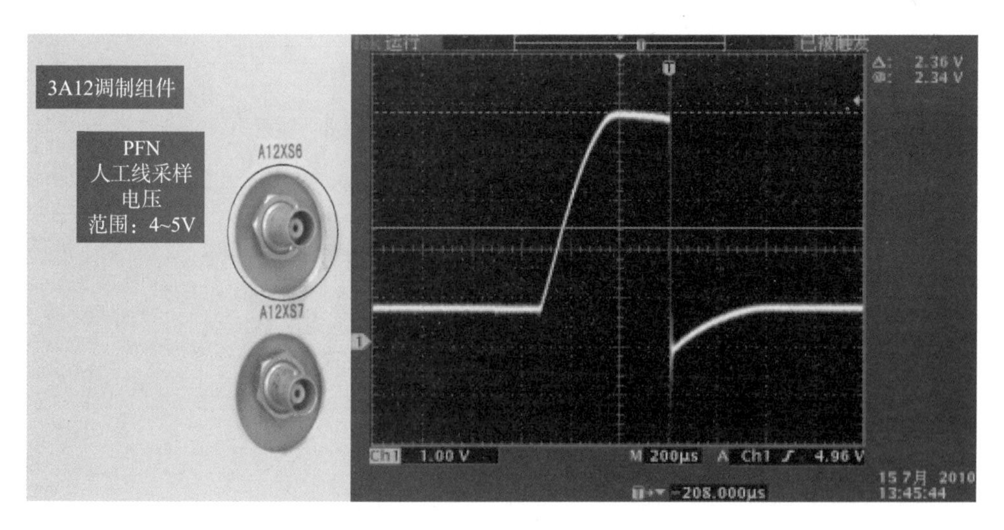

图 3-11　人工线电压测试点与典型波形

放电触发信号测试点与典型波形如图 3-12 所示，输出无波形或波形异常的主要原因是发射机主控板或数字中频故障引起。

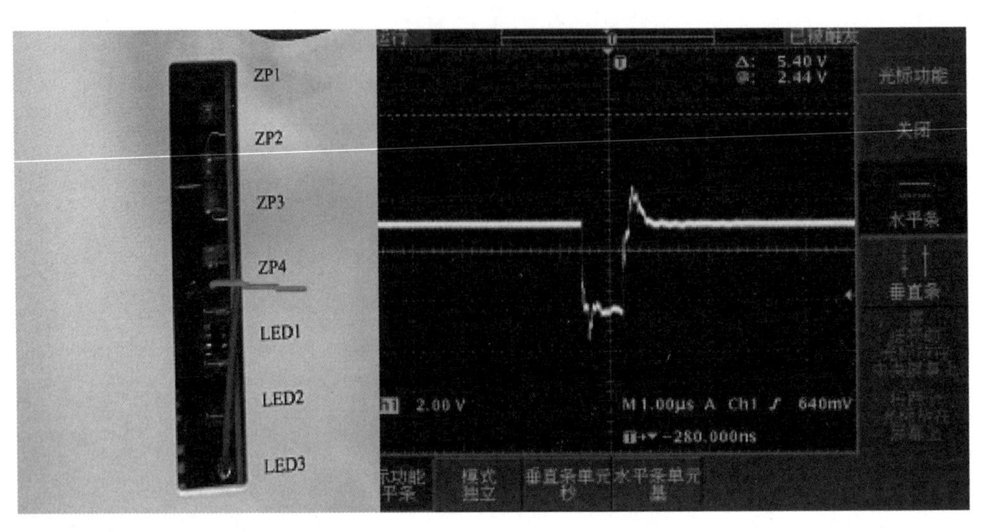

图 3-12　放电触发信号测试点与典型波形

3.2.2　发射机关键点波形

发射机关键点波形包括后校平器、充电开关组件、触发器组件、灯丝电源、磁场电源、调制器等，发射机关键点波形见表 3-1。

表 3-1　发射机关键点信号参数或波形

组件	测试点	信号名称及说明	参考波形	指标参考值
3A8	ZP1	校平信号	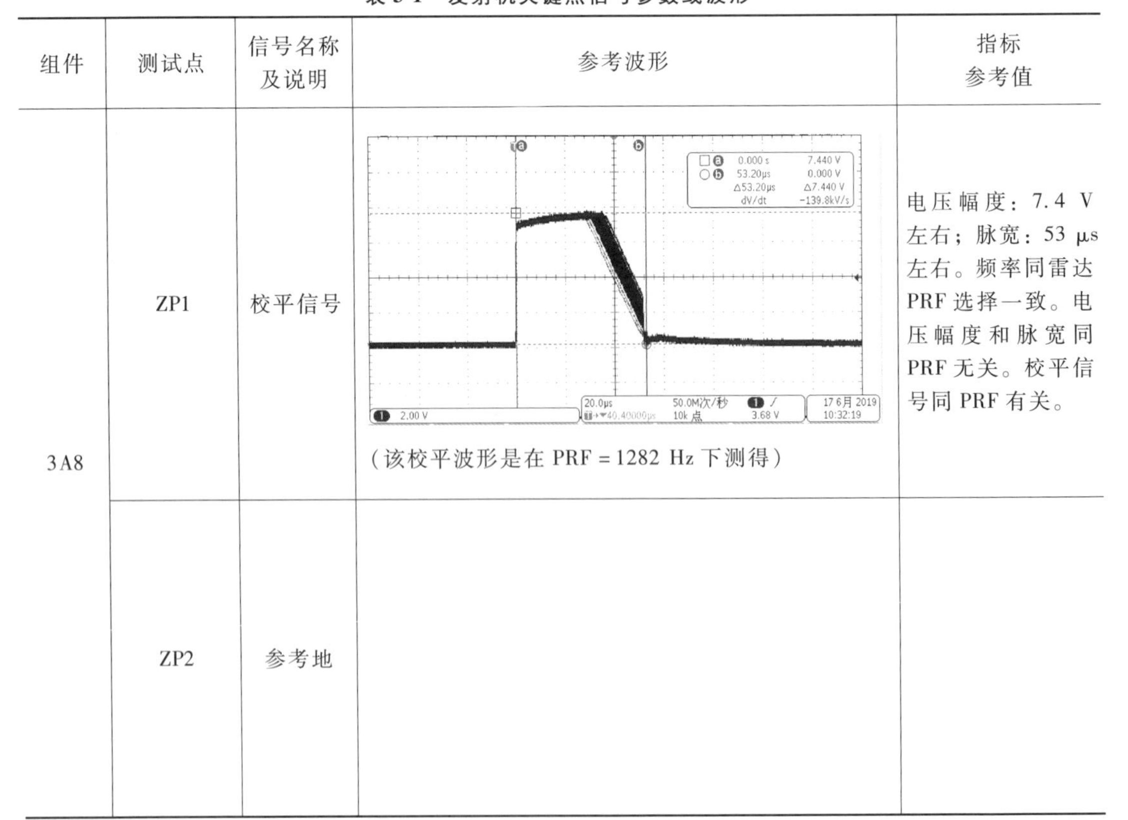 （该校平波形是在 PRF = 1282 Hz 下测得）	电压幅度：7.4 V 左右；脉宽：53 μs 左右。频率同雷达 PRF 选择一致。电压幅度和脉宽同 PRF 无关。校平信号同 PRF 有关。
	ZP2	参考地		

续表

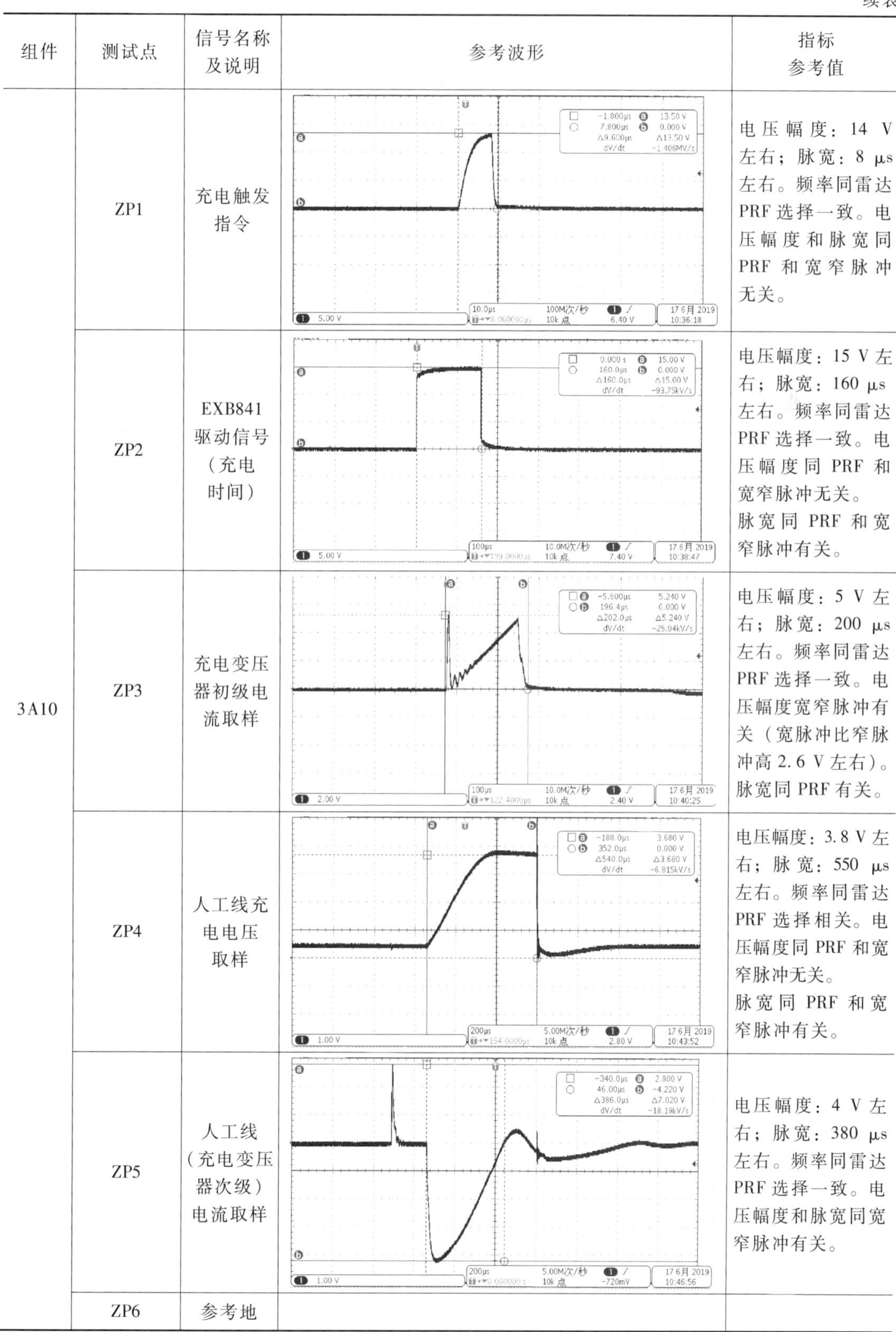

组件	测试点	信号名称及说明	参考波形	指标参考值
3A10	ZP1	充电触发指令		电压幅度：14 V左右；脉宽：8 μs左右。频率同雷达PRF选择一致。电压幅度和脉宽同PRF和宽窄脉冲无关。
	ZP2	EXB841驱动信号（充电时间）		电压幅度：15 V左右；脉宽：160 μs左右。频率同雷达PRF选择一致。电压幅度同PRF和宽窄脉冲无关。脉宽同PRF和宽窄脉冲有关。
	ZP3	充电变压器初级电流取样		电压幅度：5 V左右；脉宽：200 μs左右。频率同雷达PRF选择一致。电压幅度宽窄脉冲有关（宽脉冲比窄脉冲高2.6 V左右）。脉宽同PRF有关。
	ZP4	人工线充电电压取样		电压幅度：3.8 V左右；脉宽：550 μs左右。频率同雷达PRF选择相关。电压幅度同PRF和宽窄脉冲无关。脉宽同PRF和宽窄脉冲有关。
	ZP5	人工线（充电变压器次级）电流取样		电压幅度：4 V左右；脉宽：380 μs左右。频率同雷达PRF选择一致。电压幅度和脉宽同宽窄脉冲有关。
	ZP6	参考地		

续表

组件	测试点	信号名称及说明	参考波形	指标参考值
3A11	ZP1	参考地		
	ZP2	调制器反峰电流取样	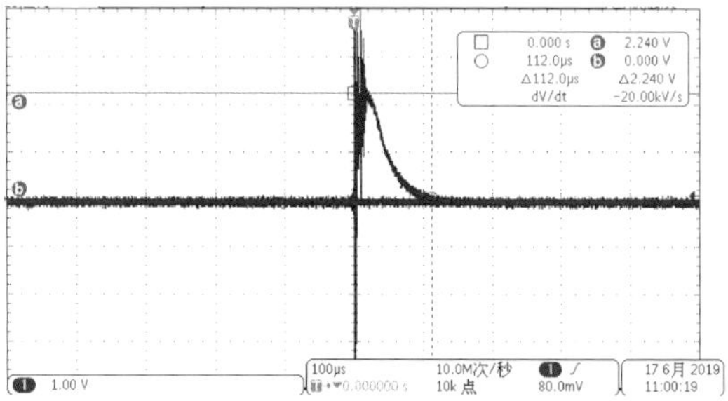	电压幅度：2.5 V 左右；脉宽：120 μs 左右。频率同雷达 PRF 选择一致。电压幅度同 PRF 和宽窄脉冲无关。
	ZP3	调制器初级脉冲电流取样	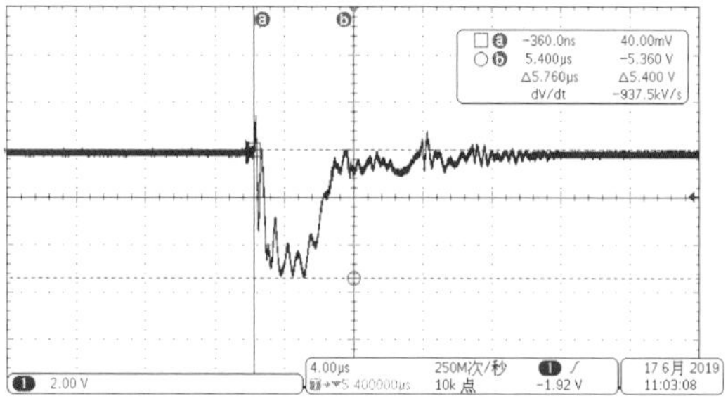	电压幅度：5.4 V 左右；脉宽：5 μs 左右。频率同雷达 PRF 选择一致。电压幅度同 PRF 和宽窄脉冲无关。脉宽同宽窄脉冲有关。
	ZP4	放电触发	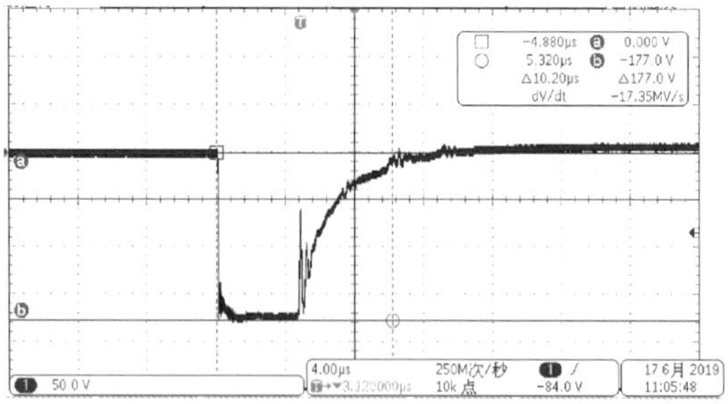	电压幅度：－190 V 左右；脉宽：10 μs 左右。频率同雷达 PRF 选择一致。电压幅度同 PRF 和宽窄脉冲无关。
3A12	XS6	人工线电压	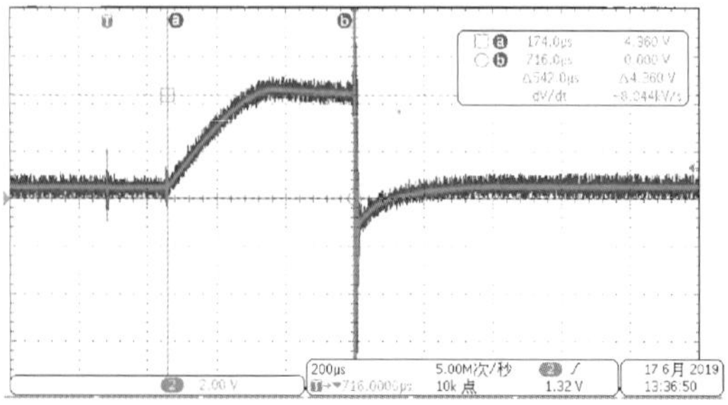	电压幅度：4.3 V 左右；脉宽：540 μs 左右。频率同雷达 PRF 选择一致。电压幅度同 PRF 和宽窄脉冲无关。脉宽同宽窄脉冲有关。

续表

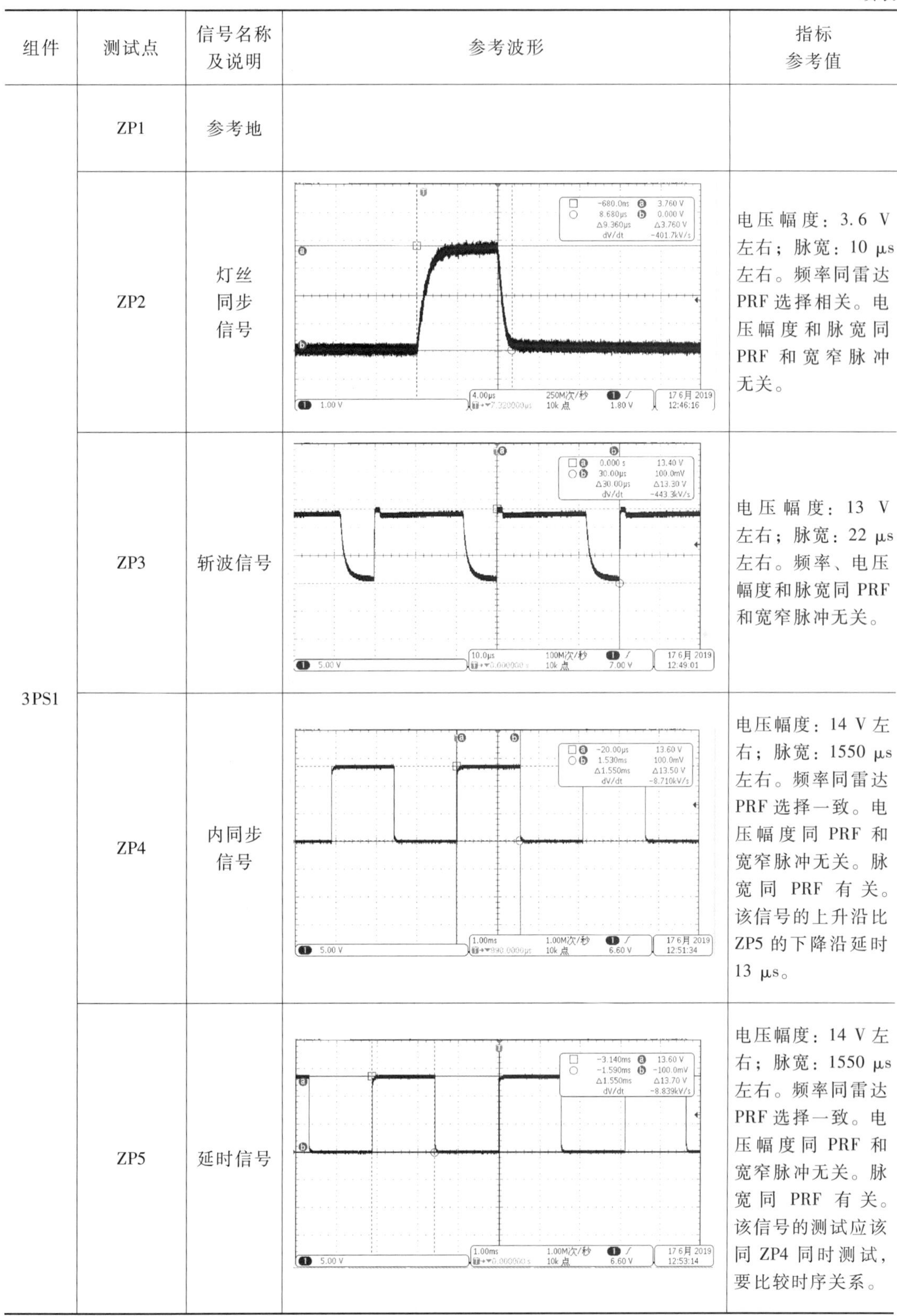

组件	测试点	信号名称及说明	参考波形	指标参考值
3PS1	ZP1	参考地		
	ZP2	灯丝同步信号		电压幅度：3.6 V左右；脉宽：10 μs左右。频率同雷达PRF选择相关。电压幅度和脉宽同PRF和宽窄脉冲无关。
	ZP3	斩波信号		电压幅度：13 V左右；脉宽：22 μs左右。频率、电压幅度和脉宽同PRF和宽窄脉冲无关。
	ZP4	内同步信号		电压幅度：14 V左右；脉宽：1550 μs左右。频率同雷达PRF选择一致。电压幅度同PRF和宽窄脉冲无关。脉宽同PRF有关。该信号的上升沿比ZP5的下降沿延时13 μs。
	ZP5	延时信号		电压幅度：14 V左右；脉宽：1550 μs左右。频率同雷达PRF选择一致。电压幅度同PRF和宽窄脉冲无关。脉宽同PRF有关。该信号的测试应该同ZP4同时测试，要比较时序关系。

续表

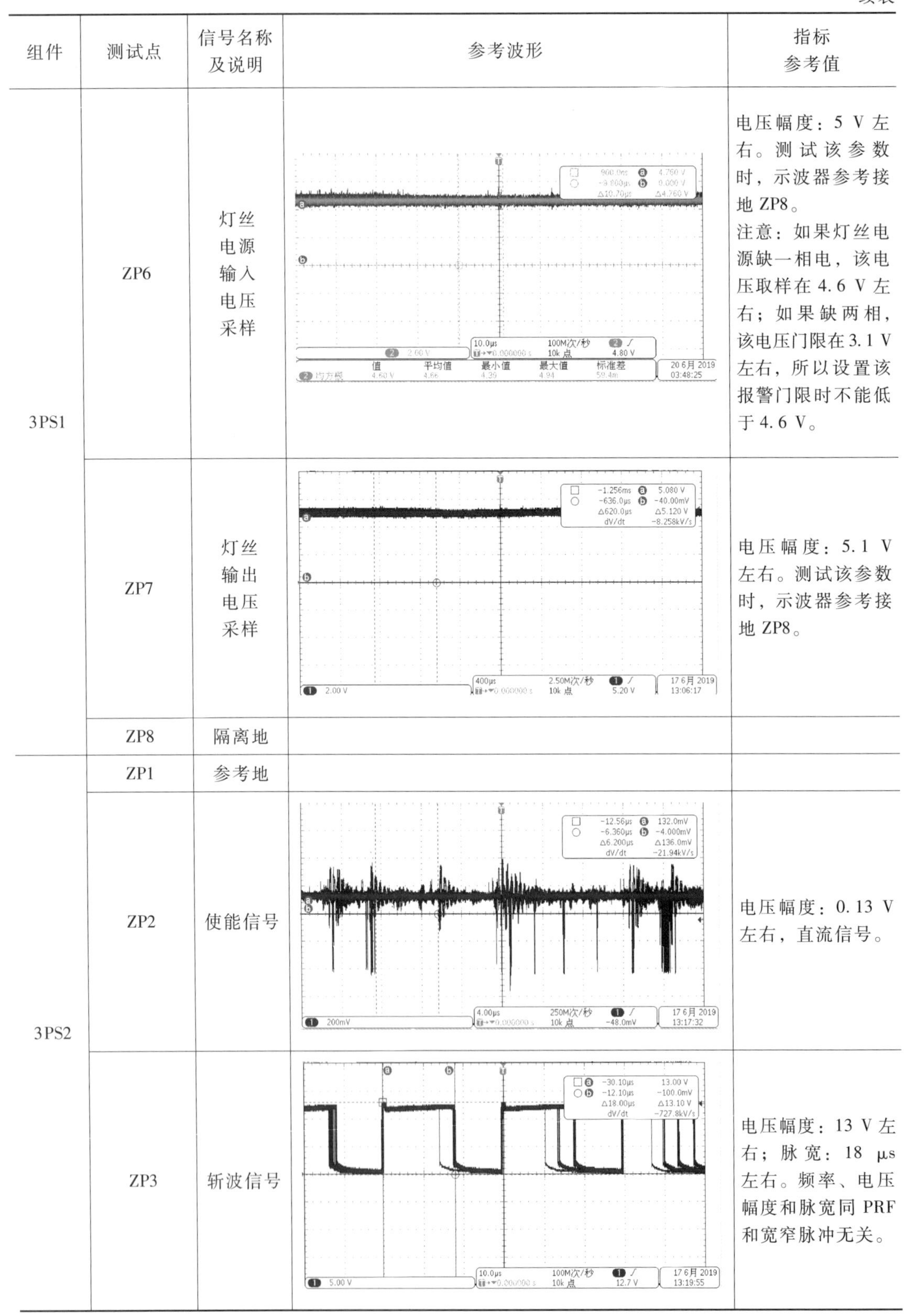

组件	测试点	信号名称及说明	参考波形	指标参考值
3PS1	ZP6	灯丝电源输入电压采样		电压幅度：5 V 左右。测试该参数时，示波器参考接地 ZP8。 注意：如果灯丝电源缺一相电，该电压取样在 4.6 V 左右；如果缺两相，该电压门限在 3.1 V 左右，所以设置该报警门限时不能低于 4.6 V。
	ZP7	灯丝输出电压采样		电压幅度：5.1 V 左右。测试该参数时，示波器参考接地 ZP8。
	ZP8	隔离地		
3PS2	ZP1	参考地		
	ZP2	使能信号		电压幅度：0.13 V 左右，直流信号。
	ZP3	斩波信号		电压幅度：13 V 左右；脉宽：18 μs 左右。频率、电压幅度和脉宽同 PRF 和宽窄脉冲无关。

续表

组件	测试点	信号名称及说明	参考波形	指标参考值
3A7	E2 或 E3	灯丝中间变压器输出	-6.220ms ⓐ 115.0 V -3.100ms ⓑ -112.0 V Δ3.120ms Δ227.0 V dV/dt -72.76kV/s ① 50.0 V 2.00ms 500k次/秒 ① 0.00 V 0.000000 s 10k 点 值 平均值 最小值 最大值 标准差 ① 频率 321.7 Hz 503.9 321.7 45.45k 2.208k ① 峰-峰 242 V 238 6.00 244 25.2 17 6月 2019 13:26:17	电压幅度：230 V 左右（峰-峰值）；频率同雷达 PRF 选择一致的方波。电压幅度同 PRF 和宽窄脉冲无关。脉宽同 PRF 有关。 万用表测试 E2 和 E3 端在 250 V 左右（FLUKE）
组合信号（有比较严格的时序关系）				
3A8 3A12	3A8：ZP1 3A12：XS6	充电校平信号和人工线电压	ⓐ -511.0μs 5.700 V ⓑ 60.00μs -5.200 V Δ571.0μs Δ10.90 V dV/dt -19.09kV/s ① 5.00 V ② 2.00 V 100μs 10.0M次/秒 ① 3.10 V -46.00000μs 10k 点 17 6月 2019 13:43:09	注意：校平信号的后沿同人工线放电瞬间是应该对齐的。
3A10 3A12	3A10：ZP3 3A12：XS6	充电变压器初级电流取样和人工线	ACK ① 2.00 V ② 1.00 V 200μs 5.00M次/秒 ① 3.56 V 254.0000μs 10k 点 值 平均值 最小值 最大值 标准差 ① 均方根 950mV 950m 950m 950m 0.00 ① +宽度 6.850μs 6.850μ 6.850μ 6.850μ 0.000 ① +宽度 6.850μs 6.850μ 6.850μ 6.850μ 0.000 19 6月 2019 06:42:55	
3A10 3A12	3A10：ZP1 3A12：XS6	充电触发指令和人工线	ⓐ -5.000μs 5.700 V ⓑ 749.0μs -5.200 V Δ754.0μs Δ10.90 V dV/dt -14.46kV/s ① 5.00 V ② 5.00 V 200μs 5.00M次/秒 ① 3.80 V 487.0000μs 10k 点 17 6月 2019 13:52:37	

续表

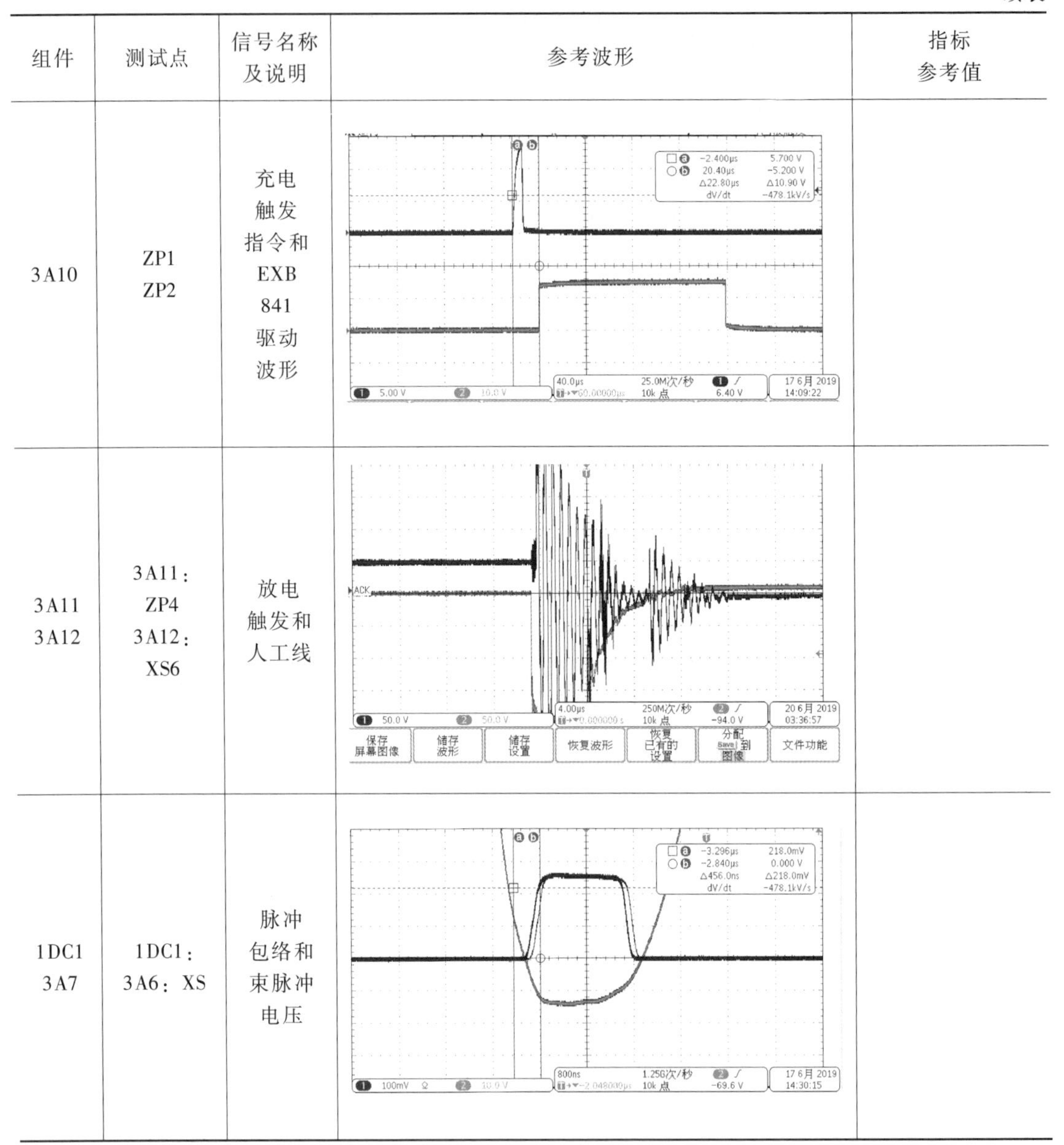

组件	测试点	信号名称及说明	参考波形	指标参考值
3A10	ZP1 ZP2	充电触发指令和EXB 841驱动波形		
3A11 3A12	3A11：ZP4 3A12：XS6	放电触发和人工线		
1DC1 3A7	1DC1：3A6：XS	脉冲包络和束脉冲电压		

3.3 接收机关键点测试波形

接收机关键点波形主要是数字中频发往发射机的时序信号、接收机保护器命令和响应信号。测试位置在接收机 IO 接口板。

3.3.1 接收机关键点波形测试板

接收机关键点波形测试接口板如图 3-13 所示。

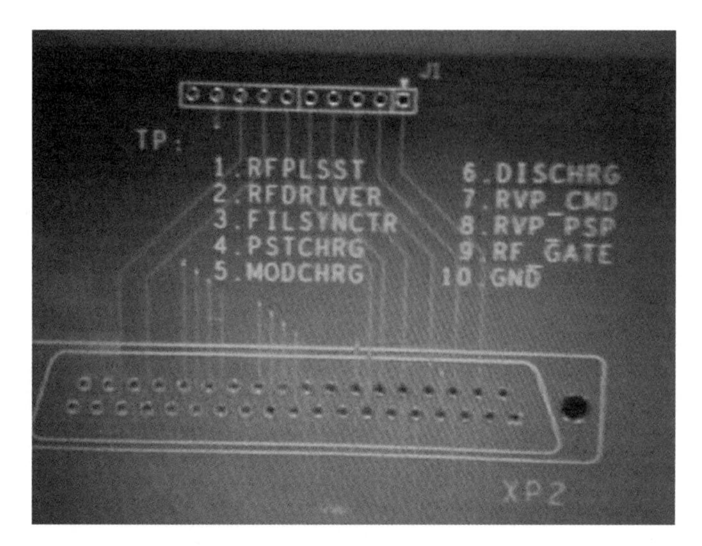

图 3-13 接收机接口板测试点

3.3.2 接收机 IO 接口板关键点测试波形

接收机 IO 接口板关键点测试波形见表 3-2。

表 3-2 接收机接口板关键点波形

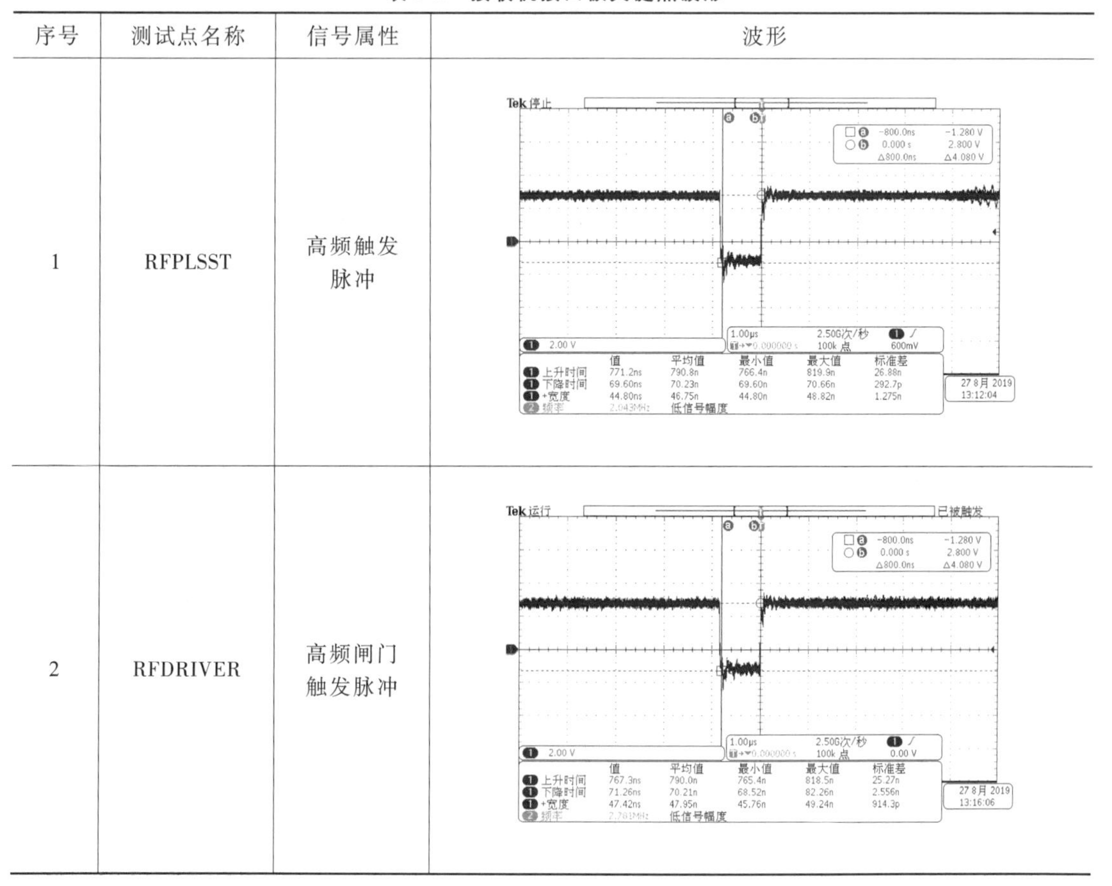

序号	测试点名称	信号属性	波形
1	RFPLSST	高频触发脉冲	
2	RFDRIVER	高频闸门触发脉冲	

续表

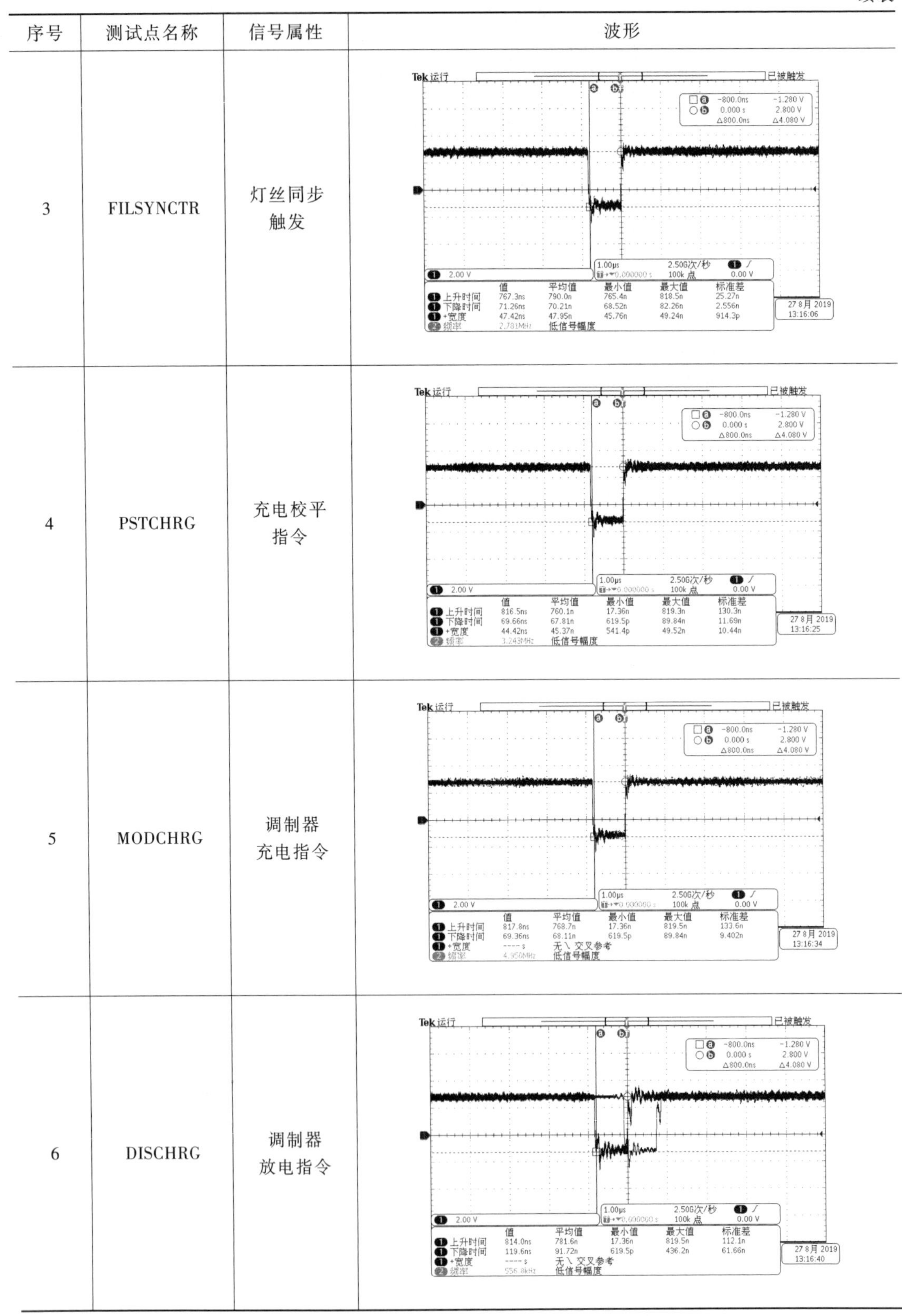

序号	测试点名称	信号属性	波形
3	FILSYNCTR	灯丝同步触发	
4	PSTCHRG	充电校平指令	
5	MODCHRG	调制器充电指令	
6	DISCHRG	调制器放电指令	

续表

序号	测试点名称	信号属性	波形
7	RVP_CMD	保护器命令信号	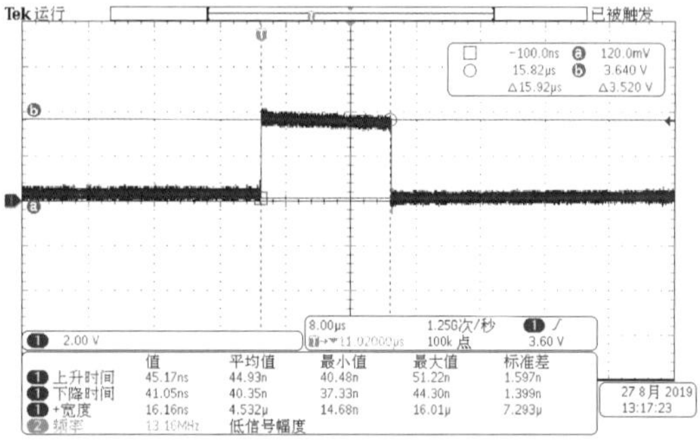
8	RVP_PSP	保护器响应信号	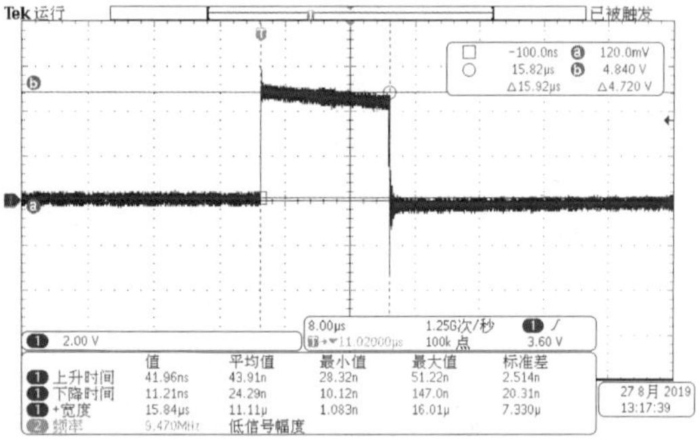
9	RF_GATE	脉冲调制信号	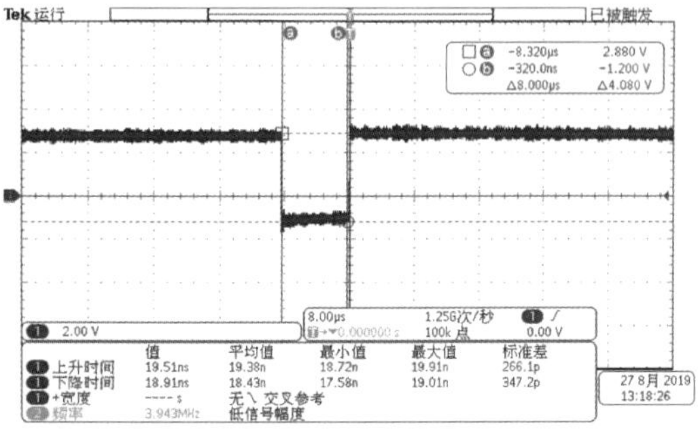
10	GND	信号地	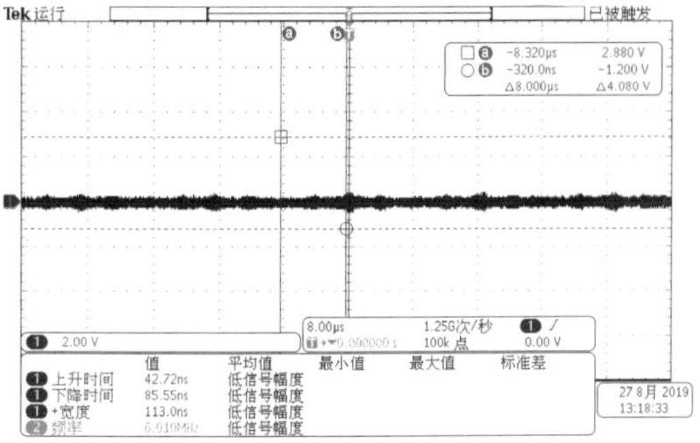

3.4　伺服系统关键点信号

伺服系统关键点主要有串口通信信号和角码信号等。

3.4.1　DCU 串口测试信号

接收机接口 XS8（9 芯 D 型头孔型，DCU 串行通信）的 2 脚为 DCU_TX，3 脚为 DCU_RX，5 脚为 GND。

DCU 串口测试信号如图 3-14 所示。

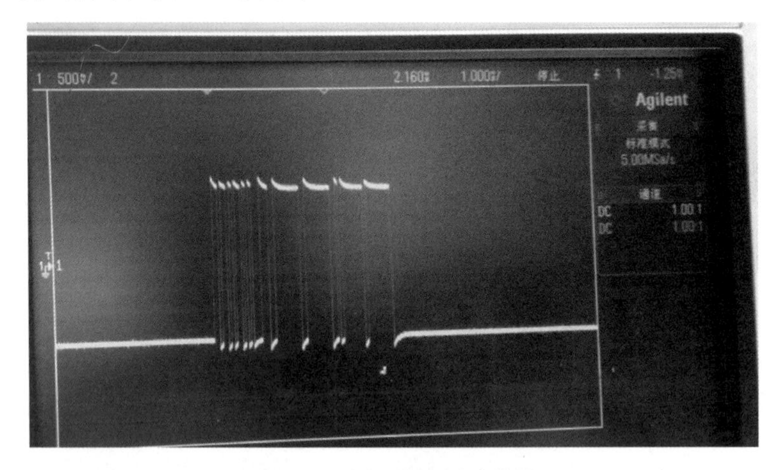

图 3-14　DCU 串口测试信号

3.4.2　伺服 BIT 电平信号

伺服 BIT 电平信号见表 3-3。

表 3-3　伺服 BIT 电平信号

序号	报警名称	正常电平（V）	报警电平（V）
1	座锁定	0	5
2	俯仰手轮	0	5
3	俯仰油位传感器	0	5
4	负预限位	0	5
5	极限限位	0	5
6	正预限位	0	5
7	极限限位	0	5
8	俯仰轴锁定	0	5
9	方位手轮	0	5
10	油位传感器	5	0
11	方位轴锁定	0	5
12	天线罩门开	0	5

3.4.3　轴角盒测试信号

轴角盒测试信号见图 3-15 ~ 图 3-18。

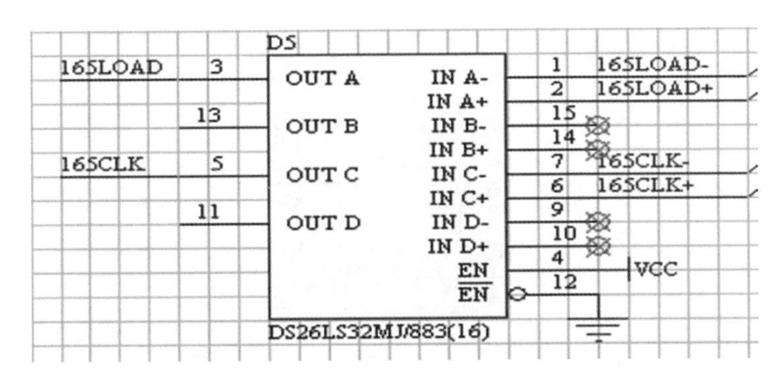

图 3-15　轴角盒时钟信号测试点

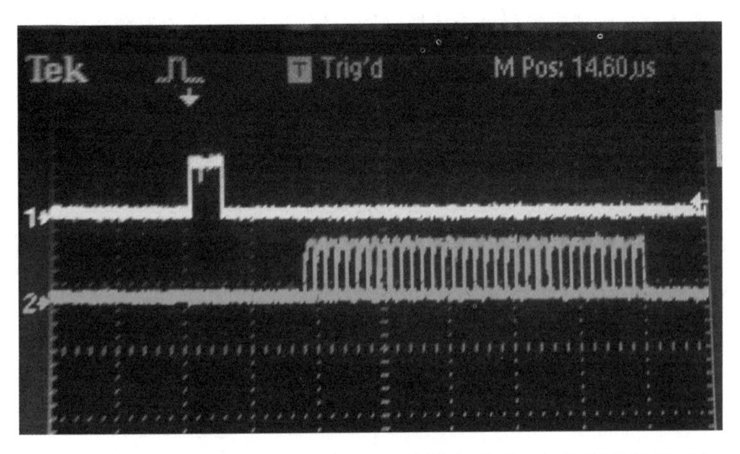

图 3-16　轴角盒时钟信号波形（1 通道锁存信号、2 通道时钟信号）

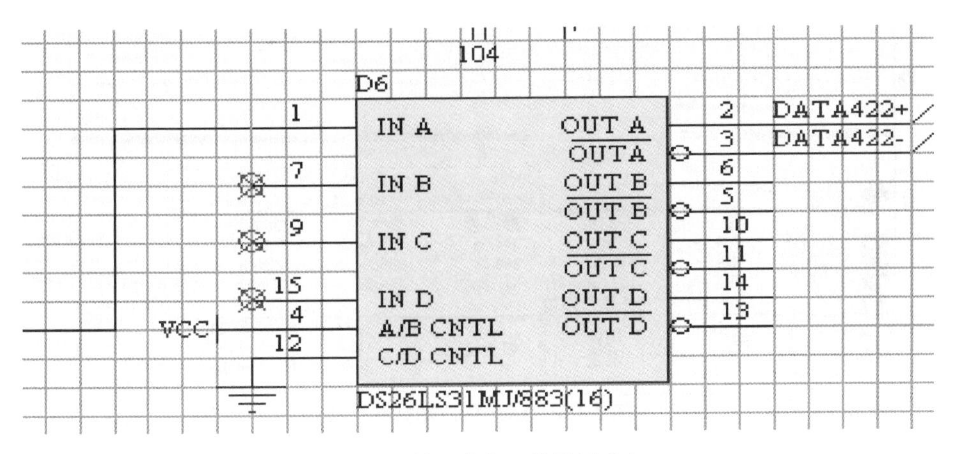

图 3-17　轴角盒角码信号测试点

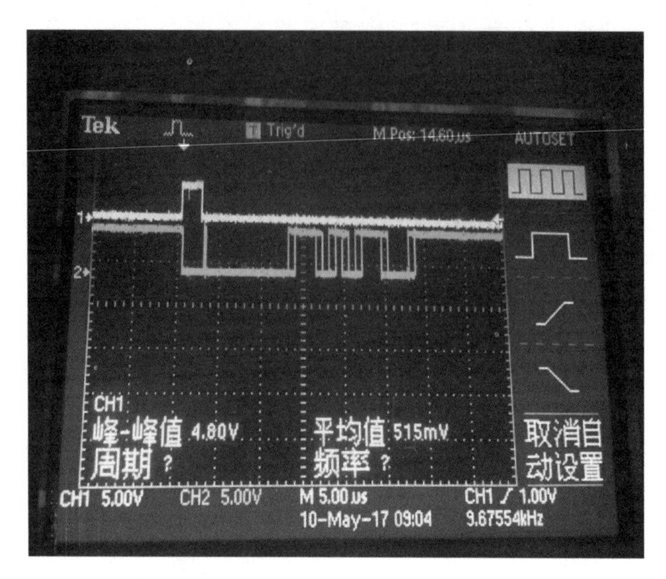

图 3-18　轴角盒角码信号波形（1 通道锁存信号、2 通道角码信号）

3.5　DAU 关键点信号测试波形

DAU 关键点信号测试位置为 RDASC 计算机的 DAU 串行通信插座（9 芯 D 型头孔型，DAU 通信）。DAU 关键点串口通信信号测试波形如图 3-19、图 3-20 所示。

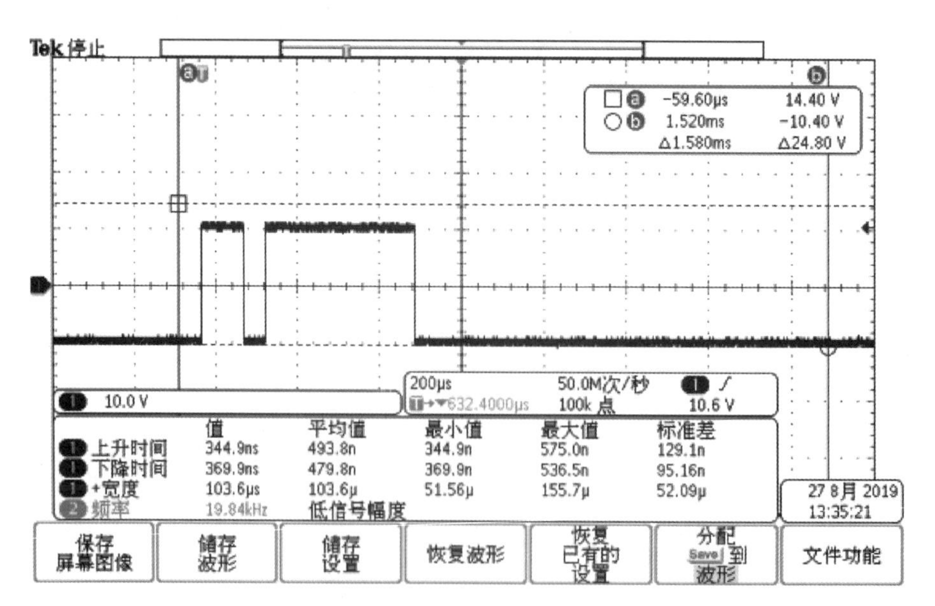

图 3-19　DAU 串口测试信号 1

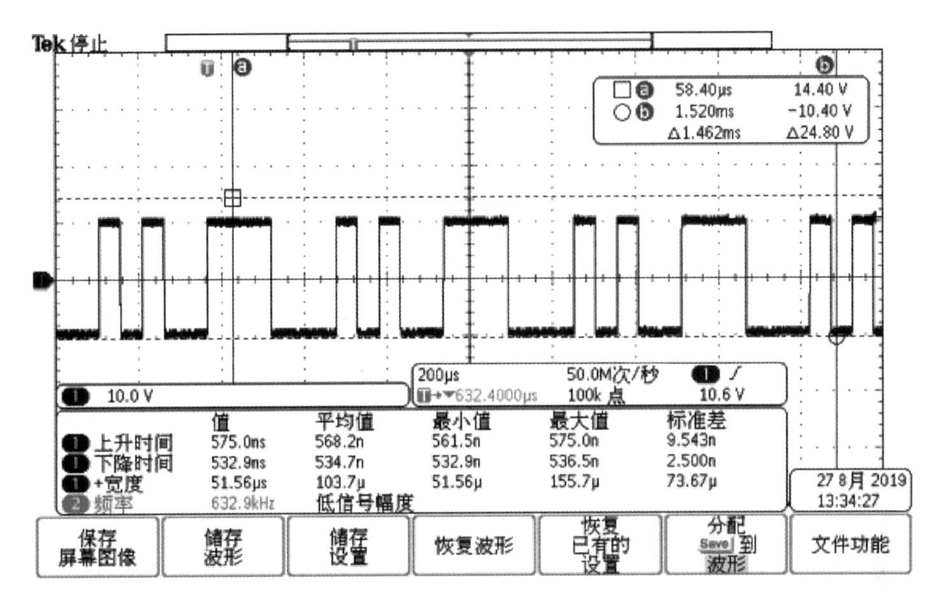

图 3-20 DAU 串口测试信号 2

3.6 雷达故障诊断技术与方法

3.6.1 故障检修流程

RDA 状态和控制应用程序检测 RDA 设备组（发射机、接收机、伺服系统、天馈系统、雷达附属设备等）的性能，将监控的雷达状态和报警信息发送到 RDA 计算机维护终端和 RPG 的单元控制台（UCP），对于 RPG、PUP 还有相关的通信连接等状态检查。对于无人值守的雷达站，当操作人员从 RPG 或 PUP 收到一个故障问题的提示后，应根据报警信息并通过检查雷达状态数据（用户终端雷达性能参数检查菜单下）确定故障范围在哪一个系统（PUP、RPG、RDA），如果故障范围在 RDA，雷达维修技术人员应亲赴现场进行故障隔离和修复。

新一代双偏振多普勒天气雷达故障隔离（查寻）和修复流程一般分为 6 个步骤：①在线故障现象观测；②在线性能检测；③脱机测试诊断软件测试；④脱机关键点参数测试；⑤故障修复后通电试机（考机）；⑥事后故障分析总结。

3.6.1.1 在线故障现象观测

在线故障现象观测是指不用测试仪表，只是通过人的感观和设备面板的各种可视指示（在机仪表指示、指示灯）、报警声音、异常声响、外部旋钮、终端显示报警信息等，必要时通过改变设备面板的旋钮、按键、开关状态，同时观察故障现象有无变化，以此确定故障是否由旋钮、按键、开关引起的，判断可能的故障分机。

CINRAD/SA 天气雷达提供的各种可视指示有：

电源指示灯：~380 V 指示（总电源、发射机供电、伺服供电等），~220 V 指示（航警灯供电、接收机供电、RDA 供电、空气压缩机供电等），低压直流电源（接收机直流电源、RDA 直流电源、发射机直流电源）的正常（绿色）指示灯；

表头指示：配电机柜（三相电压指示、三相电流指示），发射机控制面板（人工线电压指示、灯丝电流指示、钛泵电流指示以及多参数综合数字指示触摸屏），空气压缩机（高、低气压指示）等；

报警指示：发射机控制面报警指示灯、伺服系统报警指示灯、各低压直流电源报警指示等以及部分模块内部的报警指示灯；

状态指示：发射机面板状态指示、伺服系统状态指示（加电、使能、故障等）、各低压直流电源工作状态指示灯，以及部分模块内部的状态指示灯；

报警信息：RDA 报警信息、RPG 报警信息。

3.6.1.2 在线性能检测

CINRAD/SA 天气雷达的自检、自保护系统非常丰富，还有功能强大的自检、测试软件，雷达在正常工作时，每个体扫都会对雷达进行标定检查，一旦有指标参数达到临界或者超出范围，都会发出报警信息，对危及设备安全的故障系统会自动停机。充分利用这些功能，可以方便定位故障部位。

在线性能检测主要利用雷达 BITE 和有关在线运行的软件监控程序检测故障的自动过程，如服务器采集的雷达性能数据（定标、定标检查、关键点电压等）、自动报警（维护、维修、参数超限、故障等）等。通过雷达的性能参数、Alarm. log 文件、Operation. log 文件、Status. log 文件、Calibration. log 文件及相关 FC. log、Pathloss. log 等文件内容检查，并检查有关面板指示灯显示、面板表头指示（有关关键点电压、电流）、各分机指示灯显示等状况，通过和雷达正常工作状态参数比较，初步隔离故障那一个分机系统或最小可更换单元（LRU）。

3.6.1.3 脱机测试诊断软件测试

在线性能检测无法把故障隔离到最小可更换单元（LRU）情况下，可以通过脱机测试诊断软件测试运行系统隔离出故障的最小可更换单元（LRU）。通过这些测试诊断软件提供的测试细则、图表、测试数据、故障隔离流程图等内容，隔离出故障的最小可更换单元（LRU）。

3.6.1.4 脱机关键点参数测试

脱机测试诊断软件测试无法把故障隔离到最小可更换单元（LRU）情况下，参考技术资料，对照图纸，利用测试工具仪表对故障部分的相关电路进行检查、测试，重点通过关键点参数测试隔离出故障 LRU。

根据雷达工作原理、相关电路图、信号流程、监控电路、输入和输出信号等，利用机内和机外仪表（信号源、示波器、万用表、频谱仪、功率计、噪声系数分析仪等），通过相关雷达参数测试、关键点波形测试、关键点电压和电流测量、关键点电阻测量等，并利用上面介绍的雷达故障的诊断方法和技巧，采用简洁、合适方法，在最短时间内隔离出故障 LRU。

3.6.1.5 通电试机

在排除故障后，应通电试机，必要时可做长时间连续运行（24 h 或 48 h），并测试原故障部位电路以及相关电路的相关数据，进行适当参数调整，使雷达工作状态保持最佳，以确定是否还存在其他故障或故障隐患，确保雷达完全正常运转。

3.6.1.6　事后故障分析总结

雷达完全正常后应写出完整的故障分析报告，内容包括：故障时间、故障现象、故障原因分析和判断、关键点参数测量、参数调整、故障排除等。通过故障分析报告，可以总结本次故障排除的经验，并找出需要改进的地方，提高理论水平和新一代双偏振多普勒天气雷达故障诊断技能。

3.6.2　系统到分机故障诊断方法

3.6.2.1　接收分机故障诊断方法

首先测量时钟盒72 MHz，不正常，判断为接收机故障；正常则测量接收机IO板接收机保护器命令信号，不正常，判断为数字中频故障；正常则测量接收机IO板接收机保护器响应信号，不正常，判断为接收机故障；正常则再测量接收机动态范围，不正常，判断为接收系统（数字中频输出控制信号正常）故障或数字中频故障（数字中频输出控制信号不正常）；正常则进行反射率定标（方法参考附件），定标不正常，判断为接收机故障，需要重新定标。如图3-21所示。

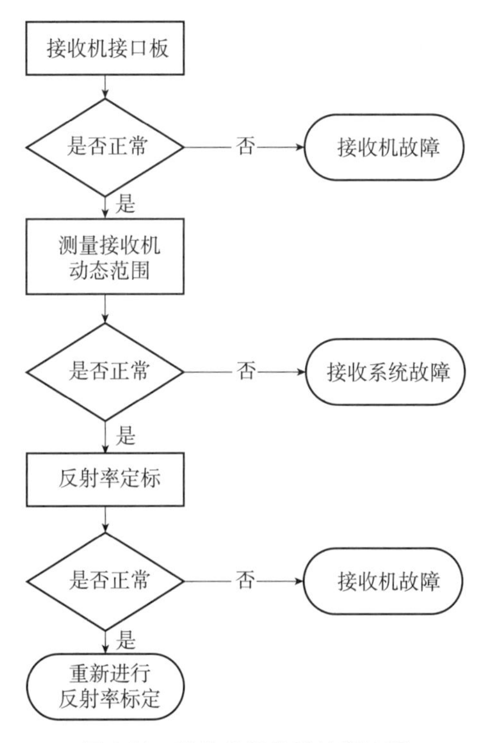

图3-21　接收分机故障诊断流程

3.6.2.2　发射分机故障诊断方法

首先测量时钟盒72 MHz主时钟信号，不正常，判断为接收机故障；正常则测量接收机接口板接收机保护器命令信号，不正常，判断为数字中频故障；正常则测量接收机接口板接收机保护器响应信号，不正常，判断为DAU链路故障或接收机保护器故障；正常，测量接收机接口板的五种同步信号，正常，判断为发射机故障，不正常，判断为数字中频故障。如

图 3-22 所示。

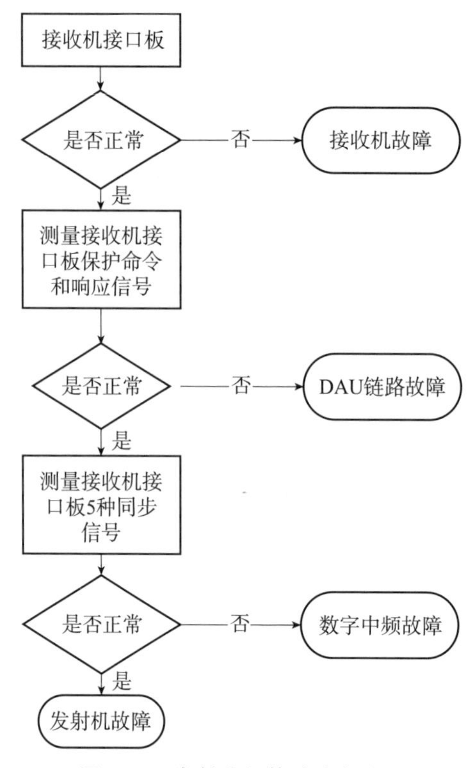

图 3-22 发射分机故障诊断流程

3.6.2.3 伺服分机故障诊断方法

首先运行 RDASOT 进行自检，不正常（自检失败），测量时钟盒主时钟信号，不正常，判断为接收机故障；正常则测量接收机接口板的 DCU 串口，正常（Tx 信号正常，Rx 不正常）则判断为伺服故障，不正常，判断为数字中频故障。如图 3-23 所示。

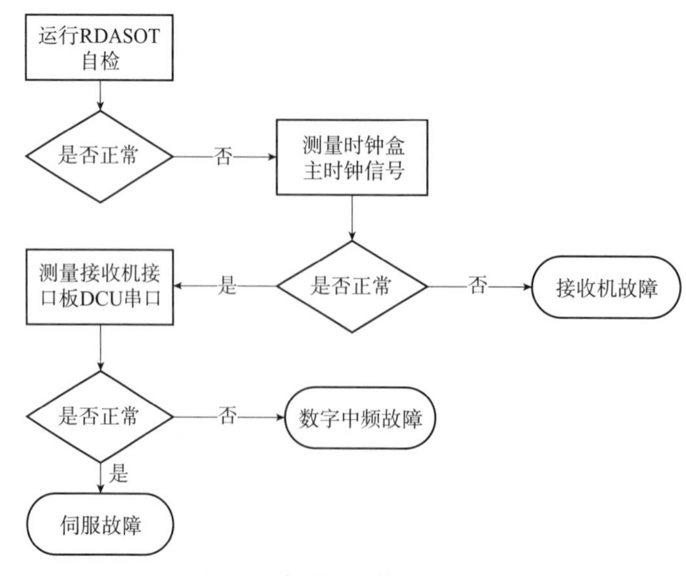

图 3-23 伺服分机故障诊断流程

3.6.2.4　配电机柜故障诊断方法

首先关闭分机电源，如果配电机柜空开正常上电，判断为分机故障，不正常，判断为配电机柜故障。

3.7　雷达常见故障处理表

雷达常见故障及处理方法见表 3-4。

表 3-4　常见故障处理列表

序号	分系统	故障名称	处理方法
1	发射机	发射机机柜风流量故障	检查主风机是否工作正常
2		聚焦线圈风流量故障	检查聚焦线圈两个风机是否工作正常
3		速调管风流量故障	检查速调管风机是否工作正常
4		灯丝电源电压故障	检查油箱接口 E2/E3 灯丝逆变电压输出是否正常
5		灯丝电流故障	检查灯丝电流表头是否过低或过高
6		波导湿度/压力故障	检查波导是否漏气、空压机是否工作正常
7		发射机机柜过温	检查主风机、两个聚焦线圈风机、速调管风机是否工作正常，检查机房空调是否工作正常
8		发射机充电过压	检查开关组件是否工作正常
9		发射机充电过流	检查开关组件是否工作正常
10	接收机	接收机 +5 V 电源故障	检查接收机电源 4PS1 是否工作正常
11		接收机 +9 V 电源故障	检查接收机电源 4PS2 是否工作正常
12		接收机 -9 V 电源故障	检查接收机电源 4PS2 是否工作正常
13		接收机 ±15 V 电源故障	检查接收机电源 4PS3 是否工作正常
14		接收机 -5.2 V 电源故障	检查接收机电源 4PS3 是否工作正常
15	RDA 监控分机	维护控制台 +28 V 电源故障	检查 5PS1 电源是否工作正常
16		维护控制台 +15 V 电源故障	检查 5PS1 电源是否工作正常
17		维护控制台 +5 V 电源故障	检查 5PS1 电源是否工作正常
18		维护控制台 -15 V 电源故障	检查 5PS1 电源是否工作正常
19		DAU 接口失败	更换 DAU
20		DAU 初始化失败	更换 DAU
21	天线伺服	方位齿轮箱油位低	检查方位减速箱是否漏油，检查方位减速箱油位
22		大齿轮油位低	检查大齿轮是否漏油，检查大齿轮油位
23		俯仰齿轮箱油位低	检查俯仰减速箱是否漏油，检查方位减速箱油位
24		天线座互锁打开	检查天线座安全开关是否处于工作状态
25		方位轴锁定	检查方位定位插销
26		俯仰轴锁定	检查俯仰定位插销

第4章

发射机

4.1 发射机工作原理

CINRAD/SA-D 雷达发射机是一部主振放大式速调管发射机，除高功率速调管外，其余组成部分为全固态电路。

发射机高频工作频率：2.7～3.0 GHz，速调管工作频率机械可调，输出高频峰值功率≥650 kW，可工作于1.57 μs/4.5～5.0 μs 两种高频脉冲宽度，前者称为窄脉冲，后者称为宽脉冲。窄脉冲时，脉冲重复频率在318～1304 Hz 可变，也可在工作比不超过最大值的前提下，工作于脉冲重复频率组合状态；宽脉冲时，脉冲重复频率在318～452 Hz 可变。

发射机接收来自接收机的高频激励信号（约10 mW），以及来自数字中频的6种同步信号（充电定时信号、放电定时信号、高频激励触发信号、高频起始触发信号、灯丝中间同步信号、充电校平触发信号）、重复频率预报码、脉宽选择信号，并向接收机返回速调管高频激励取样信号，向信号处理机返回速调管阴极电流脉冲取样信号。

可选择遥远控制（遥控）或本地控制（本控）。遥控时，由雷达系统控制；本控用于发射机的维修及调试。

发射机具有完善的故障保护及安全连锁（来自 RDA 监控的外部连锁信号）。出现故障时，可在微秒级时间内切断高压。对于某些故障，发射机自动进入“故障重复循环”状态：出现故障并间断一定时间后，自动故障复位，自动重加高压，自动重判故障，经最多五次循环，判明“故障”或“非故障”，若非故障，则自动恢复正常工作。若出现电网断电故障并随即恢复，发射机可根据断电时间，自行决定速调管重新预热时间。

发射机的监控系统，通过 BITE 收集并显示故障信息及状态信息，利用这些信息，可人工隔离故障至可更换单元。监控系统还将这些信息传送给 RDA。RDA 利用这些信息和算法软件，可自动隔离故障至可更换单元。

高频激励器、高频脉冲形成器、可变衰减器、速调管放大器、电弧/反射保护组件构成了发射机的核心部分——高频放大链。高频放大链将频综输入的10 mW 射频信号，经前置放大、脉冲整形和速调管功率放大为不小于650 kW 的射频信号输出到天线。

全固态调制器是发射机的重要组成部分。它将交流电能转变成直流电能，并进而转变成峰值功率约2 mW的脉冲能量。调制器输出的2 mW调制脉冲馈至高压脉冲变压器初级，并经脉冲变压器升压，在其次级产生60～65 kV负高压脉冲，加在速调管阴极（速调管阳极及管体接地），提供速调管工作所需的电压和能量，称之为束电压脉冲，与之相应的流经速调管的电流脉冲称为束电流脉冲，统称为束脉冲。束脉冲所包含的能量中，略多于1/3转变为发射机的输出高频能量，略少于2/3消耗在速调管收集极（绝大部分）和管体，使其发热。速调管风机用于耗散这部分热量。为使速调管有效地工作，并获得较好的技术指标（如频谱），输入速调管的高频脉冲，在时间上必须套在束脉冲之中，出厂前已调整了二者间的时间关系，以获最佳综合效果。

这部发射机的速调管有6个谐振腔，排列在阴极和收集极之间，称为六腔速调管。为了提高速调管的工作效率，也为了避免过多的电子轰击管体，导致损坏，必须使由阴极发出的电子中的约90%顺利地通过腔体的孔隙，到达收集极。为此，必须令阴极发出的电子聚成细小的电子束，这就需要使用聚焦线圈和磁场电源。速调管插在聚焦线圈之中，其电子束大致位于线圈的中心线上。磁场电源将约22 A（按线圈铭牌值）直流电流输入聚焦线圈，从而产生沿速调管轴线的直流磁场。这磁场能阻止电子发散，而将其聚成细束。磁场电源输出的能量，全部消耗在线圈之上，使其发热。为此，用聚焦线圈散热风机对线圈实施风冷。

速调管的内部构件有时会放出微量气体，在受到电子轰击或温度升高时，放出气体量增多。因此，此类大功率电真空器件都附有钛泵。钛泵抽取微量气体，保持管内高真空状态。钛泵电源提供钛泵需用3000 V直流电压——钛泵电压，以及微安级的电流——钛泵电流。钛泵电流数值随管内真空度变化：真空度高，钛泵电流小；真空度低，钛泵电流大。因此，监控系统中设置了钛泵电流表和钛泵电流监控电路，当钛泵电流超过20 μA时，切断高压。

如前所述，脉冲变压器次级的脉冲高压高达60～65 kV，速调管的阴极、灯丝及灯丝变压器均处于此脉冲高电位。为避免电晕、击穿、爬电，也为了散热，高压脉冲变压器、灯丝变压器、调制器的充电变压器都放在油箱之中；速调管的灯丝及阴极引出环以及绝缘瓷环则插入油箱，泡在油中。

灯丝电源输出的灯丝电压，经灯丝中间变压器（位于低电位），馈至高压脉冲变压器次级双绕组的两个低压端，经脉冲变压器次级双绕组，在双绕组的两个高压端，接至灯丝变压器初级（位于高电位）。灯丝变压器次级接至速调管灯丝，为速调管提供灯丝电压及电流。这种灯丝馈电方式的优点是：省去了高电位隔离灯丝变压器。为了提高发射机的地物干扰抑制比，灯丝电源提供的灯丝电压、灯丝电流是与发射脉冲同步的交变脉冲，且具有稳流功能。

监控电路实施发射机的本地控制、遥远控制、连锁控制、故障显示、电量及时间计量和监控，收集BIT信息，接收RDA的控制指令、外部故障连锁信号、信息地址选择码及同步信号，向RDA输出发射机故障及状态信息，向发射机各组成部分输送同步信号。

低压电源产生+5 V、+15 V、-15 V、+28 V及+40 V直流电压。发射机总发热量约3.5 kW，机柜风机实施发射机风冷，由进风口吸入冷空气，由出风口排出热空气。

4.2 发射机技术指标

发射机 UD3 主要技术指标如表 4-1 所示。

表 4-1 发射机 UD3 主要技术指标

<table>
<tr><th colspan="4">项目</th><th>技术指标</th></tr>
<tr><td colspan="4">高频工作频率</td><td>2.7~3.0 GHz，机械可调</td></tr>
<tr><td colspan="4">高频输入峰值功率</td><td>≥10 mW</td></tr>
<tr><td colspan="4">高频输出峰值功率</td><td>≥650 kW</td></tr>
<tr><td rowspan="8">输出波形及脉冲重复频率</td><td rowspan="4">窄脉冲</td><td colspan="2">高频脉冲宽度（70% 处计）</td><td>1.57 μs ±0.1 μs</td></tr>
<tr><td colspan="2">高频脉冲前沿（10%~90%）</td><td>略大于 0.12 μs</td></tr>
<tr><td colspan="2">高频脉冲后沿（90%~10%）</td><td>略大于 0.12 μs</td></tr>
<tr><td colspan="2">脉冲重复频率</td><td>300~1304 Hz</td></tr>
<tr><td rowspan="4">宽脉冲</td><td colspan="2">高频脉冲宽度（70% 处计）</td><td>4.70 μs ±0.25 μs</td></tr>
<tr><td colspan="2">高频脉冲前沿（10%~90%）</td><td>略大于 0.12 μs</td></tr>
<tr><td colspan="2">高频脉冲后沿（90%~10%）</td><td>略大于 0.12 μs</td></tr>
<tr><td colspan="2">脉冲重复频率</td><td>300~452 Hz</td></tr>
<tr><td rowspan="3" colspan="2">输出高频频谱</td><td colspan="2">-40 dB 处谱宽</td><td>不大于 ±7.26 MHz</td></tr>
<tr><td colspan="2">-50 dB 处谱宽</td><td>不大于 ±12.92 MHz</td></tr>
<tr><td colspan="2">-60 dB 处谱宽</td><td>不大于 ±22.94 MHz</td></tr>
<tr><td colspan="4">地物干扰抑制比</td><td>在恒定重复频率下，距主谱线 40 Hz~（PRF/2）范围内，总杂波功率与主谱线功率的比值，应不劣于 -58 dBc。</td></tr>
<tr><td rowspan="4">预热时间</td><td colspan="3">正常预热时间</td><td>12+1 min</td></tr>
<tr><td rowspan="3" colspan="2">预热结束后，若交流供电掉电，并随即恢复</td><td>若掉电时间小于 30 s</td><td>不须重新预热</td></tr>
<tr><td>若掉电时间为 30~300 s</td><td>重新预热时间等于掉电时间</td></tr>
<tr><td>若掉电时间大于 300 s</td><td>重新预热时间为 12+1 min</td></tr>
<tr><td rowspan="2" colspan="2">交流供电</td><td colspan="2">电压</td><td>380 VAC ±10%</td></tr>
<tr><td colspan="2">频率</td><td>50 Hz ±2.5 Hz</td></tr>
<tr><td rowspan="5">环境条件</td><td rowspan="2" colspan="2">工作状态</td><td>温度</td><td>0~40℃</td></tr>
<tr><td>湿度</td><td>15%~95%</td></tr>
<tr><td rowspan="2" colspan="2">储存状态</td><td>温度</td><td>-40℃~+60℃</td></tr>
<tr><td>湿度</td><td>15%~100%（不结露）</td></tr>
<tr><td colspan="3">可工作海拔高度</td><td>3300 m</td></tr>
</table>

4.3 发射机组成和信号流程

发射机组成如图 4-1 所示。

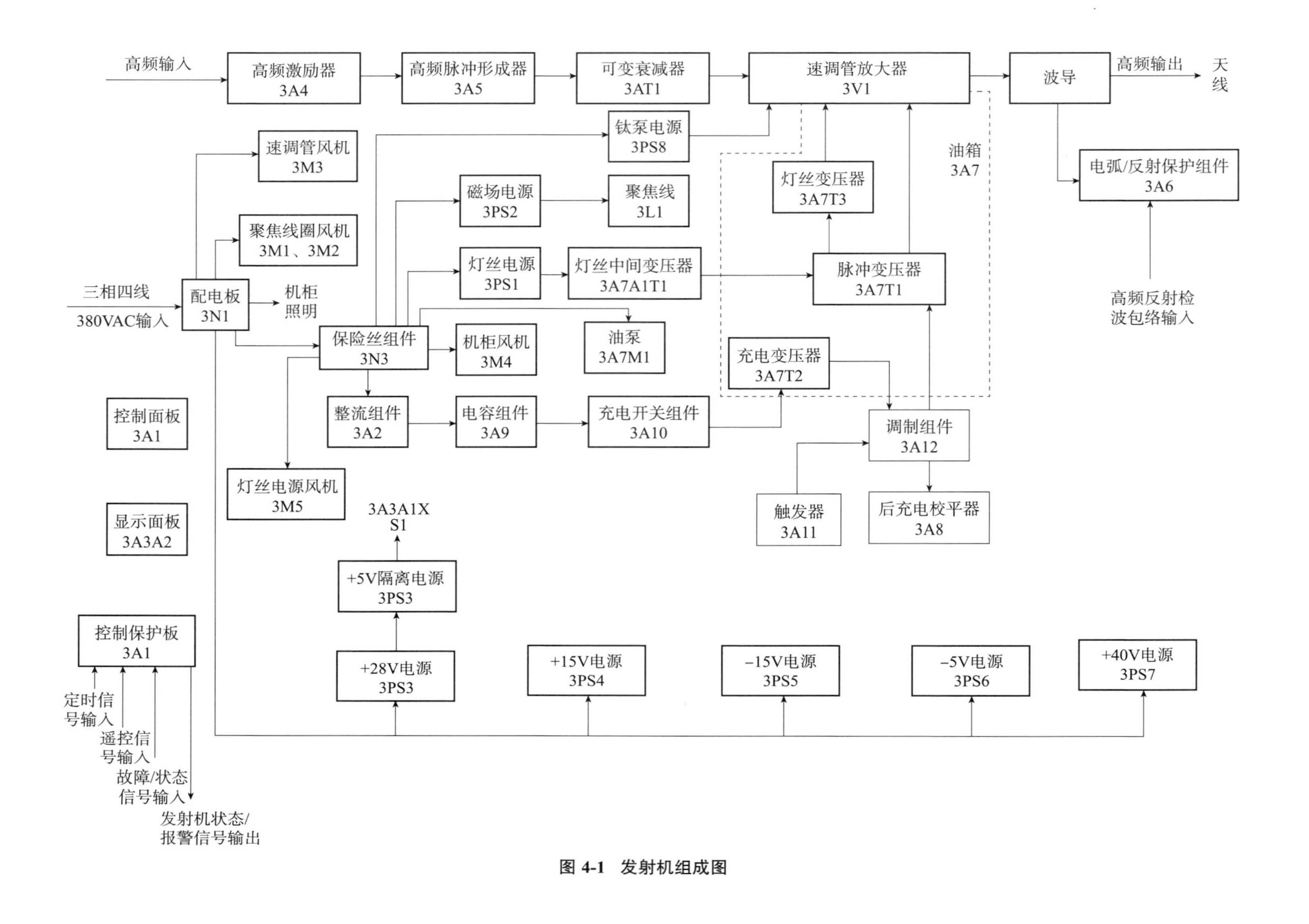

高频输入
高频激励器
3A4
高频脉冲形成器
3A5
可变衰减器
3AT1
速调管放大器
3V1
波导
高频输出
天线
钛泵电源
3PS8
速调管风机
3M3
油箱
3A7
电弧/反射保护组件
3A6
灯丝变压器
3A7T3
磁场电源
3PS2
聚焦线
3L1
聚焦线圈风机
3M1、3M2
灯丝电源
3PS1
灯丝中间变压器
3A7A1T1
脉冲变压器
3A7T1
三相四线
380VAC输入
配电板
3N1
机柜照明
高频反射检波包络输入
保险丝组件
3N3
机柜风机
3M4
油泵
3A7M1
充电变压器
3A7T2
整流组件
3A2
电容组件
3A9
充电开关组件
3A10
调制组件
3A12
控制面板
3A1
灯丝电源风机
3M5
触发器
3A11
后充电校平器
3A8
显示面板
3A3A2
3A3A1X
S1
+5V隔离电源
3PS3
控制保护板
3A1
+28V电源
3PS3
+15V电源
3PS4
−15V电源
3PS5
−5V电源
3PS6
+40V电源
3PS7
定时信号输入
遥控信号输入
故障/状态信号输入
发射机状态/报警信号输出

图 4-1 发射机组成图

图 4-2 为发射机信号流程图。

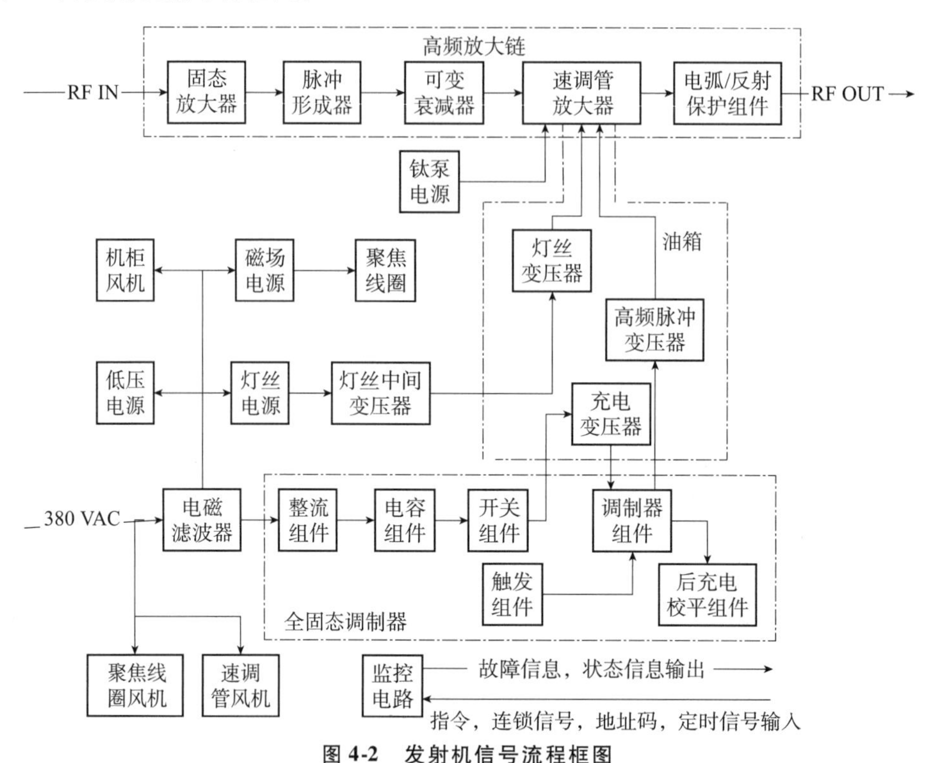

图 4-2　发射机信号流程框图

发射机信号流程包括高频放大链、全固态调制器、油箱、监控和速调管附属电源。输入速调管的高频脉冲，在时间上必须套在束脉冲之中，如图 4-3 中速调管输入高频脉冲和束脉冲之间关系所示。出厂前已调整了二者间的时间关系，以获最佳综合效果。

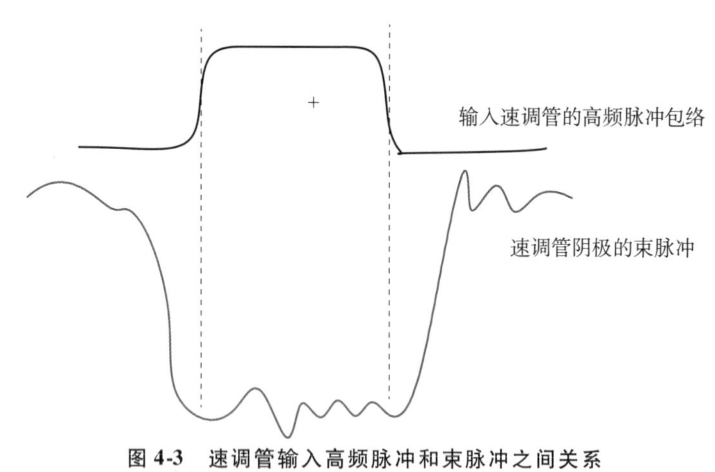

图 4-3　速调管输入高频脉冲和束脉冲之间关系

4.4　发射机柜顶主要电缆连接及信号属性

发射机柜顶主要电缆连接及信号属性如图 4-4 和表 4-2 所示。

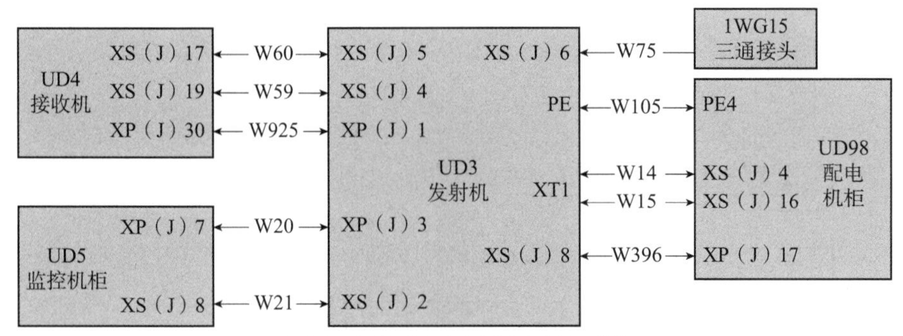

图 4-4 发射机柜顶主要电缆连接图

表 4-2 发射机柜顶主要电缆信号属性

线缆代号	信号属性	连接点1		连接点2	
		项目代号	端子代号	项目代号	端子代号
W14	高压供电遥控开关	UD3	XT1	UD98	XS（J）4
W15	高压辅助供电遥控开关	UD3	XT1	UD98	XS（J）16
W20	外部状态/连锁信号	UD3	XP（J）3	UD5	XP（J）7
W21	信息选择码，状态信息，高压通/断指令	UD3	XS（J）2	UD5	XS（J）8
W59	高频激励输入	UD3	XS（J）4	UD4	XS（J）19
W60	射频脉冲形成器高频输出取样信号	UD3	XS（J）5	UD4	XS（J）17
W75	高频反射取样信号检波包络	UD3	XS（J）6	1WG15	
W105	发射机接地	UD3	PE	UD98	PE4
W396	发射机遥控故障复位	UD3	XS（J）8	UD98	XP（J）17
W925	定时信号，PRI预报码，窄脉冲选择信号	UD3	XP（J）1	UD4	XP（J）30

4.5 发射机各组件工作原理和信号流程

4.5.1 高频放大链工作原理和信号流程

4.5.1.1 高频放大链工作原理

高频激励器、高频脉冲形成器、可变衰减器、速调管放大器、电弧/反射保护组件，构成了发射机的核心部分——高频放大链。高频输入信号的峰值功率约 10 mW，脉冲宽度约 10 μs。高频激励器放大高频输入信号，其输出峰值功率大于 48 W，馈入高频脉冲形成器。高频脉冲形成器对高频信号进行脉冲调制，形成波形符合要求的高频脉冲，并通过控制高频脉冲的前后沿，使其频谱宽度符合技术指标要求。调节可变衰减器的衰减量，可使输入速调管的高频脉冲峰值功率达到最佳值（约 2 W）。速调管放大器的增益约 55 dB，经电弧及反射保护器后，发射机的输出功率不小于 650 kW。电弧/反射保护器监测速调管输出窗的高频电弧，并接收来自馈线系统的高频反射检波包络，若发现高频电弧，或高频反射检波包络幅度超过 95 mV，立即向监控电路报警，切断高压。

4.5.1.2 高频放大链信号流程图

高频放大链信号流程图见图 4-5。

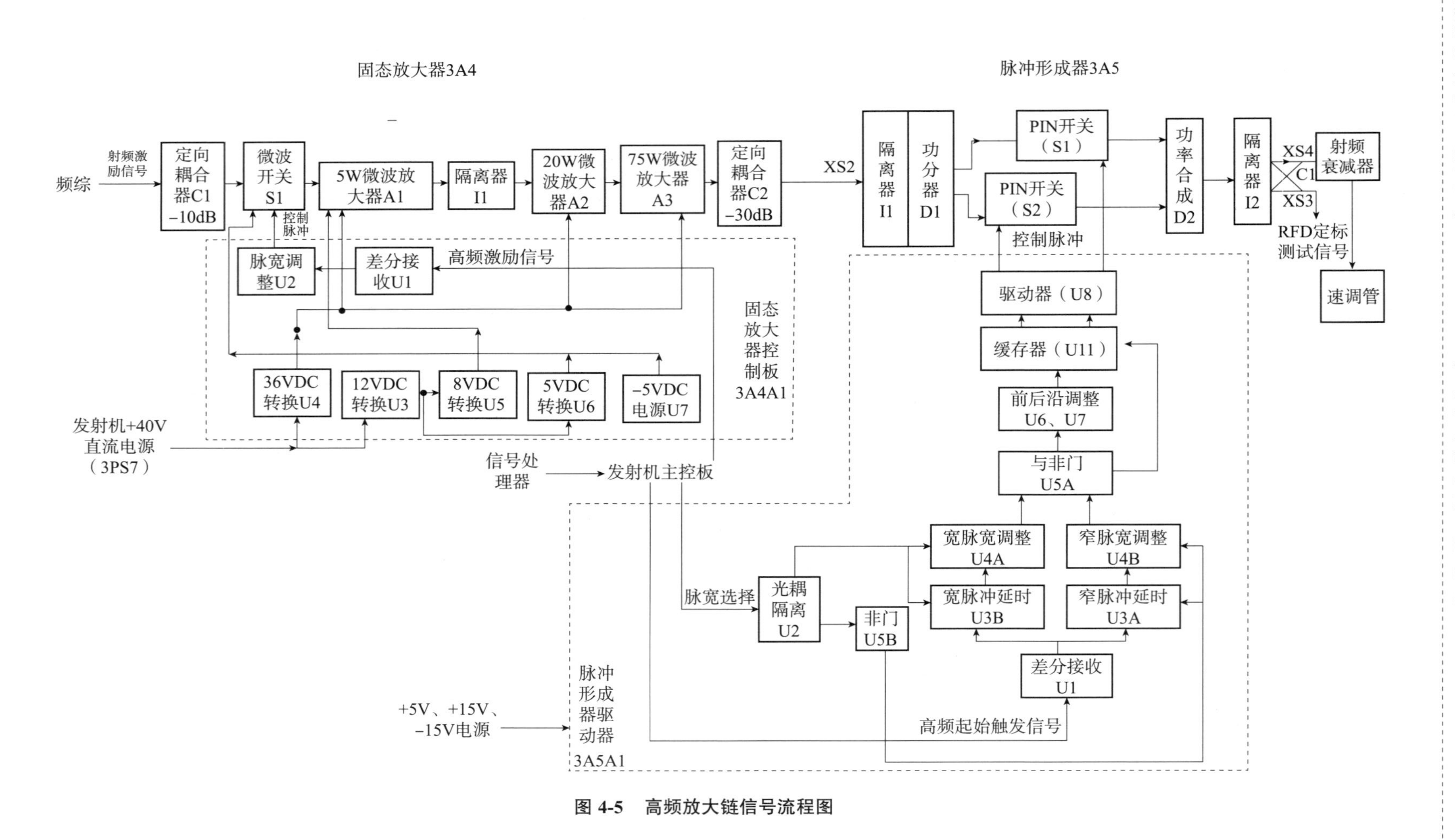

图 4-5 高频放大链信号流程图

4.5.2 控制保护板工作原理和信号流程

控制保护板 3A3A1 是全机的控制核心，集成有单片机、现场可编程门阵列（FPGA），复杂可编程逻辑器件（CPLD）。图 4-6 ~ 图 4-11 说明其工作原理。

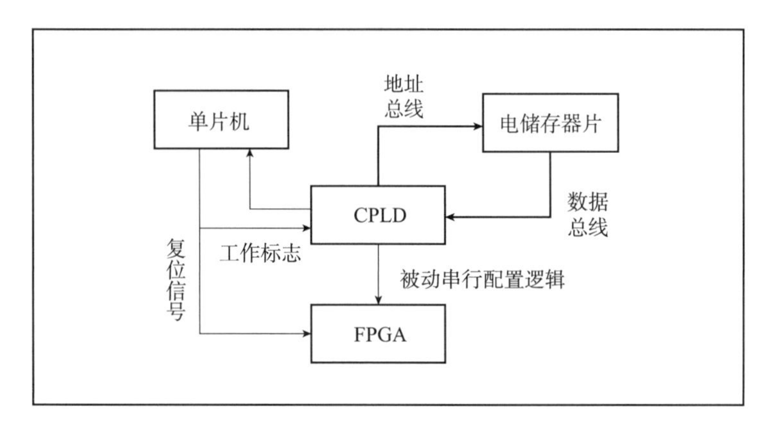

图 4-6　上电逻辑

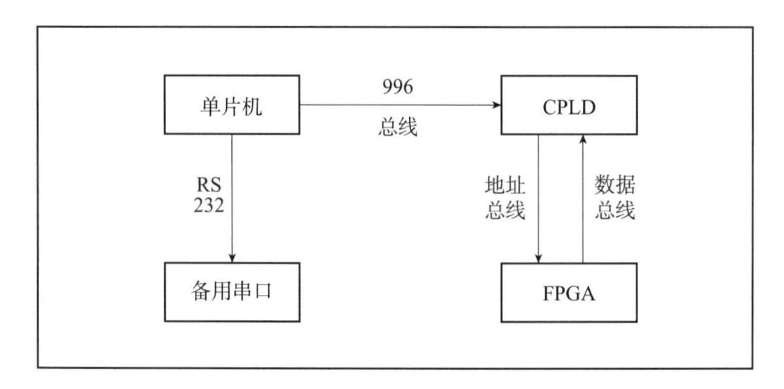

图 4-7　通信逻辑

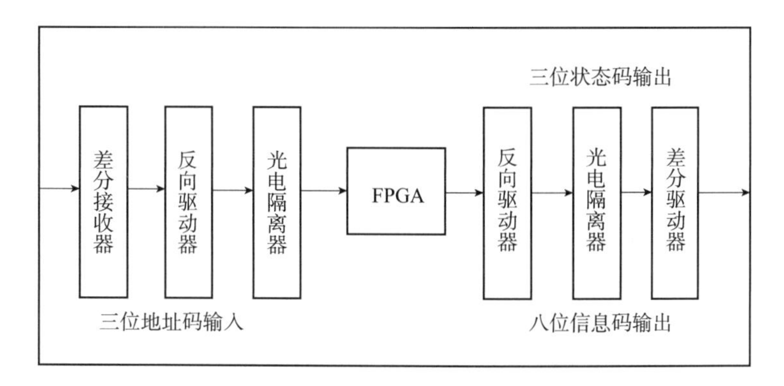

图 4-8　总线数据交换逻辑

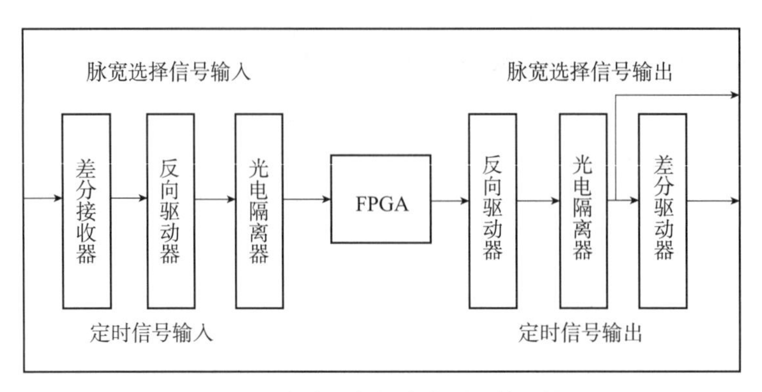

图 4-9　脉冲重复频率监测保护逻辑

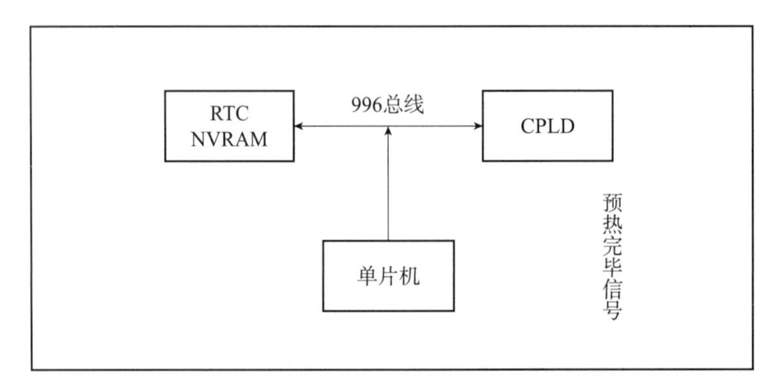

图 4-10　单片机与外围扩展逻辑

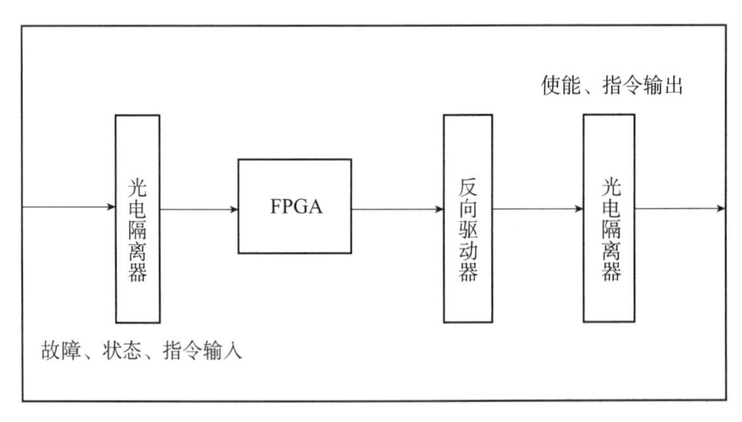

图 4-11　故障、状态、指令输入/输出控制逻辑

4.5.2.1　核心控制逻辑

核心控制逻辑包含上电逻辑和通信逻辑。

（1）上电逻辑

单片机在上电后检测 CPLD 内记录的运行标志，对于新上电来说这个运行标志显然为未工作状态。单片机对 CPLD 输出一个复位脉冲使其复位。CPLD 复位后进入设定好的对 FPGA 进行被动串行配置逻辑，将存储在电存储器中的程序通过 FPGA 内部固有的被动串行配置逻辑下载到 FPGA 内部。这个过程持续 0.1～0.3 s，之后接收到 FPGA 配置完毕信号后进入通

信转接工作方式，同时修改运行标志，并将此标志传给单片机。单片机在对 FPGA 输出复位延时脉冲以协调各个分机的上电延时。

（2）通信逻辑

由单片机通过 996 总线，将地址传到 CPLD，CPLD 将原复用的地址数据总线细分成各自总线，从 FPGA 中提取数据并且在合并到 996 总线上将数据传回单片机。同时 CPLD 的作用还包含了电平转换，保证 TTL 电平到 LVTTL 电平间正确通信。

单片机将数据经过处理传给虚拟现实面板程序，供调试和监测用。

4.5.2.2 总线数据交换逻辑

来自 RDA CTROL 的三位地址码经送入 FPGA。FPGA 则依据这组地址码的指令，向 RDA 监控系统（RDA CONTROL）输出 8 组信息码的一组，同时输出的还有三位状态码。

4.5.2.3 脉冲重复频率监测保护逻辑

7 路定时信号及脉宽选择信号经过差分接收器、反向驱动器、光电隔离器进入 FPGA。FPGA 将定时信号经反向驱动器、光电隔离器、差分驱动器输出到各个分机单元；脉宽选择信号则经反向驱动器、光电隔离器后直接输入各个分机单元。

FPGA 同时监测 7 路定时信号的脉冲重复频率，当发现脉冲重复频率过高时，则立刻停止输出，同时内部产生工作比超限的故障。

FPGA 当发现脉宽选择信号改变时，首先关闭高压和停止输出定时信号，之后改变脉宽选择信号输出。在检测到脉宽标志节点反馈与脉宽选择信号相同后，恢复定时信号输出和准加高压逻辑。

4.5.2.4 单片机与外围扩展逻辑

U5（DSC12887）是一个带有内部电源并且集成了内部振荡器和非易失性内存（NVRAM）的实时时钟芯片（RTC）。发射机交流供电时，单片机不断从 RTC 中读取当前时间信息，并根据 FPGA 数据中灯丝电源的状态将当前时间节点记录到 NVRAM 中。当发射机断电后这个时间节点被保存。下次交流供电开启后，单片机比较这个上一次保存的时间节点与本次供电恢复时刻的时间差，确定速调管重新预热的时间。在重新达到预热时间后，向 FPGA 输出预热完毕信号。

每次预热完毕后开始记录时间节点，灯丝标志断开则停止记录。

4.5.2.5 故障、状态、指令输入/输出控制逻辑

所有分级、模块的外部故障、状态、指令输入都经过光电隔离器后进入 FPGA，而 FPGA 送给各个分机、模块的指令和使能输出也经过反向驱动器和光电隔离器后送出。

控制保护板采用软硬多种可编程逻辑芯片协调处理。FPGA 是主要控制芯片、负责控制保护板上的各个功能。

发射机内部接口信号有：定时信号、故障信号、状态信号和控制信号。7 路定时信号由 FPGA 输出至发射机内部各单元。状态信号包括：本控/遥控信号、手动/自动信号、灯测试信号、高压通信号、高压断信号、故障复位信号和显示复位信号。故障信号包括：电网超限信号、低压电源综合故障信号、灯丝电压失常信号、钛泵电压过低信号、磁场电压失常信号、磁场电流失常信号、磁场风流量故障信号、触发器综合故障信号、调制器过流信号、调

制器反峰过流信号、调制器开关管故障信号、钛泵过流信号、速调管风温过高信号、速调管风流量故障信号、油温过高信号、油面过低信号、机柜风流量故障信号、机柜温度过高信号、机柜门开关故障信号、充电校平维修请求信号、调制开关维修请求信号、重复频率过高信号、灯丝电流失常信号、束流过大信号、充电反馈过流信号、充电系统故障信号、充电过压信号和人工线过流信号，这些信号经光耦隔离后送入 U3A。控制信号有：复位控制信号、脉宽选择控制信号、使能控制信号，这些信号由 FPGA 经光耦隔离送至各单元。

控制电路采用两路供电方式：控制核与外部辅助电路分别供电。单片机与 FPGA 由低压电源 3PS3 输出的 +28V 电压，经 DC/DC 隔离后供电；外部辅助电路由 +5V 电源 3PS6 供电。

4.5.3 测量接口板工作原理、调试方法

4.5.3.1 测量接口板工作原理

测量接口板 3A1A2 的主要功能是：对灯丝电流、聚焦线圈电流、钛泵电流、钛泵电压、束流、电网电压、整流组件和充电校平电流的取样信号进行处理，若有异常，则输出相应的故障信号；将灯丝电压、聚焦线圈电压、钛泵电压、钛泵电流、束流、整流组件输出电压、充电电流、反峰电流以及 +5 V、+15 V、-15 V、+28 V、+40 V 信号经过处理后，由电表指示该电量。表 4-3 列出了由测量接口板判别的故障名称。

表 4-3 测量接口板 3A1A2 故障信号的产生

信号名称	路 径	故障名称
灯丝电流	RP8、R84、R86、U8B、R91	灯丝欠流
	R92、RP20、U8C、U10B、D7、RP5、R96、U8D、U10A、D9、R75	灯丝过流
聚焦线圈电流	RP6、R55、U6B、D10、R67	聚焦线圈欠流
	RP7、R44、U6A、D2、R67	聚焦线圈过流
钛泵电流	R34、R46、C2、U7A、R62、U7B、R68、RP10、U7C、R77	钛泵过流
钛泵电压	R38、R47、U9A、RP14、R66、U9B、R72	钛泵欠压
束流	R93、C48、RP12、U18、U4A、R107	束流过流
电网电压	RP9、R83、U8A、R90	电网过压
整流组件输出电压	R71、RP15、U1、R52、U9C、R80	510V 过压

4.5.3.2 测量接口板调试方法

（1）测试所需设备：示波器。

（2）测试要求

电源要求：+5 V 电源、+15 V 电源、-15 V 电源、+28 V 电源、+40 V 电源；

其他组件要求：主控板 3A3A1、显示板 3A3A2、油箱接口 A7A1、灯丝电源 PS1、磁场电源 PS2、整流组件 A2、电容组件 A9、触发器 A11、充电校平 A8、调制器 A12。

（3）测试步骤

①灯丝电流。推上辅助供电开关后，也许会出现灯丝电流、灯丝电压报警，调节灯丝电

流、灯丝电压门限，用示波器测量 U8 的 5 脚，调节电位器 R8，使得电压为 4.2 V，用示波器测量 U8 的 9 脚，调节电位器 R20，使得电压为 6.4 V，用示波器测量 U8 的 13 脚，调节电位器 R5，使得电压为 6.4 V。重新复位则灯丝表头可以启动，调节灯丝电流表头，使其指示为速调管上所标值，此时灯丝逆变电压应为 230 ~ 240 V，如灯丝电流表头指示不准确，调节灯丝电源 RP10。

②灯丝电压。多位开关旋钮拨到位置 7 为灯丝逆变电压，用示波器观察油箱 E2 或 E3 与油箱接口 A7A1 的外壳之间的波形，测出的灯丝逆变电压峰-峰值再除以二，一般为 120 V 左右，调节 R24 使之指示正确。多位开关旋钮拨到位置 8 为灯丝电压，调节 R32 使得表头读数为速调管 VE1 上所标的 V_f 值。

③磁场电流。调节磁场电流故障门限，用示波器测量 U6 的 2 脚，调节电位器 R7，使得电压为 5.2 V。用示波器测量 U6 的 5 脚，调节电位器 R6，使得电压为 3.4 V。

④磁场电压。多位开关旋钮拨到位置 9，调节电位器 R25，使 P4 表头读数为 70 V。

⑤钛泵电压。多位开关拨到位置 10 为钛泵电压，调节电位器 R26，使表头读数为 3000 V。

⑥人工线电压。调节 RP3 使人工线表头指示实际人工线测量值。

⑦510 V 电压。调整测量接口板 R23 电位器使显示值与实际电压相同。

4.5.4 开关组件 3A10 工作原理和信号流程、调试方法

4.5.4.1 开关组件的功能与作用

按照控制时序和预定的宽、窄脉冲人工线电压，精确控制串联在人工线充电通路上的 2 个绝缘栅双极晶体管（IGBT）的通、断，向充电变压器馈电，以满足回扫充电的技术机理。对脉冲信号（电压与电流）进行采样监测，将故障信号送至控制板。

4.5.4.2 开关组件的工作原理

开关组件 3A10 与充电变压器 3A7T2 组成回扫充电电路，给调制组件 3A12 中的人工线充电。图 4-12 是回扫充电电路原理性示意图，图 4-13 是与图 4-12 相对应的回扫充电波形图。

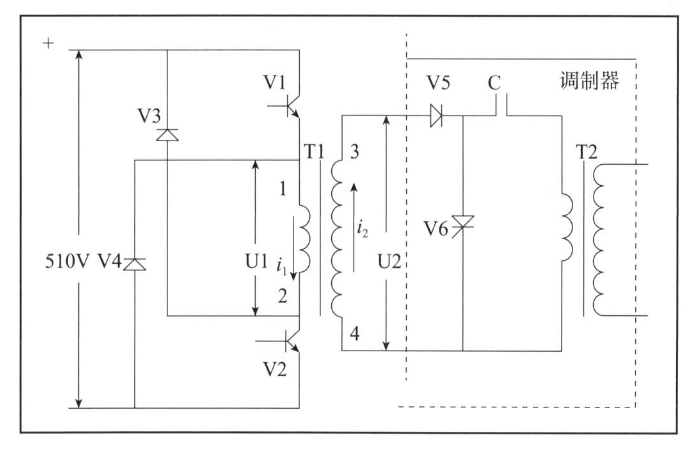

图 4-12 回扫充电电路原理示意图

（V1、V2 是充电开关管，V3、V4 是回授二极管，T1 是充电变压器，V5、V6、T2、C 分别为调制器中的充电二极管、放电开关管、脉冲变压器及人工线电容）

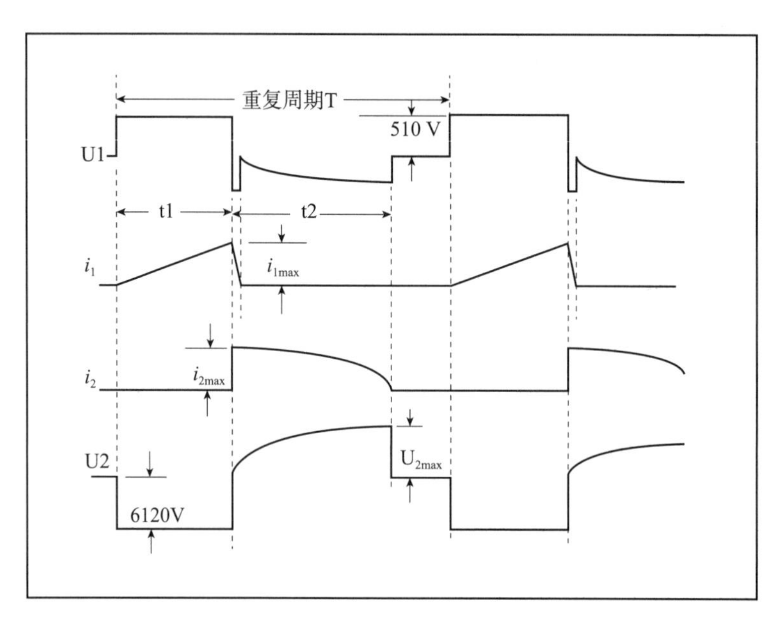

图 4-13　回扫充电参考信号波形

回扫充电电路的技术机理类似于“蓄水发电”，即充电电流变化相对缓和且可精确控制（蓄水缓慢，控制水量），既可避免发射机电源输入过载，又能精确控制赋能量以保证人工线充电电压精度。充电电流变化相对缓和及精确控制，通过对充电变压器T1 的初级线圈的 i_1 不能突变的电感特性及对电流 i_1 的控制来实现。初级线圈的电感 L 在未饱和时有 $U = L \times \frac{di}{dt}$，以及 $E = \frac{1}{2} \times L \times i_{max}^2$，当初级线圈两端接入恒定电压时，$\frac{di}{dt} = \frac{U}{L}$ 为常数，即 i_1 随时间线性增加。通过控制充电时间 t1 即可控制 i_{1max} 及赋能量 E。

从图 4-13 可知，利用图 4-12 中 T1 的初级线圈和次级线圈的电压极性关系，在 t1 导通时间内，U2 和 U1 极性相反而因充电二极管 V5 为反向电压导致次级线圈电流 $i_2=0$，实现电磁转换及能量储备。在 t1 终点，i_1 达到最大值 i_{1max}，充电开关管随即关断，i_1 突降为零，由于铁芯内磁场不允许突变，变压器次级电流 i_2 由零跃升为 i_{2max}，且 $i_{2max}=i_{1max}/12$，12 为是充电变压器电压比。V1、V2 是充电开关管，在 t2 关断时间内，因为次级线圈的自感特性，向人工线充电，U2 电压极性反转，电压值不断增加直至充电电流为减小为 0，人工线电压达到 U_{2max}，完成了一个充电周期。由于存在漏感，在 t1 终点，电流 i_1 下降有个过程，在这段时间里，漏感中的储能通过回授二极管 V3、V4 返回 510 V 直流电源，流过回授二极管将能量返回直流电源的电流则称为回授电流。

4.5.4.3　开关组件的组成结构

图 4-14 为开关组件组成框图。开关组件包括回扫充电控制板 3A10A1、充电开关管、回授二极管、电流互感器、阻容器件、连接线缆、散热底板、风扇，以及前面板故障指示和检测端子、控制接口，后面板强电接口等。

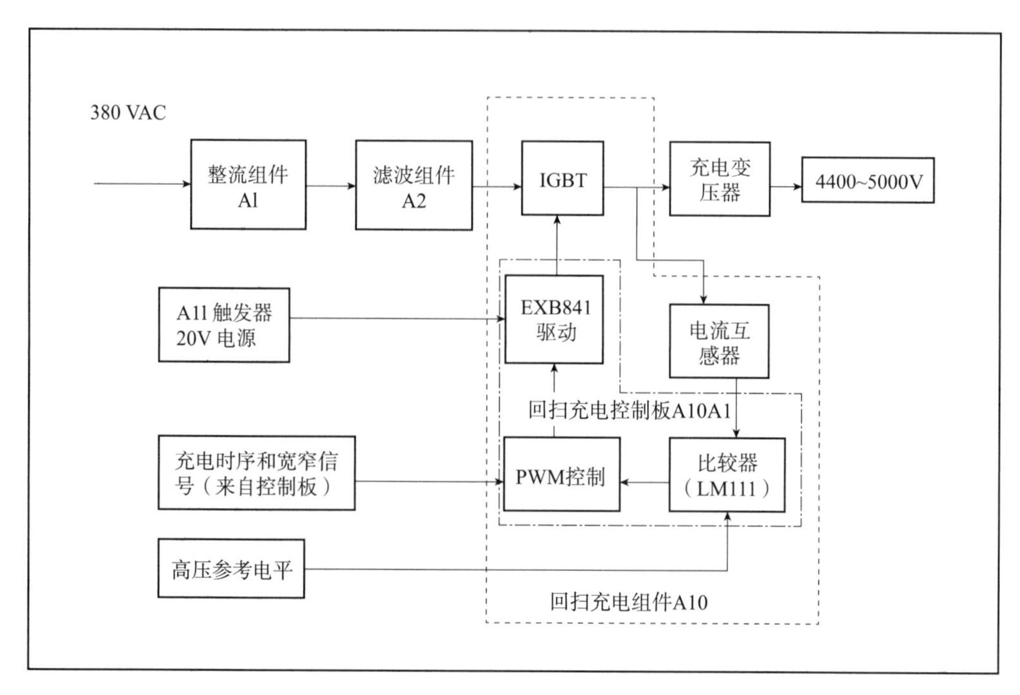

图 4-14　开关组件组成结构框图

4.5.4.4　开关组件功能电路

图 4-15 为开关组件的电路功能框图。触发输入、脉冲定时、驱动器、充电开关组成开关组件的主控制电路，反馈控制与主控制电路配合实现控制闭环，其他监测、报警等为辅助电路。

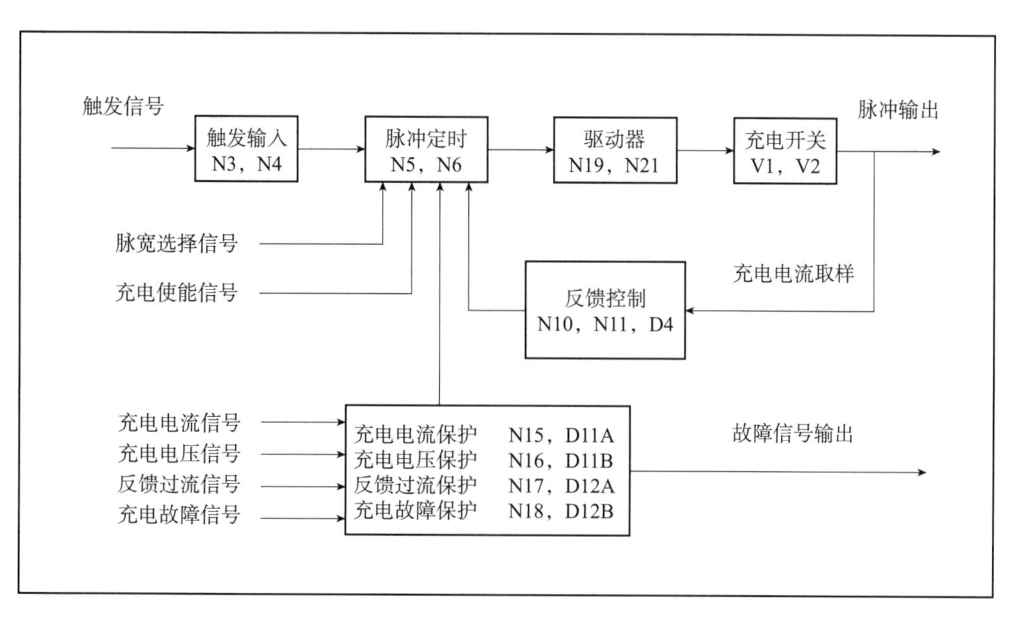

图 4-15　开关组件电路功能框图

（1）IGBT 驱动电路

图 4-16 为 IGBT 驱动电路，采用 EXB841 驱动芯片，可驱动 600 V 和 400 A 工况下的 IGBT，信号延迟小于 1 μs，开关速率可达 40 kHz。EXB841 驱动输入输出通过光耦隔离，芯片 15 脚接入 +15 V 驱动输入电源，14 脚通过光耦隔离输入驱动脉冲，EXB841 芯片驱动输入电流为 10 mA。EXB841 芯片的 IGBT 驱动工作电压为 +20 V，由触发器 3A11 提供。芯片 3 脚输出 IGBT 驱动脉冲，分别为 +15 V 的开启电压和 −5 V 关栅电压，−5 V 关栅电压可使 IGBT 快速关断，见图 4-17。芯片 6 脚接快速恢复二极管监测 IGBT 集电极电压，芯片 5 脚为过流保护信号输出。

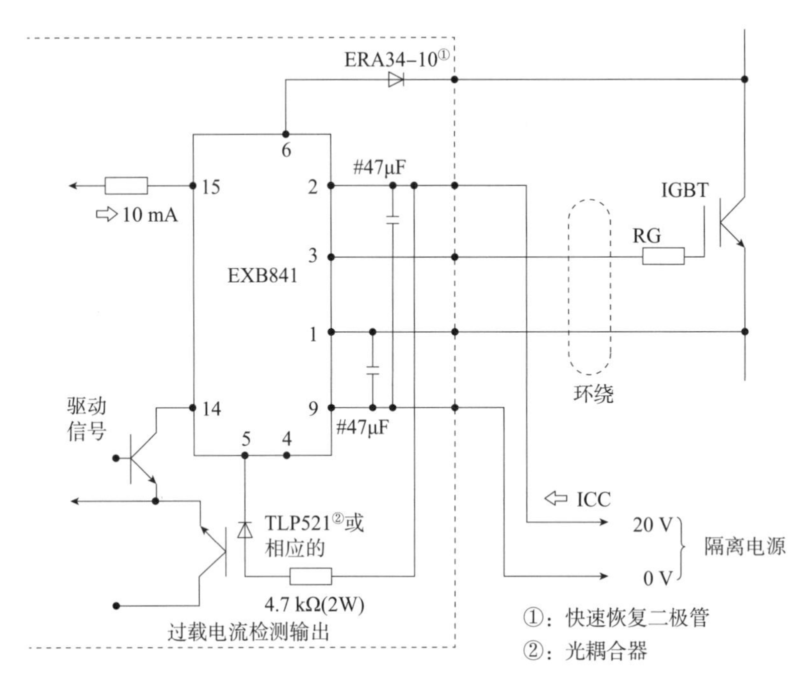

图 4-16　EXB841 驱动 IGBT 电路

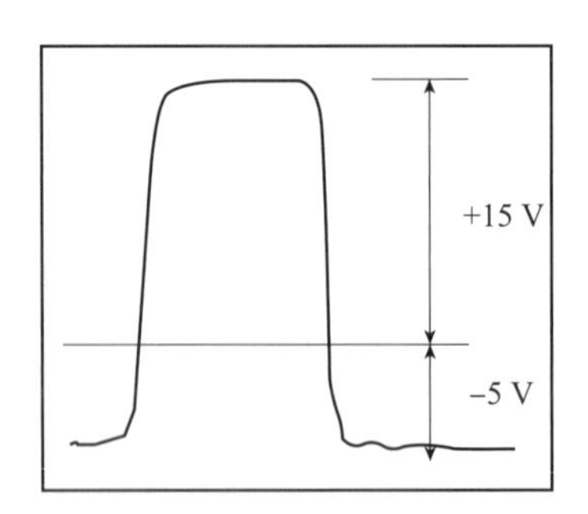

图 4-17　EXB841 输出的 IGBT 驱动信号波形

（2）充电定时电路

采用可重复触发单稳态芯片电路 CD4098 组成充电定时电路，如图 4-18 所示。RX1、CX1 和 RX2、CX2 分别确定单稳态持续时间 T1 和 T2。通过将输出端 10 脚与 +TR 端 12 脚连接，构成不可重复触发单稳态电路，确保 T2 精确可控。分别改变 RX1、RX2 的电阻值可以调整 T1 和 T2。

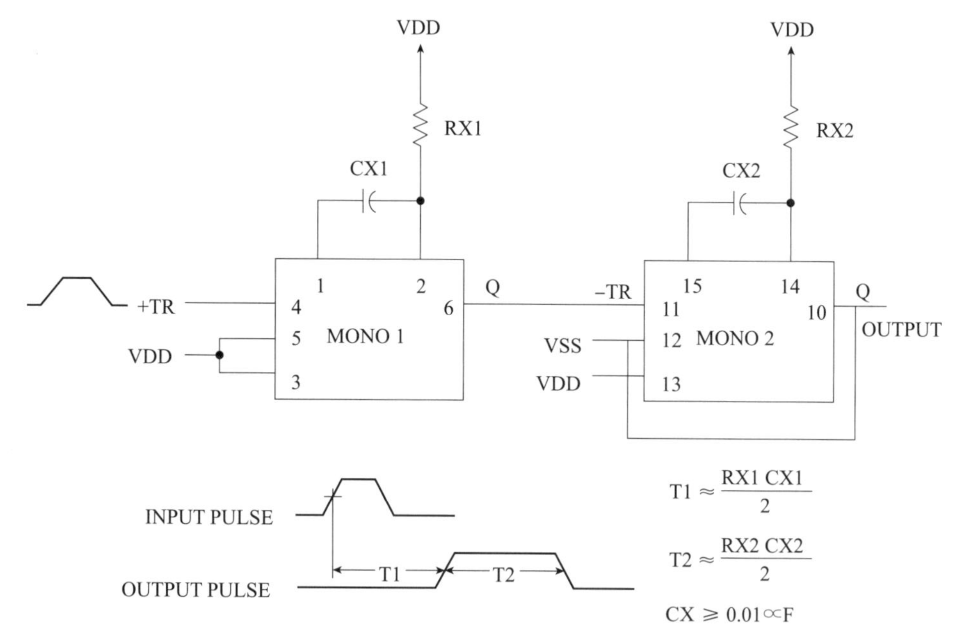

图 4-18　不可重复触发单稳态定时电路

在充电开关组件 3A10 的电原理图中，两只 IGBT 管 V1、V2 是充电开关管，两只二极管是回授二极管，R1、C1 及 R2、C2 分别组成吸收网络，吸收暂态能量，电流传感器 B1 对赋能电流取样，供监测之用。

在充电控制板 A10A1 的电原理图中，U5B 及 U4B 分别产生相应于宽、窄调制脉冲的赋能脉冲，数选器 U6 依据来自雷达系统的指令选择输出两种赋能脉冲中的一种，并经 U11、U12 EXB841 驱动芯片分别推动充电开关组件中的充电开关管 V1、V2。比较器 U18、U17 分别用于宽、窄调制脉冲，它们分别将赋能电流与相应于宽、窄调制脉冲的基准电平相比较，控制赋能脉冲的宽度，这是上述闭环中的重要环节。相应于宽脉冲的基准电平调节电位器位于显示面板 3A1 人工线电压表头旁，调节这个电位器，可改变相应于宽、窄两种调制脉宽的人工线充电电压的幅度。而充电控制板 3A10A1 中的电位器 RP7 则用来调节窄脉冲时的人工线充电电压幅度，使它与宽脉冲时保持一致。

充电控制板提供四种安全保护，它们分别为：充电故障、调制器充电过压、IGBT 过流、调制器充电过流（发射机过流），调节电位器 RP8、RP9、RP10 可分别调整充电故障、充电过压和充电过流这三种保护的门限，IGBT 过流通过光耦 U13、U14 报警。出现这四种故障时，均停止给人工线充电，其中充电故障、充电过压和充电过流三种故障同时向发射机监控系统报警，直至收到故障复位指令，IGBT 过流报警不上报发射机监控系统，但会停止给人工线充电。

开关组件控制板中可变电位器调整信号特性见表 4-4。

表 4-4　开关组件控制板 3A10A1 中可变电位器及调整点信号特性

电位器	所在电路	调整项	调整输出检测点	输出信号特性
RP1	充电触发窄脉单稳态延时芯片 RC 电路	窄脉延时单稳态芯片 RC 电路电阻值	U4A 芯片 6 脚	15 V，20 μs，脉冲，PRF 重频
RP2	充电触发宽脉单稳态延时芯片 RC 电路	宽脉延时单稳态芯片 RC 电路电阻值	U5A 芯片 6 脚	15 V，20 μs，脉冲，PRF 重频
RP3	充电触发窄脉单稳态定时芯片 RC 电路	窄脉定时单稳态芯片 RC 电路电阻值	U4B 芯片 10 脚	15 V，230 μs，脉冲，PRF 重频
RP4	充电触发宽脉单稳态定时芯片 RC 电路	宽脉定时单稳态芯片 RC 电路电阻值	U5B 芯片 10 脚	15 V，460 μs，脉冲，PRF 重频
RP5	窄脉充电流采样单稳态延时芯片 RC 电路	窄脉充电流采样单稳态延时芯片 RC 电路电阻值	U15A 芯片 7 脚	15 V，28 μs，脉冲，PRF 重频
RP6	宽脉充电流采样单稳态延时芯片 RC 电路	宽脉充电流采样单稳态延时芯片 RC 电路电阻值	U15B 芯片 9 脚	15 V，28 μs，脉冲，PRF 重频
RP7	窄脉冲充电电流比较器参考电压电路	窄脉冲充电电流比较器参考电压	U17 芯片 3 脚	约 1 V，使人工线电压达到设定值
RP8	开关组件充电电流比较器参考电压电路	开关组件充电电流比较器参考电压	U21 芯片 3 脚	8 V
RP9	人工线充电电压比较器参考电压电路	人工线充电电压比较器参考电压	U22 芯片 3 脚	6 V
RP10	人工线充电电流比较器参考电压电路	人工线充电电流比较器参考电压	U23 芯片 2 脚	−8.7 V

4.5.4.5　接口特性与 LED 故障指示

开关组件前面板检测端子信号特征见表 4-5。

表 4-5　开关组件前面板检测端子信号特征和 LED 故障指示

端子	信号名称	取样位置	信号特征说明	参考信号波形
ZP1	充电触发脉冲	电平转换电路输出	信号处理器发出，差分接收，脉宽约 8 μs，幅度值为 15 V 左右	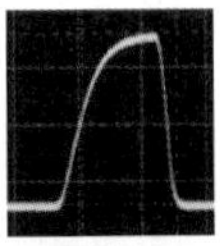
ZP2	充电定时脉冲	EXB841 驱动控制输入	宽脉冲约 460 μs 窄脉冲约 230 μs	
ZP3	充电电流采样	充电故障比较器输入	与设定充电电流最大值比较	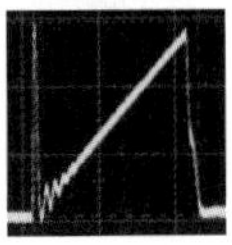

续表

端子	信号名称	取样位置	信号特征说明	参考信号波形
ZP4	充电电压采样	充电过压比较器输入	与设定人工线充电电压最大值比较	
ZP5	人工线充电电流采样	充电过流电压比较器输入	与设定人工线充电电流最大值比较	
ZP6	信号地			
LED1	IGBT 过流（充电系统反馈过流）	3A10 IGBT 电流采样	正常灯灭，报警亮灯	对应 3A10 面板“IGBT：过流”
LED2	充电故障（充电系统故障）	3A10 充电变压器初级电流采样	正常灯灭，报警亮灯	对应发射机面板“充电系统：充电故障”
LED3	充电过压（发射机过压）	3A12 人工线充电电压取样	正常灯灭，报警亮灯	对应发射机面板“发射机：过压”
LED4	充电过流（发射机过流）	3A12 人工线充电电流取样	正常灯灭，报警亮灯	对应发射机面板“发射机：过流”

4.5.4.6 关联组件及信号流程

前级组件——电容组件（3A9）；

后级组件——充电变压器（3A7T2）、调制器（3A12）；

支撑组件——触发器（3A11）；

低压电源——3PS4（+15 V）、3PS5（−15 V）、3PS6（+5 V）。

图 4-19 为开关组件的信号流程图。图 4-20 为开关组件与关联组件的信号流程图。

4.5.4.7 3A10 故障树图

图 4-21 为 3A10 组件故障树图。

4.5.4.8 3A10 组件到代码逻辑需求

组件到代码逻辑需求见表 4-6。

表 4-6 组件到代码逻辑需求

组件名称	组件故障原因	电参数指示	测试点及信号	直接报警代码	关联报警代码	故障现象
开关组件	无充电脉冲	性能参数检查：机内发射机输出功率无；发射机面板：人工线无电压；面板 IGBT 过流灯亮	3A10 面板：ZP1 或 ZP2 无赋能充电脉冲	73 充电过流（发射机） 72 充电过压（发射机） 充电故障	200 TRANSMITTER PEAK POWER LOW； 204 ANTENNA PEAK POWER LOW 209 发射机机内功率测试设备故障； 210 天线功率机内测试设备故障。	无回波

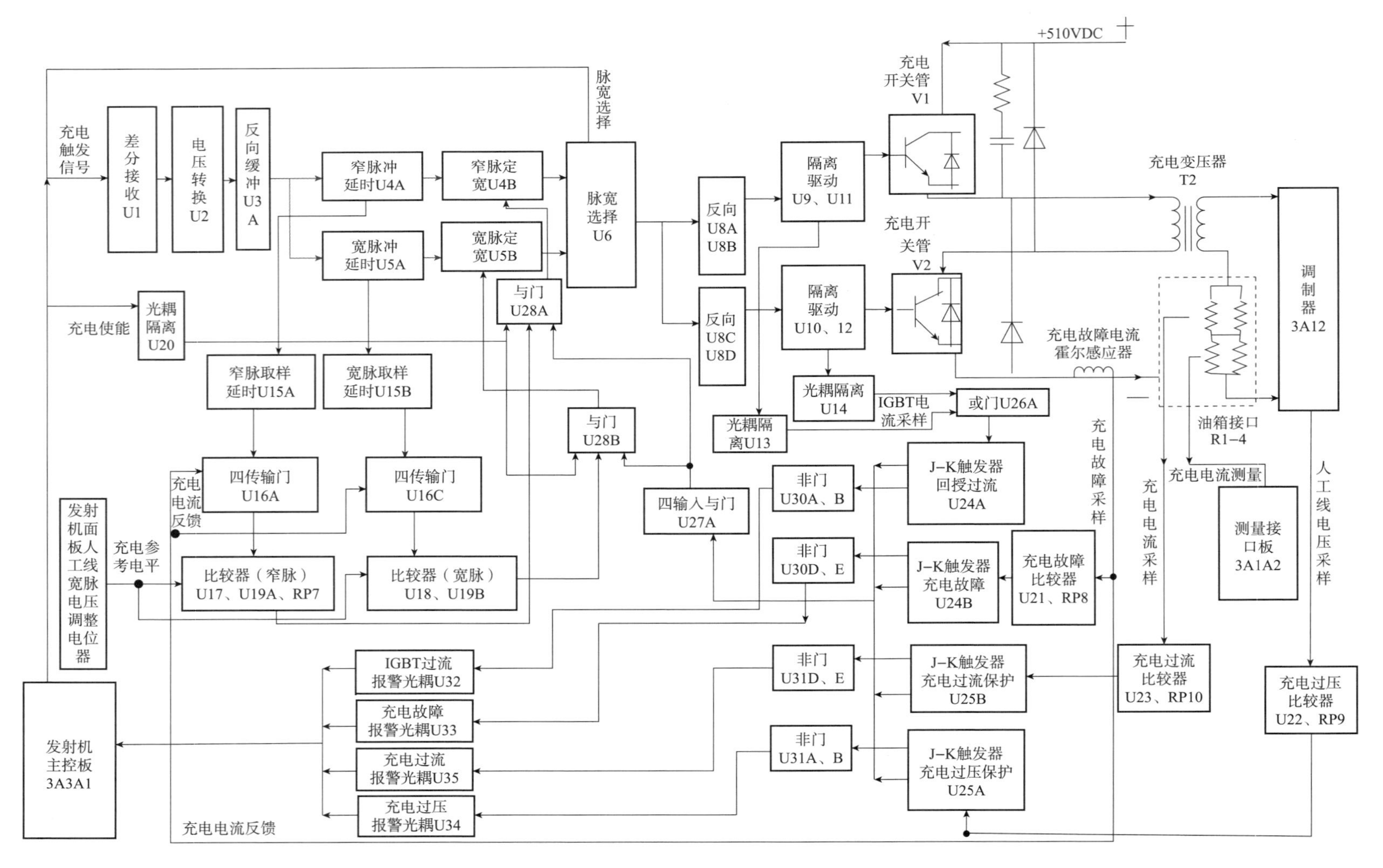

图 4-19 3A10信号流程图

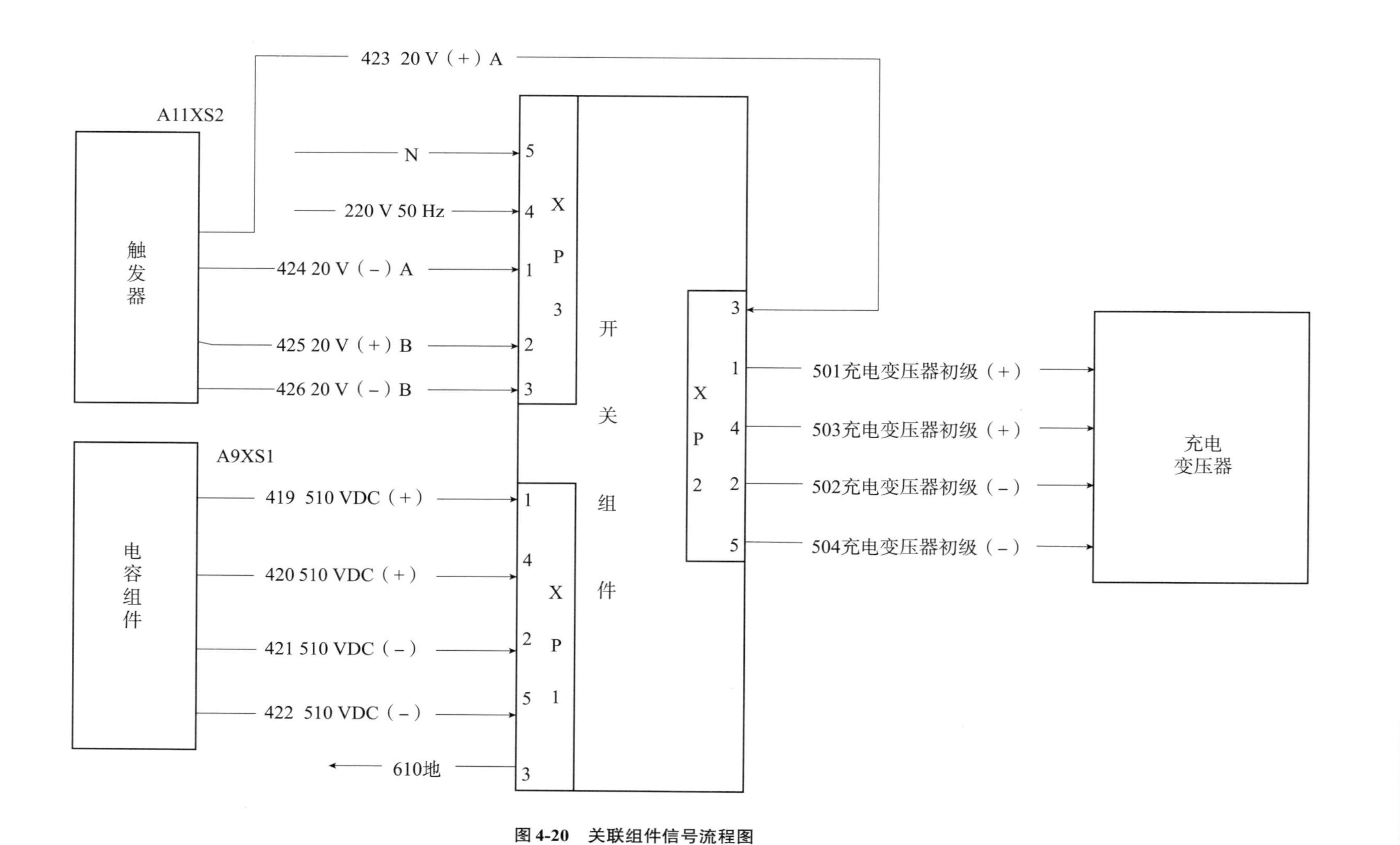

图 4-20　关联组件信号流程图

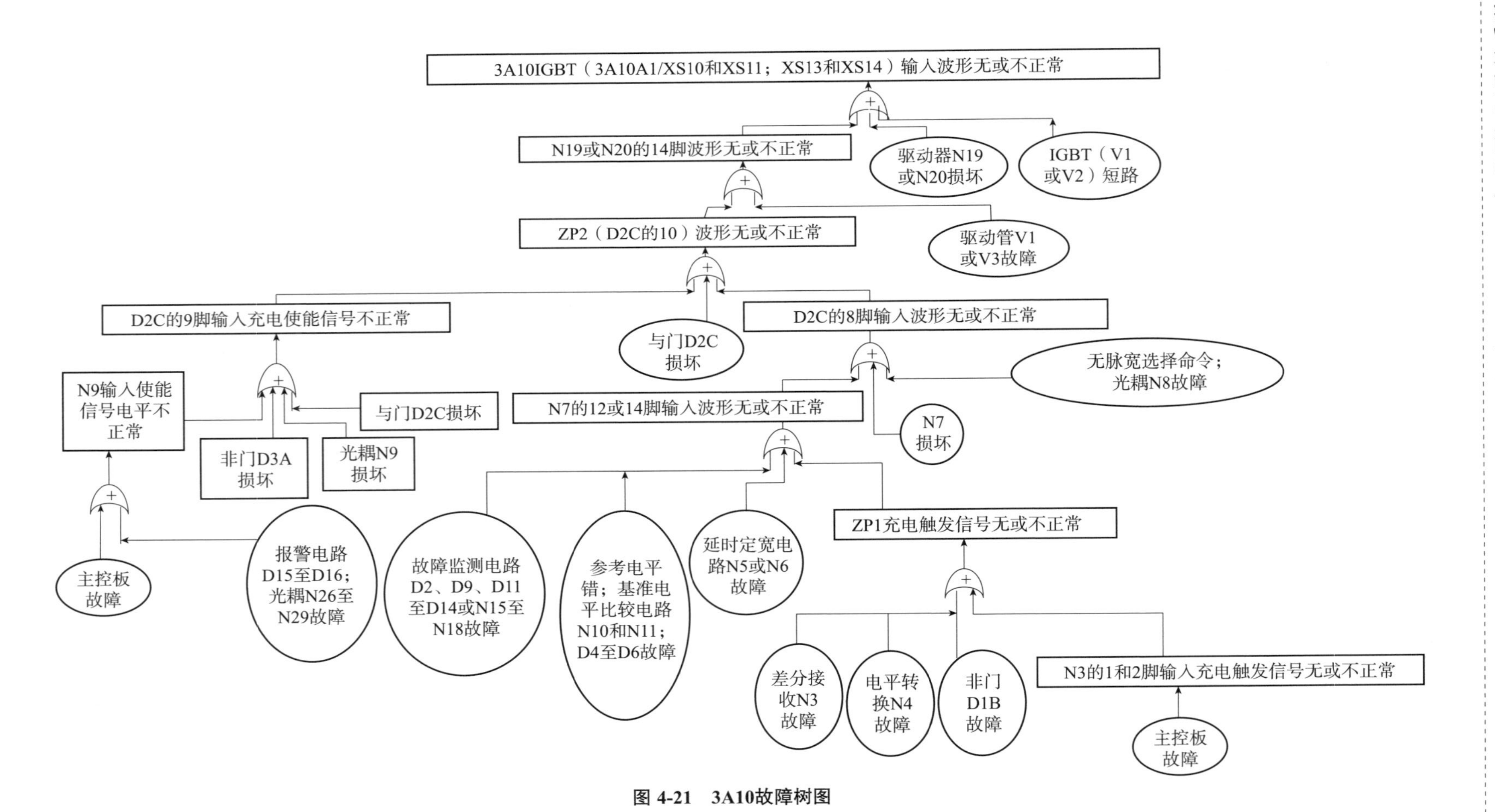

图 4-21 3A10故障树图

4.5.4.9 代码到组件逻辑需求

表 4-7 代码到组件逻辑需求

	故障组件	故障原因	组件故障问题	测试点及信号	关联故障报警	故障现象
发射机无输出功率	3A10 开关组件	3A10 组件无充电触发信号	赋能脉冲形成电路故障； 四种故障检测电路故障	3A10 面板 ZP1 和 ZP2 测试点测试充电赋能脉冲；3A10 面板故障报警灯显示	200 发射机功率检测设备故障；204 天线功率检测设备故障；209 发射机功率机内测试设备故障；210 天线功率机内测试设备故障	无回波

4.5.4.10 开关组件调试方法

（1）测试所需设备（表 4-8）

表 4-8 调试所需设备

序号	名称	技术要求	建议型号	数量	备注
1	示波器	泰克公司	TDS3020	1	
2	三用表	福禄克公司	FLUKE17	1	
3	转接电缆			1 套	自制
4	控制保护板		3A3A1	1	
5	显示控制板		3A3A2	1	
6	+5 V 电源		3PS6	1	
7	+15 V 电源		3PS4	1	
8	-15 V 电源		3PS5	1	
9	高功率电源组件		3A2	1	
10	滤波组件		3A9	1	
11	触发器组件		3A11	1	
12	调制器组件		3A12	1	

调试步骤：

①检查表 4-8 中所列调试所需的仪器仪表，使之均处于正常状态；

②接通机柜 UD3 辅助电源开关，检查前面板电缆插头电源是否输入正确；检查后面板插座供电是否输入正确，检查完毕后再断开机柜 UD3 辅助电源开关；

③将 A10 开关组件置于机柜 UD3 前适当位置，用转接电缆将组件前面板插座和后面板插头接通，插上组件内部各个插头插座，再接通机柜 UD3 辅助电源开关；

④用示波器探头勾住前面板测试点 ZP1（ZP6 为信号地），观测触发信号。手动操作外部控制计算机进行各种重复频率转换，此时所测信号重复频率应和计算机所发频率应相同；

⑤开高压后，用示波器依次检测 A10A1 充电控制板 ZP3 充电电流、ZP4 充电电压、ZP5 人工线充电电流检测点取样波形，根据取样波形调整充电控制板上电位器，使报警门限调整

到合理范围；

⑥用示波器探头观测 A10A1 充电控制板 ZP2 和信号地，手动操作外部控制计算机进行宽窄脉冲转换。此时充电时间波形应根据计算机命令发生变换。

4.5.5 低压电源工作原理

低压电源包括 +28 V 电源 3PS3、+15 V 电源 3PS4、-15 V 电源 3PS5、+5 V 电源 3PS6、+40 V 电源 3PS7。

4.5.5.1 低压电源技术要求

（1）输入

220 VAC ±10%，50 ±2.5 Hz。

（2）输出：

+28 V 电源 3PS3 输出：+28 V，15 A，电压纹波≤300 mV；

+15 V 电源 3PS4 输出：+15 V，3 A，电压纹波≤20 mV；

-15 V 电源 3PS5 输出：-15 V，3 A，电压纹波≤20 mV；

+5 V 电源 3PS6 输出：+5 V，3 A，电压纹波≤10 mV；

+40 V 电源 3PS7 输出：+40 V，2 A，电压纹波≤50 mV。

（3）保护

有过流保护、输出电压失常保护。

4.5.5.2 +28 V 电源工作原理

+28 V 电源 3PS3 是开关型稳压电源。其稳压机理的原理性框图如图 4-22 所示。图 4-22 中，220 V 交流输入，经整流、滤波，变换为约 300 V 直流电压，再由桥式逆变器变换为 20 kHz 对称方波，经高频变压器降压，由第二个整流滤波器输出 +28 V 直流电压。输出的 +28 V 电压，经取样电路取样，输入比较器，与基准电压相比较，产生误差电压。误差电压按负反馈的原则控制激励脉冲的宽度，从而改变桥式逆变器输出方波的宽度，进而达到稳定 +28 V 输出电压的目的。

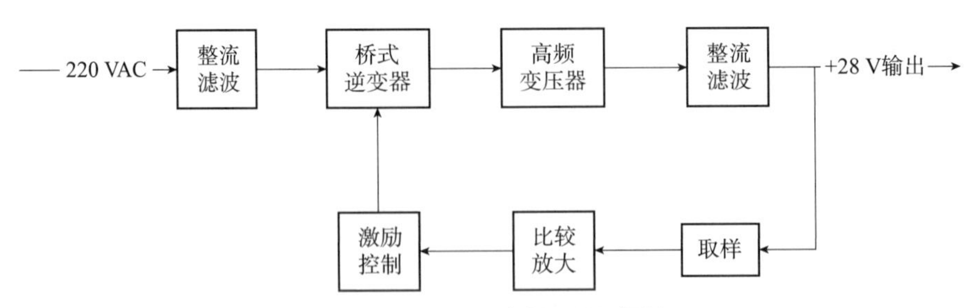

图 4-22　+28 V 电源 3PS3 框图

在 +28 V 电源 3PS3 的电源理图中，V17 是整流桥，V10 是软启动可控硅，V1 ~ V8 构成桥式逆变器，T4 是高频变压器，V11 ~ V14 组成第二个整流桥，L2 是共轭滤波电感。在 +28 V 电源印制板 3PS3A1 的电原理图中，V9 及 N4 分别为辅助电源的整流桥及三端稳压器，V1 ~ V4 是产生激励脉冲的开关管，N3A 是过流保护比较器，N3B 是过压保护比较器，N2B 是欠压保护比较器，N6 用于故障报警。

4.5.5.3 +15 V/ -15 V/ +5 V/ +40 V 电源工作原理

+15 V 电源 3PS4、-15 V 电源 3PS5、+5 V 电源 3PS6、+40 V 电源 3PS7 都是可调串联稳压电源，电路型式完全相同，元件参数有所差异，仅以 +15 V 电源 3PS4 为例说明如下。

在 +15 V 电源 3PS4 电原理图中，V1、N1 分别为整流桥及三端稳压器。在 +15 V 电源印制板 3PS4A1 电原理图中，电位器 RP2 用于调节 +15 V 输出电压，V1 及 N2 分别为辅助电源的整流桥及三端稳压器，R18 是电流取样电阻，N3D 是过流保护比较器，N3C 是过压保护比较器，出现过流/过压故障时，V5 及 V7 导通，输出电压降至最小值，N6 发出故障报警信号。

4.5.6 磁场电源工作原理和信号流程、调试方法

聚焦线圈 L1 从聚焦线圈电源 PS2 接收电流。隔离变压器 T1 从电源和低压配电接收三相电。三相交流电压进行调整和过滤，受斩波器装置 IGBT 控制，直流电流进入聚焦线圈 L1。电源变压器 T1 不在电源 PS2 内，而是被安装在机柜内 3PS2 的左边。

磁场电源 3PS2 是一个斩波稳流电源，为聚焦线圈提供稳定的直流电流。

4.5.6.1 磁场电源 3PS2 技术要求

①供电电压：三相 380 VAC ±10%；

②输出直流电流：16 ~ 25 A 连续可调；

③输出电流波动：≤0.2 A；

④输出电流稳定度：≤0.2 A。

4.5.6.2 磁场电源 3PS2 工作原理

图 4-23 是磁场电源 3PS2 框图。监控系统发出接通高压指令后，三相 380 V 交流电输入电源变压器，经电源变压器隔离、降压，输入整流滤波电路。后者将约 180 V 直流电压馈入斩波器。斩波器输出的脉冲电压经滤波器转换为直流输出。与此同时，监控系统发出的使能信号经控制保护电路进入脉宽调制电路，允许本电源正常工作。电流取样电路将输出电流取样信号送入比较器，与基准电压相比较。比较器输出的误差电压，通过脉宽调制电路控制斩波器的输出脉冲占空比，从而实现输出稳流。图 4-23 中的电源变压器（3T1）不在本电源之中，而位于机柜中本电源的左侧。

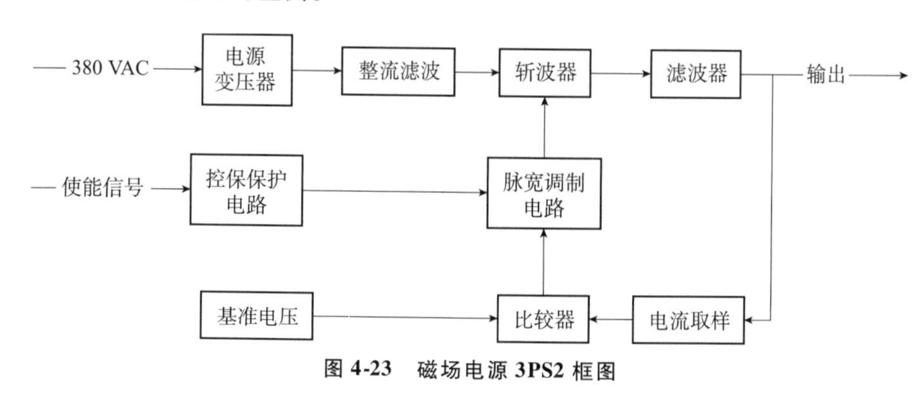

图 4-23 磁场电源 3PS2 框图

4.5.6.3 磁场电源的组成结构

在图 4-24 中，电源变压器的次级电压经 XP1 进入本电源，由整流桥 V1 整流后，经电感

L1 及电容 C1 ~ C7 滤波送到斩波管 V3。V3 的输出电压，经电感 L2 及 3PS2A3 滤波单元滤波由 XP2 输出。R3、K1 组成放电电路。当从机柜中抽出本电源时，上述放电电路自动泄放 C1 ~ C7 上的残余电荷。可控硅 V2 和 R1 组成软启动电路。刚开机时，整流桥 V1 经电阻 R1 给电容 C1 ~ C7 充电，约 0.3 s 后，可控硅 V2 导通，将 R1 短路，从而避免开机时过大的电流浪涌。

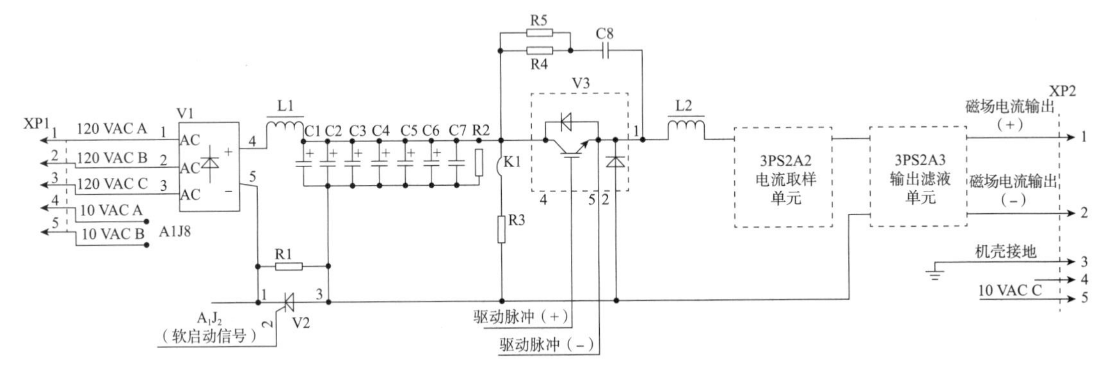

图 4-24　磁场电源 3PS2 电原理图

图 4-24 中驱动脉冲来自驱动模块。由脉宽调制器送来的脉冲信号，经此模块驱动开关管 V3。3PS2A2 为电流取样单元。R4、R5、C8 等组成缓冲吸收电路，用来抑制开关管产生的电压、电流尖峰。

图 4-24 中软启动信号来自磁场电源控制板 A_1J_2 的 1、2 脚。B1 及 N12 等元件组成软启动延时电路，产生 0.3 s 软启动延时。集成电路 N5、N10、N3 等组成脉宽调制电路。由 N5 来的信号在 N10 与基准电压进行比较。N10 输出的误差电压控制 N3 输出的脉冲宽度，从而实现稳流。N4、N7、V13、V15 等组成控制保护电路。N11 等组成 DC/DC 变换器，输出 +5 V 电压给磁场电源控制板。

图 4-24 中电流取样单元线路图见图 4-25。

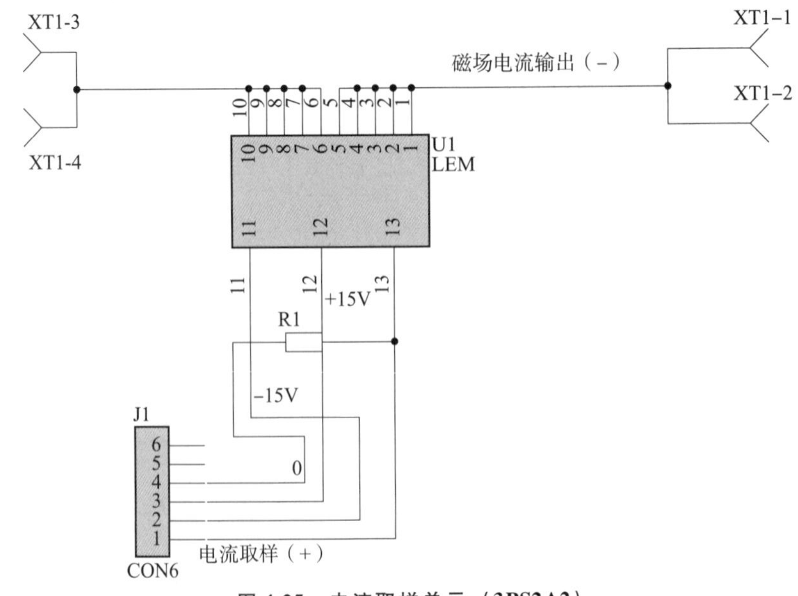

图 4-25　电流取样单元（3PS2A2）

4.5.6.4　接口特性与 LED 故障指示

磁场电源测试端子信号特征和接口信号特征见表 4-9。

表 4-9　磁场电源前面板检测端子信号特征和 LED 故障指示

端子	信号名称	取样位置	信号特征说明	参考信号波形
ZP1	信号地			
ZP2	使能	与门输出	无使能高电平，有使能低电平	
ZP3	磁场斩波	斩波驱动输入	不断改变脉冲宽度，改变直流能量	
LED1	软启动	软启动输出	无软启动灯灭，有时亮灯	高低电平

4.5.6.5　关联组件及信号流程

①前级组件：电源变压器（3T1）。

②后级组件：聚焦线圈（L1）。

③低压电源：3PS3（+28 V）、3PS4（+15 V）、3PS5（－15 V）、3PS6（+5 V）。

磁场电源关联信号流程图见图 4-26。

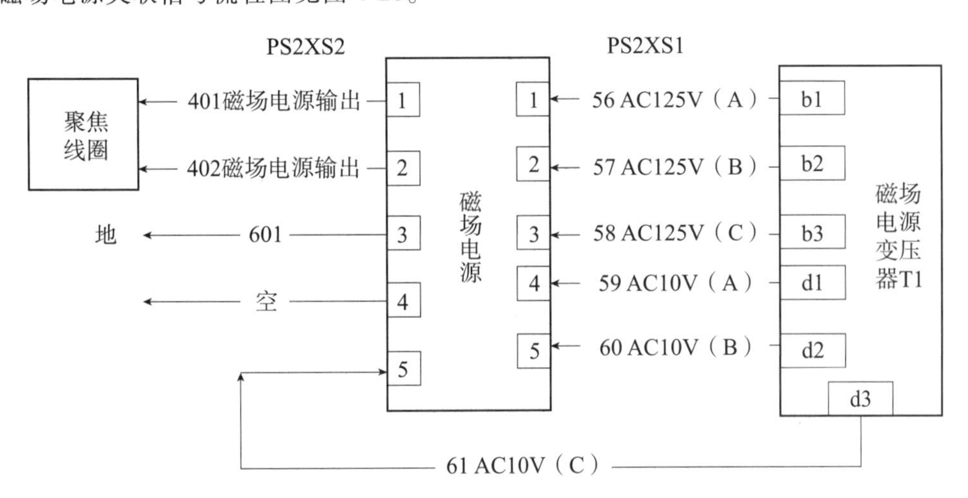

图 4-26　磁场电源关联信号流程图

4.5.6.6 磁场电源 3PS2 调试方法

使用示波器测量 3A1A2（测量接口板）上的 TP3 端子，读取磁场电流取样，调节发射机左面板上的磁场电流电位器，将磁场电流调节至 4.3 V。

磁场过流门限：使用示波器测量 3A1A2（测量接口板）上 U6 的 2 脚，调节电位器 R7，调节电压至 5.2 V；

磁场欠流门限：使用示波器测量 3A1A2（测量接口板）上 U6 的 5 脚，调节电位器 R6，调节电压至 3.4 V。

4.5.7 灯丝电源工作原理和信号流程、调试方法

4.5.7.1 灯丝电源的功能与作用

灯丝电源 3PS1 是一个交变稳流电源，通过灯丝中间变压器和位于油箱中的脉冲变压器及灯丝变压器，为速调管灯丝供电。灯丝电源输出的灯丝电压，经灯丝中间变压器（位于低电位），馈至高压脉冲变压器次级双绕组的两个低压端，经脉冲变压器次级双绕组，在双绕组的两个高压端，接至灯丝变压器初级（位于高电位）。灯丝变压器次级接至速调管灯丝，为速调管提供灯丝电压及电流。这种灯丝馈电方式的优点是：省去了高电位隔离灯丝变压器。为了提高发射机的地物干扰抑制比，灯丝电源提供的灯丝电压、灯丝电流是与发射脉冲同步的交变脉冲，且具有稳流功能。

4.5.7.2 灯丝电源 3PS1 技术要求

①交流供电输入：三相 380 VAC ±10% 。

②同步信号输入：高频起始同步信号及灯丝中间同步信号。

③输出电压/电流波形：与发射脉冲同步的对称交变方波，方波的后沿滞后于相应的同步信号约 10 μs。

④输出电流脉冲幅度：1.78 ~ 2.84 A，连续可调。

⑤输出电压脉冲幅度：56 ~ 90 V，连续可调（速调管灯丝等效电阻 0.25 Ω）。

⑥输出电流稳定度：≤1% 。

⑦本地同步信号：若无外同步信号，自动产生本地同步信号，输出方波受本地同步信号同步。

4.5.7.3 灯丝电源 3PS1 工作原理

灯丝电源 3PS1 的核心是斩波器和振荡器，斩波器用来实现稳流，振荡器受输入同步信号同步，使输出电压/电流方波与发射机同步。图 4-27 是灯丝电源 3PS1 框图。如图所示，收到监控系统发出的使能信号后，继电器吸合，三相 380 V 电压通过它加到整流滤波电路；同时，使能信号允许斩波器的脉宽调制电路及振荡器控制电路工作；斩波器经其滤波电路输出稳定的直流电压，振荡器将其变换成与发射脉冲同步的交流方波电压，并输出。图 4-27 中所示，电流取样电路将输出电流方波的幅度转换成相应的电压信号，并与参考电压相比较。比较器输出的误差信号控制斩波器的脉宽（占空比），从而实现稳流。差分接收电路接收监控系统转发的灯丝中间同步信号和高频起始同步信号，并通过延时整形电路送入振荡器控制电路，使振荡器受两种同步信号同步。

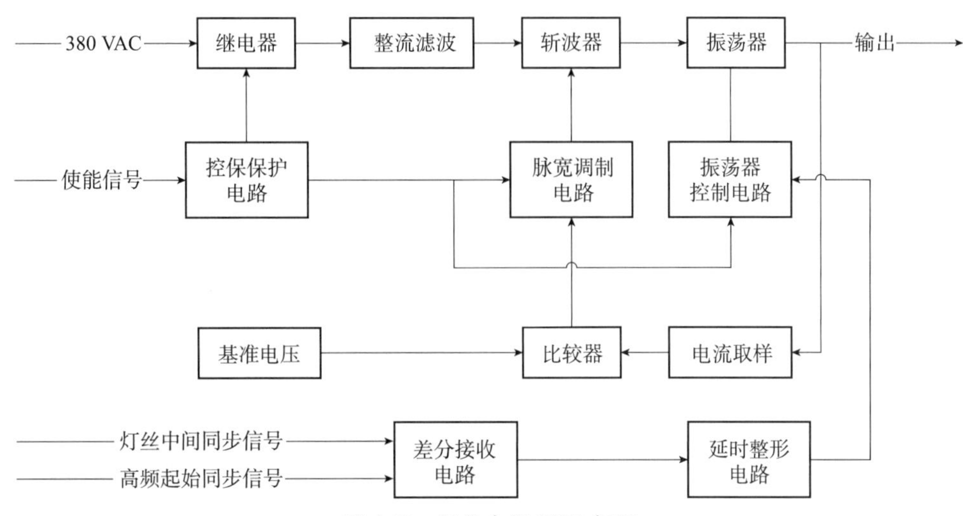

图 4-27　灯丝电源 3PS1 框图

4.5.7.4　灯丝电源的组成结构

图 4-28 为灯丝电源 3PS1 电原理图，电网电压从 XP1 经灯丝电源控制板上的继电器加到电源滤波器 Z1，经 V1、L1、R1、C1、C2 组成的三相半波整流电路，把约 300 V 的直流电压加到灯丝电源控制板，由该板处理后，经过电源滤波器 Z2，由 XP2 输出。图 4-28 中所示，R2 和放电开关 K1 的作用是：从发射机柜抽出本电源后，自动泄放 C1 上的残余电荷。C3 ~ C6 为振荡器的分压电容。T1 是电流互感器，用于灯丝电流取样。

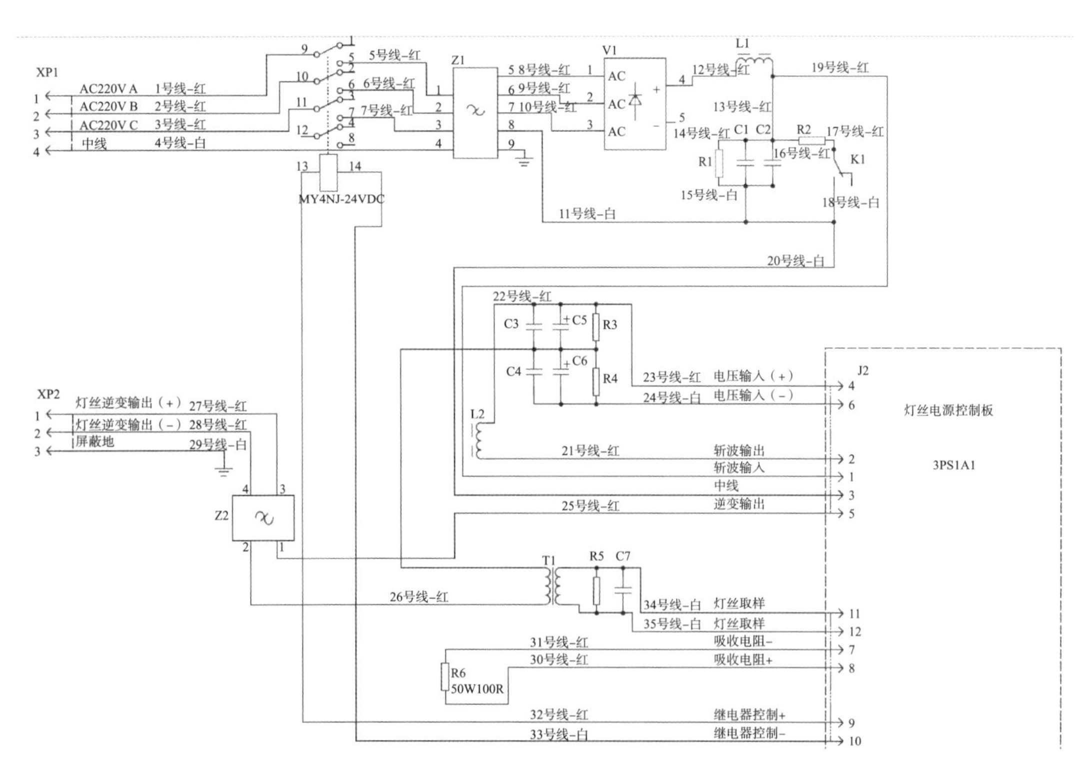

图 4-28　灯丝电源 3PS1 电原理图

灯丝电源检测端子信号特征和接口信号特征见表4-10。

表4-10　灯丝电源前面板检测端子信号特征和LED故障指示

端子	信号名称	取样位置	信号特征说明	参考信号波形
ZP1	信号地			
ZP2	灯丝同步触发	同步芯片输入	2倍PRF	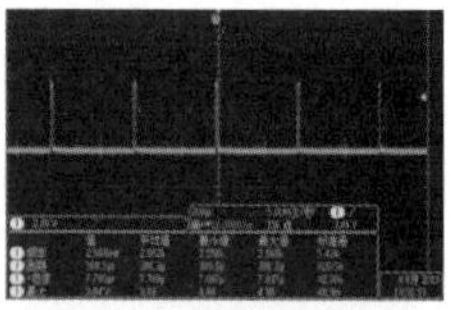
ZP3	灯丝斩波	斩波信号隔离输入	不断改变脉冲宽度，降低300 V直流能量	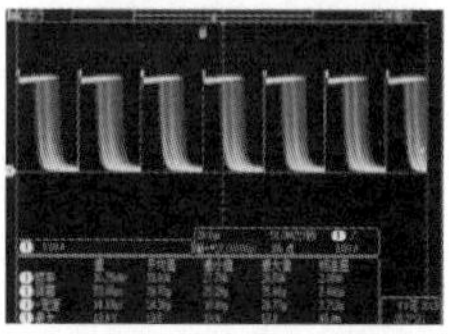
ZP4	灯丝同步控制1路	控制信号隔离输入	与2路外同步逆变	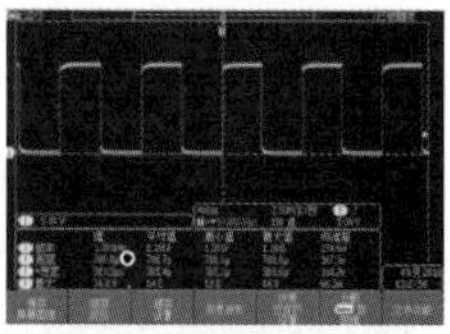
ZP5	灯丝同步控制2路	控制信号隔离输入	与1路外同步逆变	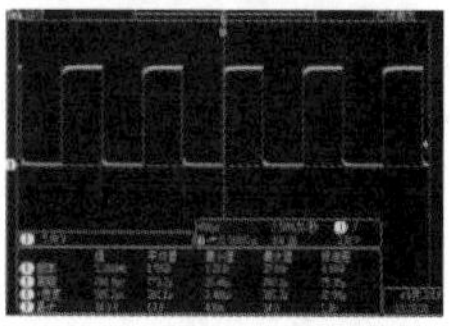
ZP6	直流300 V取样	被斩波前	提供直流电能量	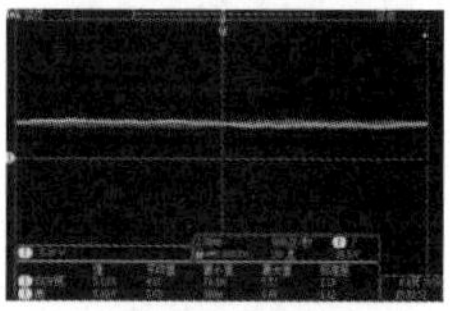
ZP7	灯丝电压输出	控制开关管输出	检测灯丝输出电压	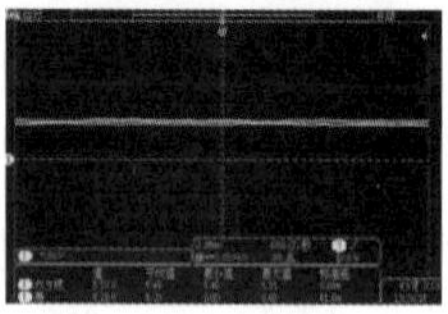
ZP8	隔离地			
LED1	灯丝使能	使能光偶输出	无使能灯灭，有时亮灯	高低电平

4.5.7.5　关联组件及信号流程

①前级组件：无。

②后级组件：灯丝中间变压器（T1）、充电变压器3A7T2、速调管。

③低压电源：3PS3（+28 V）、3PS4（+15 V）、3PS6（+5 V）。

信号流程见图4-29。

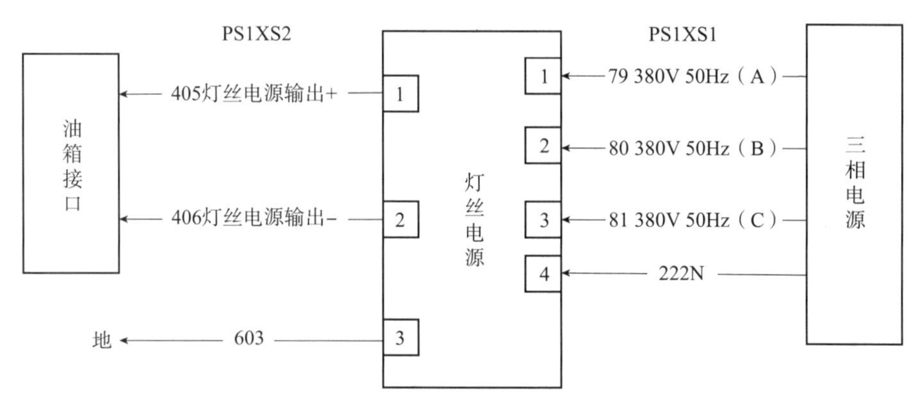

图 4-29 灯丝电源关联信号流程图

4.5.7.6 灯丝保护门限及其设定

具有灯丝过流/欠流保护和灯丝过压/欠压保护功能。

灯丝的过流保护门限为 29 A（指速调管灯丝电流），通过测量接口板 3A1A2 的 R5、R20 设定；灯丝欠流门限为 27 A，通过测量接口板 3A1A2 的 R8 设定。

灯丝过压保护门限为 8.2 V（指速调管灯丝电压），通过灯丝电源控制板 3PS1A1 的 RP7 设定；灯丝欠压保护门限为 4.8 V，通过灯丝电源控制板 3PS1A1 的 RP8 设定。

4.5.7.7 灯丝电流调试方法

使用示波器测量 3A1A2 测量接口板上的 TP2 端子，读取灯丝电流取样，调节发射机左面板上的灯丝电流电位器，将灯丝电流调节至 5.5 V。

灯丝过流门限：使用示波器测量 3A1A2 测量接口板上 U8 的 9 脚，调节电位器 R20，调节电压至 6.4 V；测量 U8 的 13 脚，调节电位器 R5，调节电压至 6.4 V；

灯丝欠流门限：使用示波器测量 3A1A2 测量接口板上 U8 的 5 脚，调节电位器 R8，调节电压至 4.2 V。

4.5.8 钛泵电源工作原理和信号流程、调试方法

钛泵电源 3PS8 为速调管钛泵提供 3 kV 直流电压，用以抽出速调管内的残余微量气体。钛泵电源关联信号流程见图 4-30。

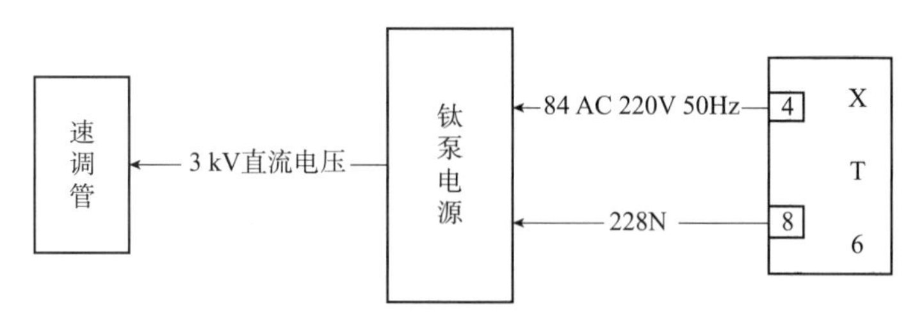

图 4-30 钛泵电源关联信号流程

4.5.8.1 钛泵电源 3PS8 技术要求

①交流输入：单相 220 VAC，50 Hz。

②直流输出：电压：3 ±0.3 kV。

③电流：0～100 μA。

4.5.8.2 钛泵电源3PS8工作原理

交流输入电压经变压器升压为750 V交流电压，再经4倍压整流，输出约3 kV直流电压。

4.5.8.3 测量、保护、门限设定

在控制面板3A1上，钛泵电流表指示钛泵电源的输出电流，电压/电流表可选择指示钛泵电压。在测量接口板3A1A2上，设有钛泵电源3PS8输出电压欠压保护电路及输出电流过流保护电路。当钛泵电源输出电压低于门限值时，保护电路向控制保护板3A3A1发出钛泵欠压报警信号；当钛泵电源输出电流高于门限值时，保护电路向控制保护板3A3A1发出钛泵过流报警信号。电位器3A1A2 R14用于设置欠压保护门限，电位器3A1A2 R10用于设置过流保护门限。

出厂时设置欠压保护门限为2.5 kV，过流保护门限为20 μA。

4.5.8.4 钛泵电源调试方法

（1）设备条件

机柜UD3供电正常，控制板3A3A1、显示板3A3A2正常，低压电源3PS3～3PS7正常，面板3A1具备通高压条件。

（2）调试设备

高压探头、三用表、调压器、转接电缆、负载。

（3）主要性能参数

钛泵电源电压的正常值为3 kV左右，钛泵电源电压低限值要求为2.5 kV±0.1 kV。钛泵电流的保护值为20 μA。

（4）调试步骤

调试步骤如下：

①连接好转接电缆、调压器，接好负载；

②合上辅助供电空气开关辅助供电开关，将调压器调至220 V，用高压探头测量钛泵电源输出电压，应为3 kV左右；

③降低调压器输出，使钛泵电源输出电压为2.5 kV，此时，再调节发射机控制面板A1上测量接口板上门限电位器，使面板上钛泵电压故障指示灯亮，这表明钛泵电源电压低限值已经设好；

④断开辅助供电，将连接电缆、调压器撤掉，再拿掉负载电阻，将钛泵电源分机固定到机柜上，接好钛泵电源至速调管钛泵的电缆。

4.5.9 充电校平组件工作原理和信号流程、调试方法

4.5.9.1 充电校平组件的功能与作用

充电校平组件的作用是当调制器人工线充电电压到额定值以后，通过不断采样人工线上的电压，在校平脉冲指令下，完成对人工线存储的电荷进行有控制的微量泄放，以提高人工线充电电压的精度和脉间稳定度，最终保证雷达获得足够的地物杂波抑制。

4.5.9.2 充电校平组件的工作原理

充电校平组件与人工线组成人工线电压微量泄放电路，保证相邻放电脉冲电压幅度的稳

定。图4-31是充电校平组件原理性示意图；图4-32是相对应的人工线电压校平波形。基准电路通过输入人工线采样电压和泄放采样电压产生基准电压，增益调整电路对不同的重频实现不同的增益放大。差分放大电路实现人工线采样电压和基准电压的误差放大，进而生成驱动信号，经驱动电路驱动泄放开关管，实现人工线电压微量泄放。

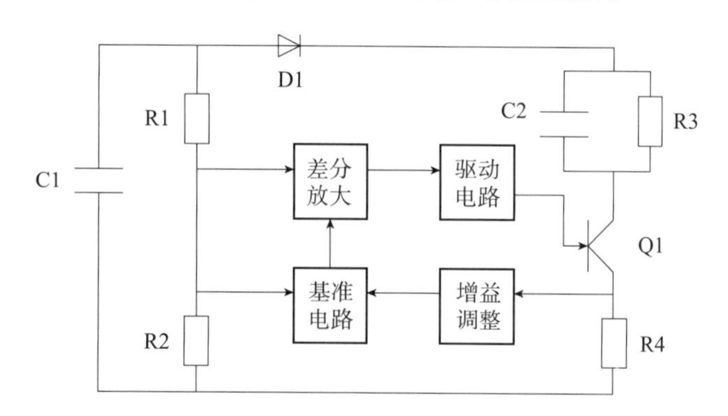

图4-31　充电校平组件电路原理示意图

（C1为调制器中的人工线电容，R1、R2是人工线电压采样电阻，C2、R3是吸收电路，Q1是泄放开关管，R4为泄放电流采样）

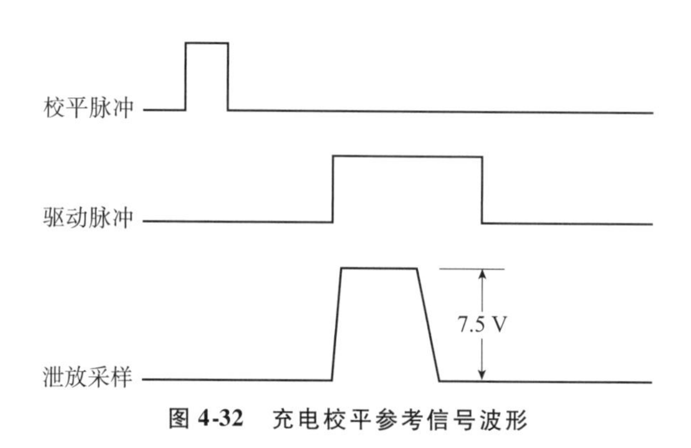

图4-32　充电校平参考信号波形

充电校平组件在人工线充电结束后进行校平，校平基本原理为：对人工线电压进行1∶1000采样，分为2路，其中1路作为人工线电压实时监测，另1路在充电电压平顶前端进行采样保持与泄放电流采样加权作为浮动基准电压。将人工线实时采样电压和浮动基准电压作为差分放大器的输入，放大器增益很大（约5000倍），使得泄放电流很快达到最大值并保持不变，人工线电压线性下降，在泄放电流下降阶段，有人工线电压下降→泄放电流下降→浮动电压降低不断调节过程，在人工线采样电压与浮动基准电压不断逼近情况下，泄放电流逐渐下降直至泄放电流减小为0。

人工线的微量泄放是将人工线上的微量电荷转移到吸收电容C2上，在停止校平后及时将C2中的电荷通过吸收电阻放电，随着重复频率的增加，特别是高重复频率如1282 Hz，C2中会有少量残压，所以不同重复频率下需要通过增益调整来改变该重复频率下的浮动基准电压值，控制人工线微量泄放的多少。

4.5.9.3　充电校平组件的组成结构

图4-33为充电校平组件组成结构框图。图4-34为充电校平关联信号流程。充电校平组

件包括校平控制板3A8A1、阻容吸收网络、变压器，以及前面板故障指示和检测端子、控制接口，后面板强电接口等。

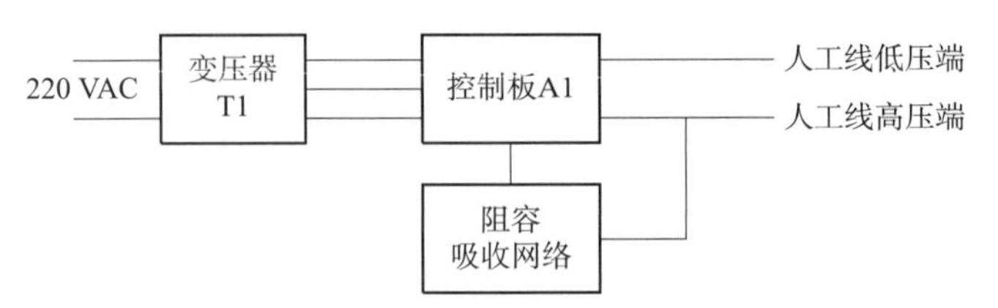

图 4-33　充电校平组件组成结构框图

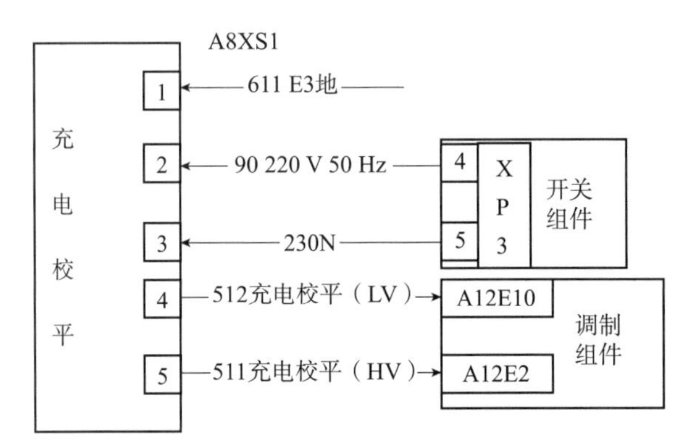

图 4-34　充电校平关联信号流程

4.5.9.4　充电校平组件功能电路

图4-35为充电校平组件的电路功能框图。充电校平组件电路包括差分接收、电平转换、延时/定时电路、增益调节、基准电路、驱动电路、泄放电路等，其他监测、报警等为辅助电路。

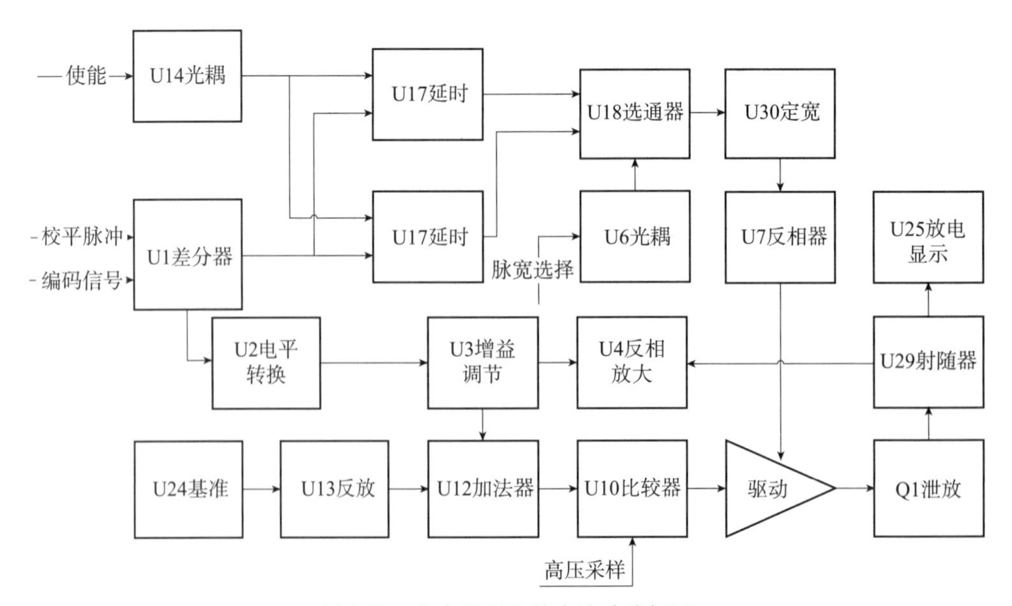

图 4-35　充电校平组件电路功能框图

(1) 增益调整电路

图4-36为增益调整电路，采用CD4051数字开关选通各重复频率对应的电阻支路串接到后级运算放大器的输入端，改变运算放大器的输入电阻，从而改变运算放大器的增益。数字开关的选通控制信号为重复频率的控制码。

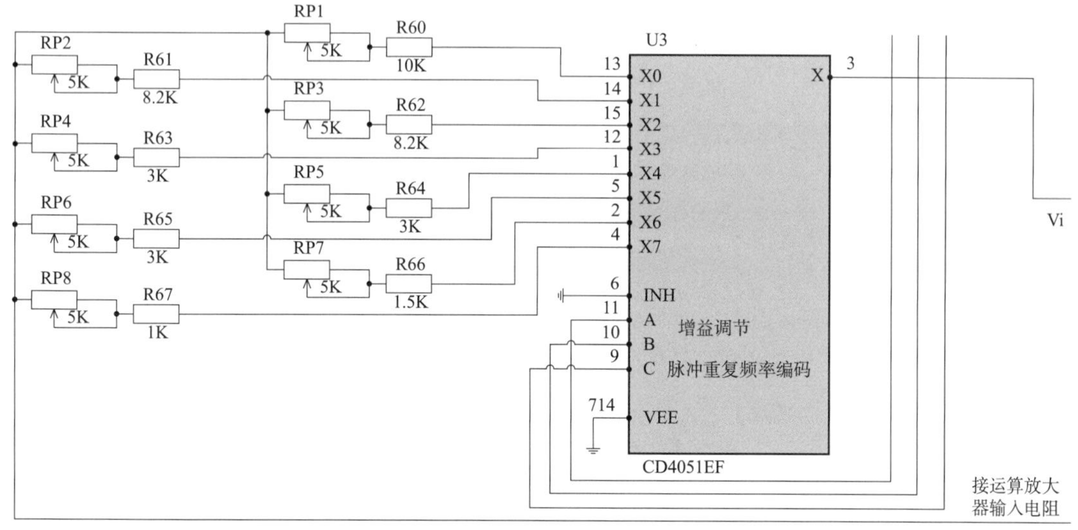

图4-36 增益调整电路

(2) 基准电压电路

图4-37为基准电压电路。由一个反相放大器和反相加法器组成。反相放大器对人工线采样保持电压进行比例放大（放大倍数小于1），与人工线泄放电流采样转换电压进行加权，得到浮动基准电压。

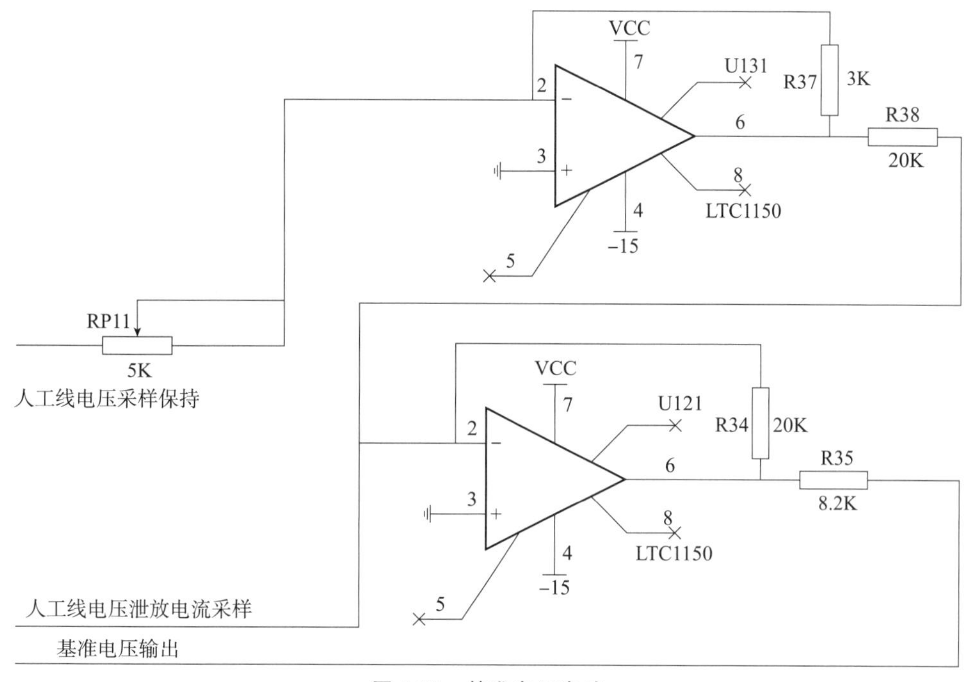

图4-37 基准电压电路

充电校平组件控制板 3A8A1 中可变电位器及调整点信号特性如表 4-11 所示。

表 4-11 充电校平组件控制板 3A8A1 中可变电位器及调整点信号特性

电位器	所在电路	调整项	调整输出检测点	输出信号特性
RP1	PRF1 重复频率增益调整电路	运算放大器输入电阻	ZP1	PRF1：1282，泄放电流采样波形
RP2	PRF2 重复频率增益调整电路	运算放大器输入电阻	ZP1	PRF2，泄放电流采样波形
RP3	PRF3 重复频率增益调整电路	运算放大器输入电阻	ZP1	1014 Hz，泄放电流采样波形
RP4	PRF4 重复频率增益调整电路	运算放大器输入电阻	ZP1	1181 Hz，泄放电流采样波形
RP5	PRF5 重复频率增益调整电路	运算放大器输入电阻	ZP1	1282 Hz，泄放电流采样波形
RP6	PRF6 重复频率增益调整电路	运算放大器输入电阻	ZP1	644 Hz，泄放电流采样波形
RP7	PRF7 重复频率增益调整电路	运算放大器输入电阻	ZP1	446 Hz，泄放电流采样波形
RP8	PRF8 重复频率增益调整电路	运算放大器输入电阻	ZP1	PRF8：322，泄放电流采样波形
RP9	宽脉增益调整电路	运算放大器反馈电阻	ZP1	宽脉泄放电流采样波形
RP10	窄脉增益调整电路	运算放大器反馈电阻	ZP1	窄脉泄放电流采样波形
RP11	基准电压反相放大器	运算放大器输入电阻	ZP1	U13 芯片 6 脚输出基准电压值
RP12	窄脉冲单稳态延时芯片阻容电路	窄脉冲单稳态延时芯片电阻	U16 芯片 10 脚	脉冲，15 V，25 μs
RP13	脉冲单稳态定宽芯片阻容电路	脉冲单稳态定宽芯片电阻	U30 芯片 7 脚	脉冲，15 V，250 μs
RP14	宽脉冲单稳态延时芯片阻容电路	宽脉冲单稳态延时芯片电阻	U17 芯片 10 脚	脉冲，15 V，110 μs
RP15	泄放三极管集电极过压保护比较器	比较器 in-基准电压	U19 芯片 3 脚	11 V
RP16	泄放三极管集电极欠压保护比较器	比较器 in + 基准电压	U20 芯片 2 脚	110 mV
RP17	校平电流采样反相放大器	运算放大器反馈电阻	U25 芯片 2 脚	U25 芯片 1 脚输出电压值
RP18	驱动三极管电路	驱动三极管基极电阻	ZP1	驱动电流

4.5.9.5　接口特性与 LED 故障指示

充电校平组件前面板检测端子信号特征见表 4-12。

表 4-12　充电校平组件前面板检测端子信号特征和 LED 故障指示

端子	信号名称	取样位置	信号特征说明	参考信号波形
ZP1	泄放电流采样波形	泄放开关射电极	梯形脉冲，幅度约 7.5 V	
ZP2	信号地			

4.5.9.6　充电校平组件调试方法

（1）调试设备

调试所用的设备见表 4-13。

表 4-13　调试所用设备列表

序号	名称	技术要求	建议型号	数量	备注
1	示波器	泰克公司	TDS3020	1	
2	三用表			1	
3	25 芯转接电缆			1	自制
4	5 芯转接电缆			1	自制

（2）组成框图

充电校平分机组成框图见图 4-38。储存在人工线中的电荷通过充电校平板的取样后，生成控制信号去控制泄放电路对人工线电压进行校准。

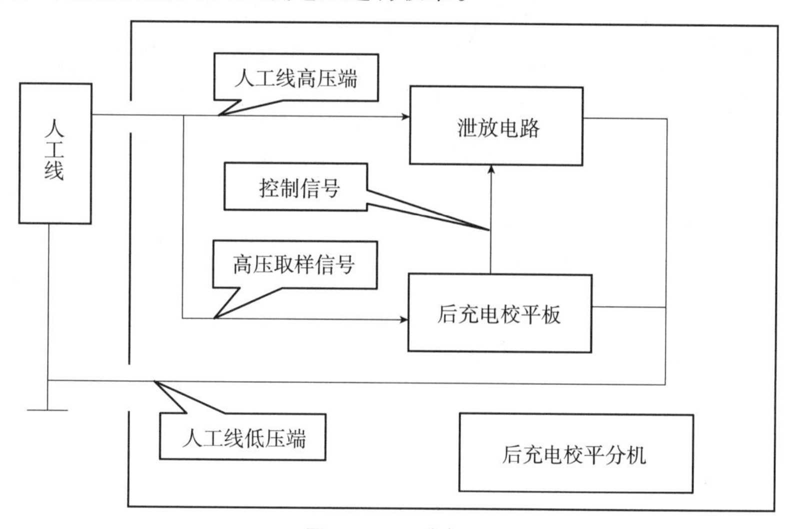

图 4-38　组成框图

（3）主要性能参数

①输入信号

固定脉冲重复频率下，人工线电压，脉间稳定度高于1‰；

编码重复频率下，人工线电压，脉间稳定度高于2%。

②输出信号

固定脉冲重复频率下，人工线电压，脉间稳定度高于±0.2‰；

编码重复频率下，人工线电压，脉间稳定度高于2%。

③电位器阻值要求

检查以下电位器的值，偏差应在±0.2 K以内，超出范围的调节到范围内。

电位器	RP1	RP2	RP3	RP4	RP5	RP6	RP6	RP8	RP10
电阻值	8 K	5 K	8 K	8 K	7 K	7 K	6 K	5 K	4 K

（4）调试步骤

①启动调试计算机，推上灯开关，再推上低压开关，

②等待预热完成。

③按控制面板上“高压关”按键。

④从调试控制计算机发出切换到窄脉冲重复周期1282的指令。等准加灯亮以后，按面板上“高压开”按键，用调压器将人工线电压加到额定值，用示波器观察ZP2（接地线夹），ZP1（接探头）上的波形，如果工作正常，波形应如图4-39所示，若该波形发生大幅抖动，可通过调节电位器来使波形稳定。

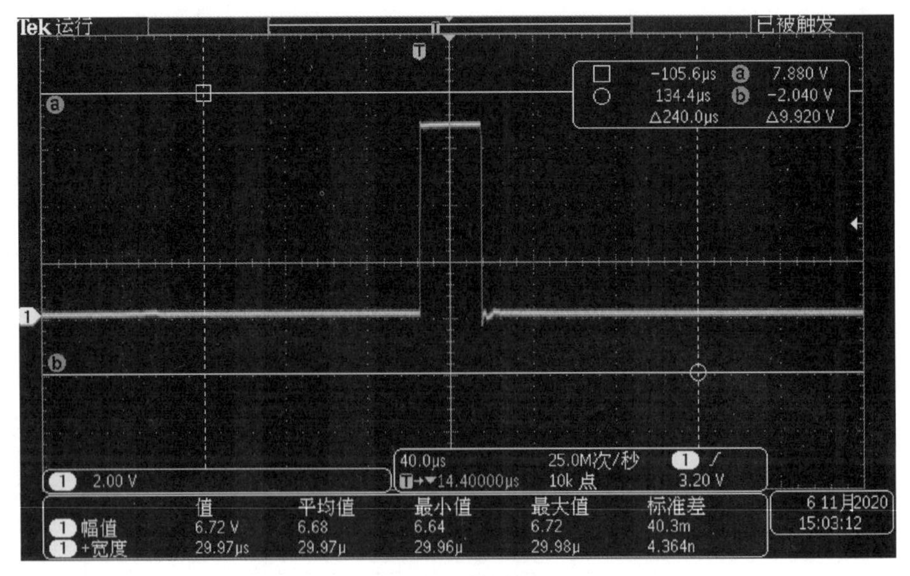

图4-39　波形图

⑤依次从调试控制计算机发出切换到窄脉冲重复周期322 Hz、644 Hz、1014 Hz的指令。若该波形发生大幅抖动，可通过调节电位器来使波形稳定。

4.5.10 触发器工作原理和信号流程、调试方法

4.5.10.1 触发器的功能与作用

根据控制时序产生调制器组件 3A12 中 SCR 开关管的 +200 V 的触发脉冲，以控制调制器组件的放电，兼具调制器组件的故障监测（放电电流、反峰电流）及保护，以及为充电开关组件 3A10 提供 2 组与发射机公共端隔离的 +20 V 电压。

4.5.10.2 触发器的工作原理

图 4-40 为触发器工作原理框图。

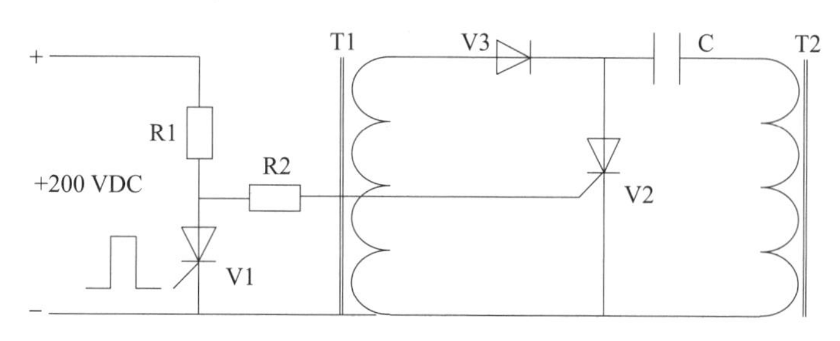

图 4-40 触发器放电电路原理性示意图

（V1 是触发器中的开关管，T1 是充电变压器，V2、V3、T2 及 C 分别为调制器中的放电开关管、充电二极管、脉冲变压器及人工线电容）

220 VAC 通过变压器 T1 分别变换为 18 VAC、18 VAC 和 180 VAC，经电源板进行整流滤波、稳压，分别产生 +20 V、 +20 V 和 +200 VDC。两路 +20 VDC 作为开关组件 3A10 中的 2 个 IGBT 驱动芯片 EXB841 的驱动电源。 +200 VDC 作为触发板 A1 开关管 PWM 的直流电源。触发板对触发信进行差分接收、延时、驱动器，驱动开关管，生成输出 200 V 驱动脉冲。

4.5.10.3 触发器的组成结构

图 4-41 为触发器组成框图。图 4-42 为触发器信号流程。触发器包括电源变压器、触发板 3A11A1、电源板 3A11A2、连接线缆，以及前面板故障指示和检测端子、控制接口，后面板强电接口等。

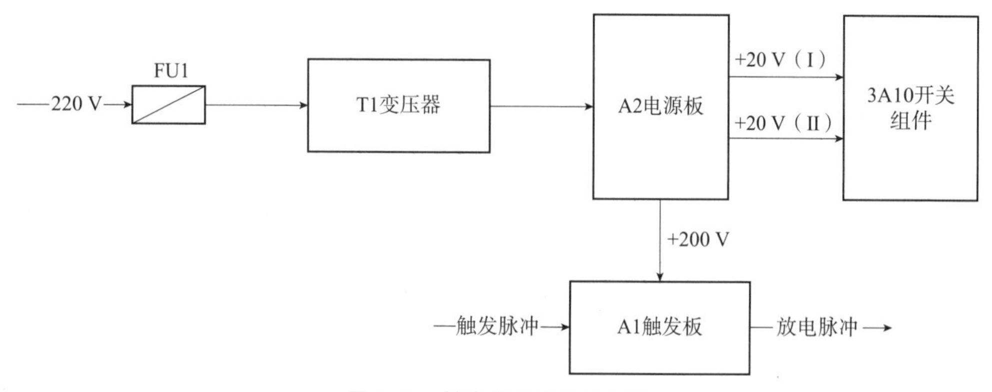

图 4-41 触发器组成结构框图

图 4-43 为触发器组件的电路功能框图。触发器还监测调制器反峰电流、调制器初级电流，并将故障信号发送到发射机控制板。触发输入、脉冲延时、驱动、开关管组成触发器的

主控制电路，调制器初级电流、调制器反峰电流、+200 V 电源采样等监测及报警为辅助电路。

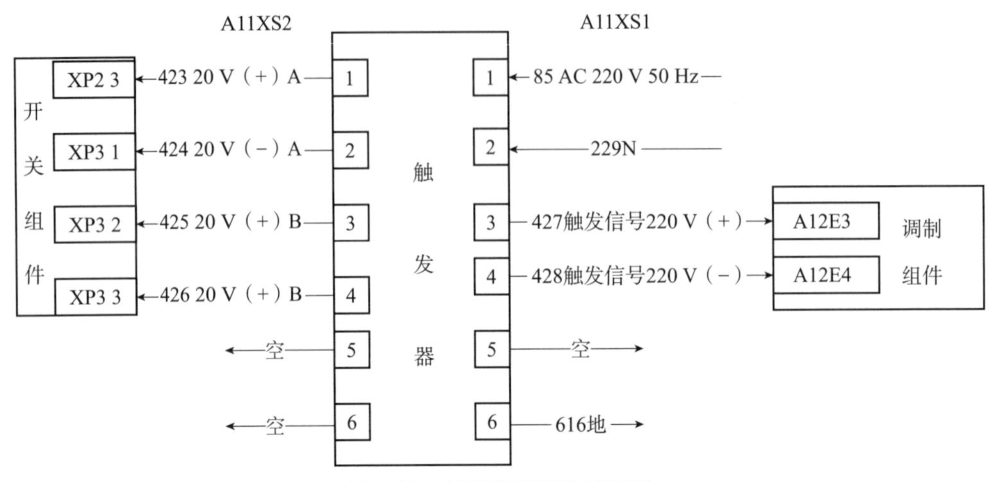

图 4-42　触发器关联信号流程

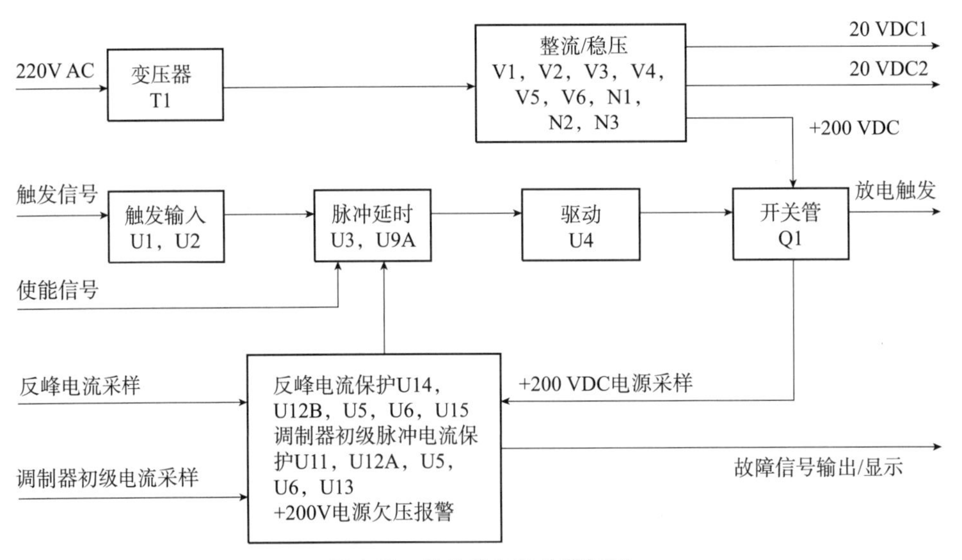

图 4-43　触发器电路功能框图

来自数字中频的放电触发定时接收机 IO 接口输出到发射机 3XS1 后直通到（不经控制保护板 3A3A1 处理控制）触发器 3A11。

不可重复触发单稳态电路：U3A 的 6 脚输出脉宽约 5 μs、幅度约 12 V 的脉冲信号至场效应管驱动电路 U4（IR4427）的 4 脚，5 脚输出驱动场效应管 Q1（IRFPS43N50K），最终得到输出幅度约 200 V、宽度约 5 μs 的负触发脉冲，如图 4-44 所示。

放电触发延时电路采用可重复触发单稳态芯片电路 CD4098 组成充电定时电路，如图 4-45 所示，*RX*1、*CX*1 确定单稳态持续时间 T1。通过将反相输出端 7 脚与 -TR 端 3 脚连接，构成不可重复触发单稳态电路，确保 T1 精确可控。改变 *RX*1 的电阻值可以调整 T1。CD4098 工作电压为 +15 V。

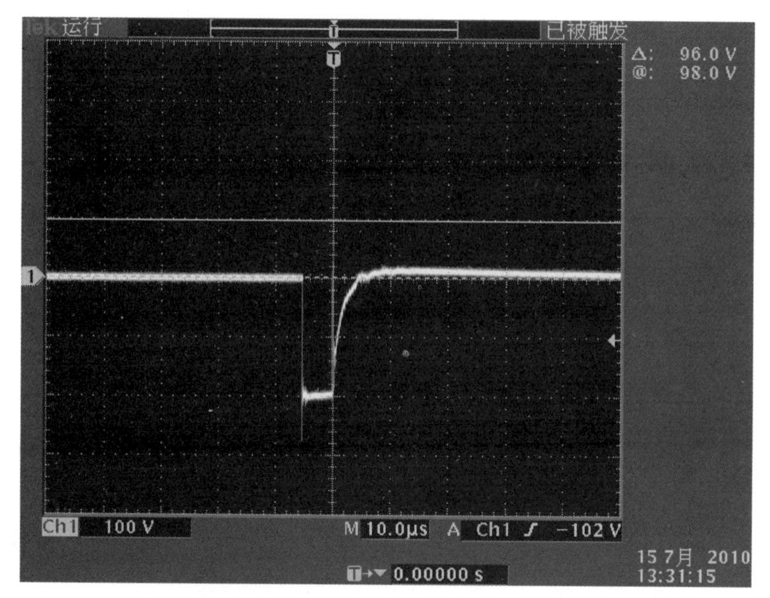

图 4-44 触发器输出的放电触发脉冲信号波形（×10）

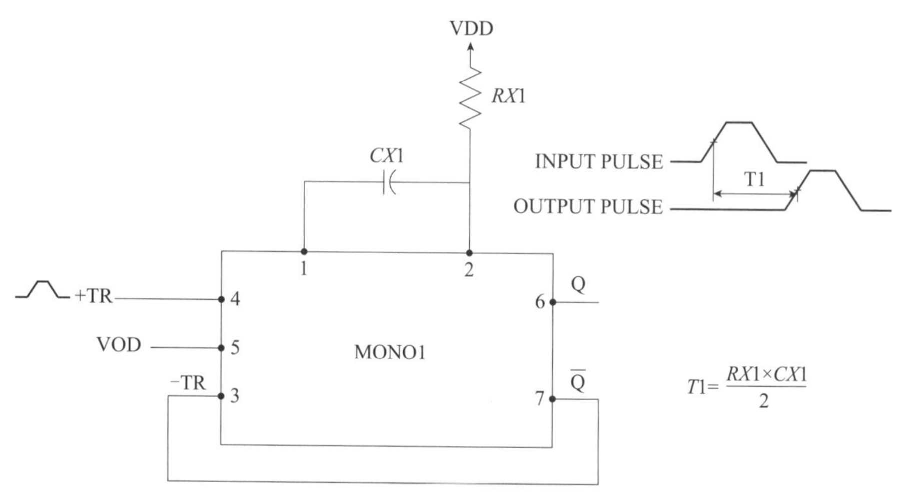

图 4-45 不可重复触发单稳态延时电路

触发器 A1、A2 中可变化电位器及调整点信号特性如表 4-14、4-15 所示。

表 4-14 触发器 A1 中可变化电位器及调整点信号特性

电位器	所在电路	调整项	调整输出检测点	输出信号特性
RP1	放电触发单稳态延时芯片 RC 电路	延时单稳态芯片 RC 电路电阻值	U3A 芯片 6 脚	15 V，6 μs，脉冲，PRF 重频
RP2	调制器初级脉冲电流比较器参考电压电路	调制器初级脉冲电流比较器参考电压	U11 芯片 2 脚	-10 V
RP3	调制器反峰电流比较器参考电压电路	调制器反峰电流比较器参考电压	U14 芯片 2 脚	8 V

表 4-15　触发器 A2 中可变化电位器及调整点信号特性

电位器	所在电路	调整项	调整输出检测点	输出信号特性
RP1	+20 VDC1 稳压电路	电压输出	N1 芯片 3 脚	20 VDC
RP2	+20 VDC2 稳压电路	电压输出	N2 芯片 3 脚	20 VDC
RP3	+200 VDC 稳压电路	电压输出	V4 三极管 E 极	200 VDC

4.5.10.4　接口特性与 LED 故障指示

触发器组件前面板检测端子信号特征见表 4-16。

表 4-16　触发器组件前面板检测端子信号特征和 LED 故障指示

端子	信号名称	取样位置	信号特征说明	参考信号波形
ZP1	信号地			
ZP2	调制器反峰电流取样	比较器输入 +	8V，8 μs，锯齿脉冲	
ZP3	调制器初级脉冲电流取样	比较器输入 -	-6 V，3.5 μs，尖齿脉冲	
ZP4	放电触发脉冲	开关管输出	-200 V，矩形脉冲	
LED1	调制器反峰过流	调制器反峰管电路互感器	正常灯灭，报警亮灯	对应发射机面板“触发器：故障”
LED2	调制器初级脉冲过流	脉冲变压器初级互感器	正常灯灭，报警亮灯	
LED3	+200 V 电源欠压	3A11 +200 V 电源取样	正常灯灭，报警亮灯	

4.5.10.5　+200 V/+20 V 电源

本单元包含三种直流电源：+200 V 电源、+20 V 电源及另一个 +20 V 电源都是常规串联稳压电路。+200 V 电压供触发电路控制板 3A11A1 使用，RP3 调整 +200 V 电源的输出电压。两组 +20 V 电压供充电开关组件 3A10 使用，RP1 和 RP2 调整两个 +20 V 电源的输出电压。

4.5.10.6　触发器调试

调试所用的设备见表 4-17。

表 4-17　调试所用的仪器仪表设备

序号	名称	技术要求	建议型号	数量	备注
1	示波器	泰克公司	TDS3020	1	
2	三用表	福禄克公司	FLUKE17	1	
3	转接电缆			1 套	自制

续表

序号	名称	技术要求	建议型号	数量	备注
4	控制保护板		3A3A1	1	
5	显示控制板		3A3A2	1	
6	+5 V 电源		3PS6	1	
7	+15 V 电源		3PS4	1	
8	-15 V 电源		3PS5	1	
9	高功率电源组件		3A2	1	
10	滤波组件		3A9	1	

(1) 主要性能参数

主要性能参数见表4-18。

表4-18 主要调试性能参数

序号	参数名称	单位	参考值	备注
1	直流电压	V	20	
2	脉冲电压	V	200	
3	脉冲电流	A	0.8	
4	脉冲宽度	μs	5	

(2) 调试框图

触发器调试框图见图4-46。

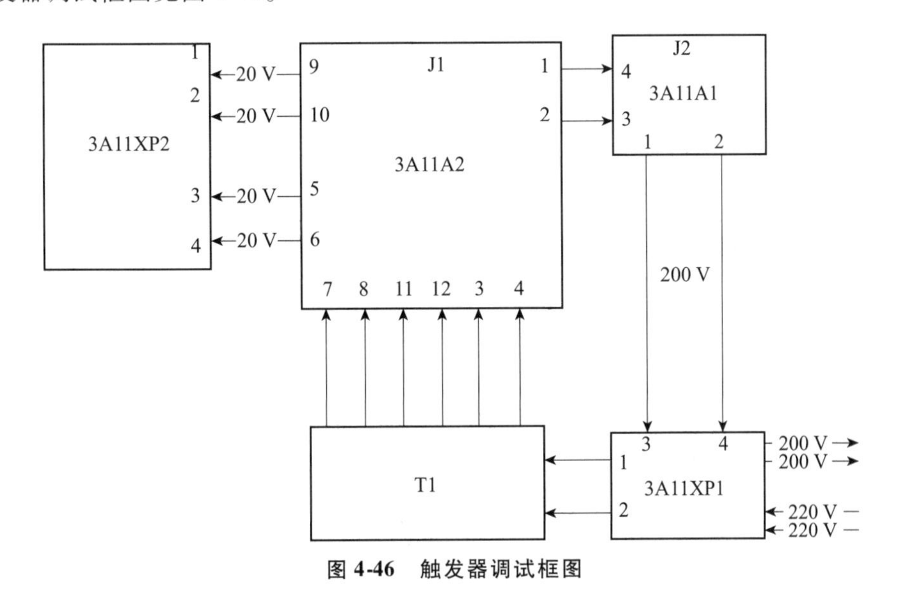

图4-46 触发器调试框图

(3) 调试步骤

①检查

a. 拔掉插在3A11的XP1和XP2插片，插上自制转接电缆，合电；

b. 检查3A11A2/J1的5、6，调试结果应符合表4-19序号1要求；

c. 检查3A11A2/J1的9、10，调试结果应符合表4-19序号2要求；

d. 检查3A11A1/J2的1、2，调试结果应符合表4-19序号3要求；

e. 断电，拔掉自制转接电缆，插好3A11的XP1和XP2插片。

②门限调试步骤

a. 调制器过载报警门限调节，检查ZP3脚监测点波形，根据采样波形适当调节电路板上RP2滑动变阻器，以调整调制器初级电流过载报警门限；

b. 反峰过流门限调节，检查ZP2脚监测点波形，根据采样波形适当调节电路板上RP2滑动变阻器，以调整反峰过流门限；

c. 脱离3A10开关组件，待发射机预热完毕后按高压通，用示波器检查ZP4测试点波形。

4.5.11 调制器工作原理

4.5.11.1 调制器的功能与作用

调制器的功能与作用是存储与输送电能至速调管，其输出的调制脉冲经脉冲变压器升压，为速调管提供60～65 kV的束电压脉冲和5～32 A的束电流脉冲，统称之为束脉冲。束脉冲即为速调管工作所需的电压和能量。

4.5.11.2 调制器主要技术要求

①调制脉冲极性：负脉冲。

②调制脉冲幅度：

脉冲电压幅度：65 kV，从50%至110%连续可调；

脉冲电流幅度：25～32 A。

③调制脉冲宽度及脉冲重复频率：

脉冲宽度：2.6 μs，脉冲重复频率：322～1282 Hz；

脉冲宽度：6.5 μs，脉冲重复频率：322～446 Hz。

④脉冲幅度稳定度：

恒定脉冲重复频率时，脉冲电压幅度脉间稳定度优于$\pm 4\times10^{-5}$；

组合脉冲重复频率时，脉冲电压幅度脉间稳定度优于2%；

在125 ms内，脉冲电压脉间稳定度优于$\pm 4\times10^{-3}$（RMS）。

⑤调制脉冲脉间时间抖动：小于3 ns（RMS）。

⑥调制脉冲顶降：优于1.5%。

⑦调制脉冲顶部波动：优于2%。

4.5.11.3 调制器的工作原理

调制器与充电变压器3A7T2组成回扫充电电路，与脉冲变压器3A7T1组成放电回路，通过充电和放电过程实现能量的存储和输送。图4-47是调制器电路原理示意图。图中，T1、V1、C、V3、R组成充电回路，在充电周期对人工线电容C充电，停止充电后，充电校平组件对人工线电压进行泄放，精确控制人工线电压值U，实现能量存储。C、V2、V4、T2组成放电回路，V4在触发器输出的放电触发脉冲的驱动下导通放电，实现能量泄放。V3二极管实现充电单项导通，放电时截止，实现充电回路与放电回路的隔离，R为限流电阻。

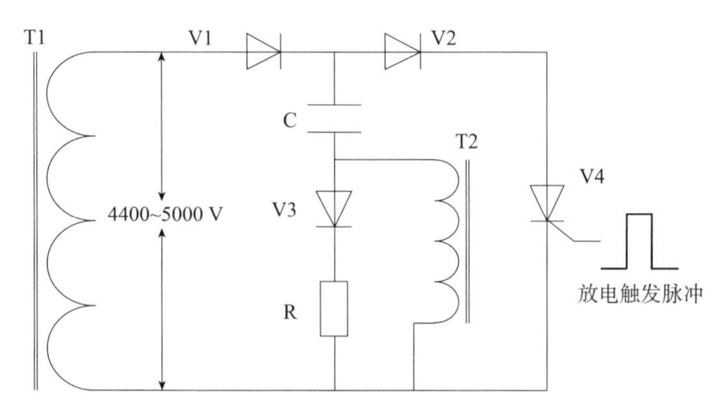

图 4-47　调制器电路原理示意图

（V1、V2 分别是充电、放电二极管，V3 二极管实现充电单项导通，与放电回路隔离，R 为限流电阻，V4 可控硅堆为放电开关管。T1 是充电变压器，T2 是脉冲（放电）变压器，C 为人工线电容）

4.5.11.4　调制器的组成结构

图 4-48 为调制器组成结构框图。调制器包括充电二极管、放电二极管、脉宽选择开关、人工线、反峰管、可控硅、放电触发脉冲板、采样板，以及前面板接口和检测端子、控制接口，后面板强电接口等。

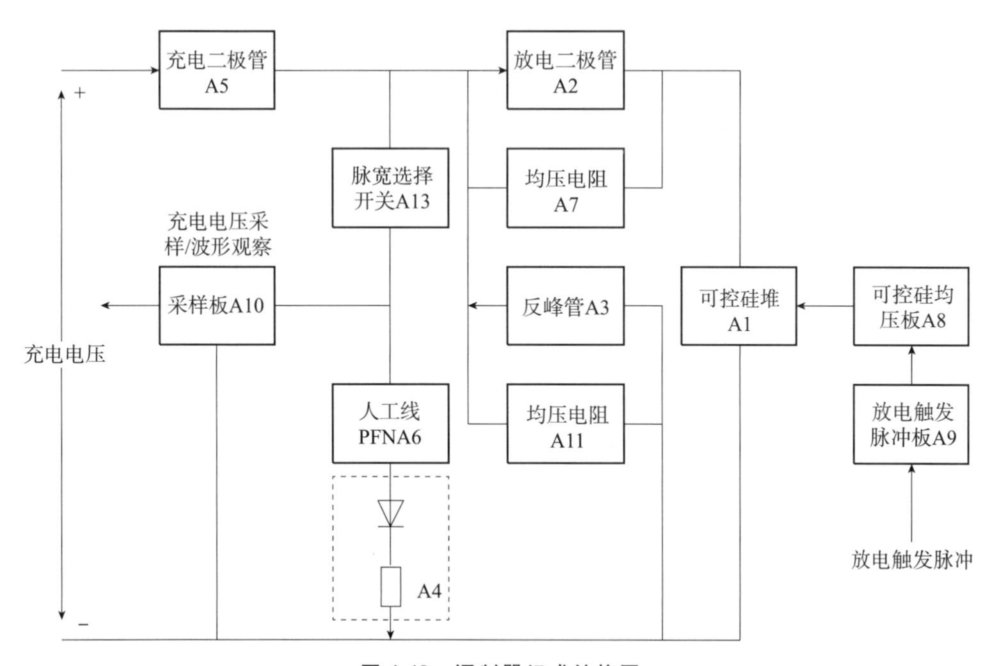

图 4-48　调制器组成结构图

4.5.11.5　调制器功能电路

图 4-49 为调制器组件的电路功能框图。来自充电变压器 3A7T2 的充电电流，经充电二极管 A12A5 给双脉冲形成网络（PFN：人工线）A12A6 充电。来自触发器 A11 的触发脉冲，经 SCR 触发板 A12A13 分成 10 路，分别触发 SCR 开关组件 3A12A1 上的 10 个串联的脉冲开关管。双脉冲形成网络 A12A6 中的储能通过已被触发导通的脉冲开关管，输入油箱 3A7 中的

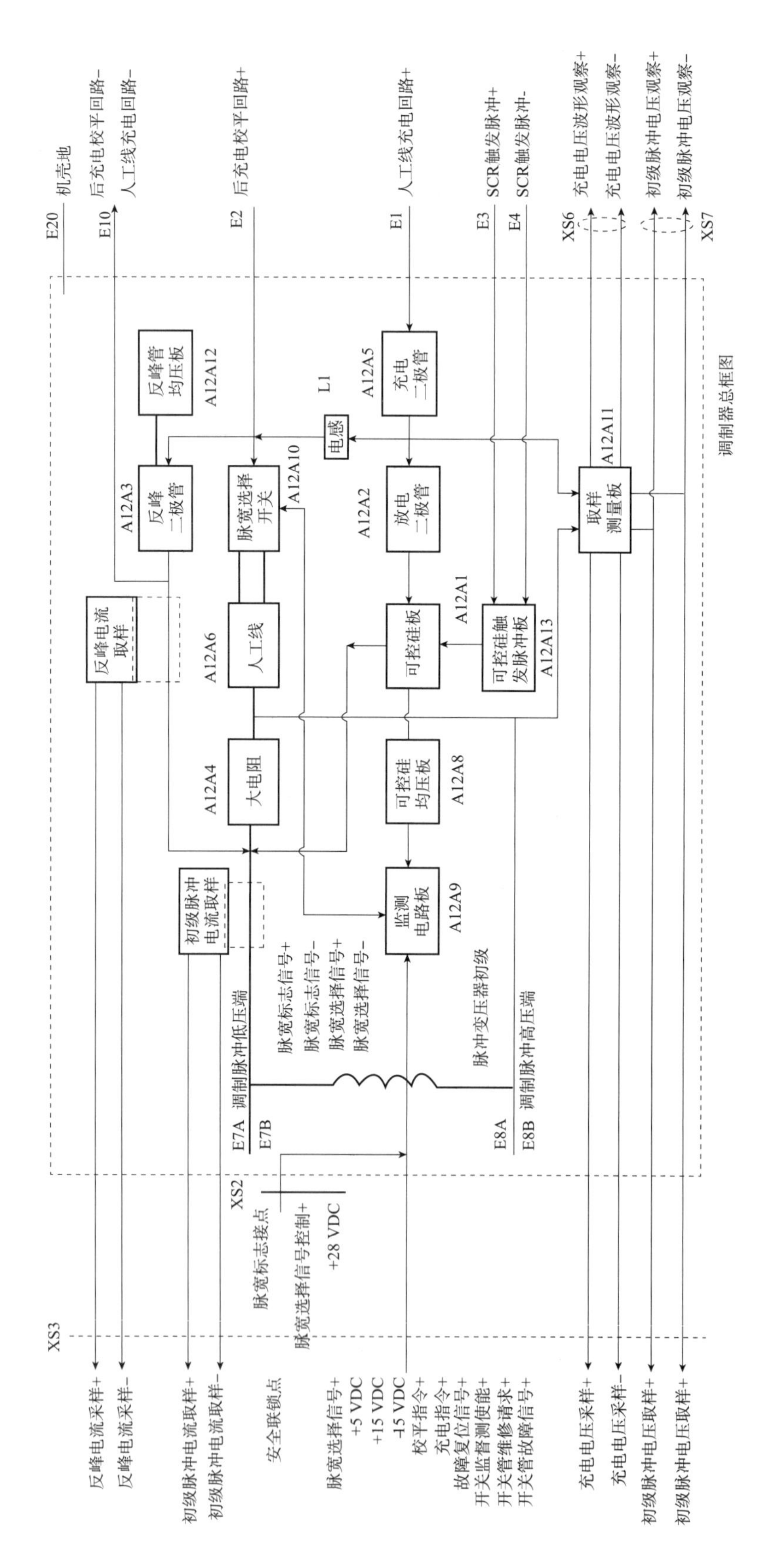

图 4-49 调制器电路功能框图

脉冲变压器 3A7T1，在脉冲变压器 3A7T1 初级产生 2400 ~ 2750 V 的脉冲高压。SCR 均压板 3A12A8 使 10 个串联的脉冲开关管均匀分担人工线上的充电电压，并有吸收网络和用于检测每一个开关管好坏的取样电阻。取样电压输入监测电路板 3A12A9，若有 1 ~ 2 个脉冲开关管损坏，发射机仍能正常工作，但向监控系统发出开关管维修请求信号，若有三个或三个以上脉冲开关管损坏，则调制器停止工作，并向监控系统发出开关管故障信号。放电二极管 A12A2 用以保护脉冲开关管，使其免受反向电压。双脉冲形成网络 3A12A6 中含有两个不同脉宽的人工线，分别用以产生宽脉冲及窄脉冲。人工线选择开关 3A12A10，按照来自雷达系统的脉宽选择指令，接通两个人工线中的一个，同时发出相应的回报信号，供监控系统验证。

4.5.11.6　接口特性与 LED 故障指示

调制器的前面板检测端子信号特征如表 4-19 所示。

表 4-19　调制器前面板检测端子信号特征

端子	信号名称	取样位置	信号特征说明	参考信号波形
XS6	充电电压波形	人工线电压取样电路	电压幅度 4 ~ 5 V	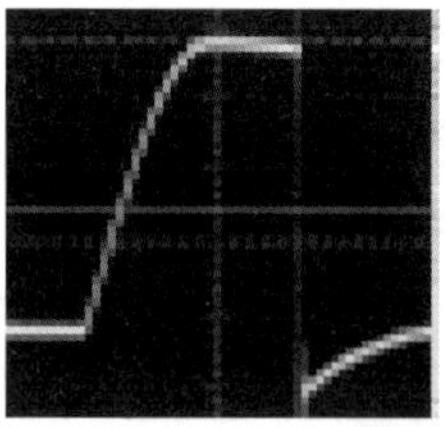
XS7	初级脉冲电压波形	脉冲变压器电压采样电路		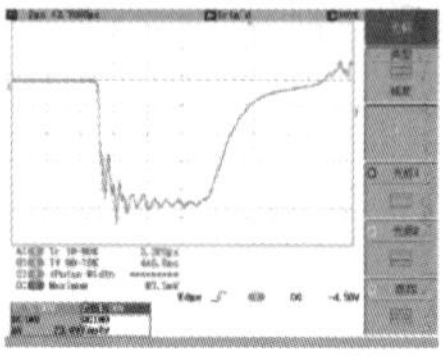

4.5.12　速调管油箱和油箱接口工作原理和信号流程

4.5.12.1　速调管油箱组成及工作原理

油箱 3A7 内部包含：脉冲变压器 3A7T1、灯丝变压器 3A7T3、充电变压器 3A7T2、油温传感器 3A7S2、油面传感器 3A7S1、旁路电容 3A7C1 ~ 3A7C4 以及速调管插座。所有组成部分都浸泡在变压器油中。灯丝变压器 3A7T3 的降压比为 45∶1。

油面传感器有一对接点，正常时接点断开，油面过低时接点闭合，向发射机监控系统发出油面过低报警。

油温传感器也有一对接点，正常时接点闭合，油温过高时接点断开，向发射机监控系统发出油温过高报警。

旁路电容 3A7C1 ~ 3A7C4 用以旁路脉冲变压器次级双绕组间可能出现的尖峰电压。

油箱内部还有一块铜片，连接到油箱顶板上的视频插座 3A7TP1。这块铜片与速调管阴极间的分布电容，以及对地电容（包括分布电容及观测电缆电容）构成电容分压器，在 3A7TP1 耦合出束电压脉冲的取样脉冲，供观察之用。

4.5.12.2 油箱接口组件3A7A1技术说明

油箱接口组件3A7A1是油箱3A7的下级整件，它又包含一个下级整件——油箱接口组件印制板3A7A1A1。

3A7A1中，T1是灯丝中间变压器，升压比为1∶4。电容C1、C2是旁路电容，用以旁路可能出现在灯丝中间变压器次级的尖峰电压。正常情况下，放电管V1、V2呈现开路状态，当因某些不正常因素，使灯丝中间变压器T1次级两端间出现过高的尖峰电压时，V1、V2被击穿而呈短路状态，以保护灯丝中间变压器T1及脉冲变压器3A7T1。电流互感器L1在其负载电阻上建立起速调管束流的取样脉冲，并通过油箱接口组件印制板3A7A1A1的插座XS（J）2传送给发射机监控系统，供监控之用。电阻R1～R2是人工线充电电流（流经充电变压器3A7T2次级的电流）取样电阻，取样脉冲经油箱接口组件印制板3A7A1A1传送给发射机监控系统，供监控及测量之用。电阻R4与电容C3相并联，串接在速调管束流通路之中，并通过油箱接口组件印制板3A7A1A1等连接至测量接口板3A1A2（参阅有关电原理图）。当控制板3A1上的测量选择波段开关置于测量束流位置时，束流的交流分量流过电容C3，而直流分量中的绝大部分则流过3A1A2的束流测量电路，控制板3A1上的电压/电流表指示束流平均值。S1是微动开关，串接在发射机UD3高压控制回路之中。为安全起见，3A7A1有一个金属保护罩，位于油箱3A7顶板的左前方。仅当安装保护罩后，微动开关S1才闭合，才有可能接通高压。油箱接口组件印制板3A7A1A1中，整流管D1、D2、D3、D4将灯丝中间变压器3A7A1T1的交变初级电压转换为直流电压，并经插座3A7A1A1XS（J）2送到测量接口板3A1A2，供测量灯丝电压之用。油箱接口组件3A7A1的原理框图见图4-50。

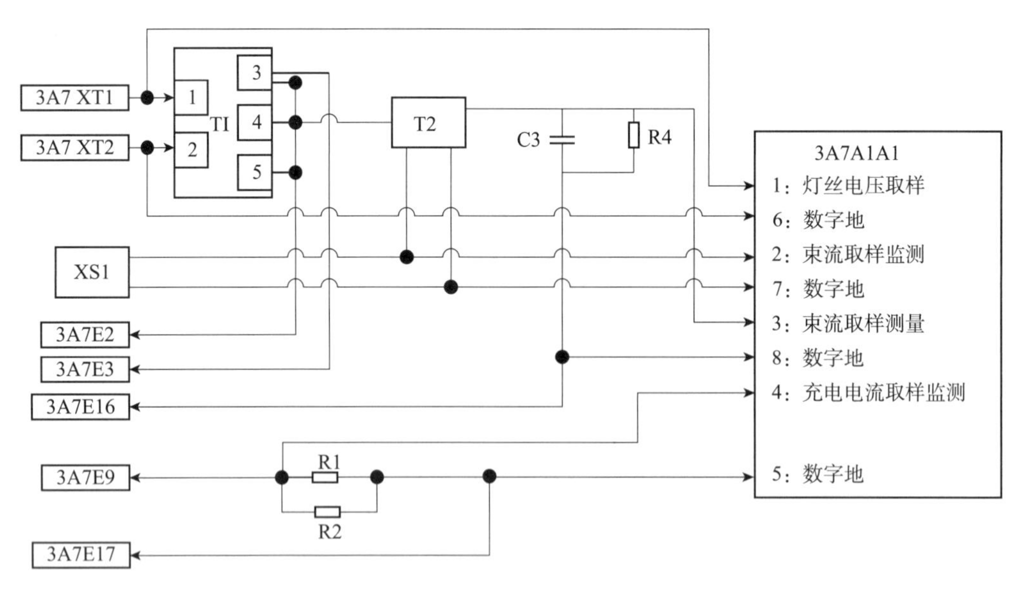

图4-50 油箱接口组件3A7A1原理框图

4.5.13 固态放大器3A4工作原理和信号流程、调整方法

4.5.13.1 固态放大器的功能与作用

来自接收机UD4的发射机高频激励输入信号，经发射机插座3XS4，输入本单元（脉宽

10 μs，峰值功率 10 mW)。固态放大器 3A4 放大上述高频输入信号，峰值输出功率大于 48 W，用于驱动高频脉冲形成器 3A5。高频放大器的调制脉冲受“高频激励触发信号”触发，以保持与系统同步。“高频激励触发信号”来自信号处理机 UD5。

4.5.13.2 固态放大器 3A4 技术要求

固态放大器 3A4 技术要求如下：

①频率：2700～3000 MHz；

②高频输入峰值功率：10 mW；

③高频输入脉冲宽度：8.3 μs；

④高频输出峰值功率：≥48 W；

⑤高频输出顶降：≤10%；

⑥调制脉冲由“高频激励触发信号”触发，与系统 PRF 同步；

⑦高频输入和高频输出均提供取样信号。

4.5.13.3 固态放大器 3A4 工作原理

固态放大器 3A4 框图如图 4-51 所示，射频放大部分由一个 10 dB 输入的定向耦合器、射频开关、射频模块、30 dB 输出的定向耦合器组成。接收机 10 mW 的射频信号被 MMIC 放大模块放大为 5 W，然后送入两个固态功率放大器中，放大以后，信号功率达到 55 W。当信号从定向耦合器里输出的时候，输出功率会达到 48 W。定向耦合器的输入和输出被用来检测性能。固态放大器 3A4 的输入可以是连续波或者脉冲信号。当输入的射频信号是连续波时，输出的射频脉宽就取决于射频开关的调制脉冲宽度。当输入射频信号是脉冲时，输出的射频脉冲宽度和射频输入的脉冲宽度是一样的。

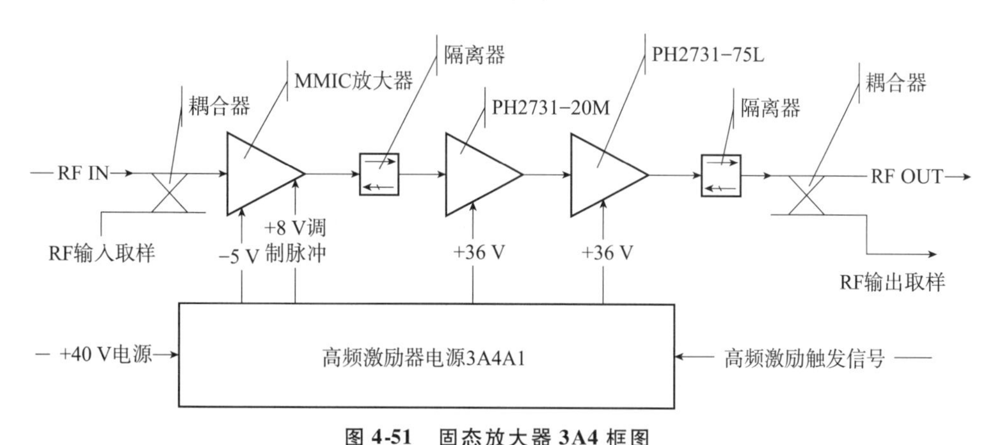

图 4-51 固态放大器 3A4 框图

(1) 高频放大部分

前级放大器采用 MMIC 砷化镓微波放大器，它的操作电压是 +8 V 和 +36 V，模块只能在脉冲模式下工作。工作在 A 类，增益约 25 dB。功放级固态放大器采用硅功率放大晶体管，工作在 C 类，增益约 13 dB，分成二级放大，功放管型号分别为 PH2731-20M 和 PH273175L。功率放大器晶体管只操作最大工作周期的 10%、最大工作脉宽为 100 μs 的脉冲。另外，最大规定工作电压为 36 V，但是实际工作电压大约是 30 V。这个降额是用来提高可靠性的。

（2）电源及同步控制

高频激励器电源控制板3A4A1接受来自电源3PS7的+40 V电压，输出+5 V、-5 V、+36 V直流电压及+8 V调制脉冲，分别作为射频开关、MMIC放大模块和功放管的工作电压。其中，加在MMIC上的+8 V调制脉冲，由来自UD4的高频激励触发信号触发，与系统PRF同步。从UD5接收的射频触发信号被单稳延迟然后形成一个13μs脉冲宽度的可调节脉冲门。可调节脉冲门由+5 V电压和-5 V电压组成，用于控制射频开关。

（3）高频及取样信号

SMA插座XS3和XS5，分别提供高频输入输出取样，不用时，应外接50 Ω匹配负载。

4.5.13.4 固态放大器的组成结构

图4-52为固态放大器组成框图。固态放大器由RF驱动放大器控制板3A4A1、定向耦合器C1、微波开关S1、5W放大器A1、20W放大器A2、75W放大器A3、定向耦合器C2和控制接口等组成。

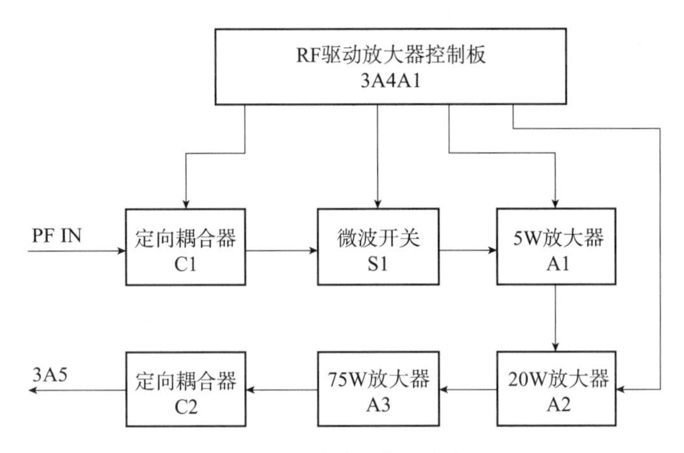

图4-52 固态放大器组成框图

固态放大器的前级组件为频率源（4A1），后级组件为脉冲形成器（3A5）、速调管（3A13），低压电源为3PS7（+40 V电源）。固态放大器关联信号流程见图4-53。

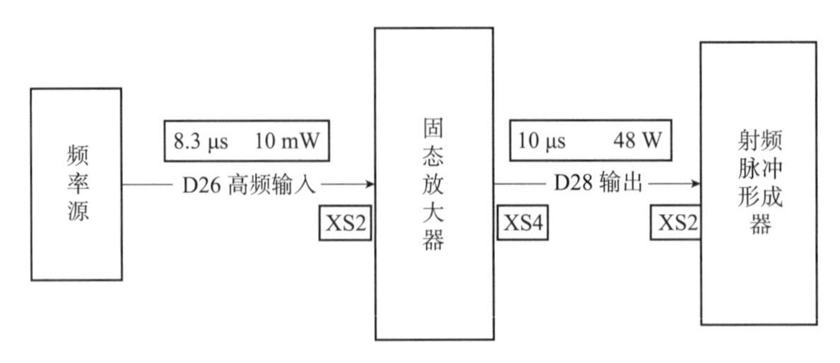

图4-53 固态放大器关联信号流程

4.5.13.5 固态放大器关联报警代码

固态放大器故障与报警代码的关联情况见表4-20。

表 4-20 固态放大器关联报警代码

组件名称	组件故障原因	电参数指示	测试点及信号	直接报警代码	关联报警代码	故障现象
固态放大器	无输出或输出功率过低	性能参数检查：机内发射机输出功率低，机内天线功率低	3A4 前面板 XS2		200 发射机峰值功率低 204 天线峰值功率低 RFD 测试信号报警；SYSCAL 报警；KD 信号报警；地杂物抑制报警	无回波

4.5.13.6 故障现象关联的组件

故障现象与关联组件的关系见表 4-21。

表 4-21 故障现象关联组件

	故障组件	故障原因	组件故障问题	测试点及信号	关联故障报警	故障现象
发射机无输出功率	3A4 固态放大器	3A4 固态放大器无输出	组件内放大链路故障；3A4A1 控制板故障	3A4 前面板 XS2	200 发射机峰值功率低 204 天线峰值功率低 RFD 测试信号报警；SYSCAL 报警；KD 信号报警；地杂物抑制报警	无回波

4.5.13.7 固态放大器调试方法

（1）测试所需设备

调试所需设备见表 4-22。

表 4-22 调试所需设备

序号	仪表名称	技术要求	建议型号	数量	备注
1	功率计		E4417A	1	
2	稳压电源		WQI 型直流稳压电源	1	具备多路输出
3	示波器		HITACHI V-1060	1	
4	定向耦合器		TT2-W	1	
5	三用表		DT890D	1	
6	固定衰减器	30 dB	AM1150	1	
7	固定衰减器	20 dB	AM1150	1	
8	固定衰减器	10 dB	AM1150	1	
9	检波器		自制	1	

（2）主要调试参数

①主要调试参数见表 4-23。

表 4-23 主要调试参数

序号	参数名称	单位	参数值	备注
1	输出峰值功率	W	≥48	
2	输出脉冲宽度（50% 处计）	μs	8.3	

②调试方法与步骤

a. 用延长线给待调件加上电源电压、高频驱动触发信号、高频激励信号。打开来自信号源的高频输出开关，观察固态放大器 XS4 的输出功率，在频率范围 2700～3000 MHz 内检测其正常输出功率应大于 48 W。如未能满足上述要求，则须调整固态放大器内控制板的电位器 RP3 和 RP4 使输出电压分别达 36 V 和 8 V，以调节输出功率，如还未能满足上述要求，则需要检查 3A4 内的 A1～A3 功放模块，其输出功率是否分别达到 5 W、20 W、75 W，找出问题器件。

b. 用示波器检查 XP4 的输出口，无论宽脉冲还是窄脉冲其输出脉冲宽度均应在 8.3 μs 左右，如脉冲宽度不对，则需要调整控制上电位器来调整输出波形。

4.5.14 脉冲形成器 3A5 工作原理和信号流程、调试方法

4.5.14.1 功能与作用

高频脉冲形成器 3A5，对来自高频激励器 3A4 的高频输入信号进行调制、整形，输出功率、波形、频谱均符合要求的高频脉冲，经可变衰减器 3AT1，输入速调管放大器。发射机的输出高频脉冲宽度及频谱宽度主要由本单元决定。

4.5.14.2 技术要求

表 4-24 列出了发射机高频脉冲形成器 3A5 的技术要求。

表 4-24 高频脉冲形成器技术要求

项目		指标
高频工作频率		2700～3000 MHz
高频输入	峰值功率	≥48 W
	脉冲宽度	8.3 μs
输出高频峰值功率		≥15 W
输出高频频谱		符合表 4-1 要求
带内功率起伏		≤1 dB
输出高频脉冲宽度	窄脉冲	1.57 ±0.1 μs
	宽脉冲	4.5～5.0 μs
输出脉冲前后沿		≥0.12 μs

4.5.14.3 工作原理

为了满足发射机波形、频谱要求，高频脉冲形成器 3A5 应对高频输入脉冲进行调制、整形。计算表明，为了使发射机的输出频谱宽度符合要求，高频脉冲前沿、后沿应不小于 0.12 μs，且应接近正弦平方函数。

为了满足发射机地物干扰抑制比的要求，高频脉冲形成器应能为速调管放大器在脉冲前后沿的相位失真提供补偿。

如图 4-54 所示，功率分配器将高频输入信号一分为二。两只调制器分别对两路信号进行脉冲调制，形成脉宽及前后沿符合要求的高频脉冲。下面一路高频脉冲较上面一路在时间

上略有延迟，且经移相器使其相位略有滞后。然后由功率合成器矢量相加，经隔离器后从XS3射频连接器输出。上述时间延迟和相位滞后的目的是为了补偿速调管放大器在脉冲前后沿的相位失真。另外，输出端口上有一个定向耦合器，为XS4的测试信号取样。定向耦合器的耦合比为20 dB。

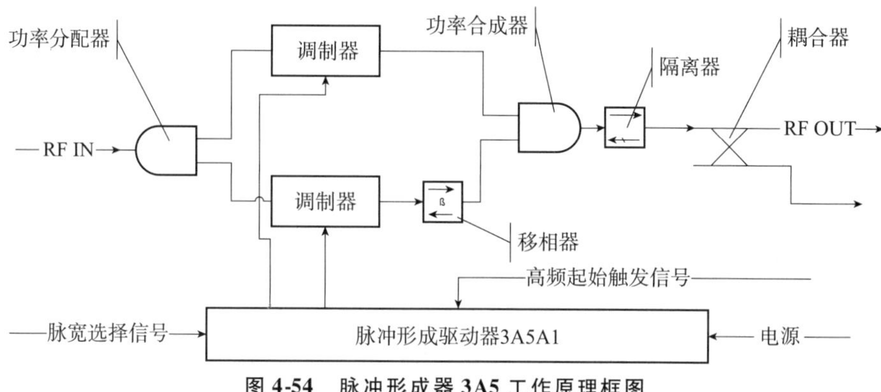

图4-54 脉冲形成器3A5工作原理框图

图4-54中的两个调制器是以PIN管为核心的衰减器。由脉冲形成驱动器输出的调制脉冲，到达调制器控制端时，调制器衰减量减至最小，高频信号得以顺利通过；在调制脉冲休止期，调制器的衰减量增大50 dB，阻止高频信号通过。于是，在两只调制器的输出端，获得了波形符合要求的高频脉冲。

4.5.14.4 脉冲形成器的组成结构

图4-55为脉冲形成器组成框图。脉冲形成器由脉冲形成器控制板3A5A1、隔离I1、二路功分器D1、PIN开关S1、PIN开关S2、二路功合器D2、隔离器I2、定向耦合器C1和控制接口等组成。

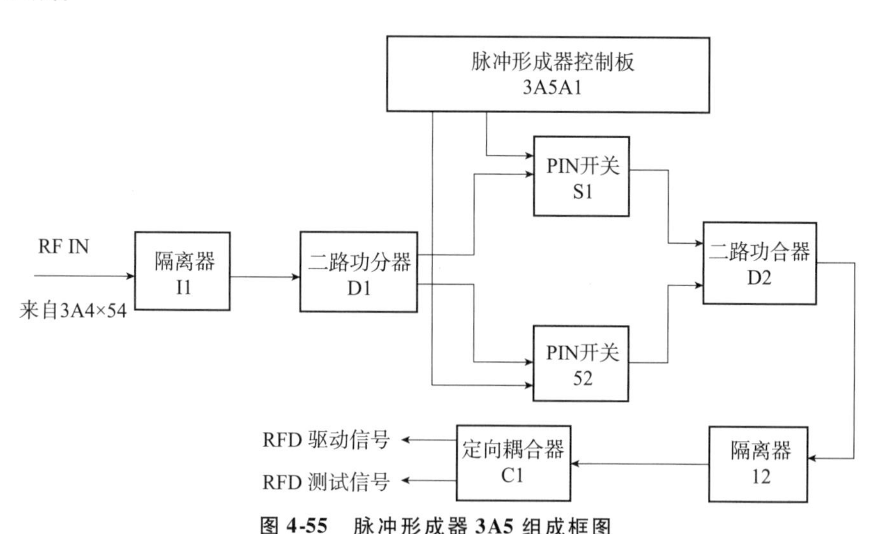

图4-55 脉冲形成器3A5组成框图

4.5.14.5 关联组件及信号流程

图4-56为脉冲形成器关联信号流程。其前级组件为固态放大器（3A4），后级组件为速调管（3A13）。低压电源包括3PS4（+15 V）、3PS5（−15 V）、3PS6（+5 V）。

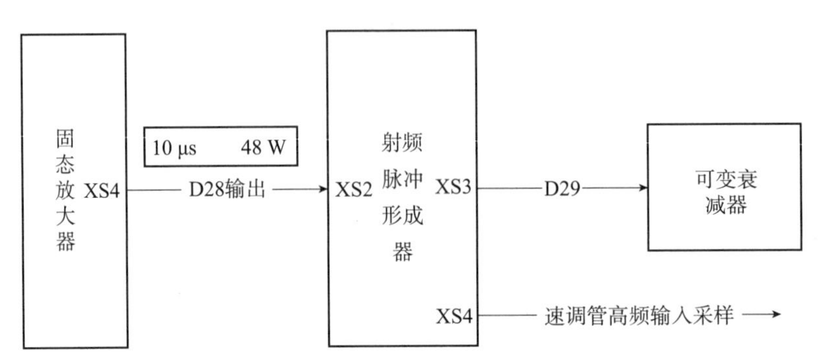

图 4-56 脉冲形成器关联信号流程

4.5.14.6 脉冲形成器故障关联报警代码

脉冲形成器故障与报警代码的关联见表 4-25。

表 4-25 脉冲形成器故障与报警代码关联

组件名称	组件故障原因	电参数指示	测试点及信号	直接报警代码	关联报警代码	故障现象
脉冲形成器	3A5 无输出或输出脉宽异常	性能参数检查：RFD 测量值异常	3A5 前面板 XS4	523 线性通道射频激励测试信号变坏	527 线性通道测试信号变坏； 533 线性通道速调管输出测试信号变坏； 200 发射机峰值功率低； 204 天线峰值功率低	RFD 测量值异常；无回波；脉冲包络异常

4.5.14.7 故障现象与组件的关联

故障现象与组件的关联见表 4-26。

表 4-26 故障现象与组件的关联

	故障组件	故障原因	组件故障问题	测试点及信号	关联故障报警	故障现象
线性通道射频激励测试信号变坏	3A5 脉冲形成器	3A5 脉冲形成器无输出或输出脉宽异常	PIN 开关故障；3A5A1 控制板故障。	3A5 前面板 XS4	527 线性通道测试信号变坏； 533 线性通道速调管输出测试信号变坏； 200 发射机峰值功率低； 204 天线峰值功率低	RFD 测量值异常；无回波；脉冲包络异常

4.5.14.8 脉冲形成器调试方法

（1）调试设备

调试所用的设备见表 4-27。

表 4-27 调试设备

序号	仪表名称	技术要求	建议型号	数量	备注
1	功率计		E4417A	1	
2	稳压电源		WQI 型直流稳压电源	1	具备多路输出
3	示波器		HITACHI V-1060	1	
4	定向耦合器		TT2-W	1	
5	三用表		DT890D	1	
6	固定衰减器	30 dB	AM1150	1	
7	固定衰减器	20 dB	AM1150	1	
8	固定衰减器	10 dB	AM1150	1	
9	检波器		自制	1	

(2) 主要指标参数

主要性能参数见表 4-28。

表 4-28 主要性能参数

序号	参数名称	单位	参数值	备注
1	输出峰值功率	W	≥15	
2	输出脉冲宽度（50% 处计）	μs	窄脉冲 1.47 ~ 1.67	
			宽脉冲 4.5 ~ 5.0	
3	输出脉冲前后沿（10% ~ 90%）	μs	≥0.12	

(3) 调试步骤

调试脉冲形成器步骤如下：

①从 XS1 端加入电压、脉宽选择信号（PWS）和高频起始（RFG），调节面板上的两个电位器 RP1（宽脉冲）和 RP2（窄脉冲），使得宽脉冲时为 4.7 μs，窄脉冲时为 1.57 μs；

②给待调件加上电源电压、高频起始触发信号、宽窄脉冲选择电平。高电平选择宽脉冲，低电平选择窄脉冲。打开来自信号源的高频输出开关，观察脉冲形成器 XS3 的输出功率，在频率范围 2700 ~ 3000 MHz 内检测其正常输出功率应大于 15 W。如未能满足上述要求，则固态放大器或脉冲形成器需要重新调试。调试时应以该调试件的工作频点为主。

4.5.15 速调管工作原理和信号流程、测试方法

4.5.15.1 速调管放大器主要技术要求

速调管放大器的主要技术要求见表 4-29。

表 4-29 速调管放大器主要技术要求

项目	指标
高频工作频率	2700 ~ 3000 MHz，机械可调
高频输入峰值功率	≥2 W
高频输出峰值功率	≥650 kW

续表

项目			指标
输出高频脉冲波形及脉冲重复频率	窄脉冲	高频脉冲宽度（50%处计）	1.47～1.67 μs
		高频脉冲前沿（10%～90%）	≥0.12 μs
		高频脉冲后沿（90%～10%）	≥0.12 μs
		脉冲重复频率	318～1304 Hz
	宽脉冲	高频脉冲宽度（50%处计）	4.5～5.0 μs
		高频脉冲前沿（10%～90%）	≥0.12 μs
		高频脉冲后沿（90%～10%）	≥0.12 μs
		脉冲重复频率	318～452 Hz
输出高频频谱		−40 dB	≤±7.26 MHz
		−50 dB	≤±12.92 MHz
		−60 dB	≤±22.94 MHz
地物干扰抑制比			在恒定重复频率下，距主谱线40～(PRF/2) Hz范围内，总杂波功率与主谱线功率的比值，应不劣于−57 dBc。
预热时间			12+1 min

4.5.15.2 速调管放大器工作原理

速调管是一种线性电子注器件：电子从阴极到收集极呈直线运动；外加电场、外加磁场及电子注三者平行。

这部发射机采用六腔速调管，在其阴极与收集极间的直线上排列着六个谐振腔，最靠近阴极的为第一腔，最靠近收集极的为第六腔，其谐振频率分别机械可调。

呈现在高压脉冲变压器3A7T1次级的60～65 kV束电压脉冲，加在速调管收集极与阴极之间，收集极接地电位，阴极接负脉冲高压，如图4-57所示。束脉冲在收集极和阴极间建立起强电场，这使得由阴极发射出来的电子由阴极向收集极做加速运动，获得逐渐增强的动能，形成束流。图4-57中，虚线表示束流的流向，束流流向与电子运动方向相反。

来自可变衰减器3AT1的高频信号输入速调管射频驱动入口，在其孔隙处建立起高频电场。高频电场的正半周使通过孔隙的束电子加速，赶上前面的慢速电子，负半周使通过孔隙的束电子减速，被后面的快速电子赶上，从而产生了电子的群聚。图4-58是阿普尔盖特图，它用图示的方法说明了束电子的群聚过程。

由图4-58可见，群聚后，束电子形成了疏密相间的电子云，图中，B点处最密，B点间稀疏。疏密相间的束电子穿过二、三、四、五腔的间隙时，在其上激励起振荡，从而在其间隙处建立起高频电场，而这又使其后通过的电子发生群聚。设计保证，当高密度电子云穿过第六腔间隙时，间隙处的高频电场处于负半周，使电子减速，即电子将部分动能交给了高频场。第六腔通过其输出窗，将由电子处吸收来的能量以高频场能的形式馈入波导系统，这就是发射机的高频输出。因此，第六腔称为输出腔，而第一腔则称为输入腔。穿过输出腔孔隙后，带着残余动能的电子打在收集极，其动能转变为收集极的热能，由速调管风机抽出。

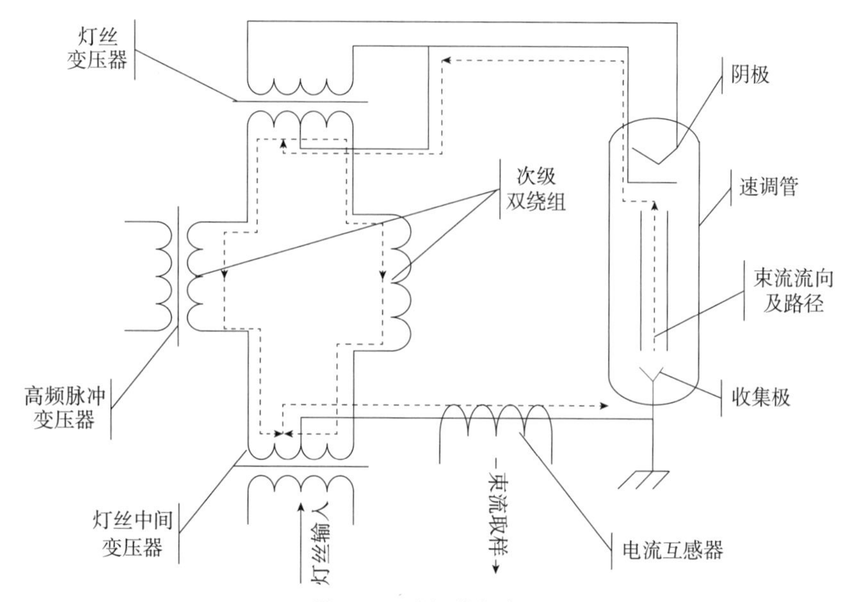

图 4-57 速调管与束流

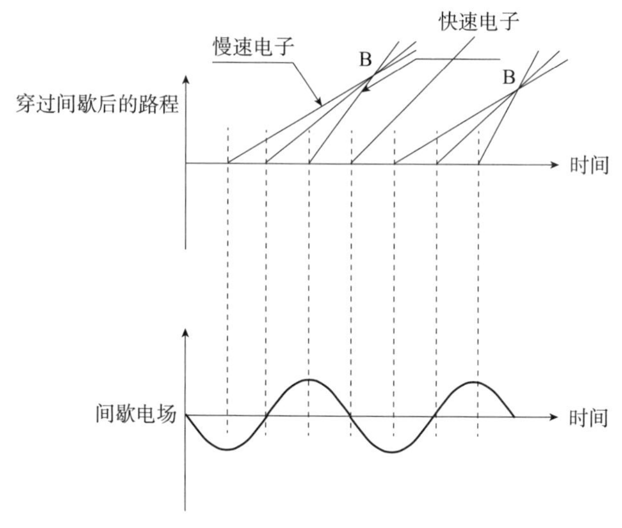

图 4-58 阿普尔盖特图

输出窗用高频瓷片密封，若有杂质污染，易因电场集中而导致高频电弧，严重时，导致瓷片开裂、管子损坏。必要时，可用绸布蘸无水酒精做清洁处理，然后吹干。速调管的绝缘瓷环必须浸没在油箱 3A7 的变压器油中。

4.5.15.3 老练速调管、调节人工线充电电压

老练速调管、调节人工线充电电压步骤如下：

①拔掉连接在速调管高频输入插座上的高频输入电缆插头，代之以匹配负载；

②接通高压并逐步调节人工线电压至额定值（约 4.8 kV）；

③观察/记录工作状态及电表指示，切断高压；

④取下速调管高频输入插座上的匹配负载，重新插入高频输入电缆插头。

4.5.15.4 输出高频功率、包络、频谱的测量

调整速调管高频工作状态之前，必须先准备好测试高频功率、包络、频谱的仪表（表4-30），其测试结果将是调整操作的依据。

表4-30 输出高频功率、包络、频谱的测量仪表

序号	仪表名称	型号
1	频谱仪	Agilent E4445A
2	示波器	TDS3032B
3	功率计	Agilent N1913A
4	功率探头	Agilent N8481A
5	微波平衡检波器	2700～3100 MHz

（1）测量输出高频包络

将平衡检波器，通过30 dB＋（7～10 dB）固定衰减器，接至馈线系统定向耦合器正向耦合端，用示波器观测检波器输出包络波形（图4-59）。

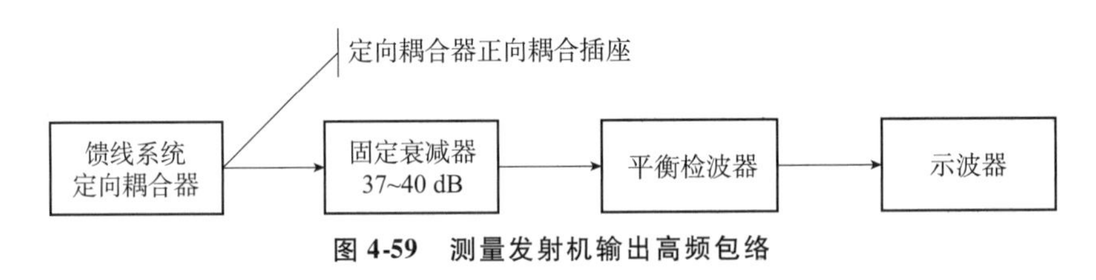

图4-59 测量发射机输出高频包络

（2）测量输出高频功率

将高频功率计通过固定衰减器接至雷达馈线系统定向耦合器的正向耦合端（图4-60）。建议功率计采用Agilent N1913A、功率计探头采用Agilent N8481A，此时，固定衰减器衰减量应为30 dB。若采用其他型号小功率计，应根据该功率计允许的输入功率及定向耦合器耦合度计算应采用的衰减量。

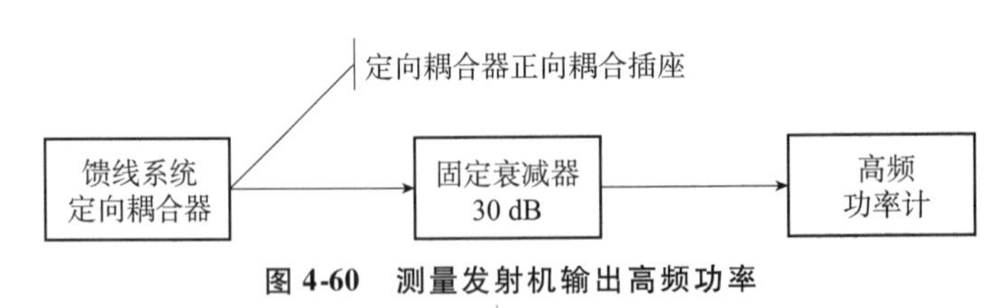

图4-60 测量发射机输出高频功率

①计算/测量从速调管输出法兰至功率计输入端的衰减量X：

X＝（速调管输出法兰至定向耦合器间的插入损耗＋定向耦合器正向耦合度的校正值＋定向耦合器正向输出端至功率计间插入损耗＋0.1）dB

②发射机开机后，可以直接从小功率计上读出发射机输出峰值功率（需要提前在功率计内设定上一步计算的差损以及根据包络宽度计算出来的占空比等相关参数）。

（3）测量输出高频频谱

将频谱仪（Agilent E4445A），通过30 dB固定衰减器，接至馈线系统定向耦合器正向耦

合端，测量发射机输出高频频谱（图 4-61）。测量高频频谱宽度时，可设置频谱仪解析带宽（BW）为 30 kHz，水平每格 5 MHz。

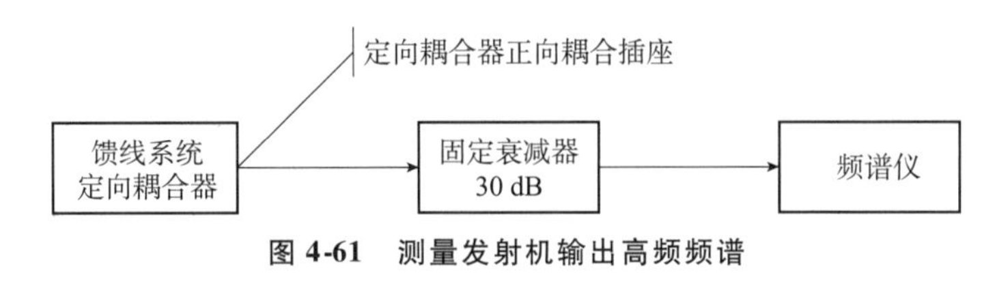

图 4-61　测量发射机输出高频频谱

（4）调整速调管高频工作状态

①准备工作

按发射机控制面板 3A1 上的“高压关”按钮，关断高压。连接测试设备，以备观测高频输出检波包络。调节可变衰减器，使输入速调管的高频输入峰值功率约为 2 W。

②设置速调管调谐指示零点

a. 安装调谐工具，确信已啮合；

b. 反时针调谐各腔体，直至感到明显阻力（不可用蛮力）；

c. 脱开调谐工具的传动装置后，手动设置调谐指示器的指示为“0”；

d. 重新啮合调谐工具。

③按照速调管“测试参数表”设置腔体

a. 确定当前工作频率；

b. 利用调谐工具，设置六个腔体，使调谐指示符合厂家提供的当前速调管的“测试参数表”数据。最下方为第一腔，最上方为第六腔。

④参照检波包络波形微调腔体

接通高压，根据需要，可按下列步骤边观察检波包络波形，边用速调管调谐工具微调各腔体。

a. 先调谐第一腔和第六腔，获最大检波包络脉冲幅度。在获较佳波形前，可根据需要适当减小衰减器 3AT1 衰减量。

b. 调谐第二腔。先调出最大检波包络脉冲幅度，然后反时针调谐至刚刚看到脉冲幅度明显减小为止。

c. 调谐第三腔。先调出最大检波包络脉冲幅度，然后反时针调谐至刚刚看到脉冲幅度明显减小为止。

d. 调谐第四腔和第五腔。在脉冲前后沿及平顶部分，不出现振荡、畸变、间断的前提下，调出最大检波包络脉冲幅度。

⑤测量输出功率。必要时可微调可变衰减器 3AT1，但必须保证速调管仍工作在线性区。必要时也可微调人工线充电电压，人工线充电电压不应大于 5 kV。不要把发射机输出功率调得太大，通常不应大于 750 kW。

4.6　发射机各组件关键点信号波形

表 4-31 ~ 表 4-35 分别列出了充电开关组件 3A10、触发器 3A11、灯丝电源 3PS1、磁场

电源 3PS2、充电校平 3A8 的面板上测试点的典型测试波形及数据。每部发射机的实际测试结果会有某些差异，表中所列数据仅供参考。

表 4-31　充电开关组件 3A10 面板测试点波形及数据

测试点	波型	幅度/电压/脉冲宽度
ZP1 充电触发指令	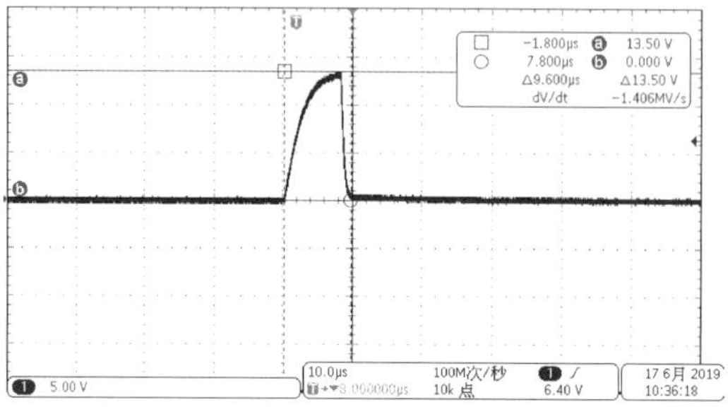	参考值 电压幅度：13 ~ 15 V； 脉宽：7.5 ~ 9.5 μs
ZP2 EXB841 驱动信号	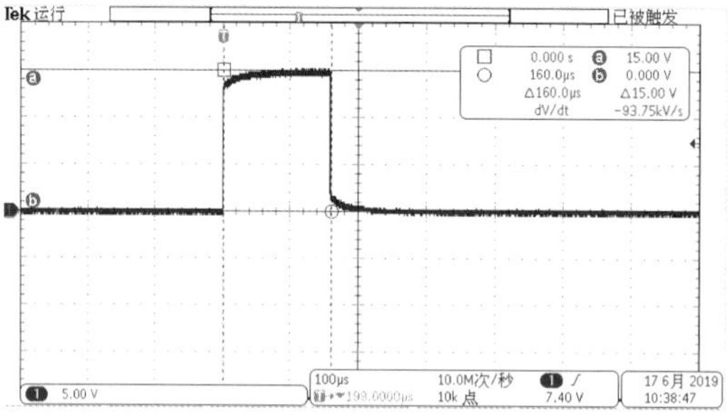	参考值 电压幅度：14 ~ 15 V； 脉宽：160 μs 左右（窄脉冲 322 Hz 和 644 Hz），140 μs 左右（窄脉冲 1282 Hz），250 μs 左右（宽脉冲）
ZP3 充电变压器初级电流取样	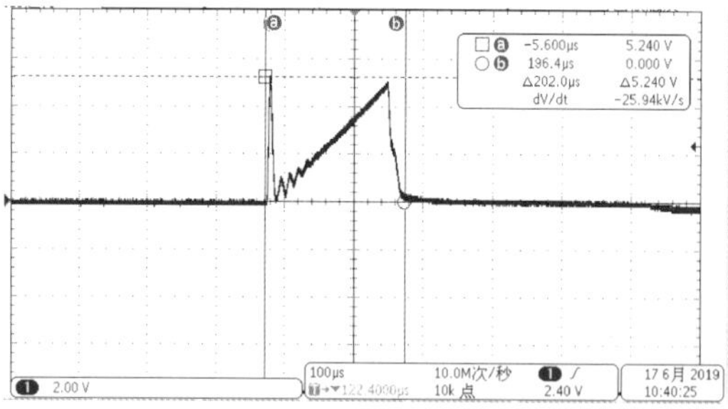	参考值 电压幅度：5 ~ 6 V（窄脉冲），7 ~ 9 V（宽脉冲）； 脉宽：180 ~ 200 μs（窄脉冲），280 ~ 300 μs（宽脉冲）
ZP4 人工线充电电压取样	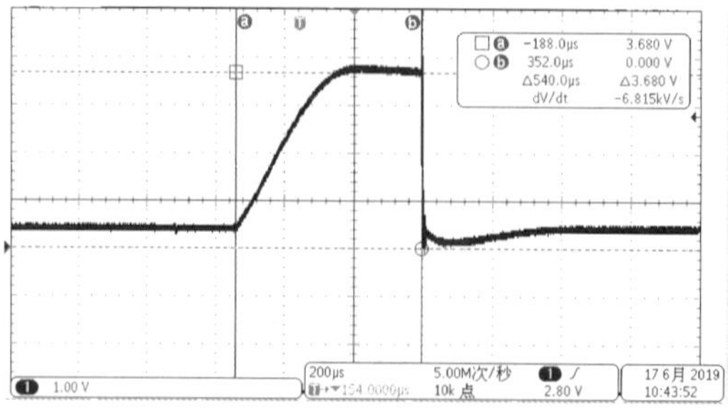	参考值 电压幅度：3.6 ~ 3.8 V（宽、窄脉冲基本一致）； 脉宽：540 ~ 560 μs（窄脉冲），900 μs 左右（宽脉冲）

续表

测试点	波型	幅度/电压/脉冲宽度
ZP5 人工线（充电变压器次级）电流取样	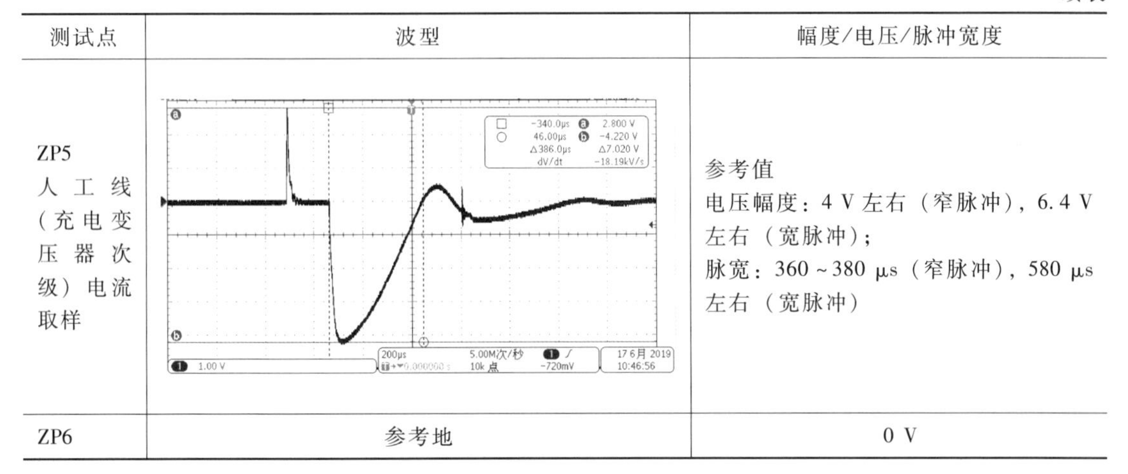	参考值 电压幅度：4 V 左右（窄脉冲），6.4 V 左右（宽脉冲）； 脉宽：360～380 μs（窄脉冲），580 μs 左右（宽脉冲）
ZP6	参考地	0 V

表 4-32　触发器 3A11 面板测试点波形及数据

测试点	波型	幅度/电压/脉冲宽度
ZP1	参考地	0 V
ZP2 调制器反峰电流取样	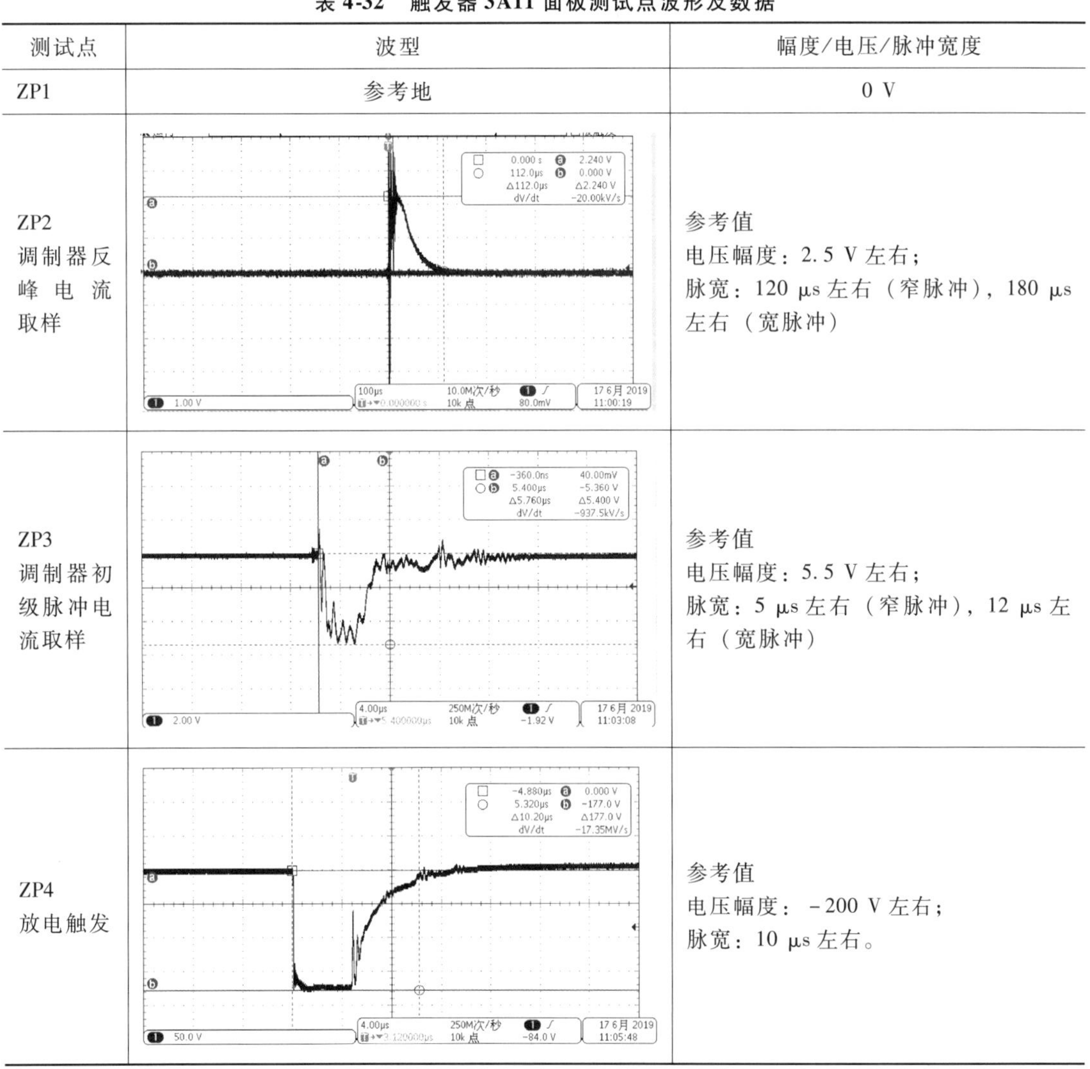	参考值 电压幅度：2.5 V 左右； 脉宽：120 μs 左右（窄脉冲），180 μs 左右（宽脉冲）
ZP3 调制器初级脉冲电流取样		参考值 电压幅度：5.5 V 左右； 脉宽：5 μs 左右（窄脉冲），12 μs 左右（宽脉冲）
ZP4 放电触发		参考值 电压幅度：－200 V 左右； 脉宽：10 μs 左右。

表 4-33　灯丝电源 3PS1 面板测试点波形及数据

测试点	波型	幅度/电压/脉冲宽度
ZP1	参考地（测量 ZP2～ZP5 用 ZP1 作为参考地）	0V
ZP2 灯丝同步信号	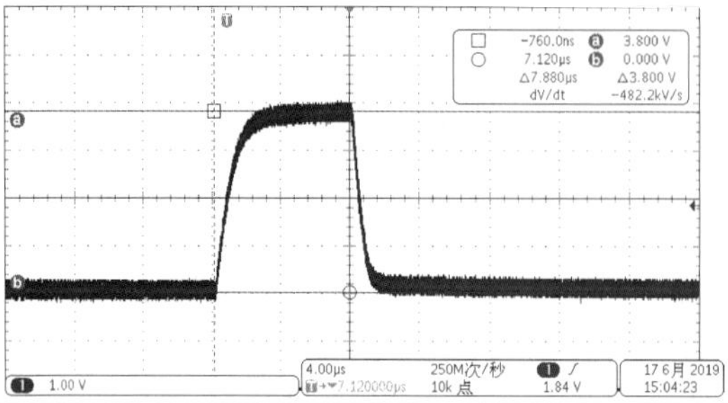	参考值 电压幅度：4 V 左右； 脉宽：8 μs 左右。
ZP3 斩波信号	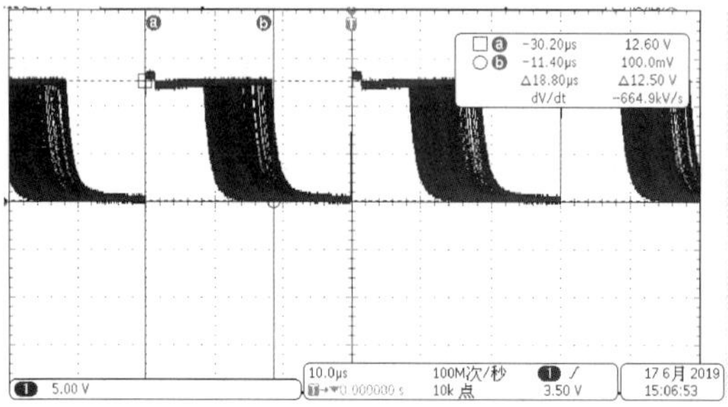	参考值 电压幅度：13 V 左右； 脉宽：20 μs 左右。
ZP4 内同步信号	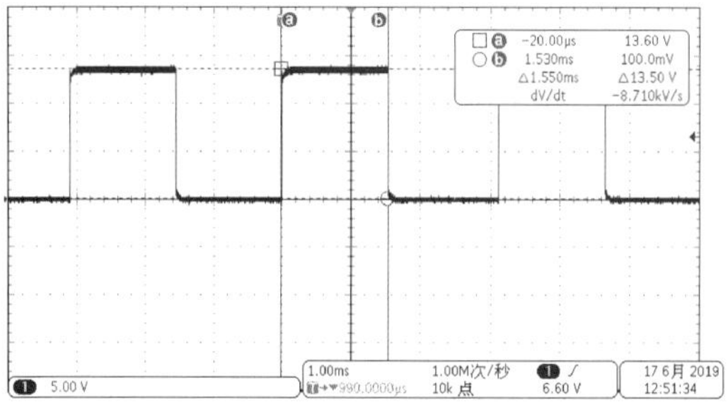	参考值 电压幅度：14 V 左右； 脉宽：1.55 ms 左右。 该信号频率同 PRF 相关。该信号的上升沿比 ZP5 的下降沿延时 13 μs。
ZP5 延时信号	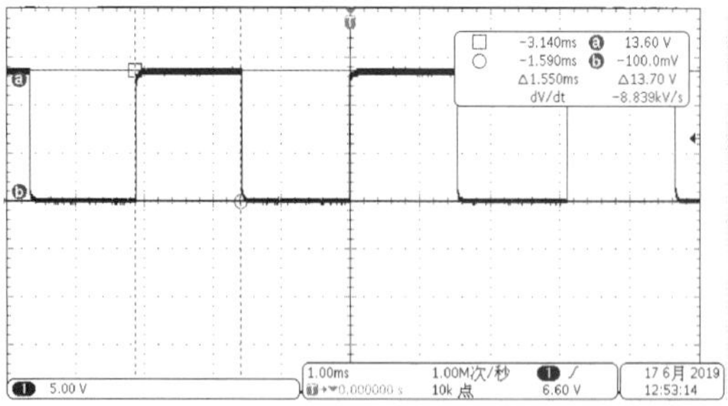	参考值 电压幅度：14 V 左右； 脉宽：1.55 ms 左右。 该信号频率同 PRF 相关。该信号的测试应该同 ZP4 同时测试，要比较时序关系。
ZP6 灯丝电源输入电压采样	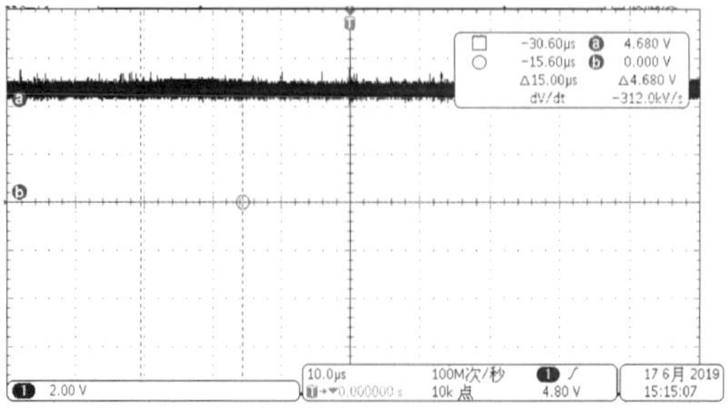	参考值 电压幅度：5 V 左右。

续表

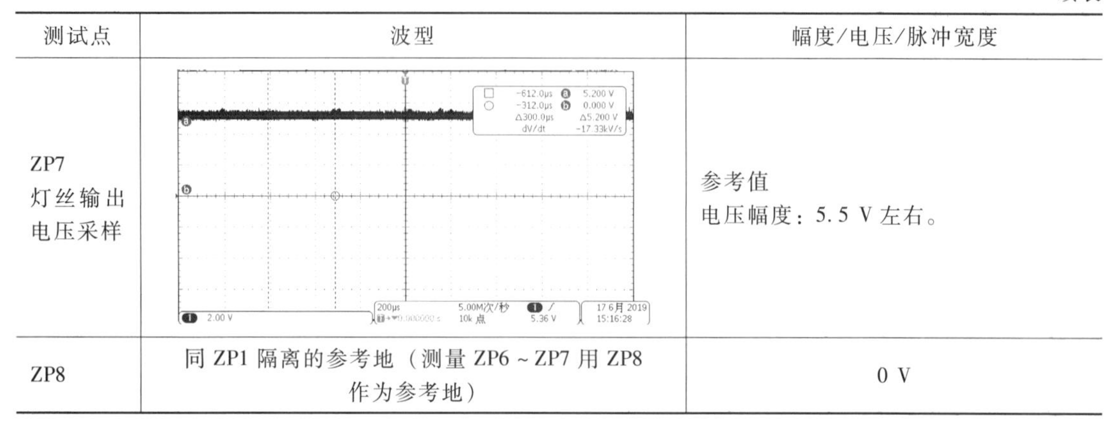

测试点	波型	幅度/电压/脉冲宽度
ZP7 灯丝输出 电压采样		参考值 电压幅度：5.5 V 左右。
ZP8	同 ZP1 隔离的参考地（测量 ZP6～ZP7 用 ZP8 作为参考地）	0 V

表 4-34　磁场电源 3PS2 面板测试点波形及数据

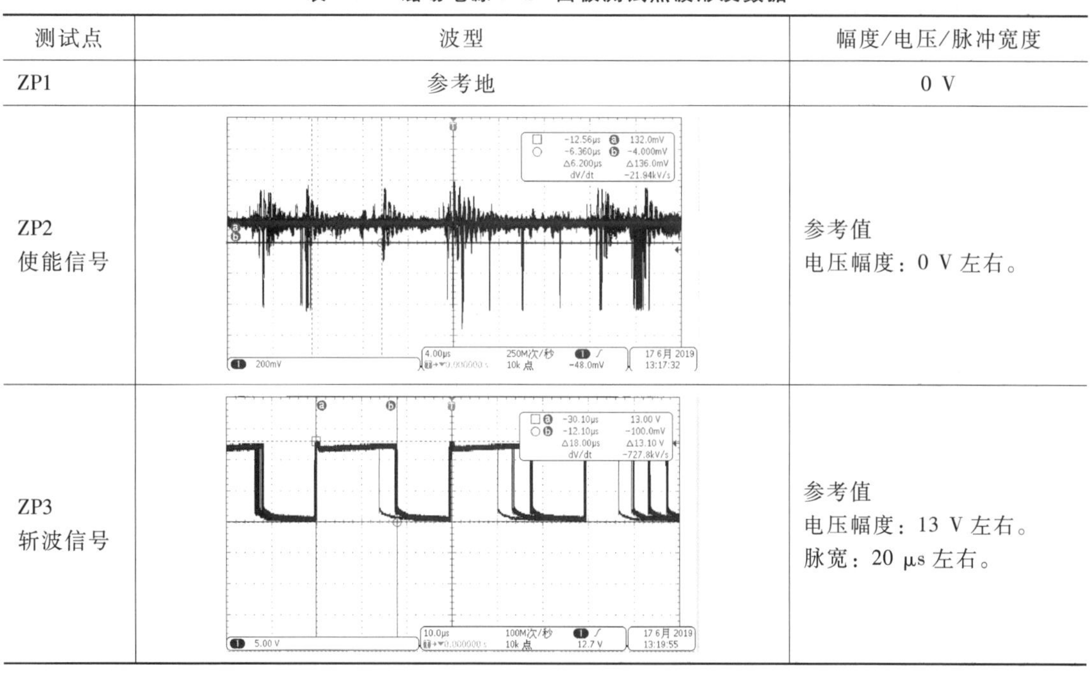

测试点	波型	幅度/电压/脉冲宽度
ZP1	参考地	0 V
ZP2 使能信号		参考值 电压幅度：0 V 左右。
ZP3 斩波信号		参考值 电压幅度：13 V 左右。 脉宽：20 μs 左右。

表 4-35　充电校平 3A8 面板测试点波形及数据

测试点	波型	幅度/电压/脉冲宽度
ZP1	参考地	0 V
ZP2 校平信号		参考值 电压幅度：7.5 V 左右。

4.7 发射机组件级故障诊断技术与方法

4.7.1 维修或调整发射分系统注意事项

4.7.1.1 危险电压防护

发射机具有裸露在空气中的三相380 V交流电压、150 V和500 V直流电压以及4800～5000 V人工线充电电压；在脉冲变压器油箱中，除人工线充电电压外，还具有60～65 kV脉冲高压。这些电压均远高于安全电压，足以导致人身伤害，甚至死亡。操作者必须严守安全操作规程。

操作者应充分消化本发射机的图纸资料，熟悉危险电压分布情况，熟悉并重视各种警告标志。

为保证安全，本发射机的左右两个内门、机柜后板、3A7A1的防护罩、3A12的前板均设有高压连锁门开关；连接交流或直流电压的接线板上也均加有安全防护罩。操作者不得任意短路高压连锁门开关或拆除安全防护罩。如确因维修需要，必须短路连锁开关，接近危险电压区时，必须小心操作，并有专人监护；最好在危险电压区外围有围栏，以免其他人员误触高压。

关断高压后，在电容组件3A9的电容器上仍残留足以危害人身安全的直流电压，人工线上也可能有残余的充电电压。在接近高压区前，应先用机柜内附设的放电棒放电。电容组件3A9内设有电容器放电开关，只要抽出该组件，放电开关即自动为电容器放电。

拉断配电板3N1上的三个自动开关Q1、Q2、Q3后，它们的输入端A1、B1、C1及接线板XT2上仍存在足以危害人身的交流三相380 V电压，请勿误触。仅当雷达系统切断对发射机柜UD3的交流供电时，这个电压才消失。

关断高压后，磁场电源3PS2内部滤波电容上可能仍有直流电压存在。关断低压后，钛泵电源3PS8可能仍有残余高压输出，灯丝电源3PS1内部滤波电容上可能仍存有直流电压。在接触以上各处前应先放电。

应有两人或两人以上才能进行发射机的维修、维护。严禁一人单独操作高压。

维修、维护操作人员不得佩戴手表、手镯、项链及其他小饰品。

4.7.1.2 接地

良好、正确的接地是人身、设备安全的基本保障，是设备正常运行的必要条件。发射机采用工作地、安全地分开，以及一点接地原则：工作地电流各自循特定的路径运行，而不互相窜扰；安全接地系统中没有工作地电流流过，保证各分机、组件安全接地电位的一致性；接地系统汇总到并仅汇总到机柜接地螺栓，体现一点接地。发射机通过上述接地螺栓接至机房地椿。为保持良好、正确的接地，对使用者提出下列要求：

①保持上述接地系统的完好性，不得任意更动；

②保持发射机接地螺栓与机房地椿间的良好连接，除此之外，不得在发射机机柜或其接地系统的其他点与机房其他接地点间增设接地线，以免造成多点接地；

③任何情况下，不得用中线作为接地线。中线不得与发射机的机柜或接地系统相连接。

4.7.1.3　连锁接点

除门开关高压连锁接点外，发射机内还有风压接点、风温接点、油面接点、油温接点等高压连锁接点。这些接点都用于及时发现故障，保障设备安全。操作者不得任意强行将这些接点的连线短路或开路，使这些接点失去保护作用。若接点损坏，应及时修理或更换。在特殊情况下，必须强行短路或开路时，应小心操作，严密监视。

4.7.1.4　安全操作

维修、维护、更换可更换单元以及更换某些整件/部件时，必须文明操作。

搬动速调管时请注意，速调管的输出波导、排气嘴及钛泵严禁受力，不得用手触摸绝缘瓷环。安装前应检查速调管各部位，特别是插入油箱的部位及输出窗是否污染或沾有杂物，必要时，用于净绸布做清洁处理。

用手拉葫芦吊装速调管及聚焦线圈。吊装者应熟悉吊装方法及各项要求。起吊前应仔细检查葫芦、钢丝绳、挂钩是否挂好；略微吊起后，检查速调管或聚焦线圈是否处于垂直状态，若不垂直，应重新调整。吊装过程宜缓、宜慢。

维修、维护结束后应从机柜中取出所有工具或可能掉落的物品，如螺钉、螺母、垫圈等。

维修结束后应恢复各种连锁开关至正常状态，将放电棒放回原位，装好拆下的各种后板、侧板或前板，关闭机柜内外门。

4.7.1.5　射线防护

速调管工作时会产生 X 射线，它会对人体产生严重伤害。因此，在速调管收集极处装有射线防护罩，磁场线圈也被设计成具有良好的射线防护作用。由于这两项措施，使得在距速调管 33.48 cm 处的任何位置，射线小于 2 mR/HR。使用者应保护好这两项防护设施，以免降低防护功能。发射机的机柜也有良好的射线防护作用，建议：长期工作时，关闭机柜全部外门。

4.7.1.6　微波泄漏

发射机合格检验证明，发射机微波泄漏远小于安全标准。波导连接不佳，会导致法兰连接处的微波泄漏。使用者应维持馈线系统的良好连接。

天线辐射的微波足以严重伤害人身安全，一切人员应远离天线辐射场。发射机开机前，应通知天线塔上人员离开危险区域。

4.7.2　发射机故障诊断方法

4.7.2.1　用算法诊断故障

（1）软件自动诊断故障

发射机将自身的故障信息及状态信息连续不断地传送给 RDA 监控软件，RDA 以这些信息为基础，运行故障诊断软件，可以相当高的准确率诊断故障至可更换单元。

（2）用本地指示诊断故障

发射机“控制面板”3A1 上的故障指示灯，显示故障的本地指示。表 4-36 可作为用本地指示诊断故障时的参考资料，该表不能包罗万象，须在实践中不断完善、丰富，在此，仅列出了最典型的情况及逻辑推理。对于任何一种故障指示，都可以怀疑“故障显示板”3A1A1 及相应的故障监测电路（BITE 或 3A3A1）工作是否正常，这种具有普遍性的可疑因素，并未一一列入表中，以免烦琐。

表 4-36　依据故障指示灯的指示诊断故障

故障指示	故障部位	相关现象及检查
电源过压故障	电网过压	用三用表测量电网电压≥380 V+10%
	3A3A1（可能性小）	更换后恢复正常
低压电源综合故障	+28 V 电源 3PA3	用“电压/电流”表 3A1M4 测量各低压电源输出电压，确定故障电源 检查故障电源保险丝，观察、更换故障保险丝/故障电源后是否恢复正常，若不正常，怀疑负载超载/短路
	+15 V 电源 3PS4	
	−15 V 电源 3PS5	
	+5 V 电源 3PS6	
	+40 V 电源 3PS7	
	负载超载/短路	排除后恢复正常
灯丝电压故障	灯丝电流调节失常	调节灯丝电流至速调管铭牌值后恢复正常
	保险丝	检查/更换保险丝 FU10、FU11、FU12
	灯丝电源 3PS1	更换灯丝电源保险丝或灯丝电源后，恢复正常
	放电管	在较暗环境下，可见放电管发光
	速调管 V1	“电压/电流”表 3A1M4 指示灯丝电压大于 4.8 V 或小于 8.2 V，在排除其他因素后，若灯丝电压偏高而灯丝电流表 3M1 指示反小，或灯丝电压偏低，而灯丝电流反大，可怀疑速调管 V1 故障
	中间变压器 3A7A1T1	可能性很小，更换后正常
	灯丝变压器 3A7T3	可能性很小，更换后正常
	脉冲变压器 3A7T1	指变压器次级双绕组间击穿，可能性小，更换后正常
钛泵电压故障	保险丝	检查/更换保险丝 FU10
	钛泵电源 3PS8	“电压/电流”表 3A1M4 指示钛泵电压低于 2.5 kV，但钛泵电流表 3A1M3 指示钛泵电流小于 20 μA，钛泵电流故障指示灯不亮，可怀疑钛泵电源 3PS8 故障
	钛泵电压门限失常	“电压/电流”表 3A1M4 指示钛泵电压高于 2.5 kV
	速调管	钛泵电流故障灯亮，钛泵电流表 3A1M3 指示钛泵电流大于 20 μA，“电压/电流”表 3A1M4 指示钛泵电压低于 2.5 kV，可怀疑速调管真空度故障
聚焦线圈电压故障	保险丝	检查/更换保险丝 FU4、FU5、FU6
	聚焦电流调节失常	调节聚焦线圈电流至速调管铭牌值后恢复正常
	磁场电源 3PS2	若“电压/电流”表 3A1M4 指示聚焦线圈电压正常（<120 V、>70 V），则为 3PS2 内电压门限失常 若保险丝正常，但调节聚焦线圈调节电位器不能使聚焦电流达正常值，可怀疑 3PS2 故障

续表

故障指示	故障部位	相关现象及检查
聚焦线圈电压故障	聚焦线圈 L1 或其输入线故障	若保险丝正常，但调节聚焦线圈调节电位器不能使聚焦电流达正常值，或虽调到正常值，但“电压/电流”表 3A1M4 指示聚焦线圈电压明显偏离历史记录，可怀疑 L1 故障或其输入线故障
发射机过压（人工线充电过压）	人工线电压调节失常	调节人工线电压调节电器，使人工线电压表 3A1M5 指示达到正常值（约 4.8 kV）
	人工线电压门限失常	若人工线电压表 3A1M5 指示正常，可怀疑充电开关组件 3A10 中人工线电压门限设置失常
	取样测量板 3A12A11	若电压/电流表 3M4 各项指示均符合历史记录，可怀疑取样测量板 3A12A11 故障
	充电开关组件 3A10	更换后正常
发射机过流（人工线充电过流）	因人工线充电电压过高而过流	发射机过压故障指示灯亮，或电压/电流表 3M4 指示人工线电压高于 5.5 kV
	SCR 开关 3A12A1	调制开关故障指示灯亮，更换 3A12A1 后，恢复正常
	人工线 3A12A6 击穿，或其他原因使其充电高压端短接到地	调制开关故障指示灯亮
	发射机过流门限失常	若电压/电流表 3M4 指示人工线充电电流符合历史记录，可怀疑发射机过流门限失常，试检查 3A10A1 的过流门限设置
聚焦线圈电流故障	保险丝	检查/更换保险丝 FU4、FU5、FU6
	聚焦线圈电流调节失常	调节聚焦线圈电流至聚焦线圈铭牌值
	聚焦线圈电流门限失常	若聚焦线圈电流表指示等于速调管铭牌值，则为聚焦线圈电流门限失常，可分别设定 3A1A2 的聚焦线圈电流上/下限为铭牌值 ±0.5 A
	磁场电源 3PS2	无法调节聚焦线圈电流至聚焦线圈铭牌值，更换后，恢复正常
	聚焦线圈 L1 或其输入线故障	若保险丝正常，但调节聚焦线圈调节电位器不能使聚焦线圈电流达正常值，或虽调到正常值，但“电压/电流”表 3A1M4 指示聚焦线圈电压明显偏离历史记录，可怀疑 L1 故障或其输入线故障
	电源变压器 T1 故障	可能性极小
聚焦线圈风量故障	风道受阻	检查风道，特别是检查/清洁聚焦线圈进风滤尘网
	保险丝	检查/更换保险丝 FU1、FU2、FU3
	风机	检查风机 M1、M2 工作是否正常，转向是否正确
	风量接点	可能性较大，检查/更换风量接点

续表

故障指示	故障部位	相关现象及检查
触发器故障	触发电路控制 3A11A1 开关管 V1	用三用表测量表明：该管已击穿，更换后恢复正常
	+200 V 电源 3A11A2	+200 V 电压低于下限（约 160 V），或下限失常
回授过流/整流欠压故障	交流供电欠压或失相	用三用表检查整流组件 3A2 交流输入电压：相电压不应低于 380V ~ 10%，不应缺相
	整流组件 3A2	“电压/电流”表 3A1A4 指示 3A2 输出电压低于下常值 10%，更换 3A2 后恢复正常
	电容组件 3A9	滤波电容器击穿
	人工线电压调节过高	发射机过压故障指示灯亮，人工线电压表指示人工线充电电压超过 5500 V，将人工线电压调至正常值（约 4.8 kV）后，恢复正常
	充电开关组件 3A10	1. 发射机过压故障指示灯亮，人工线电压表 3M5 指示人工线充电电压超过 5500 V，无法将人工线电压调至正常值，更换 3A10 后恢复正常 2. 人工线电压表 3M5 指示人工线充电电压正常，电压/电流表 3M4 指示 3A2 输出电压正常，可怀疑 3A10 中 EXB841 工作异常
充电故障（充电赋能过流）	人工线电压调节过高	发射机过压故障指示灯亮，人工线电压表指示人工线充电电压超过 5500 V，将人工线电压调至正常值（约 4.8 kV）后，恢复正常
	充电开关组件 3A10	更换 3A10 或 3A10A1 后恢复正常
调制器过流（调制器放电过流）	速调管 V1	速调管 V1 打火，通常在新速调管老练过程中发生，充分老练后恢复正常
	脉冲变压器 3A7T1	3A7T1 有短路圈或打火，可能性小
	监测电路 3A12A9	若电压/电流表 3A1M4 指示速调管阴流正常、调制器反峰电流正常，可怀疑调制器过流门限设置失常
调制器反峰过流	速调管 V1	速调管 V1 打火，通常在新速调管老练过程中发生，充分老练后恢复正常
	脉冲变压器 3A7T1	3A7T1 有短路圈或打火，可能性小
	监测电路 3A12A9	若电压/电流表 3A1M4 指示反峰电流正常，可怀疑调制器反峰过流门限设置失常
调制器开关故障	SCR 开关 3A12A1	串联的十个 SCR 开关中有三个以上击穿，可用三用表测量 3A12A1 中各管阻抗，正常管阻抗为均压电阻阻值，击穿管阻抗远小于此值
	人工线电压调节失常	若因人工线电压调节失常，使人工线充电电压低于半压，可能指示调制器开关故障

续表

故障指示	故障部位	相关现象及检查
调制器开关故障	充电开关组件 3A10	若因充电开关组件 3A10 故障，使人工线充电电压低于半压，可能指示调制器开关故障
	反峰管 3A12A3	反峰管击穿，此时应伴有发射机过流故障
	人工线 3A12A6	人工线击穿，此时应伴有发射机过流故障
	SCR 均压板 3A12A8	检查 SCR 均压板有无短路/开路或电阻阻值变化
	监测电路 3A12A9	监测电路故障导致故障误报，更换后恢复正常
速调管过流	速调管 V1	速调管 V1 打火，通常在新速调管老练过程中发生，充分老练后恢复正常
	脉冲变压器 3A7	油箱内打火，检查油面及油介电强度，可能性小
	接口板 3A1A2	接口板束流门限失常，或束流监测电路故障
灯丝电流故障	灯丝电流调节失常	调节灯丝电流至速调管铭牌值后恢复正常
	灯丝电流门限设置失当	若灯丝电流表 3A1M1 指示灯丝电流正常，可怀疑接口板 3A1A2 之灯丝电流门限设置错误，灯丝电流上/下限应约为速调管铭牌值 ±1A
	灯丝电源 3PS1	若无法调节灯丝电流至正常值，可怀疑 3PS1 故障，更换后恢复正常
	放电管击穿	在较暗的环境下可见放电管发光，更换后正常
	变压器 3A7A1T1	可能性很小，更换后恢复正常
	灯丝变压器 3A7T3	可能性很小，更换后恢复正常
	脉冲变压器 3A7T1	指变压器次级双绕组间击穿，可能性小，更换后正常
钛泵电流故障	速调管 V1	速调管 V1 真空度下降，一般经降压老练后可恢复正常，若老练后不能恢复正常，可怀疑漏气，请制管厂检漏
	钛泵输入接插件漏电	若速调管老练后不能恢复正常，可怀疑钛泵输入接插件漏电，拆开后用酒精擦洗并热风吹干
	钛泵电流门限失常	重设 3A1A2 上的钛泵电流门限，使在钛泵电流大于 20 μA 时指示钛泵过流
	钛泵电源 3PS8	更换后正常
速调管风温故障	保险丝	同时指示风流量故障，检查/更换保险丝 FU1、FU2、FU3
	风机	同时指示风流量故障，检查风机 M1 运行情况及转向
	风流受阻	同时指示风流量故障，检查进风口，风道是否畅通
	风温传感器故障	此时不指示风流量故障，更换后正常
速调管风流量故障	保险丝	检查/更换保险丝 FU1、FU2、FU3
	风机	检查风机 M1 运行情况及转向
	风流受阻	检查进风口，风道是否畅通
	风流量传感器故障	更换后正常

续表

故障指示	故障部位	相关现象及检查
波导压力故障	充气泵 UD6	检查/更换 UD6
	波导系统密封	用肥皂水检查法兰面是否漏气
波导电弧故障	速调管 V1	用绸布蘸酒精轻擦速调管输出法兰处密封瓷片，检查/清除输出法兰处任何异物，正确连接波导
	雷达波导系统	检查雷达波导系统是否正常
	电弧/反射保护组件 3A6	3A6 可能产生虚警，更换后正常
	电弧检测弯波导	正确安装电弧检测弯波导的发光管及光敏管
油液面故障	油箱 3A7	油面过低，可从 3A7 油面观察窗验证是否油面过低，用油泵加合格变压器油
		若从油面观察窗证明实际油面不低，则可怀疑 3A7 油面传感器故障，更换后恢复正常
油温故障	保险丝	检查/更换油泵保险丝
	油泵	检查油泵运行情况
	风机	检查机柜风机 M4 运行是否正常，转向是否正确
	保险丝	检查/更换保险丝 FU7、FU8、FU9
	风道	检查风道是否受阻
	油箱 3A7	用温度计实测油温低于 60℃，可疑油温传感器故障
天线波导连锁	馈线系统波导开关	波导开关处于转换暂态时禁止充电开关组件工作，令波导开关处于稳态（指向天线/假负载），可恢复正常工作
环流器过热	环流器	当环流器温度超过门限时，禁止充电开关组件工作。可用温度计测量环流器实际温度是否超过门限
	环流器温度传感器	若用温度计测量环流器实际温度未超门限，可怀疑其温度传感器故障
机柜门连锁	油箱接口组件 3A7A1	油箱接口组件 3A7A1 未安装好，导致门开关 3A7A1S1 开路，或门开关 3A7A1S1 本身故障
	左内门/门开关	左内门未关好，导致相应的门开关开路/门开关本身故障
	右内门/门开关	右内门未关好，导致相应的门开关开路/门开关本身故障
	机柜后面板/门开关	机柜后面板未装好，导致相应门开关开路/门开关本身故障
机柜风温故障	保险丝	检查/更换保险丝 FU7、FU8、FU9
	风道	检查机柜内部及机柜进出口风道及滤尘网，确保畅通
	风机 3M4	检查风机运行是否正常，转向是否正确
	风温传感器	检查风温传感器
机柜风流量故障	保险丝	检查/更换保险丝 FU7、FU8、FU9
	风道	检查机柜内部及机柜进出口风道及滤尘网，确保畅通

续表

故障指示	故障部位	相关现象及检查
机柜风流量故障	风机 3M4	检查风机运行是否正常，转向是否正确
	风量接点	检查机柜风量接点
占空比超限故障	信号处理机 UD5	同步信号的重复频率与脉宽选择信号不匹配，脉冲重复频率过高
	控制板 3A3A1	3A3A1 误判，更换后正常
波导压力/湿维修请求	充气机 UD6	检查充气机 UD6 工作是否正常
	波导系统	用肥皂水检查波导系统是否漏气
调制开关维修请求	SCR 开关 3A12A1	串联的十个 SCR 开关中有一个或两个击穿，可用三用表测量 3A12A1 中各管阻抗，正常管阻抗为均压电阻阻值，击穿管阻抗远小于此值
	监测电路 3A12A9	监测电路故障导致故障误报，更换后恢复正常
	SCR 均压板 3A12A8	检查 SCR 均压板有无短路/开路或电阻阻值变化
充电校平维修请求	充电校平器 3A8	更换后恢复正常

4.7.2.2　典型数据

无论算法诊断故障，还是本地指示诊断故障，有时只能将可疑故障部位缩小到一个尽可能小的范围，还须通过读取控制板 3A1 上的电表读数，或测试可更换单元测试点的波形/电压，并与典型数据或历史记录相比较，才能进一步确定故障部位。本节列出主要典型数据，供现场维修参考。表 4-37 列出了控制板 3A1 上电表的典型读数。对于一部特定的发射机，其历史记录可能是维修时更重要、更直接的参考资料。历史记录来自最初的交验测试记录及使用过程中的定期记录和维修记录，做好上述记录十分重要。

表 4-37　控制板 3A1 上电表经典读数

表头	指示电量名称	读数典型值	备注
3A1P1	灯丝电流	速调管铭牌值	
3A1P2	聚焦线圈电流	聚焦线圈铭牌值	
3A1P3	钛泵电流	≤1 μA，极限 20 μA	
3A1P4	+5 VDC	4.7～5.1 V	读数选择开关置于位置 1
	+15 VDC	(15±0.3) V	2
	−15 VDC	(15±0.3) V	3
	+28 VDC	(28±0.5) V	4
	+40 VDC	(40±0.5) V	5
	+510 VDC	510 V±10%	6
	灯丝电源输出电压	(60±2) V	7
	速调管灯丝电压	速调管铭牌值±0.1 V	8
	聚焦线圈电压	聚焦线圈电流铭牌值×聚焦线圈电阻	9

续表

表头	指示电量名称	读数典型值	备注
3A1P4	钛泵电压	(3 ± 0.3) kV	10
	速调管阴极电流	(束电压)$^{3/2}$ ×2×10^{-6} ×视频工作比	11
	速调管束电压	60 kV ±5%	12
	调制器反峰电流	0～30 mA	13
	人工线充电电流	(人工线电压×视频工作比)/(2×人工线特性阻抗)	14
	校平电流	人工线充电电流×5%	15
3A1P5	人工线电压	4.5～5.0 kV	

4.7.3 发射机故障诊断流程

发射机故障诊断流程见图 4-62。

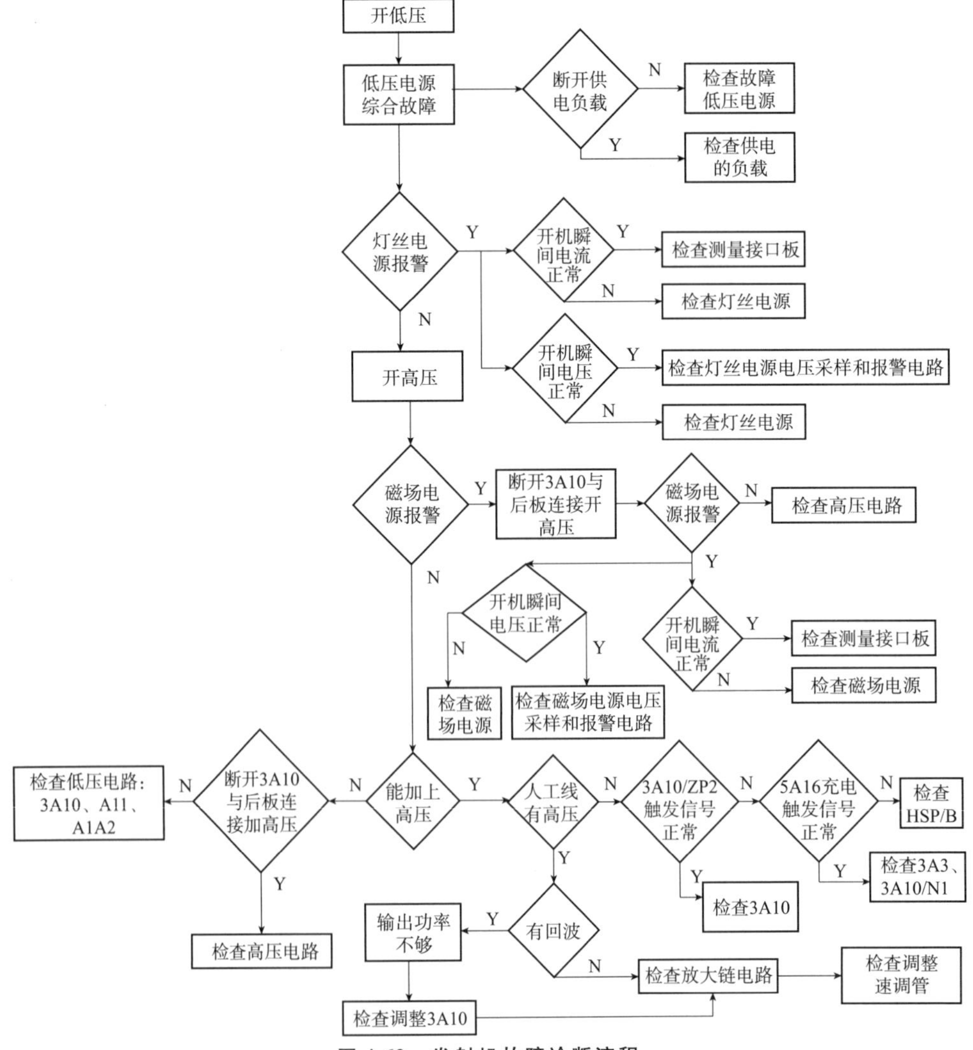

图 4-62 发射机故障诊断流程

4.7.4 发射机典型故障维修

4.7.4.1 高压打火故障维修技术与方法

发射机高压打火综合故障通常是由发射高压后级负载打火造成调制器中放电管、反峰管、SCR管、后校平器损坏，严重时导致前级组件充电开关组件、触发器、测量接口板、控制保护板损坏，有时可能造成信号处理器、射频放大链等电路故障，故障时一般会伴随速调管过流、充电故障、线性通道杂波抑制变坏、+510 V电压过压、占空比超限等报警。如果导致触发器故障，会伴随调制器反峰电流过流、调制器放电过流、+200 V电源故障报警。如果导致充电开关组件故障，会伴随发射机过流、发射机过压、充电故障报警，有时会引起充电开关组件面板上IGBT过流故障灯亮。

高压打火故障维修方法如下。

一是前后级故障隔离，首先应保证在低压状态下充电开关组件和触发器正常，以及控制与时序信号正常，然后在高压状态下再通过逐步提高+510 V高压方法（调压器法）或人工线电压（先降低再缓慢上升）定位发射高压后级负载打火点。

二是高压供电电路打火或过载故障诊断，如果是高压供电过载，一般会导致高压供电断路器Q1跳闸，如果高压供电电路打火，一般会导致保险丝组件N3中交流接触器K1频繁跳闸，严重时可能导致Q1跳闸；高压供电过载需分别断开负载进行故障定位，当断开某一路负载后Q1可以加电，说明这路负载过载，检查负载是否有对地短路。

高压打火故障诊断流程如图4-63所示。

案例：油箱接口E1电缆与聚焦线圈壳壁打火导致3A10中IGBT爆裂。

故障现象：开始体扫时，3A10中IGBT爆裂。

更换3A10后采用调压器法，低压状态无报警，升压过程有报警，说明高压打火。彻底检查调制器内部，有无打火或器件损坏痕迹，发现调制器内部正常，说明打火或短路在调制器外部。断开调制器E1高压线，开高压无报警，说明油箱接口或高压电缆线E1有打火。重点检查E1高压线，发现E1高压线有一处微型裂痕，且紧挨着聚焦线圈壳壁，用刀将微型裂痕处剥开后发现明显烧灼痕迹，确定为打火点。

更换E1高压线并重新进行E1布线，雷达恢复正常。

4.7.4.2 放大链路故障维修技术与方法

高频放大链路故障通常表现为：无高频脉冲输出，或由于包络波形不正常，或输出功率减小，且故障时一般会伴随发射功率超限、RF测试信号定标、定标检查等报警信息，例如：雷达报线性通道速调管输出测试信号变坏（533#报警）、线性通道杂波抑制变坏（486#报警）、机内发射机功率测试设备故障等警报，无回波信号，但发射机高压正常。高频放大链故障诊断流程如图4-64所示。

高频放大链路故障分析定位方法：用仪表逐级测量主要功能电路的输入和输出高频信号功率及包络波形，进行分析诊断，如果关键点参数不正常，还要进一步测量和判断与之相关的电源、同步信号及时序等是否正常，最终定位到损坏的可更换单元。

案例1：3A5至衰减器射频电缆性能不稳定导致发射机功率偶尔出现突然下降。

故障现象：发射机功率突然下降，伴随包络顶内凹或包络幅度整体下降。

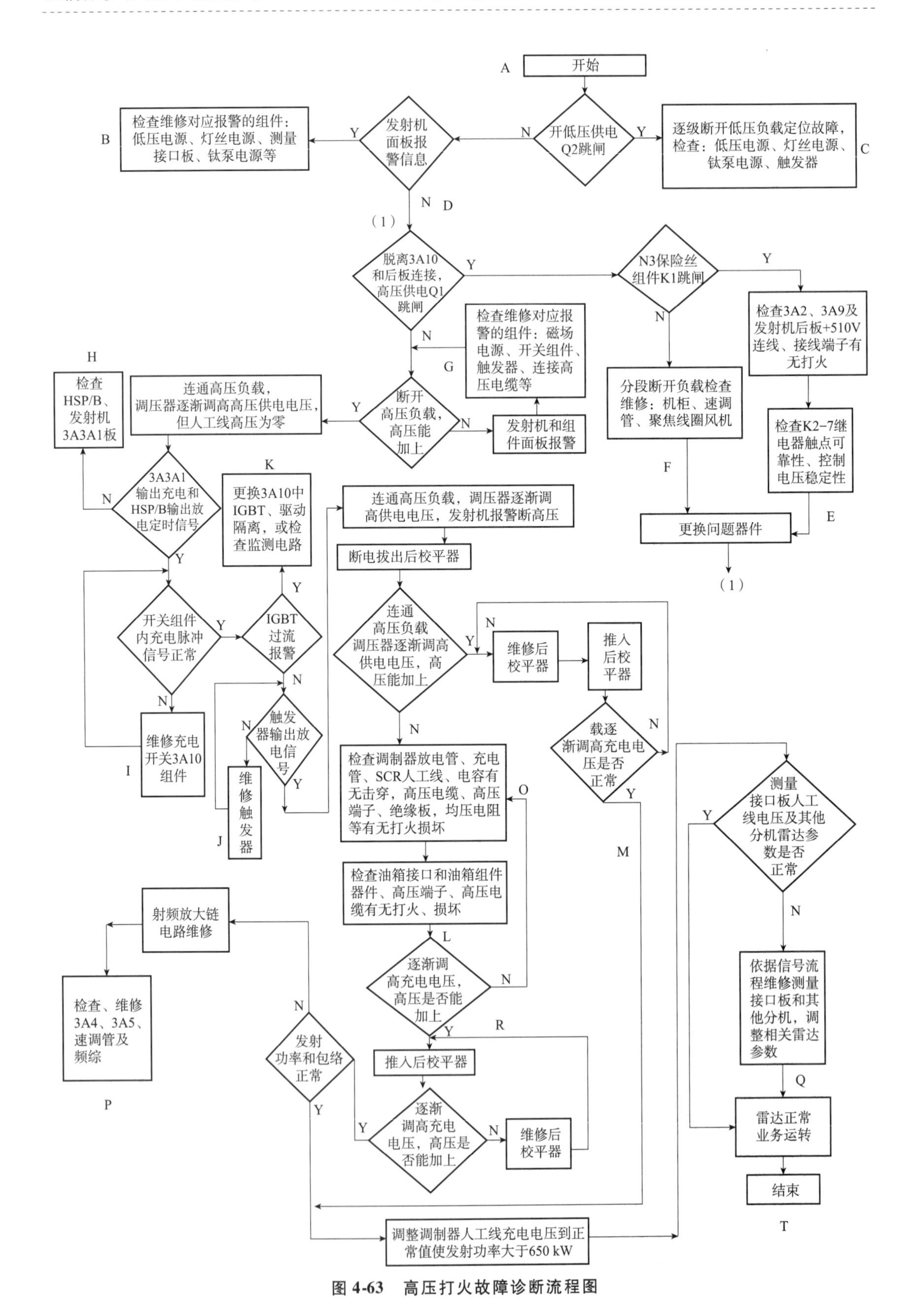

图 4-63 高压打火故障诊断流程图

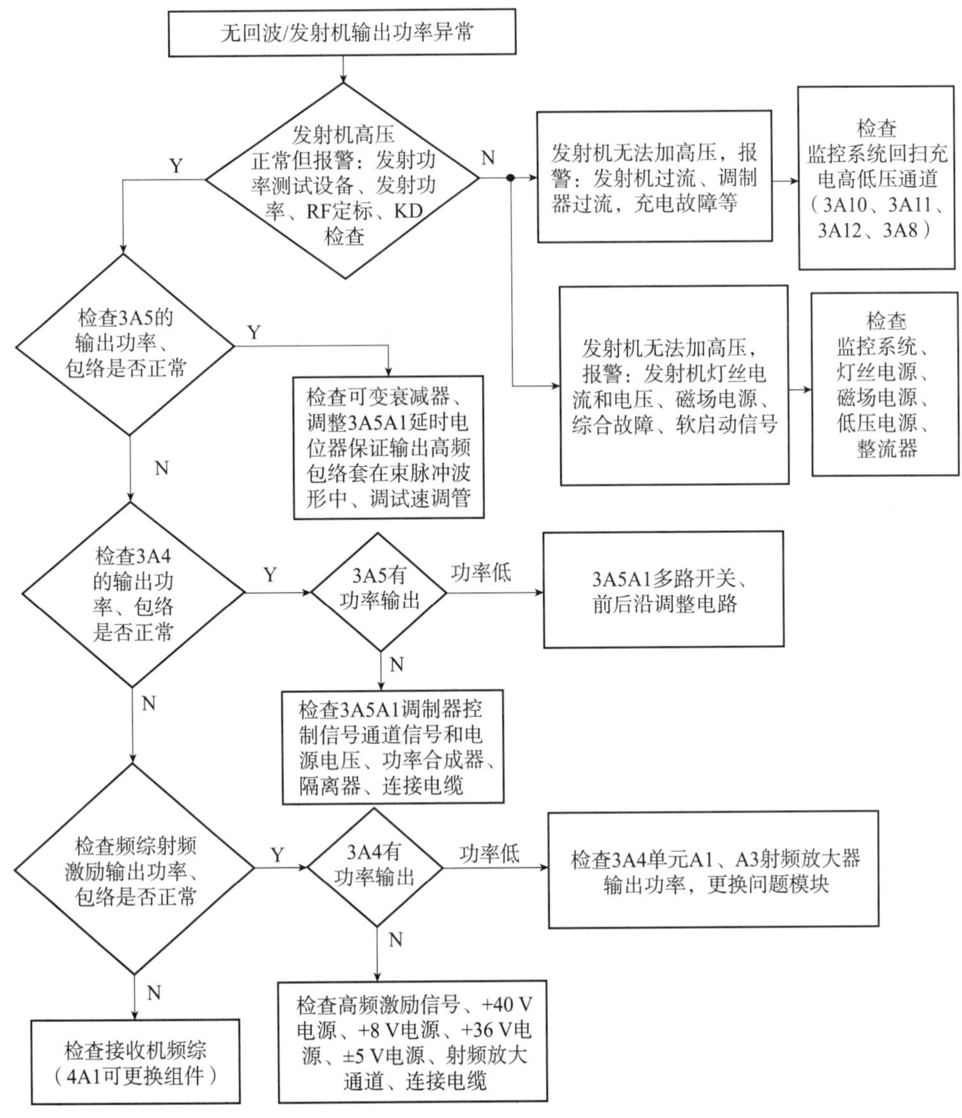

图 4-64 高频放大链路故障诊断流程图

故障原因及处理方法：

怀疑速调管腔体和激励信号功率未调整好，多次调整未解决。

怀疑衰减器性能不稳定，更换性能稳定的新型衰减器，未解决。

在雷达体扫中，发现机外功率突然下降，在雷达体扫运行情况下测试衰减器前功率（以免在转换发射机本控模式时现象消失），发现不稳定，直接测量3A5输出端功率稳定，怀疑射频电缆性能不稳定，更换后发射机输出功率恢复正常。

案例 2：3A5窄脉宽驱动模块故障导致脉宽和功率不稳。

故障现象：一段时间以来，V21模式发射机调制脉宽一直不稳，发射机功率亦时大时小，每次定期维护机器，均需要手动调整脉宽。

故障原因及处理方法：怀疑发射机3A5窄脉宽驱动器件坏，更换发射机3A5窄脉宽驱动模块，故障排除。

4.7.4.3 调制器故障维修技术与方法

（1）排除调制器打火。重点检查高压电缆（包括调制器外围连接电缆、油箱接口等）、调制器绝缘胶木板、反峰和可控硅组件的安装胶木柱，以及高压线接触是否牢靠。常见的打火部位泄放电阻处，以及高压线和零线、机壳线是否靠得太近。外围E1连接电缆对地打火较为常见。

（2）检查调制器各元器件的特性。如反峰二极管、充电二极管特性，可控硅有无出现短路、开路现象。当可控硅两端的均压电阻为0时，表明此路可控硅短路。可控硅两端阻值正常为几十欧姆，当可控硅两端阻值变得很大或开路，说明可控硅开路。

案例：开关组件和调制器关联故障。

故障现象：发射机控制面板上相继出现"发射机过流""调制器过流"报警指示。RDA终端监控器上有"TRANSMITTER OVERCURRENT""MODDULATOR OVERLOAD""TRANSMITTER HV SWITCH FAILURE""FLYBACK CHARGE FAILURE""MODULATOR INVERSE CURRENT FAIL""MODULATOR SWITCH FAILURE""TRANSMITTER INOPERATIVE"等报警信息。发射机高压被强制关闭，雷达停止运行。

故障原因及处理方法：

根据报警信息，结合调压器法，初步判断故障位于发射机的脉冲调制器部分。

首先手动"故障复位"，发现发射机控制面板上"过流"报警清除。

试图"加高压"试验结果失败，且报警再次出现，由于手动复位能将过流清除，说明过流只是瞬间的，发射机保护电路迅速自保。

甩开高压3A12组件报警消除，初步怀疑3A12组件电路可能有短路存在。

检测3A12组件发现串联在一起的4只大功率二极管3A12A3全部被击穿，同时接人工线充电回路高压端的14号线有明显的打火痕迹。

更换反峰二极管和高压线，再次"加高压"试验发射机面板上出现"回授过流"报警信息，3A10中V6灯继续点亮，并且采用调压器法，当甩开3A12组件报警不能消除，说明故障与3A12组件无关。

检测发现3A10的ZP2输出不稳定（脉冲方波波形左右移动），当测其ZP1充电脉冲出现两次充电现象。

更换发射机主控板A板上的D31、D32和3A10的N15芯片后ZP1两次充电现象消除，"加高压"又出现高压输出时有时无现象。

仔细排查发现3A10中D10芯片抗干扰能力差，处于不稳定状态更换之，为了更好地提高抗干扰能力，同时在3A10组件充电支路中V21、V22二极管的输出端并入1000P滤波电容。

此后拷机48 h系统稳定。

4.7.4.4 开关组件故障维修技术与方法

开关组件故障后，一般采取脱离3A10和发射机后板连接，前面D型插头保持连接，断开高压负载，常见情况处理如下。

（1）开高压后如果有充电过压、过流和充电故障、IGBT过流等故障报警，一般判断为开关组件故障，应先确保外部信号正常，再根据报警信息检测关键点信号。

（2）开高压后无故障报警，但恢复和发射机后板连接3A10，加高压，仍无报警，且人工线无高压，也无充电声，说明3A10组件后级EXB841无充电触发信号，应强制使能或者发射机本控、手动加高压后，检查 EXB841 输入和输出信号波形。

（3）开高压后无故障报警，但恢复和发射机后板连接 3A10，调压器逐渐升高高压，出现故障显示面板显示混乱，说明高压负载出现高压打火，应按照高压打火故障流程检查高压电路，排除高压打火故障；如果出现个别故障报警，应根据点亮的故障指示灯对应监测电路检查故障。

开关组件故障诊断流程见图 4-65。

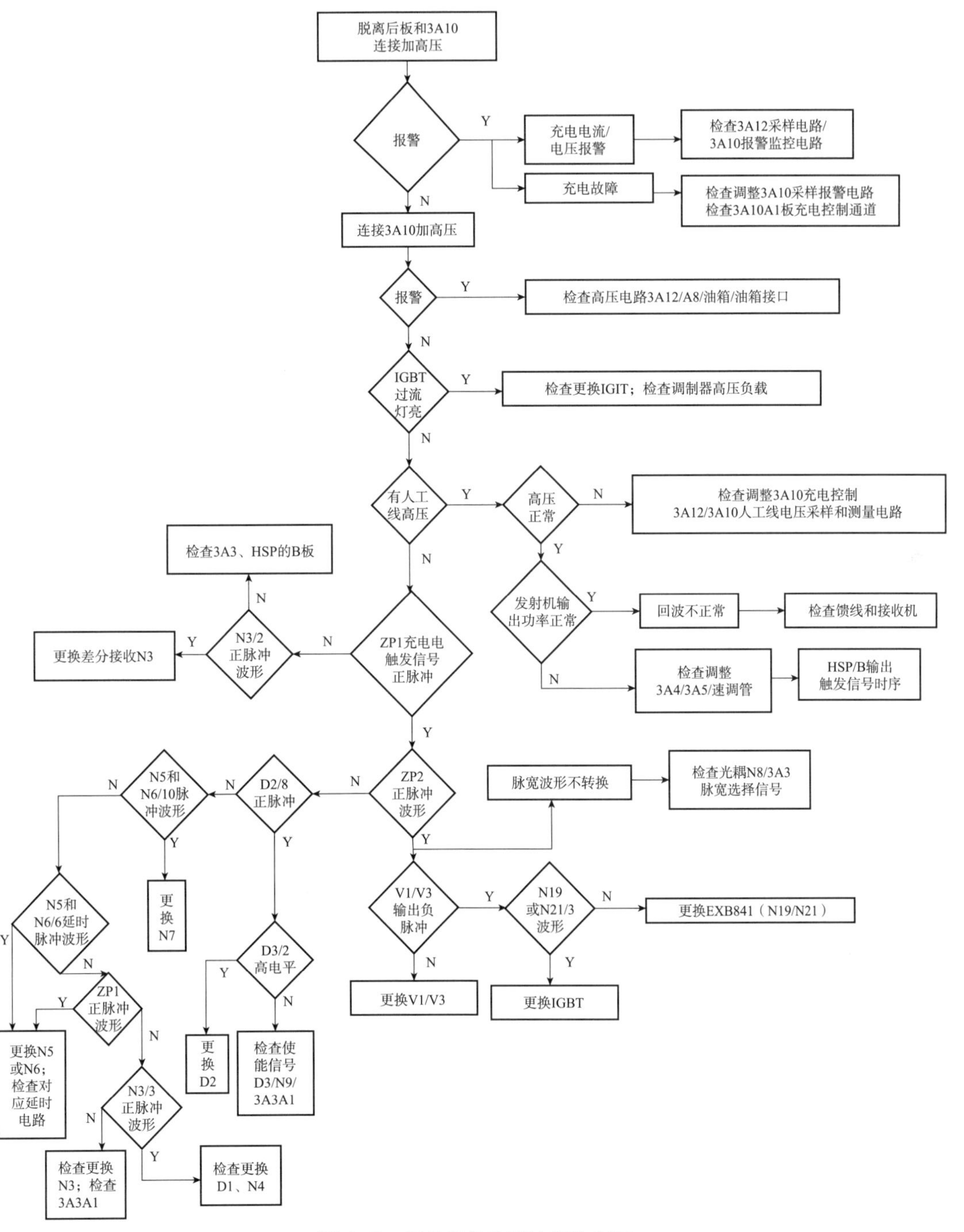

图 4-65 开关组件故障诊断流程图

案例1：3A10故障导致发射机无高压输出。

故障现象：发射机无高压输出。

故障原因及处理方法：检查接收接口时序信号输出正常，查3A10中ZP1无信号，检查N3芯片输出无信号，输入差分信号正常，更换N3芯片后雷达恢复正常。

案例2：开关组件充电异常。

故障现象：发现雷达性能下降，特别是XMTR PK PWR项（发射机峰值功率），只有510 kW左右，与雷达要求的>650 kW相比，相差较大。发现产品无回波，RDA告警，分别为：TRANSMITTER POWER BITE FAIL发射机功率机内测试设备错误；ANTNNA POWER BITE FAIL天线功率机内测试设备错误；检查发现，RDA计算机上无回波产生，产品亦无回波。发射机面板无其他报警，各个组件也无异常，但听不到发射机正常加高压时所发出的吱吱声。

故障原因及处理方法：

把发射机设为本控，打开发射机测试程序，人工加高压，故障现象依旧。

查看发射机面板报警指示灯，未发现任何指示灯亮；各个组件的指示灯指示是否正常，特别是开关组件、触发器。在平常发射机STBY或READY时，触发器的第二个灯为长亮，而一加高压，则熄灭。在这次检查中，未发现异常情况。

由以上现象，可以初步判定为当程序加高压时，充电开关组件3A10没有真正地把510 V的高压加载到油箱中充电变压器上，自然无正常加高压时发出的吱吱响声，也无高压馈给到调制组件，从而使得发射机、天线两功率机内测试设备错误报警，无回波。

检查整个发射机主控板，查看其产生主要脉冲波形，发现一切正常。接着检查充电开关组件，先检查从触发器过来的电源+20 V及本身电源，一切正常。对照回扫充电控制板电路图，检查电路，特别是信号主通道。

结果，我们发现主通道前端的一个电磁开关芯片4504较其他芯片烫手，用示波器测量其波形，发现在其输入端N4的第3脚有正常的输入脉冲波形，而其第2脚输出脚则无波形。

正常情况下，此芯片在主通道中就当作一个电磁开关，输出波形和输入波形相当。由此可以判定此芯片存在问题，由于主通道N4（4504）的输出端无波形，导致后面的电路无信号输入，后面的两个驱动模块根本发挥不了其驱动作用，无法将脉冲信号进行驱动放大。也导致开关组件无法将510 V高压加载到油箱充电变压器上。充电开关组件与充电变压器组成回扫充电电路，给调制器组件中的人工线充电。

由于无法将510 V高压加载到充电变压器上，故无法给调制器中的人工线充电，两功率机内测试设备错误报警，无正常充放电时调制器发出的吱吱响声。更换N4芯片后雷达恢复正常。

案例3：3A10充电控制板故障导致无高压。

故障现象：发射机功率机内测试设备错误、天线功率机内测试设备错误，发射机发射功率为零，A10开关组件的IGBT过流指示灯亮；天线正常工作，生成的产品显示无回波。

故障原因及处理方法：

根据故障现象把故障定位在3A10开关组件后，运行发射机测试平台，发射机本控，用示波器检测充电触发信号，工作正常。当脉冲重复频率（PRF）选择322时，输出充电使能信号正常，但选择更高的PRF时，则没有了输出充电使能信号；更换3A10A1回扫充电控制板恢复。

4.7.4.5 其他典型故障案例

案例1：钛泵电源欠压导致发射机不能工作。

故障现象：钛泵电源欠压，发射机不能工作。

故障原因及处理方法：原因是钛泵电源（3PS8）控制板中的整流电容击穿，更换后正常。

案例2：灯丝电源3PS1无输出。

故障现象：灯丝电源3PS1无输出。

故障原因及处理方法：更换3PS1的同步D3芯片后正常。

案例3：灯丝电源3PS1无输出。

故障现象：发射机-15 V电源（3PS5）报警导致灯丝电源（3PS1）无输出。

故障原因及处理方法：调整-15 V电源门限，去掉灯丝电源（3PS1）同步芯片74LS123。

案例4：灯丝电源和发射机同时过流报警。

故障现象：灯丝电源过流报警。

故障原因及处理方法：低压状态维修灯丝电源过流故障，故障原因为灯丝电源控制板驱动信号无死区，导致V3、V6、V7击穿，R7、R9烧坏，更换损坏元件并调整灯丝电源电流门限后正常。

案例5：开高压状态下突然停电导致系列报警。

故障现象：雷达在正常运行过程中遭到突然停电，通电后多处报警：天线波导连锁及波导压力报警，DCU上指示天线锁定，+28 V电源故障，灯丝电源电流双灯告警，速调管真空泵电流故障，发射机/DAU接口故障，触发器故障等。

故障原因及处理方法：故障是突遭停电引起，考虑由于在开高压状态下断电造成瞬间电流过高而烧毁元件，采用先低压组件后高压组件维修方法，经查5PS1、+28 V电源、-15 V电源及触发器中1.5 A保险管烧毁。更换5PS1、+28 V电源、-15 V电源和及触发器中的保险管后触发器仍无输出，再次检查触发器发现26LS33芯片烧坏，更换26LS33芯片雷达恢复正常。

案例6：钛泵电压检测电路故障造成钛泵电压报警。

故障现象：钛泵电压告警。

故障原因及处理方法：发射机面板表头有3 kV电压，说明钛泵电源输出正常，说明测量电路问题，经查3A1A2测量接口板N2光耦有问题，由于雷达站无替代芯片，将其芯片的第7脚悬空后正常。

案例7：多次出现灯丝电源关闭。

故障现象：雷达多次出现灯丝电源关闭，强制待机。

故障原因及处理方法：灯丝电流下降；调高灯丝电流值恢复正常。

案例8：发射机和天线峰值功率均出现大幅度变化。

故障现象：发射机峰值功率不稳，变化幅度较大，天线峰值功率也不稳。

故障原因及处理方法：经测试人工线电压稳定，3A5正常，发射机输出信号包络有变化。经观察，磁场电流变化和发射机输出功率变化同步，判断故障点在磁场电源，更换磁场电源，调整磁场电流报警门限，恢复正常。

案例 9：3PS7（+40 V）电源不稳定导致发射机报警。

故障现象：FILAMENT POWER SUPPLY OFF 灯丝电源关闭。STANDBY FORCED BY INOP ALARM 不可操作报警强制系统待机。XMTR +45VDC POWER SUPPLY 7 FAIL。发射机 7 号电源故障：+45 VDC。TRANSMITTER RECYCLING 发射机循环。重启 RDASC 后，雷达进入正常工作状态，但工作一段时间后，偶尔又会出现上述现象，并且时间上无规律，有时几天后才出现。

故障原因及处理方法：

根据告警信息，应该是灯丝电源过流过压或欠流欠压。但当雷达不可操作报警强制系统待机后，发射机并无任何告警指示灯亮，发射机电源指示也全部正常。

告警信息中涉及发射机 3PS7 +40 V 电源，用万用表测试为 39.2 V，也正常。又感觉像灯丝电源出了问题。

在运行状态监测 3PS7 +40 V 输出。发现 STANDBY 时为 39.2 V，但 OPERRATE 时，电压变成 +37 ~36 V 不等，并且在高重复频率时，电压下降为 +35 V。

可以看出，3PS7 电源不稳，并随负载大小而变化，判断为稳压特性变坏，负载能力差。

3PS7 输出 +40 V，为 3A4 固态放大器供电。

断开负载，打开 3PS7，调整采样电位器 RP1，电压不能进行调整，判断是基准采样电路故障。

更换 3PS7，在运行状态监测输出电压，一直保持在 +40 V，连续观察，故障消除。

案例 10：测量接口板 U11 校平命令差分接收芯片 26LS33 坏导致人工线表满档。

故障现象：人工线表满档。

故障原因及处理方法：更换测量接口板上 U11 校平命令差分接收芯片 26LS33 后恢复。

案例 11：3A11 的差分接收 26LS33 损坏导致无回波及射频电缆问题导致报警。

故障现象：雷达正常体扫，但报发射机人工线过压报警后无回波。报警天线功率和发射机功率测试失败。发射机修复后，又出现 RFD1 测试数据不对，射频测试信号报警。

故障原因及处理方法：先测试接收机保护器命令和响应，波形正常。测试 3A4/3A5/速调管输入波形正常，测试 3A10 正常，3A12 人工线电压为高电平，怀疑 3A11 有问题，随后更换 3A11 触发控制器（3A11 内部控制板 U1 差分接收 26LS33 芯片故障），测试发射机有高压输出，机外功率 672 kW。用 RDASC 软件运行，报警：线性通道测试信号变坏。参看机内标定参数，发现 RDF1 差值较大，怀疑有微波泄漏问题。经仔细查找，发现 3A4 到 3A5、3A5 到可变衰减器高频刚性电缆连接处均有开焊处，焊好后，雷达工作恢复正常。

第 5 章

接 收 机

5.1　接收系统工作原理

CINRAD/SA-D 双偏振多普勒天气雷达接收机（以下简称接收机）具有模块化、大动态、低噪声、频综稳定度高的特点。雷达接收机和软件信号处理单元相结合，具有较完备的标校测试体系。

接收机原理框图如图 5-1 所示，雷达接收机将天线接收到的微弱回波信号，经过 RF 水平/垂直两路低噪声放大、带通滤波并与本振信号混频，将射频变换成中频，再经中频滤波和衰减以防止削波。衰减后的中频信号送入 WRSP（数字中频），两路中频信号在数字中频经 A/D 变换，并利用主波混频后 COHO 信号进行校正，输出 I、Q 数字信号。

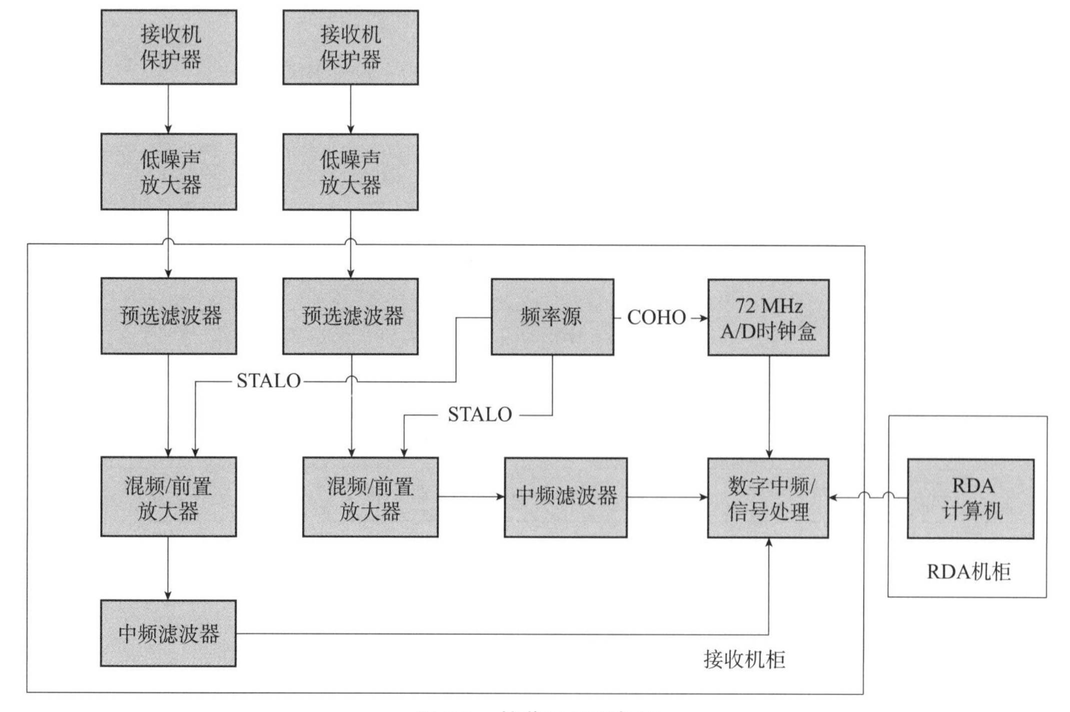

图 5-1　接收机原理框图

接收机频率源给发射机提供射频驱动信号，同时产生射频测试信号。射频测试信号用于接收机的故障检测和系统定标校准。

接收机将天线接收到的水平和垂直通道回波信号，经各自低噪声放大、射频到中频的变换、中频滤波，最后送到多通道数字中频接收机，生成双通道（水平和垂直通道）I、Q 原始数据，进行信号处理生成基数据。

为提高速度信号探测精度，接收机还从发射机输出端采集主波（Burst）信号，通过功分器与本振信号混频后，得到中频相参（COHO）信号，COHO 信号输入多通道数字中频接收机，作为脉冲初始相位，可以支持各种方式的相位编码。相位编码后可以恢复二次回波，大大减少紫区（二次回波颜色）的面积，提高速度产品的可用性。信号处理支持随机相位编码和 SZ（8/64）编码，均可以替代目前无相位编码的 CD 模式。

此外，接收机通过输入输出转接口（I/O 接口板），提供全机定时触发信号，并向 DAU 输出 WRSP 内部状态信息。

5.2　接收机主要技术性能

接收机采用全相参体制和数字中频采样技术，具有频率稳定度高、相位噪声低、灵敏度高、动态范围大、增益稳定等特点，同时具有自动故障检测和系统定标校准的功能，使得雷达系统具有较高的性能。

主要技术性能参数详见表 5-1。

表 5-1　接收机主要技术性能参数

主要参数	技术指标要求
工作频率	2700 ~ 3000 MHz
噪声系数	Nf≤1.8 dB（不含接收机保护器），且双通道差异不大于 0.3 dB
增益	G =（40 ± 1.5）dB
机柜级的噪声系数	f≤19 dB（不含接收机保护器）
机柜级的增益	G =（14 ± 1.5）dB
灵敏度	MDS≤ −110 dBm（B = 0.6 MHz，CW 信号）
动态范围	D≥95 dB
镜频抑制度	IR≥65 dB
寄生响应	SR≥60 dB（f 在 2500 ~ 3200 MHz 范围内）
机内标定功能	内置噪声源、测试信号源、射频开关、射频数控衰减器等
中频频率	57.5491 MHz
杂波抑制能力	≥60 dB

5.3 接收机组成和信号流程

接收机通过适当的滤波、放大、变换将天线上接收到的微弱回波信号从伴随的噪声和干扰中选择出来，并进行数字中频信号处理。

接收机的主要功能包括：

①向发射机提供高稳定的射频驱动信号；

②相参接收雷达的回波信号，经放大、变频后进行数字中频信号处理；

③进行系统定标和校准工作；

④提供系统工作所需的控制时序。

5.3.1 接收机组成

接收机由频率源、接收机主通道（分为模拟和数字两部分，模拟部分包括接收机保护器、低噪声放大器、预选滤波器、混频/前置放大器、中频滤波器，数字部分即由数字中频/数字中频信号处理）、接收机测试通道、电源、I/O 接口板五部分组成。

5.3.1.1 频率源（4A1）

（1）概述

频率源采用全相参体制，提供雷达系统工作所需的射频激励、本振信号、测试信号和系统工作主时钟（COHO 经时钟盒变换后生成）。频率源接收来自信号处理的移相控制命令、脉冲和连续波控制命令，实现高频信号相位控制和不同占空比的高频信号输出。频率源具有输出功率稳定度高、相位噪声低、良好的电磁屏蔽和兼容性等特点。

（2）组成和框图

频率源由壳体、安装板、半钢电缆、恒温晶振、腔体滤波器、隔离器、放大器等部件组成，主要部件高层代号和名称详见表 5-2。

表 5-2 频率源组成

高层代号	名称
4A1	频率源
4A1A1	晶振
4A1A2	RF 滤波器
4A1A3	STALO 滤波器
4A1A4	功分器
4A1A5	隔离器
4A1A6	倍频器
4A1A7	RF 变频器
4A1A8	STALO 变频器
4A1A9	COHO 信号源

以频率为2830 MHz的频率源为例，各部件的连接详见图5-2。其中标注了主要关键点信号功率和频率。

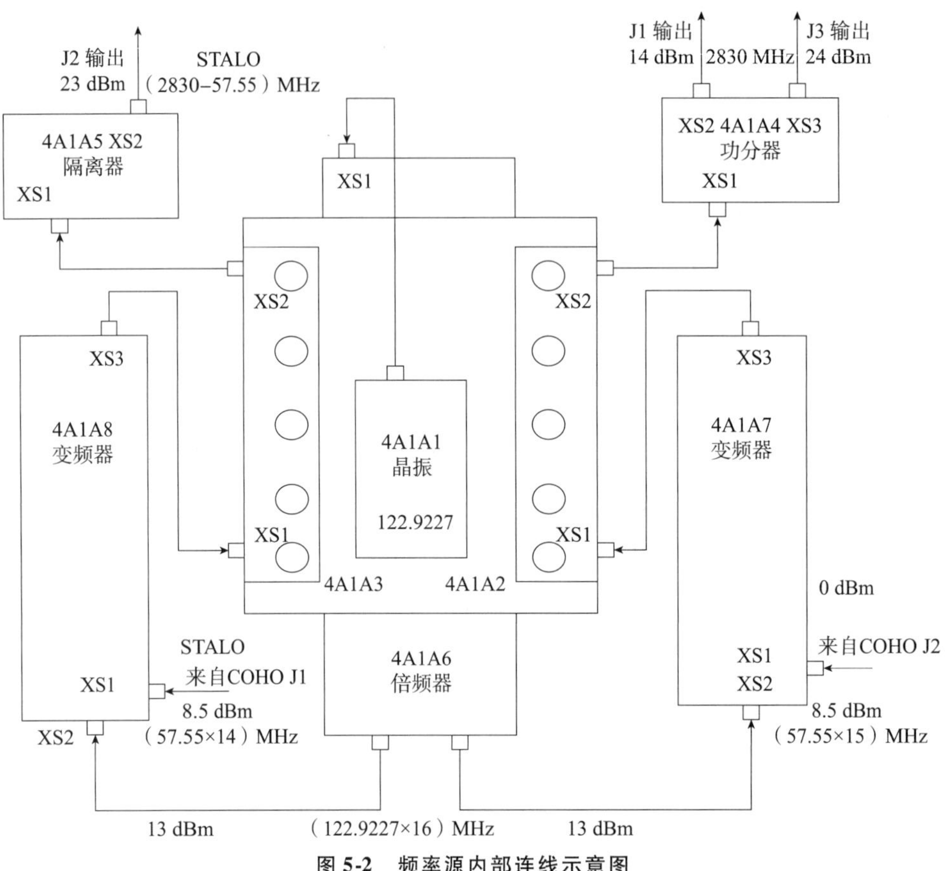

图5-2　频率源内部连线示意图

（3）接口和技术要求

频率源提供整个雷达系统工作的时钟、射频信号和触发信号，共有6个输入/输出接口，如表5-3所示。

表5-3　频率源输入/输出接口技术要求

接口名称	功能	接头类型
J1	输出射频激励信号	SMA
J2	输出本振信号 STALO	SMA
J3	输出射频测试信号	SMA
J4	输出时钟信号 COHO	SMA
J5	输入控制信号	37 芯 D 型头
J6	输入直流供电	15 芯 D 型头

①J1 射频激励信号

射频激励信号频率为2.7～3.0 GHz，脉宽为8.3 μs，峰值功率约为14 dBm，该信号经

J1 送到发射机，脉冲宽度减窄到 1.5 ~5 μs，经放大变成发射的射频载波。发射机的具体工作频率可以预先选定，由插入式晶体振荡器提供。

②J2 本振信号（STALO）

稳定本振信号与射频激励信号是相参信号，它比射频激励信号的频率低 57.5491MHz，输出功率为≥17 dBm，STALO 信号经过二路功分器和功分放大器后（功分放大器），分别送给 Burst 混频器和 2 个混频/前置中放，与射频回波信号混频产生中频信号送给数字中频。

频率源接收来自信号处理（经数字中频送到频率源）的 7 位移相码，控制本振信号（STALO）移相。

③J3 射频测试信号（RF TEST SIGNAL）

射频测试信号用来检查接收信号的幅度、多普勒速度及谱宽。射频测试信号与射频激励信号的载频频率相同，幅度相差约 10 dB，J3 的输出功率约为 24 dBm。射频测试信号可以是一个脉冲，也可以是连续波，这取决于数字中频/信号处理产生的射频门（RF GATE）信号。在测试模式，用移相器把模拟多普勒相移加到射频测试信号上，用以实现雷达速度定标检验。

④J4 中频信号（COHO）

COHO 的频率为 57.5491 MHz，输出功率约 10 dBm，COHO 信号送到 A/D 时钟盒模块用来产生数字中/频信号处理器 WRSP 工作所需 72 MHz 时钟信号。

⑤J5 控制信号

控制接口 J5 经过多芯屏蔽电缆与接口板 4A11 相连，通过接口板接收来自信号处理器 4A10（WRSP）的控制信号。控制信号包括 7 位移相控制码，分别对应相位 2.81°、5.63°、11.25°、22.5°、45°、90°和 180°。控制信号还包括 RF GATE 信号，控制频率源 J1 和 J3 输出信号的占空比。

⑥J6 供电

频率源的供电由接收机电源 4PS1 和 4PS2 提供，经过接线排 TB3 后送到频率源的 J6 接口。频率源供电电压和电流要求如表 5-4 所示。

表 5-4 频率源供电电压和电流要求

电压	工作电流
+5 V	≤1000 mA
+9 V	≤2000 mA
−9 V	≤600 mA
+18 V	≤2000 mA

⑦技术指标

为满足雷达系统工作和技术指标需要，对频率源四路高频输出的功率输出范围、频率准确度、相位噪声、杂散一致等技术指标有严格的要求。详见表 5-5。

表 5-5　频率源技术指标要求

主要参数	技术指标要求
射频激励信号功率范围（J1）	+11.75 ~ +14.25 dBm
本振 STALO 信号功率范围（J2）	+15.75 ~ +24.25 dBm
射频测试信号功率范围（J3）	+21.75 ~ +24.25 dBm
COHO 信号功率范围（J4）	+9 ~ +11 dBm

5.3.1.2　接收机主通道

（1）接收机保护器

主要技术要求如表 5-6 所示。

表 5-6　接收机保护器技术指标要求

主要参数	技术指标要求
工作频率	2700 ~ 3000 MHz
最大承受脉冲功率	100 kW（脉冲宽度 4.7 μs、占空比 0.002）
低功率插入损耗	≤0.65 dB
高功率隔离	≥27 dB

当高功率射频脉冲从发射机进入天线馈线时，其中一部分射频能量将会通过环形器等天线馈线通路漏进接收机，为了防止烧坏敏感的接收机部件，在低噪声放大器（2A4/2A84）和天线馈线之间装有一个射频高功率接收机保护器（2A3/2A83）。接收机保护器由射频高功率二极管开关和无源限幅器组成。

在发射基准时间之前大约 6.5 μs 时，接收机保护器接收来自信号处理的差分驱动信号（即接收机保护命令），差分信号分别为 RCVR_PROTECT_CMD + 和 RCVR_PROTECT_CMD-。接收机保护器上装有保护器驱动模块 2A3A1，驱动模块接收两路 TTL 差分信号，产生幅度约为 +5 V、-130 V，脉宽约为 16 μs 的两路脉冲驱动信号。

接收机保护器中的高功率二极管开关响应驱动信号使二极管开关处于高隔离状态，防止射频能量进入低噪声放大器。同时，二极管开关还要将其高隔离状态通知给二极管状态监视器。保护器驱动模块内的二极管状态监视器把接收机的保护响应差分信号 RCVR_PROTECT_RSP + 和 RCVR_PROTECT_RSP-返回给信号处理，该响应告知接收机已经被保护，允许发射机向天线馈线发送高功率射频脉冲，在发射监控电路监测到速调管阴极射线电流脉冲结束后，信号处理撤销接收机的保护命令，二极管开关处于低损耗状态，接收机接收雷达回波或测试信号。

接收机保护器输出端经过 N 型接头与无源限幅器相连，无源限幅器限制进入低噪声放大器中的最大射频能量，在低功率信号注入时，无源限幅器输出与输入成正比，当输入信号幅度超过约 0 dBm 时，无源限幅器插损逐渐增大，1 dB 压缩点约为 5 dBm。

发射机在发射瞬间部分能量分别经过环形器、接收机保护器和无源限幅器进入低噪声放大器。环形器隔离度≥22 dB，保护器隔离度≥27 dB，无源限幅器最大隔离度为 38 dB，接收通道在保护期间隔离度约为 87 dB。

无源限幅器主要电性能参数详见表5-7。

表5-7 无源限幅器主要电性能参数

序号	主要参数	指标要求
1	工作频率	2.7~3.0 GHz
2	输入脉冲功率	≥200 W
3	恢复时间	≤2 μs
4	插入损耗	≤0.5 dB
5	驻波比	≤1.35∶1
6	最大输出功率	≤15 dBm

（2）低噪声放大器（2A4/2A84）

从接收机保护器出来的信号（雷达回波或测试信号）经2A4/2A84低噪声放大器（Low Noise Amplifier，LNA）放大，然后经过射频电缆W54/W56送到接收机柜的输入端。

低噪声放大器主要电性能参数详见表5-8。

表5-8 低噪声放大器主要电性能参数

序号	主要参数	指标要求
1	工作频率	2.7~3.0 GHz
2	增益	30.5±0.75 dB
3	噪声系数	≤1.0 dB
4	1dB压缩时输入功率	≥－10 dBm
5	输入端VSWR	≤1.35∶1
6	输出端VSWR	≤1.25∶1
7	供电电压	+12~+23 VDC（典型值为+18 V）
8	工作电流	≤300 mA

（3）预选滤波器（4A4/4A84）

来自测试信号选择器的测试信号，通过接收机保护器耦合端送入低噪声放大器，低噪声放大器输出送到射频预选滤波器。预选滤波器的中心频率等于发射频率（2.7~3.0 GHz之间已选定的频率），中心频率精度为±2 MHz。详细参数见表5-9，带外抑制度测试见图5-3。

表5-9 预选滤波器主要电性能参数

序号	主要参数	指标要求
1	滤波器形式	微波滤波器
2	型号	BP2800-8-6S24S（以中心频率2800 MHz为例）
3	中心频率	2800 MHz

续表

序号	主要参数	指标要求
4	-0.2 dB 带宽	≥8 MHz
5	-3 dB 带宽	≤36 MHz
6	-40 dB 带宽	≤70 MHz
7	插损	≤1.5 dB
8	相位线性度	≤2°@ 8 MHz 带宽；≤5°@ 12 MHz 带宽
9	带外抑制	≥60 dBc@ 500～2740 MHz ≥60 dBc@ 2860～8000 MHz
10	驻波	≤1.3@ 8 MHz 带宽

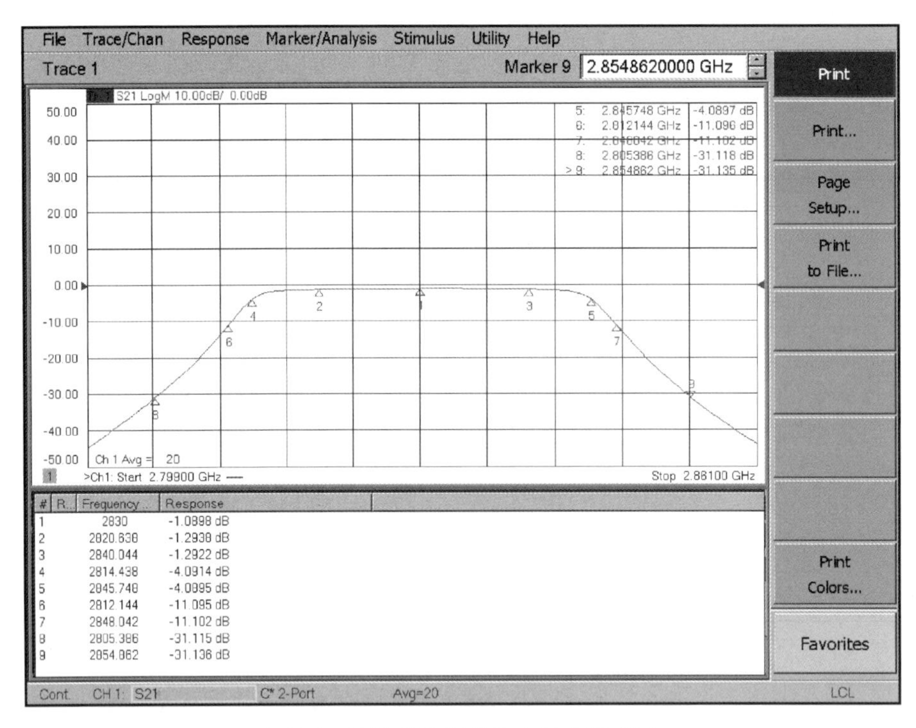

图 5-3 预选滤波器带外抑制度测试图

（4）混频/前置放大器（4A5/4A85）

预选滤波器输出信号（雷达回波或两个测试信号之一）从 J1 注入混频/前置放大器组件，稳定本振（STALO）信号从 J2 输入。稳定本振信号由频率源产生，其频率比发射频率低 57.5491 MHz，其功率电平为 +15 ±0.75 dBm。混频放大器将雷达回波（或射频测试信号）与本振信号进行混频和放大，下变频输出 57.5491 MHz 的中频信号（IF）。中频信号经过放大后，由 J3 口输出送给后端中频滤波器。

混频/前置放大器主要电性能参数详见表 5-10。

表 5-10 混频/前置放大器主要电性能参数

序号	主要参数	指标要求
1	工作频率（J1）	2.7～3.0 GHz
2	工作频率（J2）	2.64245～2.94245 GHz
3	增益	20.25±0.75 dB
4	噪声系数	≤13 dB
5	1 dB 压缩时输出功率	≥+23 dBm
6	供电电压	+13～+18 VDC（典型值为+15 V）
7	工作电流	≤600 mA

（5）中频滤波器（4A6/4A86）

中频滤波器对来自混频/前置放大器组件的中频回波信号进行滤波，滤除带宽外的非信号频率，改善信噪比，中频滤波器由 J1 输入，J2 输出，3 dB 带宽为 10 MHz。

（6）A/D 时钟盒（4A51）

A/D 时钟盒接收来自频率源 J4 的 COHO 信号 57.5491 MHz，时钟盒采用直接频率合成的方式输出 72 MHz 的高稳定时钟信号，具有频率转换时间短、相位噪声低的特点。时钟信号送至天气雷达信号处理器 WRSP 作为工作的时钟信号。A/D 时钟盒主要性能参数详见表 5-11。

表 5-11 A/D 时钟盒主要性能参数

序号	主要参数	指标要求
1	输入信号频率（J2）	57.5491 MHz
2	输出信号频率（J2）	72 MHz
3	输入信号幅度（J2）	≥0 dBm
4	输出信号幅度（J2）	0±1 dBm
5	相位噪声	≤－150 dBc/Hz @10 kHz
6	响应时间	≤1 ms（57.5491 MHz 转为 72 MHz）
7	频谱纯度	≤－80 dBc

（7）功分放大器（4A41）

功分放大器由功分器和高性能放大器组成，为混频/前置放大器（4A5 和 4A85）提供本振 STALO 信号。

（8）数字中频

①数字中频系统特性及组成

WRSP（Weather Radar Signal Processor）天气雷达标准化数字中频，主要应用于天气雷达数字中频接收机中，兼容 S/C/X 不同波段的单/双偏振天气雷达。

WRSP 可对接收到的单路或多路雷达回波中频信号进行采集处理，并生成基带正交同相（IQ）数据送至后端雷达数据获取软件（RDASC），由之生成雷达基数据；WRSP 对 RDA 主机发来的控制及时序命令进行预处理后，通过接口板分发给各分系统及组件，同时汇总相应分系统及组件的状态和报警信息，并回传给 RDA 主机；WRSP 通过千兆以太网与 RDA 主机进行通信。

WRSP 有四个通道，分别接收模拟中频信号、时钟信号，以每隔 250 m 的距离（1.66 μs）进行采样，把这些模拟输入信号变换成 16 比特的双互补数字信号。

数字中频信号处理功能见图 5-40。

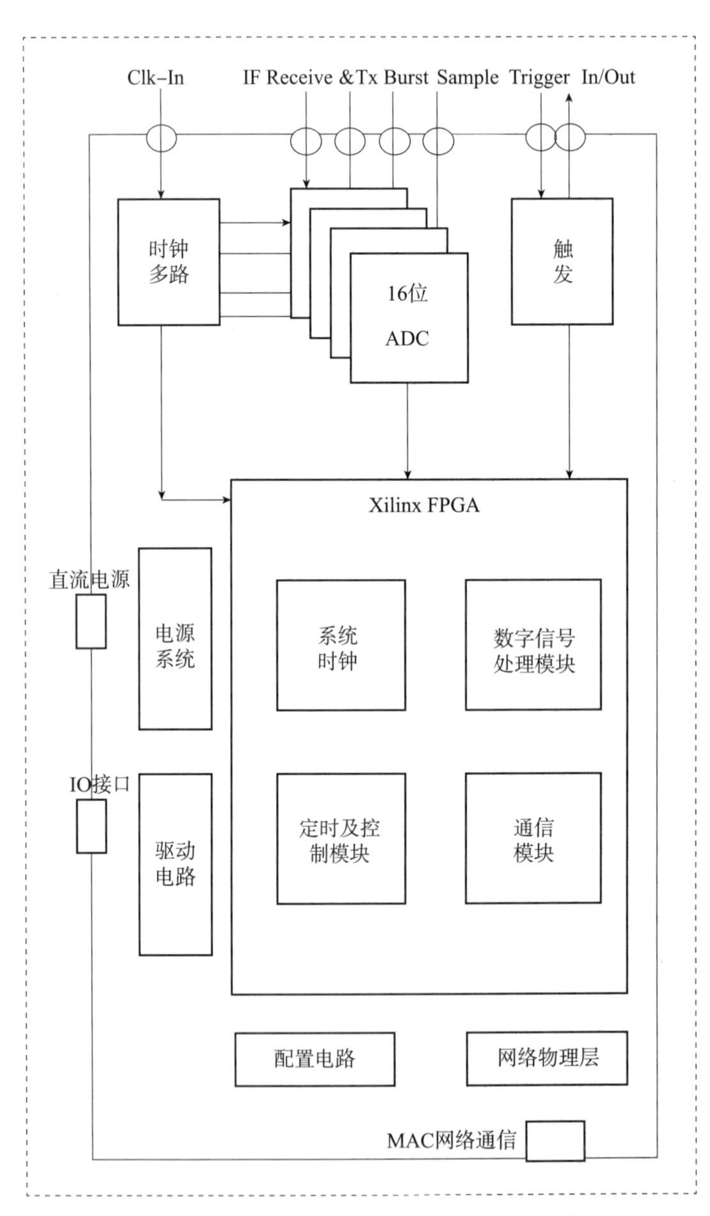

图 5-4 WRSP 数字中频信号处理功能框图

a. 开放式的硬件系统

与以前在专有 DPS 上构建的 PCI 卡信号处理器相比，WRSP 实现更加灵活，采用标准化、模块化设计，以单个 FPGA 为基础，将雷达子系统控制、中频信号采集和 A/D 变换、下变频 DDC、I/Q 数据生成和传输集成到一个数字中频模块中，通过一个 CAT6e 连接的联网设备，由以太网连接到PC机。标准化和模块化设计不仅提高了系统的集成度和抗干扰性，降低故障率，消除了对主机上多个PCI/PCIex插槽的依赖，保证了中频信号采集和处理的质量，同时还提高了总线传输速率。

WRSP产生数字I和Q数据，由PC机（软件信号处理器）使用脉冲对、傅氏变换、随机相位处理等技术来执行处理。数字I和Q数据可以被实时并行接收，这允许有很多的硬件拓扑。

b. 可根据雷达工作参数自由设置中频脉宽和中频载频

WRSP可自由设置中频载频和中频带宽，以适应各种不同波段天气雷达的中频载频和中频带宽，实现信号从中频基带的变频转换和最佳匹配滤波。

c. 标准网络接口和数据并行传输

WRSP支持一个1000Base-T的以太网标准接口。千兆以太网通过UDP协议能够快速地将I和Q数据传给主机，并进行实时处理和归档。

d. 中频输入接口

WRSP采用最佳低噪声性能的密封装置，内部电路严格接地并对外屏蔽，以保持最佳的输入信号捕获，达到了A/D转换器的理论最低噪声水平。

WRSP提供多路中频输入接口，其中J3、J5分别为中频输入（可以设置为相反），J7为发射参考BURST脉冲输入，J1为时钟输入，J2、J4、J6、J8为备用输入。这些输入都使用SMA插头连接器连接50 Ω匹配。

单偏振雷达只选用J3作为水平通道的中频输入，须升级为双偏振雷达时，可增选J5为垂直通道的中频输入。

②数字中频/信号处理器性能参数

a. 输入信号频率范围：5～120 MHz；

b. A/D采样率：16 bit，72 M采样速率（可升级到100 M），采样时钟抖动≤0.6 ps；

c. 处理能力：内置数字FIR滤波器，可灵活配置适应0.4～4.5 MHz带宽的滤波系数，通带平坦度≤0.1 dB，带外抑制度≥80 dB；

d. 动态范围：动态范围在1.57 μs脉宽条件下可达到115 dB以上。

对气象雷达的需求而言，接收机的动态范围与接收机的灵敏度密切相关，因为灵敏度是动态范围的下限，要达到115 dB以上的动态范围主要在两个因素上改进：第一，ADC器件选用目前满足72 MHz采样频率下具有最高信噪比的ADC器件；第二，在数字滤波器的设计上使用最佳匹配带宽。通过以上两个主要因素，计算公式如下：

$$DR_l(\mathrm{dB}) = P\mathrm{sat} - SNR_{ADC} - 10\log_{10}\left(\frac{f\mathrm{s}}{2\mathrm{BW}}\right) \tag{5-1}$$

式中，DR_l 动态范围由 Psat（ADC器件饱和采样功率）、$\mathrm{SNR}_{\mathrm{ADC}}$（ADC器件信噪比）、fs（ADC器件采样频率）和BW（信号带宽决定）。

此外，还有两种方法可以提高一些动态范围：通过饱和补偿算法还可增加动态范围5～8 dB；使用一对ADC转换器，使一个工作在高增益模式，另一个工作在低增益模式，将它们动态范围重叠，这样可以大大提高动态范围（超大动态范围）。

e. 距离分辨率

内部的FIR滤波器可以产生I和Q数据的最小距离分辨率为8.33 m，为了更好地与脉宽匹配，最低距离分辨率设置为 25 m，其他距离分辨率都应该是 8.33 m$\left(\frac{25}{3}\text{ m}\right)$的倍数。

f. 信号传输

32 位 IQ 输出，可压缩为 16 位 IQ 输出，不损失动态范围和灵敏度，数据量增加一倍。

压缩的数据格式为英伟达（NIVDIA）公司提出的半精度浮点数，这种数据格式可以完全表达 32 位定点数，并且在最新的显卡处理器中可以直接用于计算，可大幅提高运算速率以及减少存储所需内存。千兆以太网传输带宽数据率不低于 300 Mbps，峰值可达 800 Mbps。

g. 标准接口

36 对 RS422 输出接口（可通过接口板配置为 TTL/CMOS 输出）；

6 对 RS422 输入接口（可通过接口板配置为 TTL/CMOS 输入）；

2 对 RS232 标准输入输出接口。

可以按照信号处理需要，输入各种时序逻辑及控制逻辑（如双 PRF 下需要的工作触发脉冲等）。

h. 工作环境

输入电压范围：100～240 V，50～60 Hz 交流电；

外接接口电平范围：0～5 V；

网络通信标准：CeT6；

功率消耗：20～30 W；

环境温度：0～55℃。

5.3.1.3 接收机测试通道

接收机内置有多个射频信号源和射频选择开关，可以实现接收系统的自动在线标定、离线标定和故障检测功能。接收机测试通道框图如图 5-5 所示，按照信号源和标定部件的安装位置，标定信号源可以分为两类：①标定信号 1：机房内标定信号源；② 标定信号 2：天线罩内标定信号源。

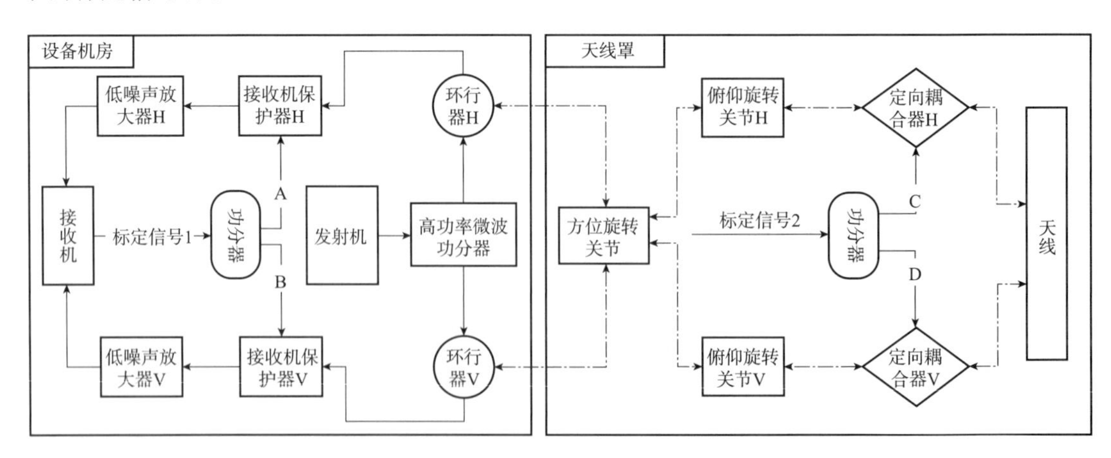

图 5-5 接收机测试通道框图

（1）机房内射频测试源选择及故障检测

机房内射频测试源选择及故障检测由 RF 噪声源、四路功分器、微波延迟线、四位开关、二路功分器、RF 功率监视器及 RF 数控衰减器等部件组成，根据来自接收机接口的控制信号，选择四个可能的射频测试信号之一，所选信号将在接收机保护器 2A3/2A83 的定向耦合器处注入接收通道。

①微波延迟线（4A21）

微波延迟线是石英晶体制成的体声波延迟线。在输入端通过换能器，把微波信号变换成声波，然后在石英晶体内以体声波形式向输出端传输，在输出端又通过换能器把声波变换成微波信号。由于声波的传播速度是很低的，因此，在一定距离上传输的时间很长，信号延迟也很长。接收机内微波延迟线的延迟时间约 10 μs（接收机在发射机发射高功率脉冲信号时处于被保护状态，被保护的时间小于 10 μs，保护信号取消后接收通道处于低损耗状态，信号可以进入接收系统，所以发射机取样信号要经过延时后再注入接收通道）。

发射机速调管输出的射频采样信号，经过定向耦合器耦合输出后，经 6 dB 衰减器、四路功分器、10 dB 衰减器后被送入微波延迟线。当该信号被选作注入接收机的测试信号时，由于它在时间上被延迟 10 μs，微波延迟线的输出接入到四位开关，再进入测试通道，可以模拟雷达收到的 1.5 km 处的回波信号，可用来检查接收系统的相位噪声和杂波抑制能力。微波延迟线主要性能参数详见表 5-12。

表 5-12　微波延迟线主要性能参数

序号	主要参数	指标要求
1	工作频率	2.7～3.0 GHz
2	延迟时间	10000 ns
3	延迟精度	±100 ns
4	插入损耗	≤56 dB
5	承受峰值功率（占空比 0.1%）	≤2 W

②四位开关（4A22）

四位开关选择四个测试信号中的一个信号，该四位开关的工作频率范围为 2.7～3.0 GHz，四位开关包括两个 30 dB 的定向耦合器，用于输入测试信号的取样输出，耦合信号可以作为故障检测或者测量监测备用。

四个测试信号分别为：来自频率源 4A1 的射频测试信号（CW）；来自 RF 噪声源 4A25 的宽带噪声测试信号；来自微波延迟线 4A21 的高功率射频测试信号（KD）；来自发射机脉冲形成器 3A5 输出的速调管激励耦合测试信号（RFD）。

四位开关详细参数见表 5-13。

表 5-13　四位开关性能参数

序号	主要参数	指标要求
1	工作频率	2.7～3.0 GHz
2	插损（J2-J5）	≤2.5 dB
3	插损（J3-J5）	≤2.5 dB
4	插损（J4-J5）	≤2.5 dB
5	增益（J1-J5）	≥14 dB，增益平坦度 ±0.75 dB，噪声系数≤4.5 dB

续表

序号	主要参数	指标要求
6	输入/输出 VSWR	≤1.5:1
7	隔离度	≥75 dB
8	输入功率（J1）	-20 dBm，工作峰值或 CW +10 dBm，不烧毁峰值或 CW
9	输入功率（J2，J3，J4）	+24 dBm，工作峰值或 CW +28 dBm，不烧毁峰值或 CW

③RF 数控衰减器（4A23）

RF 数控衰减器的信号由 J1 输入，J2 输出，工作频率范围为 2.7～3.0 GHz，设置 0 dB 衰减时部件自身插入损耗≤6.5 dB。此衰减器为 7 位数字控制衰减器，每一位衰减量分别为 1 dB、2 dB、4 dB、8 dB、16 dB、32 dB 和 40 dB，总计 103 dB。在 1～63 dB 范围内，精度为 ±0.5 dB；在 64～103 dB 范围内精度为 ±1.0 dB。在大动态范围接收机内，最后一位衰减量为 52 dB，总计衰减为 115 dB，在 104～115 dB 范围内精度为 ±1.2 dB。

RF 数控衰减器的输入部分有一个 30 dB 的定向耦合器，输出部分有一个 20 dB 的定向耦合器，耦合输入和输出可以用于故障检测或测量。

RF 数控衰减器的衰减量由数字中频/信号处理器发出衰减控制位控制，可以实现步进为 1 dB 的衰减。

④RF 噪声源（4A25）

RF 噪声源用固态噪声二极管产生宽带噪声信号，用来检查接收机通道的灵敏度或噪声系数。来自 WRSP 的噪声源开启或关闭指令通过接收机接口板送至噪声源，可控制噪声源的输出，所产生的宽带噪声测试信号被送到四位开关 4A22。宽带噪声源输出的频率范围可以覆盖 2.7～3.0 GHz。

⑤四路功分器（4A20）

四路功分器将发射机速调管输出的采样信号分成四等份：一路功率经微波延迟线后，用作射频测试信号；一路送到功率监视器 4A26，变换成直流信号后用于发射机的功率监视；一路送到 BURST 混频器 4A39；剩余一路用匹配负载吸收，作为检测和备份接口。

⑥RF 功率监视器（4A26）

RF 功率监视器用于监视（测量）发射机的输出功率，它将发射采样信号（RF 脉冲信号）变成直流信号。该直流信号幅度正比于 RF 脉冲信号的平均功率，输入 RF 脉冲信号平均功率 10 mW 时，输出为 1000 mV（匹配阻抗是 1 kΩ 的情况下）。

（2）天线上标定信号源

对于双偏振雷达系统不仅要监控机房内两个接收通道幅度和相位的一致性，而且还要监控安装在天线罩内的馈线、方位关节和俯仰关节等部件的幅度和相位一致性。为了实现全接收链路的监控新增一个标定信号源，与机房内的标定信号源配合使用，既增加了对接收通道部件的标定检查，又可以对比两个信号源标定的结果，避免因标定信号源本身的故障带来的误判断。图 5-6 为标定信号源连接示意图。

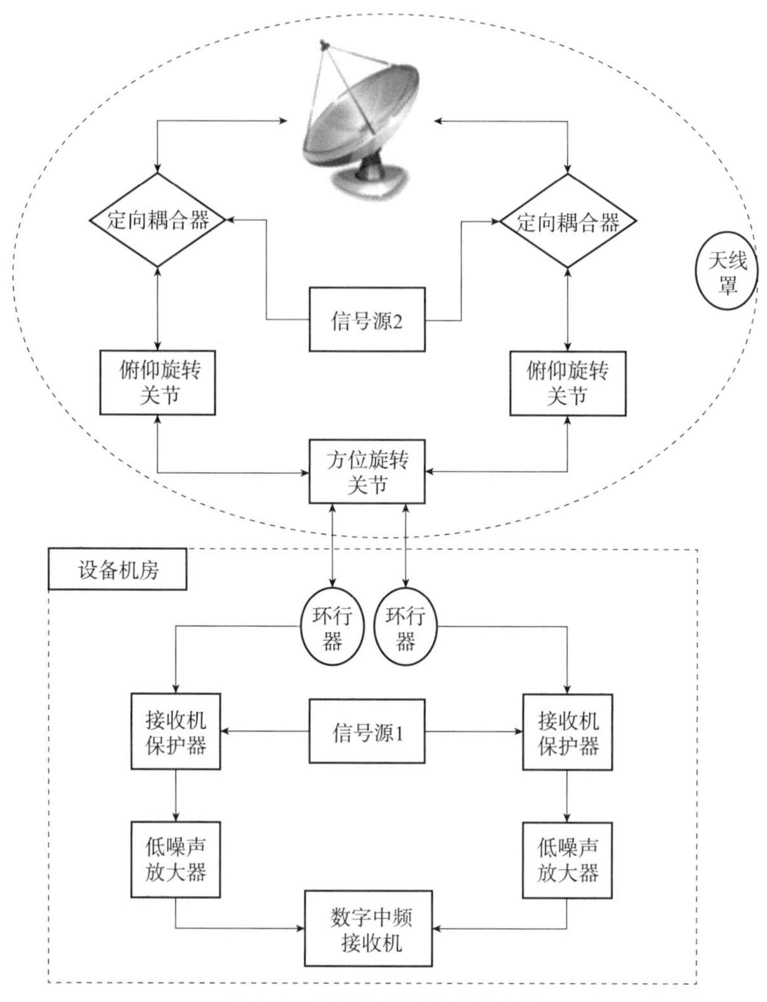

图 5-6 标定信号源连接示意图

天线罩内的标定信号源由屏蔽罩、信号源、功分器、定向隔离器、散热风扇等组成。信号源输出信号频率为雷达工作频点，信号源的输出由来自 WRSP 的指令控制，信号源输出与雷达同频的连续波信号，幅度约为 10 dBm，在雷达运行中信号源处于关断状态，不干扰雷达系统正常运行。

信号源具有如下几个特点：

①高隔离度：开启和关断状态下隔离度≥100 dB，避免干扰雷达系统；

②快速响应：接收到 WRSP 的控制指令后，在 3 ms 内达到稳定输出或完全关断状态，可在 PPI 间隔完成在线标定。

标定信号源采用航空头供电，供电电压为直流 9 ~ 15 V。标定信号源（信号源 2）安装在天线反射体背面，信号源受 WRSP 信号处理器控制，在每个 PPI 间隔处于开启状态，即天线抬仰角时就可以完成一次标定，可在线检查包含关节和接收通道在内的两个通道的幅度和相位一致性。

用两个标定信号同时检查两个通道的一致性，减小误修正的概率。因接收通道本身性能变化带来的幅度和相位的不一致，标定系统能够自动修正。幅度的不一致性超过报警门限后，系统会提醒用户进行维护或者维修。

（3）BURST 标定通道

BURST 标定通道将发射机输出的信号经过定向耦合器取样后送到接收机，经过四路功分器和衰减器后注入 BURST 混频器，BURST 混频器输出的中频信号送到 WRSP 的 J7 通道。BURST 标定的主要功能是为了改善系统相位噪声及地物杂波抑制能力，可以大大减小发射信号相位抖动带来的影响。

BURST 混频器（4A39）输入信号从 J1 注入，稳定本振（STALO）信号从 4A40 二路功分器输入。稳定本振信号由频率源产生，其频率比发射频率低 57.5491 MHz，其功率电平为 +15 ±0.75 dBm。混频后的中频信号从 J3 输出送到 WRSP 信号处理的 J7-BST 通道。

5.3.1.4 接收机电源

接收机供电由 3 个直流稳压电源提供，分别是 4PS1、4PS2 和 4PS3。电源输出特性如下。

（1）总体技术要求

接收机电源在电网电压波动、负载变化、温度变化、震动等情况下都应该满足技术要求。保护电路要在规定的条件下起作用，使电源不受到任何损坏。正常情况下，空载时有输出电压，无输出电流。保护电路起作用时，电源无输出电压，无输出电流。

（2）极性

所有的输入、输出接线端子与机壳之间都是相互绝缘的，以便电源能被用于任一极性输出。在机壳表面提供一个单独的与机壳相连的接地端子。

（3）负载过流保护

负载过流或长时间短路时，对电源不会发生损坏。负载电流恢复正常后，输出电压在 15 s 内恢复正常。负载过流保护值为额定值的 110% ~ 130%，当电源的所有输出打火短路时，任何一个电源或保护电路不能失效。

（4）负载过压保护

当输出电压在表 5-14 中所规定的过压保护动作范围内时，输出电压必须在 50 μs 内降到一个小于最大调整电压的值。在任何情况下，输出电压应保证不超出所定义的过压保护动作范围的上限。假设电源内部发生故障（如某些元件短路），电源内部的一个保险丝熔断以防止电源的进一步损坏。这个保险丝属于电源的内部部件，应放置在容易更换的位置上。过压保护电路（如电位器）放置在电源机箱内部。接收机电源特性详见表 5-14。

表 5-14 接收机电源特性

电源高层代号	输出电压（V）	额定电流（A）	稳定度（%）	调节范围（V）	纹波/噪声 Vp-p（mv）	过压保护动作范围（V）
4PS1	+18	10	0.1	±0.9	3/3	+18.9 ~ +21
	-18	2.5	0.1	±0.9	3/3	-18.9 ~ -21
	+5	5	0.1	±0.25	0.8/0.8	5.25 ~ 6.5
4PS2	+9	2.0	0.1	±0.45	3/3	+9.45 ~ +12
	-9	1.5	0.1	±0.45	3/3	-9.45 ~ -12
	+5	4	0.1	±0.25	3/3	+5.25 ~ +6.5

续表

电源高层代号	输出电压（V）	额定电流（A）	稳定度（%）	调节范围（V）	纹波/噪声 Vp-p（mv）	过压保护动作范围（V）
4PS3	-5.2	1.5	0.1	±0.3	0.8/0.8	-5.3～-6.5
	+15	2	0.1	±0.75	0.8/0.8	+15.75～+16.5
	-15	1	0.1	±0.75	0.8/0.8	-15.75～+16.5

（5）负载瞬变过程

当任何一个负载在5 μs内阶梯式地突变到额定负载的100%，并且在5 μs内阶梯式地返回到空载时，电源的输出电压应稳定在的额定输出电压值的±5%以内。输出电压调整到规定的范围以内的恢复时间应小于400 μs。

（6）过冲与欠冲

当电源反复通断大于20次时，过冲与欠冲应小于过压保护值，并保证输出端决不会出现反极性状态。过冲恢复时间应小于1 ms。

（7）欠载保护

由于输出负载电流的全部或部分损失，电源不应受到任何损坏。

（8）振荡

电源不会出现任何持续或瞬时的振荡。

（9）预热期

电源通电5 s后，电源能进行全额工作。在工作温度范围内，电源通电3 min后，输出电压应达到最终电压值的±0.3%以内。

（10）电容性负载

电源应能够在电容性负载情况下正常工作（例如：负载冲击电流不应引起保护电路的误动作）。

（11）相电压损失

在缺少相电压或中线时，电源不应受到任何损坏。

（12）启动冲击电压

电源在启动瞬间，输出电压不应有任何过冲。输出电压在启动期间应始终满足要求。

（13）交流电源

电源输入：单相交流220 V±10%，50/60 Hz±5%。

（14）物理特性

①一般设计和结构：电源设计要符合国家有关的设计标准，电源结构要便于维护。

②冷却方式：自然冷却。

（15）可靠性

在工作温度范围内，每一组合电源的MTBF≥30000 h。

（16）保存期

在-55～+60℃的温度范围内，最短保存期为2年。2年后电源也能满足规定的MTBF值和性能要求。

（17）隔离及绝缘要求

输入端与输出端之间的隔离及其与机箱之间的绝缘要求，按有关国标/军标执行。

（18）报警指示

当输出电压跌落至额定值的90%以下时，应给出TTL高电平报警信号。要求TTL电平集电极开路输出，正常时为低电平，报警时为高电平。

5.3.1.5 I/O接口板

WRSP通过接口板4A11可以处理各种数字输入和输出信号，这些信号均为差分输入、输出信号，包含发射机触发和控制信号，接收机频率源、四位开关、射频数控衰减器等部件的控制信号，以及与天线的通信信号等。

接口板通过P1接口（100芯D型头）负责将WRSP发出的时序信号及控制命令分发给发射机、接收机、天线数字控制单元（DCU），并接收DCU串行数据并返回给RDASC。为提高抗干扰能力，接口板的输入和输出均为平衡差分式信号，每组信号用双线传输，自己构成回路。

各接口触发信号介绍如下。各端口信号特性见表5-15～表5-23。

（1）触发时序信号测量端口

端口位于接口板面板发射机上方长方形开孔内，为针式测量点。

表5-15　触发时序信号测量端口信号特性

针脚	信号名称	针脚	信号名称
1	RFPLSST +	2	RFDRIVER +
3	FILSYNCTR +	4	PSTCHRG +
5	MODCHRG +	6	DISCHRG +
7	RPT_CMD +	8	RPT_PSP +
9	RF_GATE +	10	GND

（2）XP2发射机连接端口

接头为37芯针型D型头，输出发射机所需信号。

表5-16　XP2发射机连接端口信号特性

针脚	信号名称	针脚	信号名称
2	RFPLSST -	21	RFPLSST +
3	RFDRIVER -	22	RFDRIVER +
4	FILSYNCTR -	23	FILSYNCTR +
5	PSTCHRG -	24	PSTCHRG +
6	MODCHRG -	25	MODCHRG +
7	DISCHRG -	26	DISCHRG +
9	SHBMPLSST +	28	SHBMPLSST -
10	SHRFPLSST +	29	SHRFPLSST -
11	PR_INT0 +	30	PR_INT0 -
12	PR_INT1 +	31	PR_INT1 -
13	PR_INT2 +	32	PR_INT2 -
14	TRICHRG +	33	TRICHRG -

(3) XS3 接收机保护器连接端口

接头为 9 芯孔型 D 型头，输出接收机保护命令并接受响应。

表 5-17　XS3 接收机保护器控制信号特性

针脚	信号名称	针脚	信号名称
1	5 V 电源输出	7，8	GND
2	RPT_PSP +	3	RPT_PSP −
4	RPT_CMD +	5	RPT_CMD −

(4) XS4 综合频率源连接器

接头为 37 芯孔型 D 型头，实现与综合频率源的信号交互。

表 5-18　XS4 综合频率源控制信号特性

针脚	信号名称	针脚	信号名称
4	CHANFAIL −	5	CHANFAIL +
6	PHASEBIT4 −	7	PHASEBIT4 +
8	PHASEBIT3 −	9	PHASEBIT3 +
10	PHASEBIT2 −	11	PHASEBIT2 +
12	PHASEBIT1 −	13	PHASEBIT1 +
14	OPFREQREFFL −	15	OPFREQREFFL +
16	COHOREFFAIL +	34	CHOHREFFAIL +
19	RF_GATE +	37	RF_GATE −
22	GND	23	GND
24	PHCOHOSEL −	25	PHCOHOSEL +
26	PHMODFAIL −	27	PHMODFAIL +
28	PHASEBIT7 −	29	PHASEBIT7 +
30	PHASEBIT6 −	31	PHASEBIT6 +
32	PHASEBIT5 −	33	PHASEBIT5 +

(5) XS5 数控衰减器控制

接头为 15 芯孔型 D 型头，输出数控衰减器控制信号。

表 5-19　XS5 数控衰减器控制信号特性

针脚	信号名称	针脚	信号名称
1	DRSIG8DB −	2	DRSIG8DB +
3	DRSIG4DB −	4	DRSIG4DB +
5	DRSIG2DB −	6	DRSIG2DB −
7	DRSIG1DB −	8	DRSIG1DB +
9	GND		
10	DRSIG40DB −	11	DRSIG40DB +

续表

针脚	信号名称	针脚	信号名称
12	DRSIG32DB -	13	DRSIG32DB +
14	DRSIG16DB -	15	DRSIG16DB +

（6）XS6 控制四位选择开关

接头为 9 芯孔型 D 型头，输出四位输入选择开关控制信号。

表 5-20　XS6 四位开关控制信号特性

针脚	信号名称	针脚	信号名称
1	DRSIGPOS3 +	6	DRSIGPOS3 -
2	DRSIGPOS2 -	3	DRSIGPOS2 +
4	DRSIGPOS1 -	5	DRSIGPOS1 +
7	DRSIGPOS4 -	8	DRSIGPOS4 +
9	GND		

（7）XS7 噪声源控制

接头为 9 芯 D 型头孔型，用于输出噪声源控制信号。

表 5-21　XS7 噪声源控制信号特性

针脚	信号名称	针脚	信号名称
2	NOISECTL -	3	NOISECTL +
4	P5ION -	5	P5ION +
7，8	GND		

（8）XS8 DCU 通信

接头为 9 芯孔型 D 型头，用于 DCU 通信。

表 5-22　XS8 DCU 通信信号特性

针脚	信号名称	针脚	信号名称
2	DCU_TX	3	DCU_RX
5	GND		

（9）XS9 备用 DAU 通信

（10）XS10 机外标定信号源控制

表 5-23　XS10 机外标定信号源控制信号特性

针脚	信号名称	针脚	信号名称
4	DRSIGBIT1 -	5	DRSIGBIT1 +

5.3.2　接收机信号流程

接收机将天线接收到的微弱回波信号，经过低噪声放大器放大、射频到中频的变换、滤波、数字中频模数变换，生成数字I、Q数据。接收机的频率源J1给发射机提供射频激励信号RFD。接收机内置射频测试信号源，为接收机的标定、故障检测提供CW连续波测试信号。接收机内置宽带噪声源，可以离线或在线标定接收系统的噪声温度（噪声系数）。接收机电源内置故障检测，可以将报警信号送至RDA监控机柜的数据获取单元DAU，用于故障定位。接收机通过接口板提供发射机、接收机保护器、四位开关、噪声源、射频数控衰减器的控制和时序信号。图5-7为接收机信号流程。

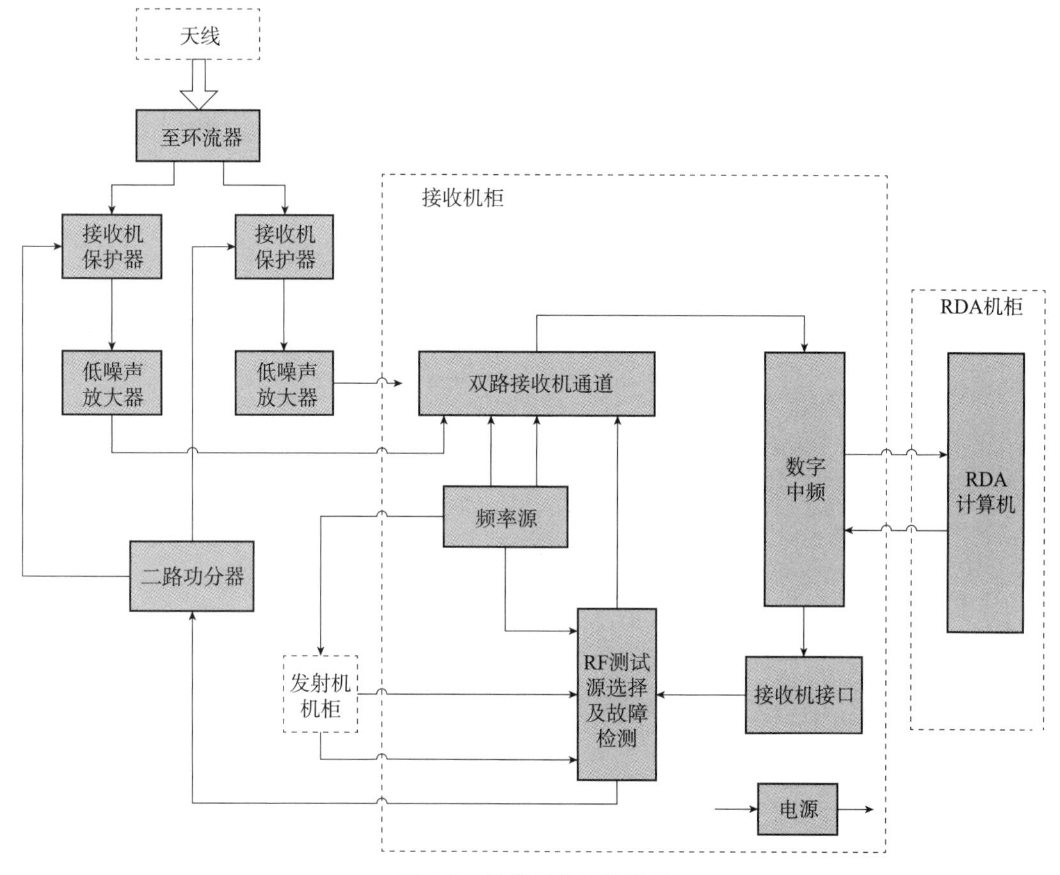

图5-7 接收机信号流程图

5.3.2.1 主通道

接收机主通道主要由接收机保护器（T/R管）、低噪声放大器、预选滤波器、混频/前中、中频滤波器、两路功分器、数字中频等部件组成。它们之间的信号走向如图5-8所示。

5.3.2.2 测试通道

测试信号通道由RF噪声源、微波延迟线、四位开关、功分器、RF数控衰减器、接收机主通道以及信号处理器等部件组成，它们之间的关系如图5-9所示。根据来自接收机接口的控制信号，四位开关选择四个测试信号中的一个信号，四个信号分别是来自频率源的射频测试信号CW，来自噪声源的宽带噪声测试信号，来自微波延迟线的高功率射频测试信号KD，来自发射机脉冲形成器的速调管激励测试信号RFD。所选信号经过RF数控衰减器和二位开关，在接收机保护器的定向耦合器处注入接收机，最后送入信号处理器。

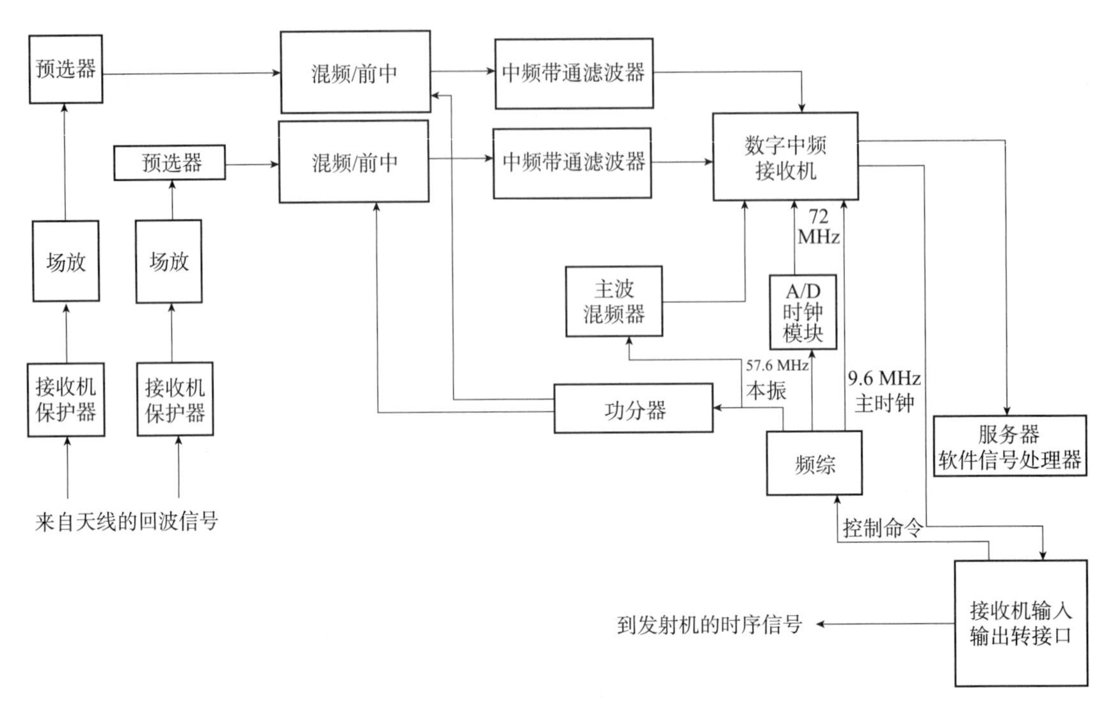

图 5-8　接收机主通道信号流程图

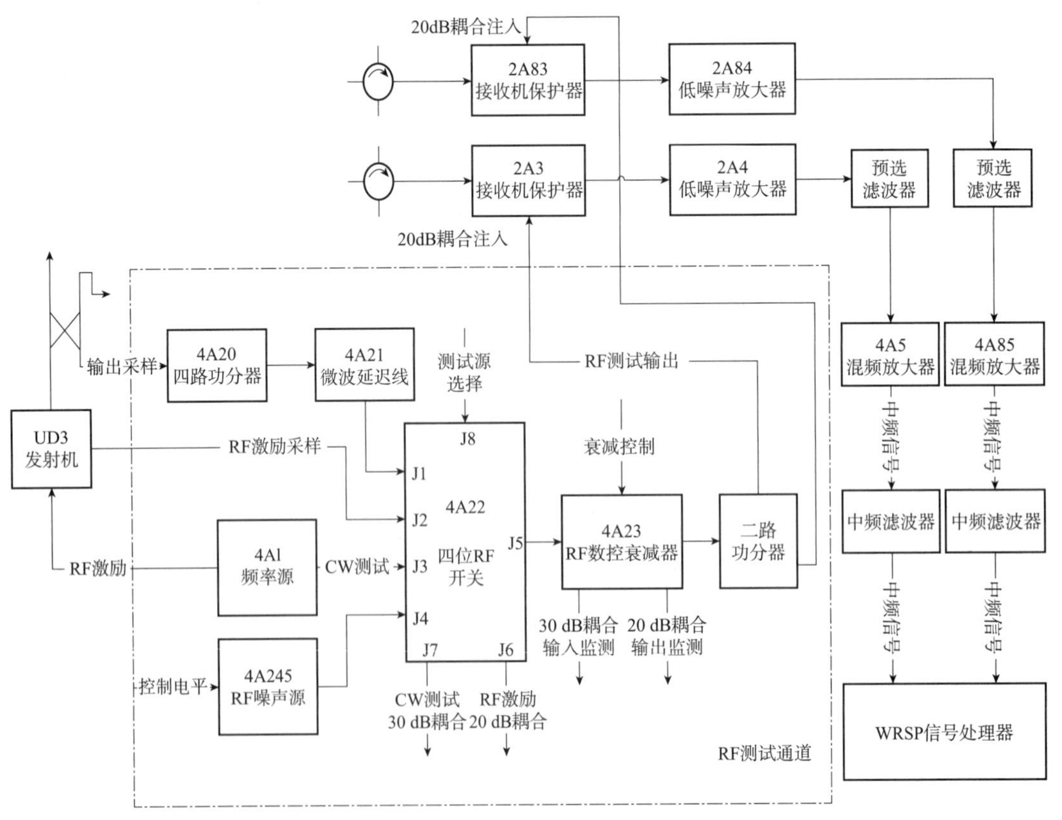

图 5-9　接收机测试通道信号流程图

5.4　接收机各功能模块关键点波形或信号参数

接收机接口板关键点实物图如图 5-10 所示，关键点信号属性和波形详见表 5-24。

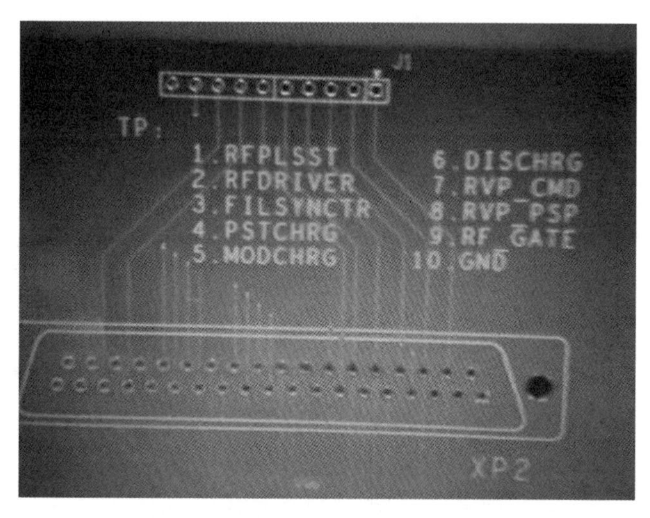

图 5-10　接收机接口板关键点实物图

表 5-24　接收机接口板关键点波形

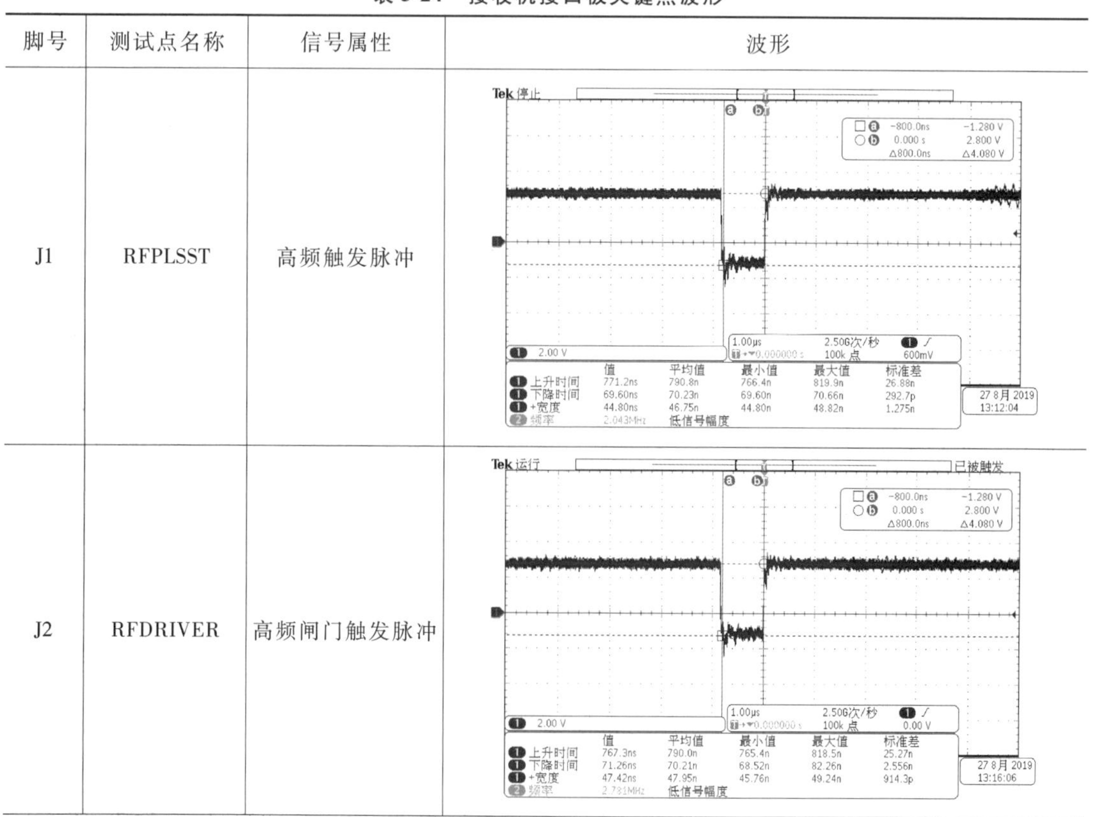

脚号	测试点名称	信号属性	波形
J1	RFPLSST	高频触发脉冲	
J2	RFDRIVER	高频闸门触发脉冲	

续表

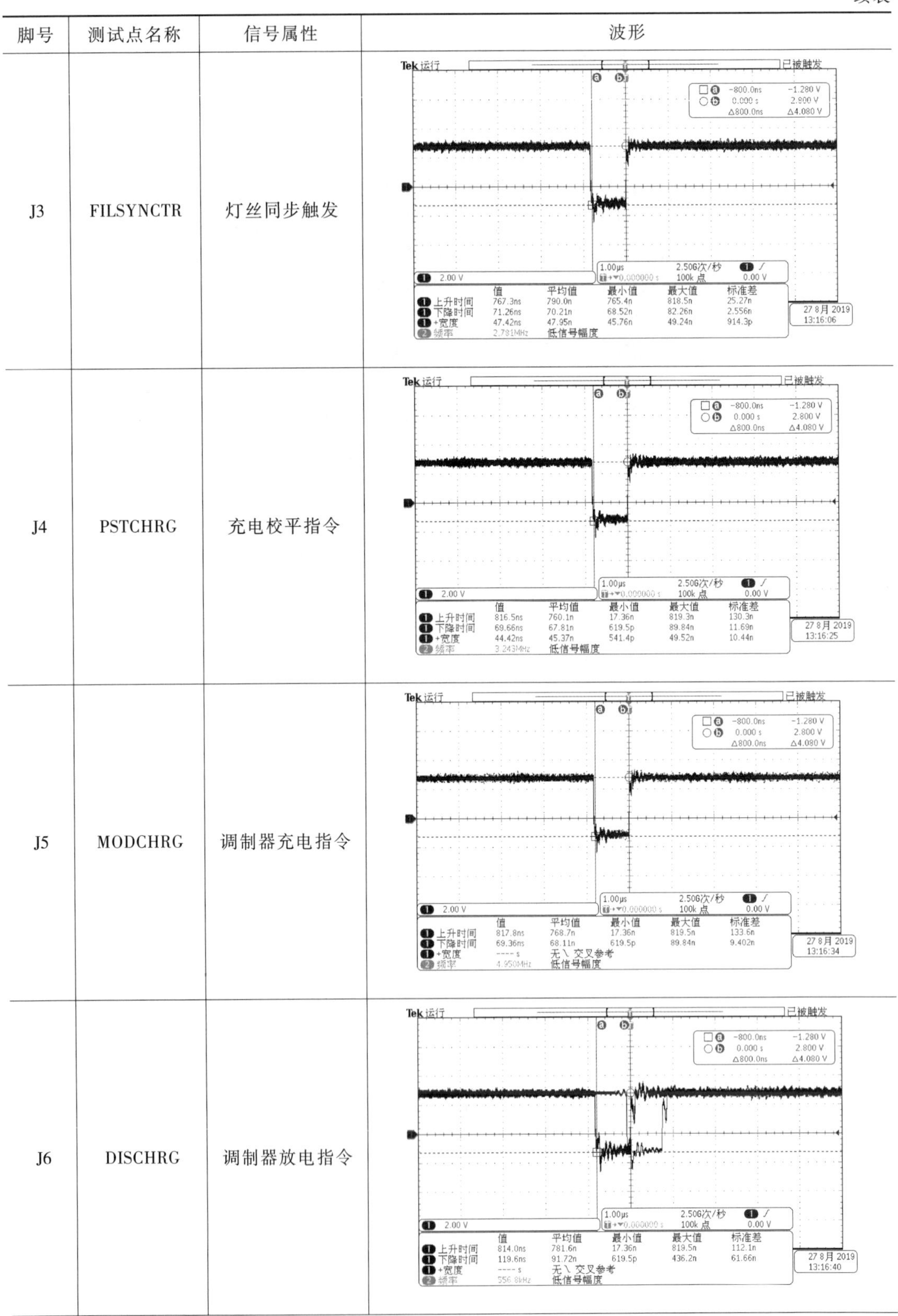

脚号	测试点名称	信号属性	波形
J3	FILSYNCTR	灯丝同步触发	
J4	PSTCHRG	充电校平指令	
J5	MODCHRG	调制器充电指令	
J6	DISCHRG	调制器放电指令	

续表

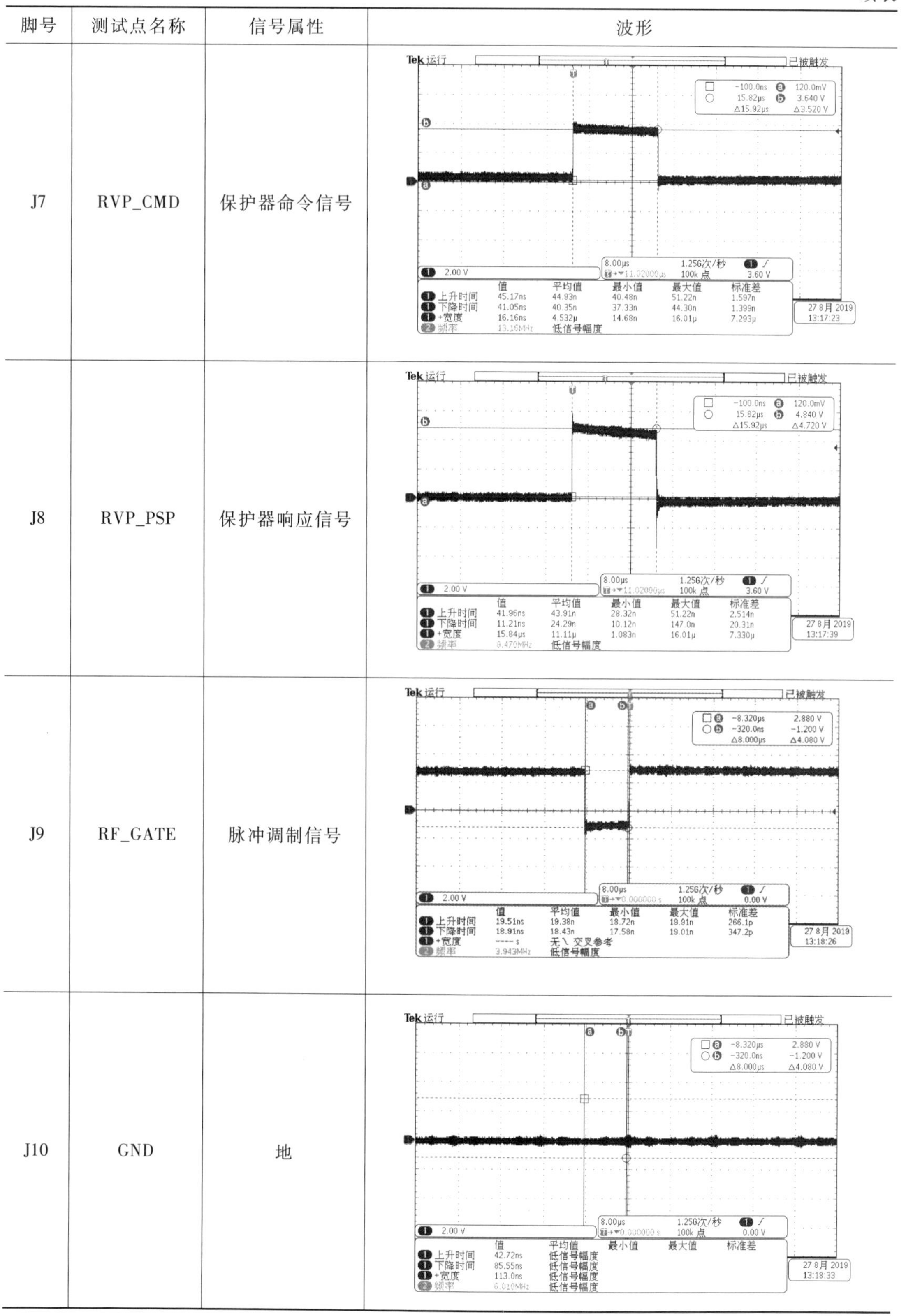

脚号	测试点名称	信号属性	波形
J7	RVP_CMD	保护器命令信号	
J8	RVP_PSP	保护器响应信号	
J9	RF_GATE	脉冲调制信号	
J10	GND	地	

接收机连续波（CW）测试信号关键点功率值（单通道）见图 5-11。

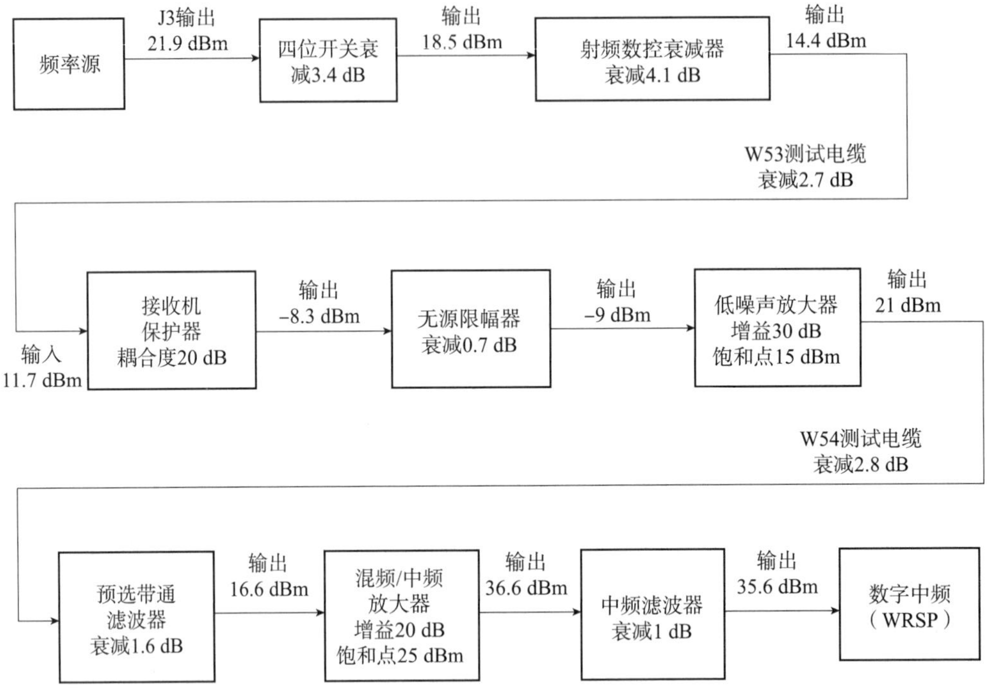

频率源
J3输出
21.9 dBm
四位开关衰减3.4 dB
输出
18.5 dBm
射频数控衰减器
衰减4.1 dB
输出
14.4 dBm
W53测试电缆
衰减2.7 dB
输入
11.7 dBm
接收机
保护器
耦合度20 dB
输出
−8.3 dBm
无源限幅器
衰减0.7 dB
输出
−9 dBm
低噪声放大器
增益30 dB
饱和点15 dBm
输出
21 dBm
W54测试电缆
衰减2.8 dB
预选带通
滤波器
衰减1.6 dB
输出
16.6 dBm
混频/中频
放大器
增益20 dB
饱和点25 dBm
输出
36.6 dBm
中频滤波器
衰减1 dB
输出
35.6 dBm
数字中频
（WRSP）

图 5-11　接收机连续波（CW）测试信号关键点功率值（单通道）图示

5.5　接收机报警代码与分析

接收机故障报警列表见表 5-25。

表 5-25　接收机故障报警列表

报警代码	报警名称	中文报警信息	报警来源及说明 取样报警位置及门限位置	备注
470	LIN CHANNEL NOISE LEVEL DEGRADED	线性通道噪声电平变坏	[对实测的通道噪声功率进行合理性测试，以检测由于过度订正可能引起的故障屏蔽\]，如线性通道冷态噪声超出适配数据设定的接收机噪声电平线性通道下/上限（门限需根据系统实测的冷态噪声设置，建议±1.0dB） R61 RECEIVER NOISE LOWER LIMIT FOR PULSE 1 -90.000 dB R62 RECEIVER NOISE UPPER LIMIT FOR PULSE 1 -72.000 dB	接收机主通道或信号处理单元噪声电平异常
471	SYSTEM NOISE TEMP DEGRADED	系统噪声温度变坏	R57 SYSTEM NOISE TEMP LOWER DEGRADE LIMIT 100.0 dB R58 SYSTEM NOISE TEMP UPPER DEGRADE LIMIT 800.0 dB	

续表

报警代码	报警名称	中文报警信息	报警来源及说明 取样报警位置及门限位置	备注
479	LIN CHAN GAIN CAL CHECK-MAINT REQD	线性通道增益标定检查请求维护	在速调管输出测试信号没坏下（无533报警），反射率差值△Kdi的平均值大于变差请求维护门限3dB R73 REFL CAL CHECK MAINT LIMIT 4.00 dB	接收机线性通道标定异常，依据相应的报警信息检测相关通道及部件，可通过动态标定和反射率标定进行故障检测与分析
480	LIN CHAN GAIN CAL CHECK DEGRADED	线性通道增益标定检查变坏	在速调管输出测试信号没坏下（无533报警），反射率差值△Kdi的平均值大于变差必须维护门限4dB R72 REFL CAL CHECK DEGRADE LIMIT 4.00 dB	
481	LIN CHAN GAIN CAL CONSTANT DEGRADED	线性通道增益标定常数变坏	Per Data/Cali2/Syacal ≠ R234，且△Syscal > R70 = 4dB，则报警。在无523和527报警下，新的Syscal = 原始的（上次的）Syscal-\[ΔCW + ΔRFD3\]/2 R70 LIMIT FOR (COMPUTED-TGT) SYSCAL 4.00 dB	
483	VELOCITY/ WIDTH CHECK DEGRADED	速度/谱宽检查变坏	速度检验超限 Adap Data/SP17 > 1.6m/s 谱宽检验超限 Adap Data/SP19 > 1.6m/s SP17 VELOCITY CHECK DELTA DEGRADE LIMIT 0.60 m/s SP19 SPECT WIDTH CHECK DELTA DEGRADE LIMIT 1.25 m/s	频率源故障
484	VELOCITY/ WIDTH CHECK-MAINT REQUIRED	速度/谱宽检查-需要维护	速度检验维护请求 Adap Data/SP18 > 1.0m/s 谱宽检验维护请求 Adap Data/SP20 > 1.0m/s SP18 VELOCITY CHECK DELTA MAINT LIMIT 1.00 m/s SP20 SPECT WIDTH CHECK DELTA MAINT LIMIT 1.00 m/s	
486	LIN CHAN CLUTTER REJECTION DEGRADED	线性通道杂波抑制变坏	线性通道地物/杂波抑制超限≤45dB = Adap Data/SP13/15 SP13 H CHAN CLUT SUPPR DEGRADE LIMIT 45.00 dB SP15 V CHAN CLUT SUPPR DEGRADE LIMIT 45.00 dB	1. 频率源故障 2. 发射机输出信号变坏
487	LIN CHAN CLTR REJECT-MAINT REQUIRED	线性通道杂波抑制需要维护	≤48 dB = Adap Data/SP14/16 SP14 H CHAN CLUT SUPPR MAINT LIMIT 48.00 dB SP16 V CHAN CLUT SUPPR MAINT LIMIT 48.00 dB	1. 频率源故障 2. 发射机输出信号变坏
521	SYSTEM NOISE TEMP-MAINT REQUIRED	系统噪声温度-需要维护	R59 SYSTEM NOISE TEMP LOWER MAINT LIMIT 100 dB R60 SYSTEM NOISE TEMP UPPER MAINT LIMIT 450.0 dB	1. 接收机主通道或信号处理单元噪声电平异常 2. 4位开关故障 3. 噪声源故障

续表

报警代码	报警名称	中文报警信息	报警来源及说明 取样报警位置及门限位置	备注
523	LIN CHAN RF DRIVE TST SIGNAL DEGRADED	线性通道射频激励测试信号变坏	Data/Cali1/△RFDi 大于 Adap Data/R = 3 dB 则报警；RFDi 标定实际值与期望值差大于 3 R69 TEST TGT CONSISTENCY DEGRADE LIMIT 3.00 dB	1. 3A5 输出取样变坏 2. 4 位开关故障 3. 接收机主通道故障
527	LIN CHAN TEST SIGNALS DEGRADED	线性通道测试信号变坏	Per Data/Cali1/ΔCW 与 ΔRFD3 不同，并大于 Adap Data/R69 = 3dB；在无 523 和 527 报警下，Per Data/Cali 2/Short Pulse/Lin Chan Syscal = 新的 Syscal = 原始的（上次的）Syscal-（ΔCW + ΔRFD3）/2，CW 标定实际值与期望值差 Adap Data/R69 = 3 dB 则报警 R69 TEST TGT CONSISTENCY DEGRADE LIMIT 3.00 dB	1. 4A1J3 输出变坏 2. 4 位开关故障 3. 接收机主通道故障
533	LIN CHAN KLY OUT TEST SIGNAL DEGRADED	线性通道速调管输出测试信号变坏	Per Data/Cali Check/Refl/△ Kdi 与这三项差值的平均值不同且 ≥3 dB = Adap Data/R71 时，报警。而且，Alarm 533 报了，那么 479 和 480 就不报了、反之亦然，KD 标定实际值与期望值差大于 3 R71 KLY TGT CONSISTENCY DEGRADE LIMIT 3.00 dB	1. 发射机输出功率低 2. 4 路功分器故障 3. 测试选择通道故障 4. 接收机主通道故障
476	DIFFERENTIAL REFL CAL DEGRADED	ZDR 超限	ZDR 标定值超过 1 dB SP21 ZDR(DIFFERENTIAL REFLECTIVITY) DEGRADE LIMIT 1.00 dB	接收机双通道增益一致性变坏

5.6 接收机模块级故障诊断技术与方法

5.6.1 接收机模块级故障诊断方法

正确判断故障部位是迅速排除接收机故障的关键，故障诊断的方法主要包含以下几方面：

①系统工作时通过 RDASC 计算机界面故障名称和代码诊断；

②通过系统在线标定值诊断（包括线性通道反射率校准检查、双通道一致性检查、杂波抑制检查、系统噪声温度检查等）；

③通过接收机离线定标值诊断，即采用机内动态范围标校程序、强度定标程序、太阳法等离线诊断工具进行测试并做出故障判断；

④通过仪表（主要是频谱仪、功率计）来诊断。

故障诊断的顺序按照以上所述的顺序来进行，先自动在线，后离线标定，最后可以通过机外仪表测试进行判断。

5.6.1.1　利用故障代码检查诊断

RDASC计算机界面故障名称和代码诊断是接收机将自身的故障信息及状态信息，通过监控单元（DAU）连续不断地传送给RDASC计算机，RDASC计算机以这些信息为基础，运行故障诊断软件，可以诊断故障至可更换单元，例如，接收机电源故障时，故障信息经过DAU采集后上报给RDASC计算机，最终显示在报警栏并记录在报警文件里，报警代码详见表5-25。

5.6.1.2　利用在线校准和性能检查诊断

在RDASC应用程序中，能执行多种自动在线校准和性能检查，以确保硬件的不良状态被查出，当所测试的性能超出预置的限定值时，将产生告警信号，以上信息均记录在日志文件中，方便用户查看。

（1）线性通道反射率校准

新一代双偏振多普勒天气雷达系统具有强度自动校准功能，能够实现当雷达系统参数发生变化时，所探测到的回波强度仍保持一定的精度。

在每次扫描的开始，用以下四种类型的测试信号来进行校准：

①在45 km处的低信噪比的射频脉冲激励信号（RFD1）；

②在45 km处的中信噪比的射频脉冲激励信号（RFD2）；

③在45 km处的高信噪比的射频脉冲激励信号（RFD3）；

④连续波（CW）测试信号。

根据上述这些信号的测试结果，对反射率校准/常数进行调整，如果测试值与预置值差值超出范围，则说明性能变坏，产生告警信号。线性通道反射率标定检查内容见图5-12。

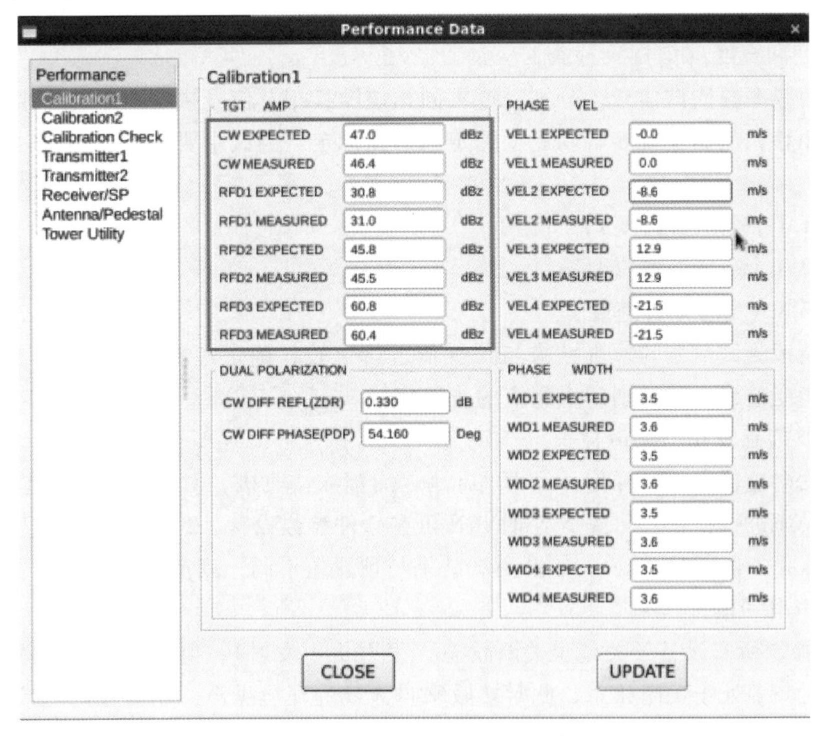

图5-12　线性通道反射率标定检查

（2）反射率校准检查

该功能用延迟 10 μs 的发射机速调管输出取样信号（KD）注入接收机进行检查。每隔 N 小时（N 可在 RDASC 软件适配参数中设置，2～72 整数小时可选）检查一次，比较反射率校准值与测试目标信号，确定是否在限定范围内，检查测试结果如图 5-13 所示，如果反射率测量值与预期值之间的差值超出范围，则产生告警信号。

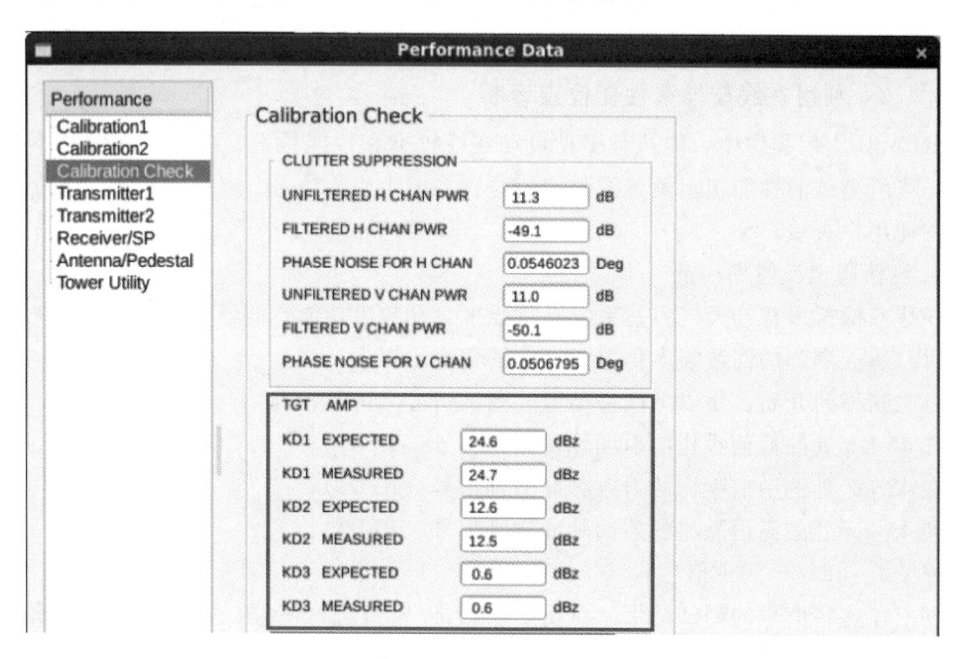

图 5-13 KD 标定检查

（3）速度和宽度（谱宽）检查

使用机内频率源测试信号，分别经过不同相位的移相及信号幅度控制，模拟测试目标回波的多普勒相移，从而实现多普勒速度标定和谱宽标定。测试主要模拟下列 4 种速度：

①零速；

②1/4VN（奈奎斯特速度）；

③－3/8VN（奈奎斯特速度）；

④＋5/8VN（奈奎斯特速度）。

通过将模拟测试信号的检查结果与预置值进行比较，确定性能是否正常，如图 5-14 所示。如果性能变差或变坏，则产生相应的告警信号。

（4）杂波抑制及相位噪声检查

系统将发射机输出的采样信号经 10 μs 延迟后馈入接收机，对两个接收通道的杂波抑制能力和相位噪声进行检查。每隔 N 小时（N 可在软件参数设置，2～72 小时可选）执行一次检查，测试结果如图 5-15 所示。如果测试结果与预置值不同，则产生相应的告警信号。

（5）噪声电平检查

RDASC 控制所有设备开关处于关断状态（发射机不发射），射频数控衰减器处于最大衰减，接收机射频源处于关闭状态，此时接收来自天线的环境噪声，在信号处理端读取两个接收通道的噪声电平，测试结果如图 5-16 所示。

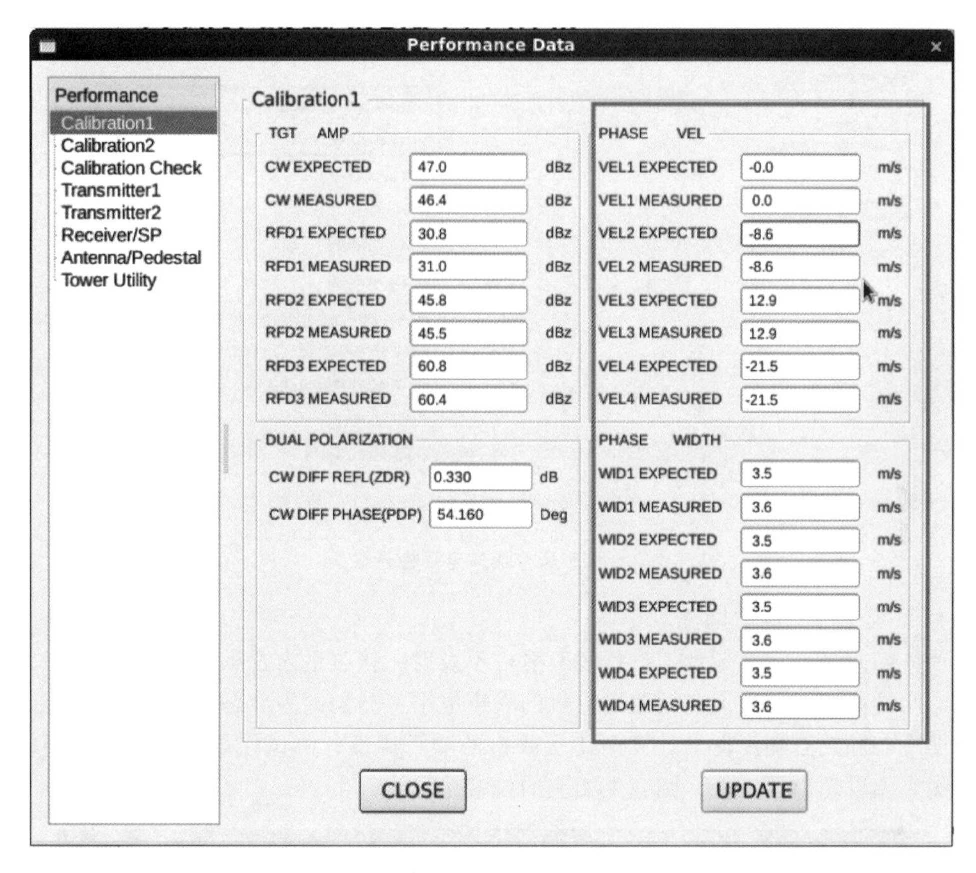

图 5-14 速度和谱宽检查

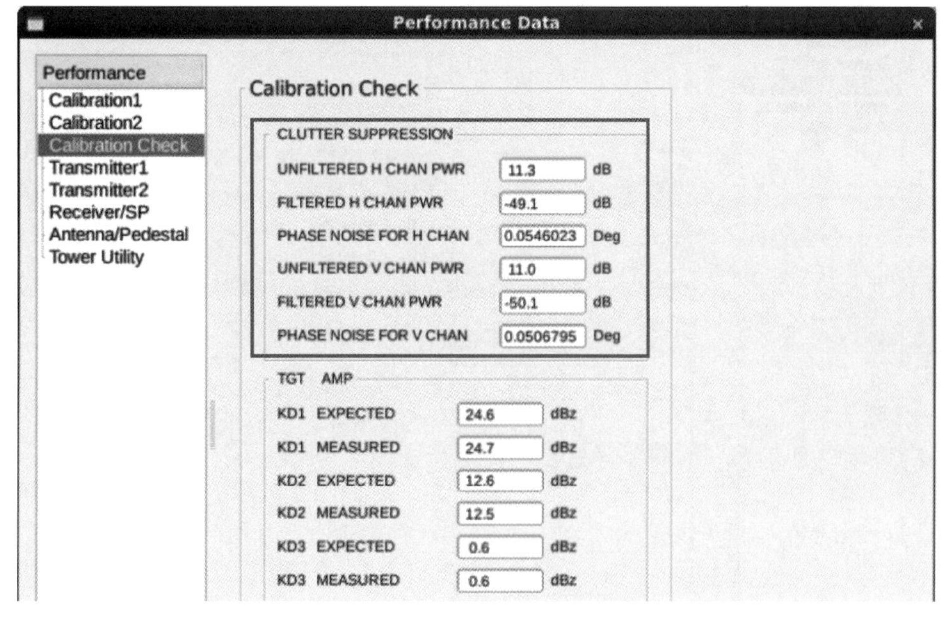

图 5-15 杂波抑制及相位噪声检查

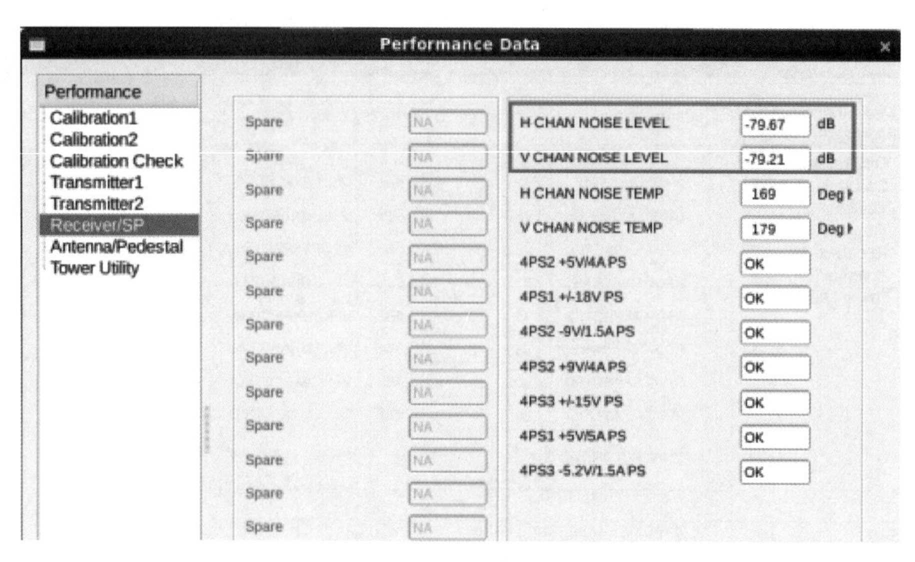

图 5-16 噪声电平检查

（6）系统噪声温度的检查

每个体扫间隔做一次标定，执行时发射机不发射，接收机内置噪声源分别处于关断和开启状态，两种状态下分别读取两路接收机的噪声电平，分别记为冷态噪声电平和热态噪声电平，根据冷态和热态噪声电平计算两路接收机的噪声温度，测试结果如图 5-17 所示。如果测试的噪声温度超出预定值，则产生相应的告警信号。

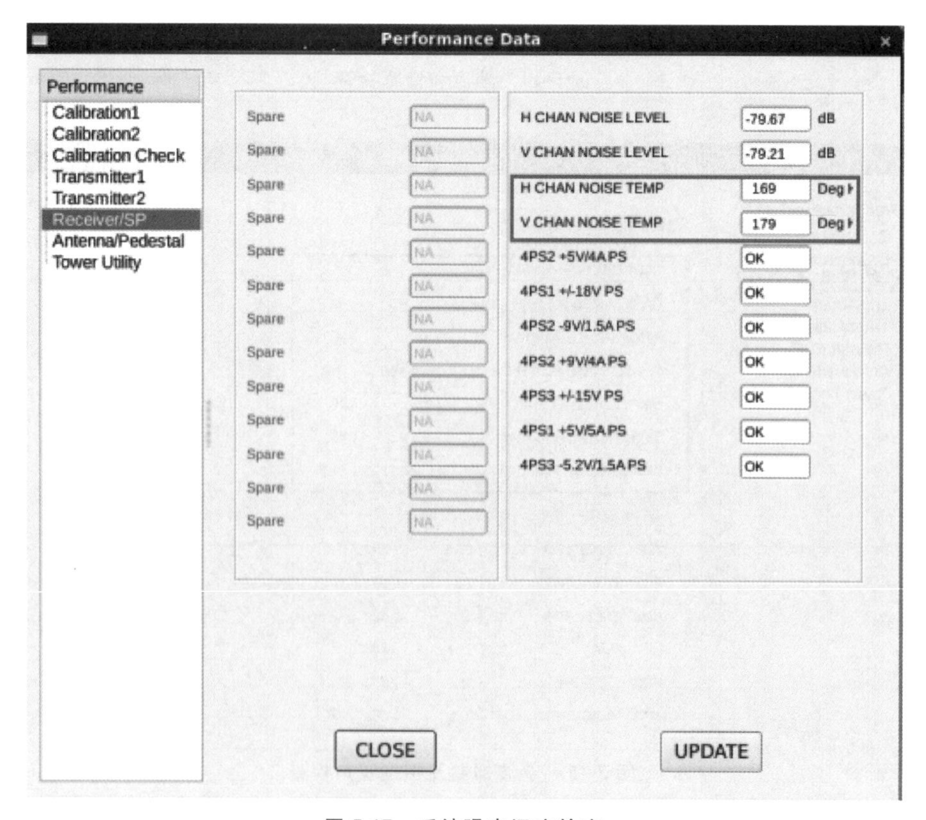

图 5-17 系统噪声温度检查

（7）双通道一致性的检查

①接收机内信号源

该检查每个体扫执行一次，执行时发射机不发射，利用机内频率源的测试信号输出，通过射频数控衰减器衰减后注入接收机水平和垂直通道前端，测试接收机双通道的强度和相位一致性，测试结果如图 5-18 所示。强度一致性记为 CW DIFF REFL（ZDR），相位一致性记为 CW DIFF PHASE（PDP）。

②天线罩内信号源

该检查在体扫每个仰角切换时执行一次，执行时发射机不发射，安装在天线罩内的信号源输出连续波测试信号，通过位于旋转关节之后的水平和垂直支路定向耦合器注入两路接收支路，测试水平和垂直接收通道（含接收支路波导、俯仰/方位旋转关节以及接收机主通道）之间的强度及相位差值，测量结果分别记为 TS ZDR 和 TS PDP，并记录在 Calibration 文件里。如果测试的 TS ZDR 超出预定值，则产生相应的告警信号。

双通道一致性检查（机内信号源）内容见图 5-18。

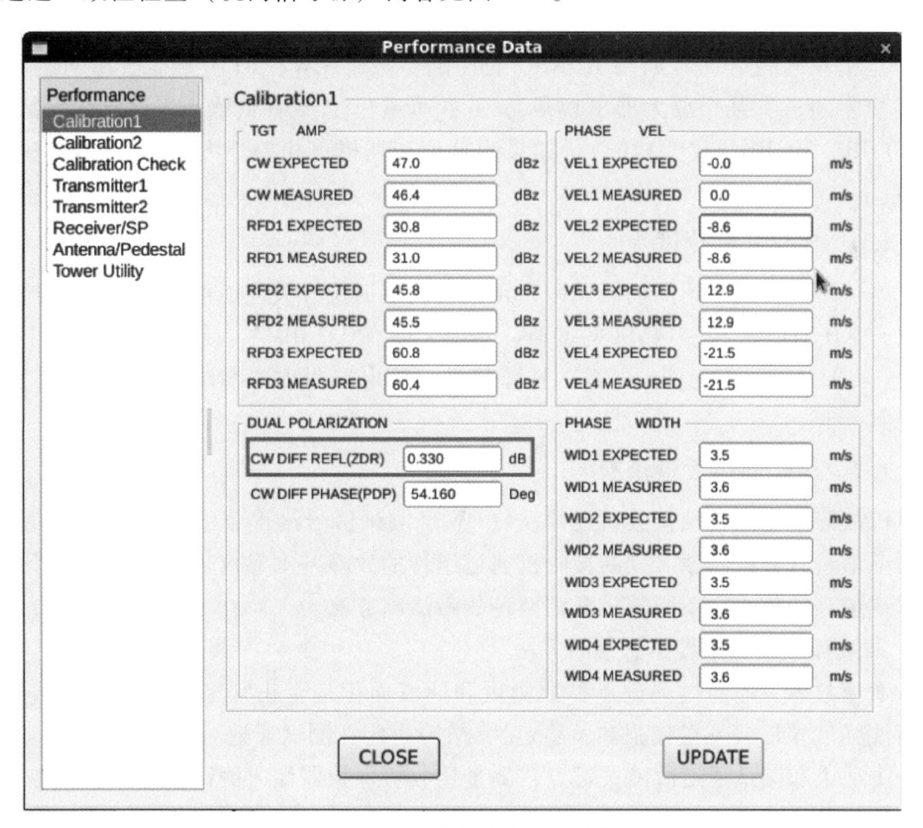

图 5-18　双通道一致性检查（机内信号源）

5.6.1.3　频率源测试

利用雷达维护测试平台，用功率计测试频综 RF Driver 信号 J1、STALO 信号 J2、CW 测试信号 J3、COHO 信号 J4 输出功率，正常值分别约在 13 dBm、17 dBm、23 dBm、10 dBm，如果明显偏离正常值，说明频率源故障。测试时注意仪表安全，设置相应频率及衰减偏置，正确使用衰减器。

5.6.1.4 主通道测试

用测试平台程序控制频综注入 CW 信号，测主通道各点的增益，一般选择在各放大器前后。用功率计时注意仪表安全，打开测试平台，选择测试信号为连续波（CW），RF 数控衰减器衰减为 0 dB，在定向耦合器前端注入功率 CW 信号，其信号幅度大约为 13 dBm，然后根据注入信号所经过的功能模块，采用小功率计测试各点的功率，根据模块插入增益和差损，计算测试点的功率，采用逐点隔离法，判定主通道功能模块存在问题。由于不同站点线缆长度、使用年限、器件老化程度等差异造成路径插损不尽相同，此典型插损仅作为检查参考，并非固定值。

5.6.1.5 主通道放大器检测

采用主通道测试方法，并结合 RDASC 标定参数进行判断。主通道测试方法是采用测试平台程序控制频综注入 CW 信号作为源，RF 数控衰减器衰减为 0 dB，测各放大器前后的增益，RDASC 标订参数前删掉 \ opt \ rda \ config \ rdacalib. dat 文件。如出现 LIN CHAN GAIN CAL CHECK（CONSTANT）DEGRADED 告警，同时伴有噪声温度等异常，表明主通道的增益出现问题，此时如果 RDASC 的性能参数中 CW、RFD 测量值比期望值小几十分贝，表明主通道有某个放大器出现故障（主通道里主要有低噪声放大器、混频，它们分别有 20 dB、30 dB 的放大功能）。如果测量值和期望值相差不大，虽有告警只需要调整适配参数。

5.6.1.6 四位开关测试

打开测试平台，选择不同的测试源，正常情况下四位开关应能够做出对应的选择，这四个通道只有 KD 通道有 12 ~ 14 dB 的增益，其余大概有 0.2 dB 左右的插损。测试时把频率源的连续波（CW）信号作为四位开关的选择信号，输出端用小功率计测试，可对四位开关的好坏进行判断。

5.6.1.7 测试通道故障诊断

接收机故障排查主要从接收机连续波（CW）测试信号流程着手，结合测试信号流程及关键点功率值进行分析判断。判断接收机通道组件的故障基本靠仪表监测，功率计是检修接收机使用率最高的仪表。下面着重介绍两种故障诊断方法。

（1）回波面积结合报警信息诊断方法

测试通道故障一般通过关键点参数测量和回波面积是否正常来判断。如果回波面积正常，但回波强度异常（一般偏强和不稳定），故障肯定在测试通道。

区分主通道和测试通道故障关键点：测量接收机保护器注入测试信号功率正常，但测量场放输入端信号不正常，一般是接收机保护器的 20 dB 定向耦合器有问题；如果接收机保护器注入测试信号功率和正常值相差较大，则说明故障在测试通道。

测试通道故障分析诊断步骤如下：

①测试通道报警信息中，除线性通道增益定标目标常数超限报警外，无测试信号超限的相关报警，但回波强度异常，一般是测试公共通道问题；

②除线性通道增益定标目标常数超限报警外，如果回波强度异常伴随发射功率报警，一般是发射机功率测试通道问题；

③除线性通道增益定标目标常数超限报警外，如果回波强度正常但探测距离减小，则要检查是否为发射机问题（发射机输出功率降低太多）；

④除线性通道增益定标目标常数超限报警外，回波强度异常并报线性通道测试信号变坏。如果CW信号测量误差大，一般是CW信号源（频综）到四位开关之间通道问题，或者由频综输出CW测试信号功率变化比较大引起；如果报射频驱动测试信号变坏，RFD信号测量误差大，而发射功率正常，则是发射机3A5到四位开关之间通道问题，或者由RF信号存在泄漏、RFD输出采样功率不准造成。检查性能参数中RFD标定数据，如果RFD1测量值偏大，但RFD2和RFD3正常，则为3A5存在微波泄露影响标定造成，须检查3A5连接接头是否脱焊，必要时更换3A5；如果RFD3测量值偏大，但RFD2和RFD3正常，一般是RFD输出采样功率太大，需要在RFD输出采样路径加2 dB固定衰减器，调整相关适配参数解决问题。如果发射功率降低，则要检查3A4和3A5的输出功率是否降低。

在此基础上用仪表测量与问题相关的通道路径损耗及组件输出功率，找出故障器件。如果故障定位到射频衰减器或四位开关，还应通过测试平台判断是控制电路问题还是器件本身问题，具体方法为：检查测量控制信号（差分信号）传输通道关键点电平（或波形）是否正常，如果控制信号正常，则是器件本身问题，否则就需要检查接收机接口板或信号处理器之间控制信号传输线路，找出故障器件。如果报相关测试信号超限警报，一般是对应的测试信号功率在接收机前端注入功率和回波强度定标的测量值相比误差太大导致，可以通过测量频综的CW信号输出功率、与四位开关连接的电缆、四位开关J3到J5间路径损耗，并调整对应适配参数解决问题。对于RFD、KD信号，一般是信号的功率和衰减量特征曲线不为线性或者采样点不准所致，可以通过在对应信号输出端增加衰减的方法，并调整相关适配参数值解决问题。

判断衰减器问题：一方面，看性能参数检查项中回波强度定标数据（删除/opt/rda/config配置文件目录的RDACALIB. DAT后，再运行RCW程序），如果RF其中一种信号测量误差比较大，则是衰减器对应衰减量控制不正常所致；另一方面，做机内动态测试，看动态曲线是否有规律性上下跳变现象。

（2）回波面积结合回波强度异常故障诊断方法

①回波面积正常伴随回波强度异常（偏强或偏弱）型

适配参数设置值不正常会导致回波面积正常但回波强度异常。例如：天线增益适配参数设置值比出厂测量值大、脉宽适配参数设置值比实际测量值大、收发支路损耗适配参数设置值比出厂测量值小等会造成回波强度偏弱；反之会造成回波强度增强。

雷达发射功率机内测量误差大时，会出现回波面积正常，但回波强度异常（偏强或偏弱）的情况，甚至出现全部为紫色回波的现象。出现这种问题时，除“线性通道增益定标目标常数”报警外，有时无其他报警，有时伴随发射功率相关报警。故障检查步骤为：首先检查Calibration. log文件，如果由测试信号目标值不正确引起，应再查Pathloss. log文件，看是否为用于目标值计算的发射功率误差太大所致。如出现天线功率测试值为0，但由于某种原因，系统没有“天线功率测试”“天线与发射机输出功率比超限”报警，会导致显示回波全部为紫色回波，但动态范围正常。如果伴随天线功率报警，但机内发射机输出功率测量值比机外仪表测量值小，一般会导致回波强度偏强。发射功率测量误差一般通过机外仪表校正机内发射功率测量值解决。

②回波面积正常伴随回波强度偏强型

画面显示回波面积正常，突然出现回波强度偏强。分析其原因主要有以下三个方面：

a. 定标测试信号功率变小，导致接收机前端注入的定标测试信号功率变小（和回波强度定标时相比），在线校正作用导致回波强度突变偏强。

b. 定标信号源到接收机前端间测试通道参数损耗增大，导致接收机前端注入定标信号功率和回波强度定标时测量的功率相比明显减小，在线校正后，导致回波强度突变偏强。

c. 发射功率测量误差增大（在线机内测量值比机外仪表测量值小很多），在线校正作用导致回波强度异常（回波强度变强）。

由于无法实时监测接收机前端定标信号功率，当测试通道损耗增加或者频综输出 CW 定标信号功率变小，使得其接收机前端注入定标信号功率变小时（和回波强度定标时相比），定标信号的测量值变小（目标值不变），错误在线校正会导致回波强度偏强。

由雷达气象方程同样可以看出，机内发射功率测量误差将直接导致回波强度目标值误差（测量值不变），错误在线校正也会导致回波强度异常。如发射功率在线机内测量值比机外仪表测量值小很多，在线校正作用导致回波强度变强。

③回波面积缩小伴随回波强度偏弱型

如果出现回波强度偏弱现象时伴随回波显示面积缩小，则说明接收机灵敏度不正常，一般是天馈系统故障所致。如果雷达定标显示正常，无任何报警信息，这种故障现象主要原因是天馈系统天线座环流器（收发开关）到保护器之间接收支路损耗增大（和出厂时测量值相比），或者接收环路堵塞，由于无法进行在线校正会导致回波强度偏弱；天馈系统损耗增大（馈源到收发开关环流器天线端之间馈线）导致回波强度减弱和回波面积减少，有时会伴随天线和发射机发射功率比变坏报警，严重时还伴有天线功率超限（下限）报警。如果环流器（收发开关）回波端到发射机定向耦合器（发射功率测量点）之间损耗增大，会出现天线和发射机发射功率比变坏报警，但回波强度偏弱，远距离弱回波探测能力变差（探测范围减小），这是由于实际天线发射功率变小，理论计算发射功率会采用发射机正常输出功率，实际天线发射功率变小并未得到校正所致。

如果线性通道增益定标常数和发射机输出功率小于门限同时报警，近距离回波面积基本正常，远处太弱的回波观测不到（探测范围减小），但回波强度正常，一般是因为发射功率降低了太多。检查 Calibration. log 文件，可以发现测试信号测量误差大，主要是目标值变化太大引起。同时检查 Pathloss. log 文件，可以证实发射功率太小。这时调整发射机与速调管有关的参数，必要时检查频综到 3A5 之间放大链路，甚至更换速调管，使发射功率符合技术要求，即可解决问题。

④回波强度正常伴随回波面积缩小型

引起雷达回波强度面积缩小的原因主要是接收机主通道存在问题，一般会同时出现接收机噪声温度、线性通道增益定标常数、地杂波抑制或者噪声电平等超限报警。当接收机主通道存在问题时，系统在线校正作用会保证回波强度正常，但灵敏度降低会导致回波接收面积减少，接收后噪声电平变化会导致回波显示异常（杂波点增加、画饼图等）。

结合报警信息和 Calibration. log 文件信息综合分析，出现噪声温度偏高，说明接收机主通道前端有问题，如果噪声电平偏高，一般是接收机主通道后端有问题。按照接收机主通道信号流程，用仪表分级测量主通道相关器件增益或损耗，最终确定故障器件，即可排除故障。

5.6.2 接收机模块级故障诊断流程

接收机模块级故障诊断流程如图 5-19 所示。

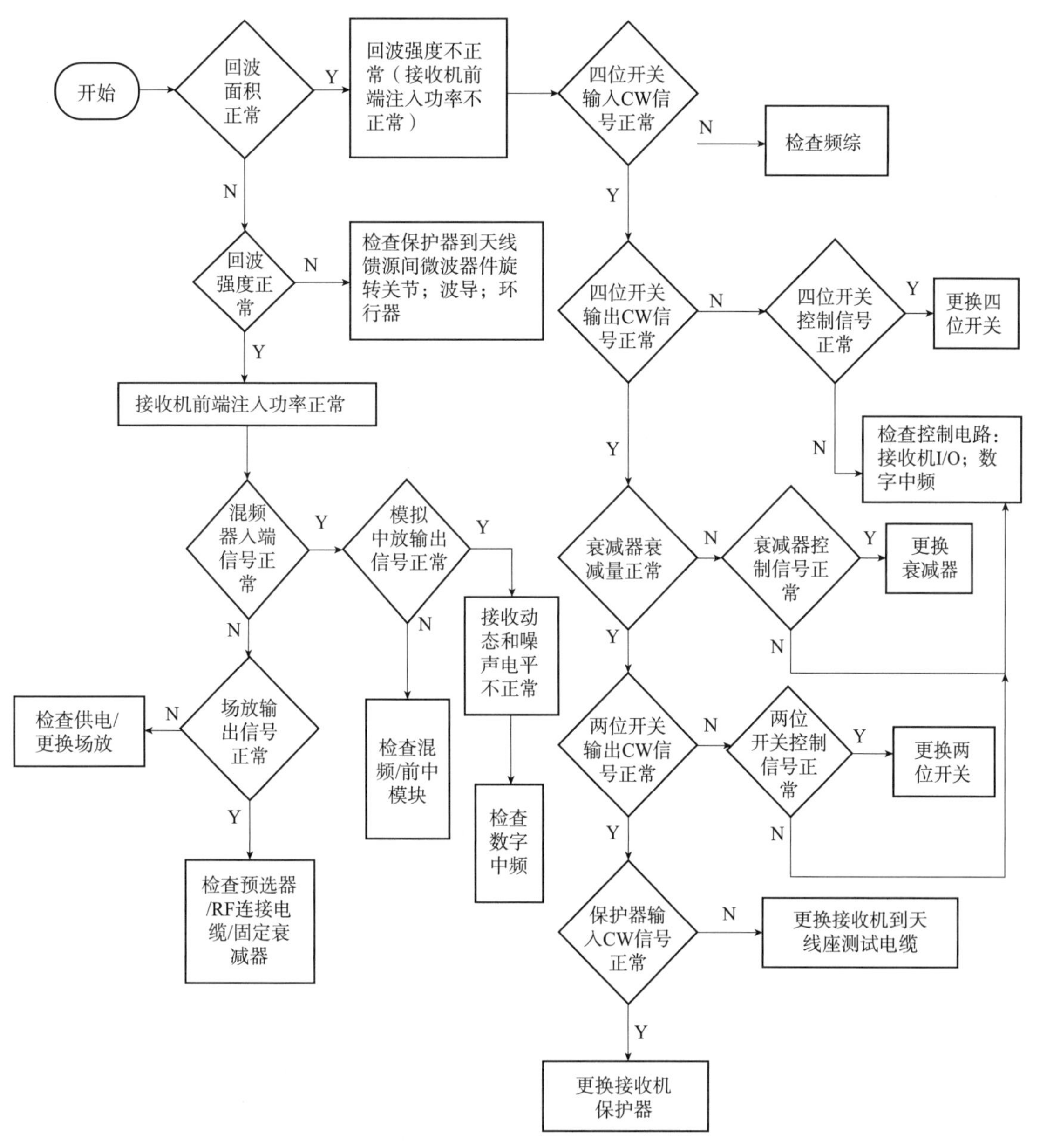

图 5-19 接收机故障诊断流程

5.7　接收机故障维修个例

案例1：噪声异常

故障现象：雷达运行存在噪声温度不稳定的现象，主要表现在每次体扫结束后自动检测参数变化较大，同时还反映在进行维护后较长时间参数偏高，或者雷达重新开机后需要运行一定时间才能恢复正常；在终端的表现形式为仰角产品中，低仰角时（特别是0.5°）产品噪声点较多，仰角抬高后噪声点明显减少，并且该故障呈现时好时坏的现象。

故障原因及处理方法：噪声的不稳定性一般为外界干扰源（如邻近的广播塔/雷达等）或主通道器件的噪声系数升高造成。通过分析实时运行监控数据记录，将该故障锁定为接收通道问题。整理主通道RF线缆及电源线，避免相互干扰；断开WRSP输入端射频电缆，隔离模拟和数字通道，用测试平台进行噪声系数测试；用噪声源测试主通道噪声系数，定位故障在模拟通道或是数字通道，模拟通道通过检修相关器件增益或路径损耗定位故障部件。

案例2：接收机电源故障

故障现象：RDASC报警："接收机±18 V电源无输出"，"中频相干信号/时钟信号故障"，无+18 V输出，2 A保险丝被烧断，且屡换屡烧。

故障原因及处理方法：故障系4PS1电源内一控制芯片损坏所致，更换备用电源后正常。

案例3：频率源故障

故障现象：标定数据中CW、RFD、KD信号测量误差超限，发射机/天线功率比变坏，发射机峰值功率仅有237 kW，PUP产品显示回波面积减少。

故障原因及处理方法：CW标定使用频率源4A1J3，RF TEST信号经测试选择通道送入主通道进行校标，RFD、KD均由频率源J1的RF驱动信号经发射机放大调整后的输出取样。CW、RFD、KD同时变坏，怀疑信号源故障。检查频率源J1、J3输出功率，发现比正常值低十几个dBm，检修频率源，并对参数做调整后雷达恢复正常。

案例4：动态故障

故障现象：动态范围不够85 dB，零点较正常状态低20 dB左右。

故障原因及处理方法：动态主要是对接收机线性通道进行校标，可着重测试相关通道，依靠测试平台配合关键点信号参数图进行检修。测试平台发CW信号，检查频率源J3输出功率，发现比正常值低十几个dBm，检修频率源，并对参数做调整后雷达恢复正常。

如果不是以上原因，可进一步排查：①LNA增益不够或无源限幅器烧毁（出现20 dB衰减）均会导致该故障，用功率计测试保护器2A3注入及LNA输出功率值，以判断接收机前端是否故障；②用功率计测试混频器输入输出，检测混频器增益是否正常，若不正常更换相应器件即可。

5.8　接收机典型故障维修

接收机常见故障要结合 RDASC 标订的参数一起判断，标订前删掉文件 \ opt \ rda \ config \ rdacalib. dat。

5.8.1　“线性通道增益定标常数检查变坏”告警故障维修技术与方法

出现“LIN CHAN GAIN CAL CHECK（CONSTANT）DEGRADED”和“LIN CHAN GAIN CAL（CONSTANT）DEGRADED”告警，同时伴有噪声温度等异常，表明水平主通道的增益出现问题，此时如从 RDASC 的性能参数看到的是 CW、RFD 测量值比期望值小几十分贝，表明主通道有某个放大器出现故障，如果测量值和期望值相差不大，虽有告警只需调整适配参数。

5.8.2　CW、RFD、噪声电平标定值异常

CW、RFD、噪声电平标定值都异常，可能是频综、主通道、信号处理部分有问题。频综的故障容易检查，在测试平台控制下用功率计测试即可判断；主通道一般为某级放大器增益降低或者器件插损变大，可通过双通道动态标定判断定位是水平或者垂直主通道故障，一般两路主通道同时出问题的概率较低；信号处理出问题的概率很低，一般是信号接头接触不良导致。

5.8.3　接收机的测试通道四位开关故障

接收机的测试通道出现故障的概率较低，出现故障后需要检查四位开关的四个通道插损情况，这四个通道只有 KD 通道有 12 ~ 14 dB 的增益，其余大概有 0.2 dB 左右的插损。另外，我们可以通过测试平台控制数控衰减器衰减值，通过对 0、1、2、4、6、8、16、32、40 等 9 个不同衰减值下的输出功率检查，可检测判断数控衰减器 7 个 bit 位控制是否正常。

5.8.4　地物杂波抑制指标变差

该问题较复杂，一般先考虑软件参数调整，放电延时、采样点的修改等。特殊情况下，保护器的某一个二极管击穿，也可导致滤波后值偏大。

5.8.5　接收机电源故障

① +5 V/5 A、-18 V/2.5 A、+18 V/10 A 电源故障，须检查接收机电源 4PS1；
② +9 V/4 A、+5 V/4 A、-9 V/1.5 A 电源故障，须检查接收机电源 4PS2；
③ -15 V/1 A、+15 V/2 A、-5.2 V/1.5 A 电源故障，须检查接收机电源 4PS3。

5.8.6　终端回波不正常

终端出现回波不正常故障后，可按照图 5-20 所示的故障树排查流程逐一排查。

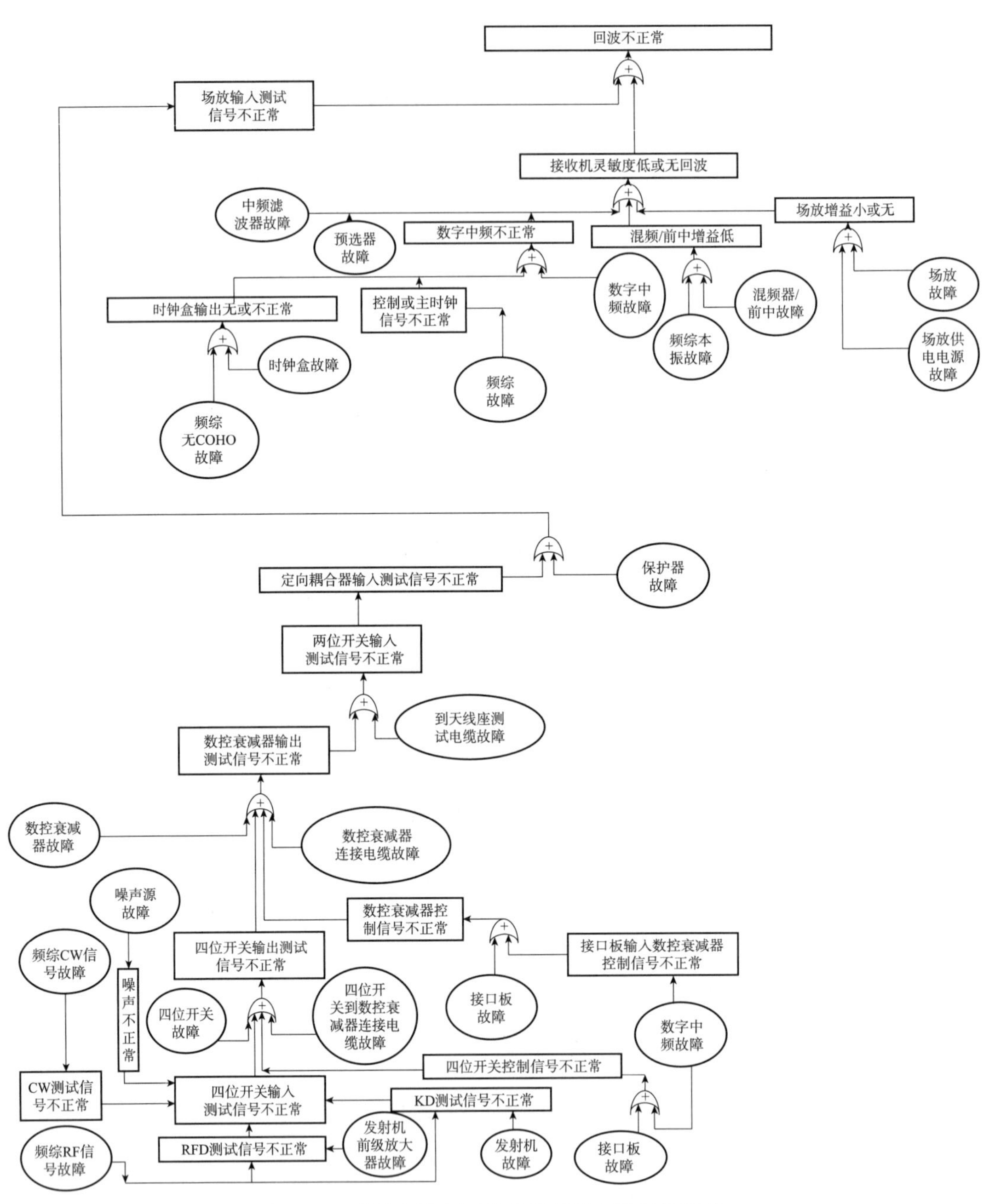

图 5-20 终端回波不正常故障树排查流程示意图

第6章 伺服系统

6.1 伺服系统工作原理

伺服系统是用来控制天线转动的，它能够按照 RDASC 计算机发布的位置命令使天线准确、快速地转动到指定的位置，亦能够按照 RDASC 计算机发布的速度命令精确地使天线匀速转动。

天线的运动或指向，由伺服系统完成。为了达到好的性能指标（稳定、误差小）采用负反馈闭环控制。反馈回路有三：位置、速度、加速度。其中位置回路在 RDASC 中闭环。为了实现反馈控制，位置反馈信息由编码器给出；速度反馈信息由与驱动马达同轴的测速电机（直流数字伺服系统）获得，加速度反馈信息，由速度反馈信息微分后提供。天线控制命令，由 RDASC（通过 RS-232）发出，分两种工作模式：①速率模式，即发出的是速度控制命令，使天线按给定仰角、方位速率完成 VCP 扫描，用于雷达正常工作；②位置模式，发出指向位置命令，伺服系统完成位置闭环，并控制天线到指定方向，用于测试、维修和开关机时。伺服系统工作原理如图 6-1 所示。

6.2 伺服系统技术指标

伺服系统技术指标见表 6-1。

表 6-1 伺服系统技术指标

天线扫描方式	PPI、RHI、体扫、任意指向
天线扫描范围、速度	a. PPI 0～360°连续扫描，速度为 0～36°/s 可调
	b. RHI －2～30°往返扫描，速度为 0～12°/s 可调
	c. 体积扫描由一组 PPI 扫描构成，最多可到 30 个 PPI，仰角可预置
天线控制方式	a. 预置全自动
	b. 人工干预自动
	c. 本地手动控制

续表

天线扫描方式	PPI、RHI、体扫、任意指向
天线定位精度	方位、仰角均应≤0.05°
天线控制精度	方位、仰角均应≤0.05°
天线控制字长	≥16 位
角码数据字长	≥16 位

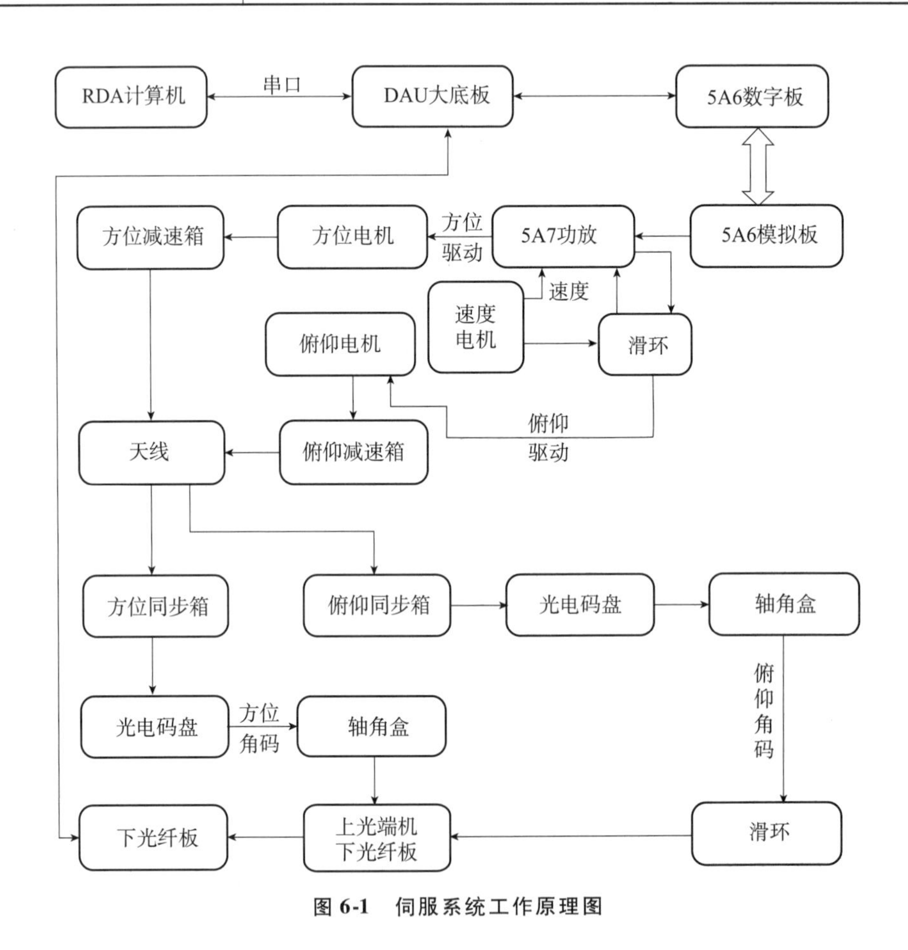

图 6-1　伺服系统工作原理图

6.3　伺服系统主要电缆连接图

伺服系统主要电缆连接见图 6-2。

6.4　伺服系统各单元功能

伺服系统主要由伺服控制单元、伺服功放单元、伺服电机、轴角盒、汇流环和光电码盘

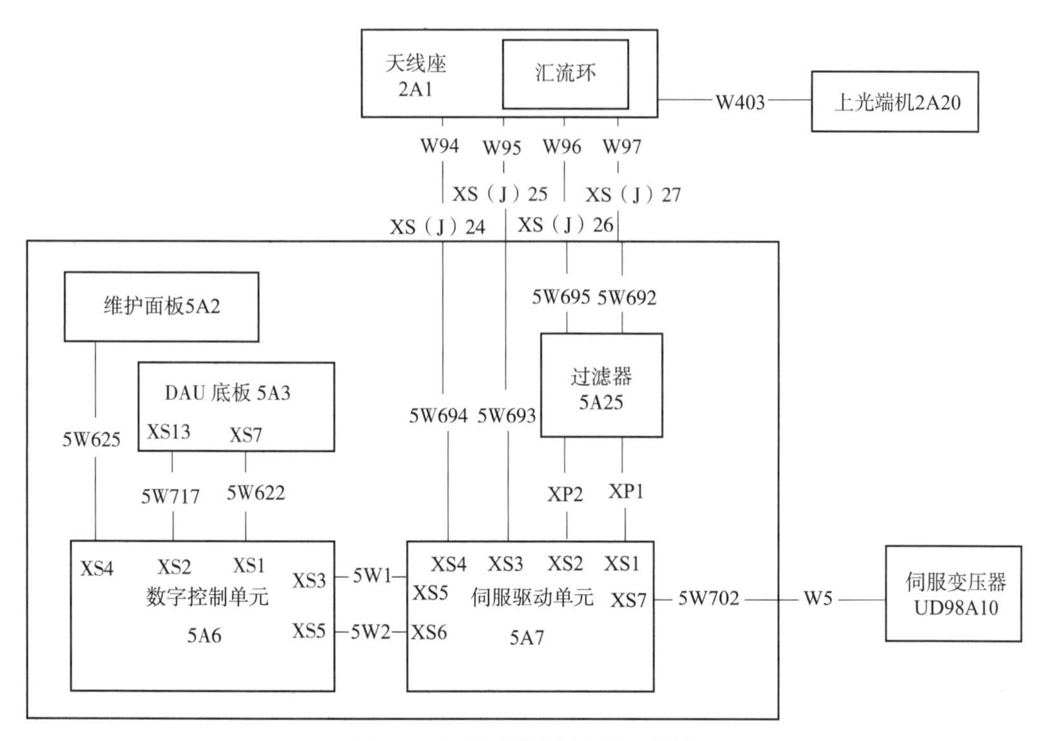

图 6-2 伺服系统主要电缆连接图

组成。伺服控制单元主要由数字板、模拟板、状态显示控制板和轴角显示板组成。伺服功放单元主要由方位驱动器、俯仰驱动器、三相固态继电器组成。各功能组件相互协作共同作用组成完整的伺服控制系统。

6.4.1 数字控制分机（DCU）

RDA 计算机经数字中频后通过 RS-232C 串行通信链并以 19.2 K 波特率来控制 DCU。串行通信设置奇校验、1 位起始位、1 位停止位和 8 位数据位。RDA 计算机向 DCU 发送 6 个字节，其中前 2 个字节为命令字节，而后 4 个字节为数据字节。

正常工作模式：DCU 有两种正常工作模式，即速率和位置两种模式。这两种正常工作模式由 RDA 计算机进行选择控制。速率模式是方位轴每转动一周（360°）俯仰轴向上阶跃一个角度，而且每次阶跃角度都不一样。位置模式主要用于测试和检修。根据 RDA 计算机命令，所选择的轴（AZ 或者 EL）将转到命令所要求的位置上。

自试验模式：自试验模式完成输入/输出测试及通信接口的检查，即把 DCU 收到的数据再返回到 RDA 计算机。

6.4.1.1 DCU 功能与作用

DCU 数字控制单元收到上一级计算机发来的控制命令后，经过 DCU 数字板计算，将误差信号送出到 DCU 模拟板，经 D/A 转换，然后送至 DCU 模拟板调节单元，与电机的速度反馈量进行比较，其差值经过校正后送放大装置（PAU），信号经过 PAU 放大后送给交流电机，驱动电机带动天线按照命令的要求转动。

6.4.1.2 DCU 的组成结构

数字控制单元主要由模拟环路电路板、数字监控电路板、状态显示电路板、轴角显示电路板、电源滤波器和电源模块等组成，见图 6-3。

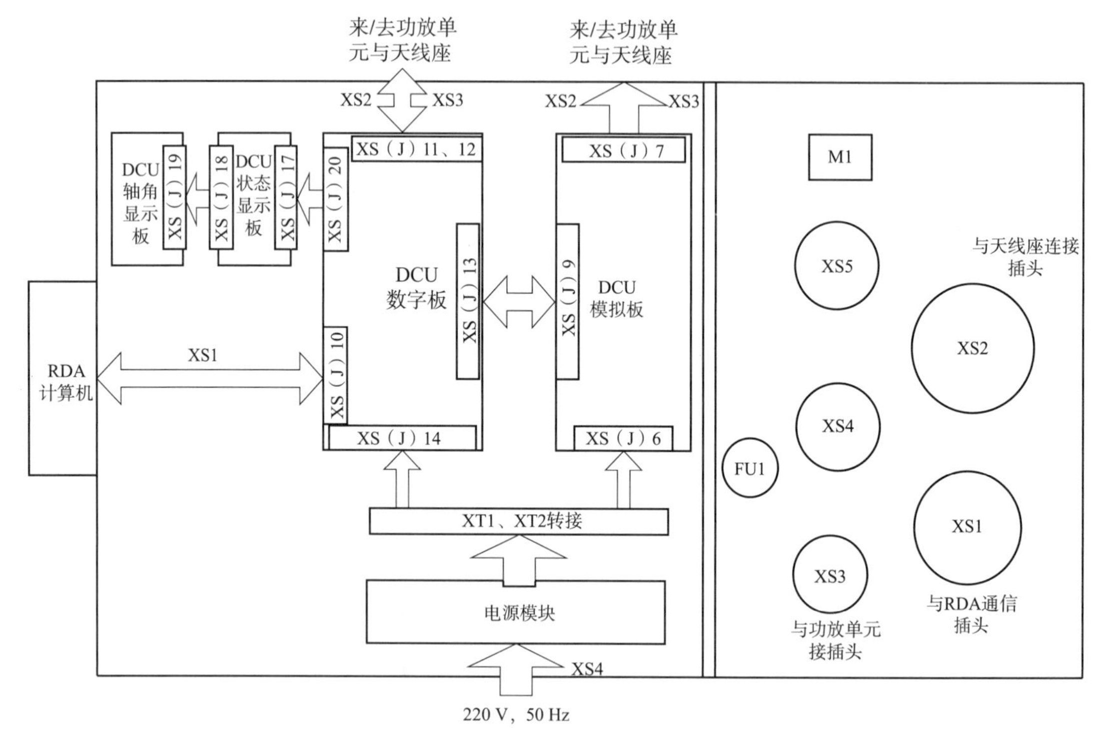

图 6-3　DCU 组成原理框图

220 V 交流电由 5A6 机箱后面板上安装的 XS4 输入。DCU 机箱后面的 XS1 是经数字中频与 RDA 计算机通信插头，其与 DCU 数字板 XS（J）10 连接，建立数字板与 RDA 的通信线路；XS2 是接收来自天线座的报警信号、轴角数据及速度反馈数据的插头，建立 DCU 与天线座的通信链路；XS3 建立了 DCU 与功放单元的通信链路。

6.4.1.3 DCU 组件详解

（1）模拟板 AP1

DCU 模拟板原理见图 6-4。

该板的运放和模拟开关构成的 PID 电路实现了 DCU 伺服系统的速度环。对于方位或者俯仰任一支路而言，模拟板都是根据数字板传来的速度设定和电机的测速机反馈信号使用该板的速度环对天线进行定速。并且，本支路速度环作为后级电路加入数字板程序中开辟的本支路位置环，与数字板可构成本支路的完整位置环，对天线进行定位。各关键性的功能概念详述如下。

①速度环使用完整的 PID 控制方式，其核心是具有消静差功能的积分电路。速度环以速度误差（速度设定和实际速度的差值）作为推动天线的依据，自动迫使天线运动速度趋向于设定要求，只有达到设定后，误差为零，调节作用才自动终止。

②模拟板上只有完整的速度环，而位置环的起始部分开辟于数字板上的程序中，模拟板

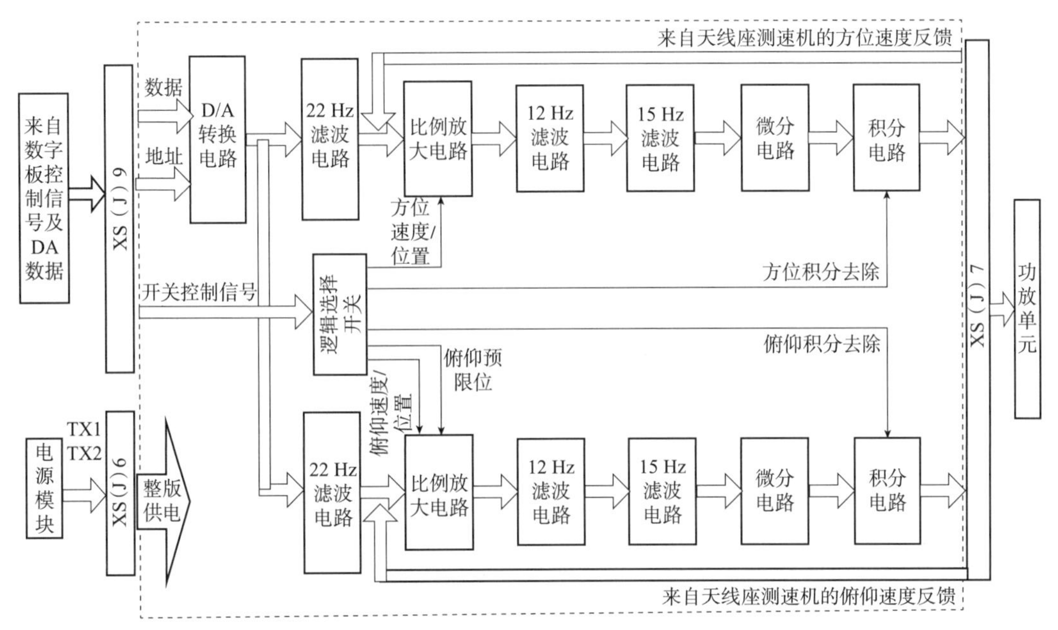

图 6-4　DCU 模拟板原理框图

上的硬件速度环与数字板上的程序部分共同构成了位置环。速度环是位置环的后半部分。

③位置模式和速度模式：任一时刻天线在方位或俯仰方向上工作于位置模式还是速度模式，是从 RDA 计算机向 DCU 数字板发出的，控制本方向运动的命令究竟是速度命令还是位置命令，这两种模式都需要使用模拟板的速度环，对于方位支路而言，两种模式下模拟板速度环的误差增益有所不同。RDASC 软件平台的体扫模式下，在体扫进行中，DCU 在方位和俯仰方向都工作于速度模式，而 RDA 进行泊位操作时，两个方向都工作于位置模式。

④RDASC 体扫进行中，当天线停留在一个固定仰角时，RDA 计算机在方位方向上发送一个固定的速度命令（如果不考虑 RDA 计算机程序的软件速度环所做的补偿因素），直到变换到一个新仰角根据预先设定的方位转速表发出一个新的方位速度命令，所以，伺服在方位方向上始终工作于速度模式。

⑤RDASC 体扫进行中，伺服在俯仰方向上也始终工作于速度模式。在俯仰方向上，RDASC 体扫程序固定使用 DOUBLET 控制策略，当仰角变化时，先使天线在最初的一段时间内以与目标角度同向的最大速度向目标仰角趋近，而后在接下来的一段时间内连续向 DCU 发送俯仰方向上与目标角度反向的最大速度命令控制天线刹车（这段时间在很多时候为 0），这两段时间内显然俯仰方向上工作于速度模式，最后，在天线已非常接近目标仰角时，由 RDA 计算机根据俯仰方向上目标仰角和 DCU 反馈回来的实际仰角进行位置闭环计算，将位置误差作为速度命令发送到 DCU 数字板，最后由 DCU 模拟板来直接执行这一速度命令，保证天线始终停留在目标仰角附近，直到需要切换到下一个仰角，这样在 DOUBLET 策略执行的 3 个阶段，DCU 在俯仰方向都工作于速度模式。并且各仰角的 DOUBLET 策略彼此无缝衔接，所以，在 RDASC 体扫中，俯仰始终处于不同仰角的 DOUBLET 策略连续执行过程中，DCU 在俯仰方向也始终工作于速度模式。

⑥RDASC 体扫退出时，会对天线进行泊位，在泊位时，RDA 向 DCU 数字板直接发出位

置命令，由数字板根据目标位置和检测到的实际位置进行位置闭环，将计算出的位置误差作为速度命令交付模拟板的速度环执行，此时 DCU 工作于位置模式。

⑦为抑制速度调节中的超调现象，速度环引入了微分前馈环节，即 PID 电路的微分部分，也就是俗称的加速度环，但从严格意义上说，加速度环不可称其为“环”。电机不可能保持一个固定的非 0 加速度运转，因而所谓加速度环并不能独立成为控制环，它是通过对速度反馈进行一阶微分后，对速度进行前馈控制。这种留有提前量的控制方式，既可以避免速度变化时的超调甚至是超调引起的速度震荡，又可以在需要速度稳定时，在速度发生微小偏离的情况下就及早矫正，避免出现偏差过大后才开始调节的情况。

关于凹口滤波器：方位或俯仰每一支路上都各有三个凹口滤波器。在这三个凹口滤波器中，有一个限波频点为 22 Hz，用于滤除数字板对模拟板上 DA 的写动作（周期为 45 ms）造成的扰动，还有两个凹口滤波器是针对天线的机械谐振频率的，其机械谐振的限波频点是：方位为 15.27 Hz 和 14.83 Hz，俯仰为 15.27 Hz 和 17.02 Hz。

（2）数字板 AP2

DCU 数字板工作原理见图 6-5。

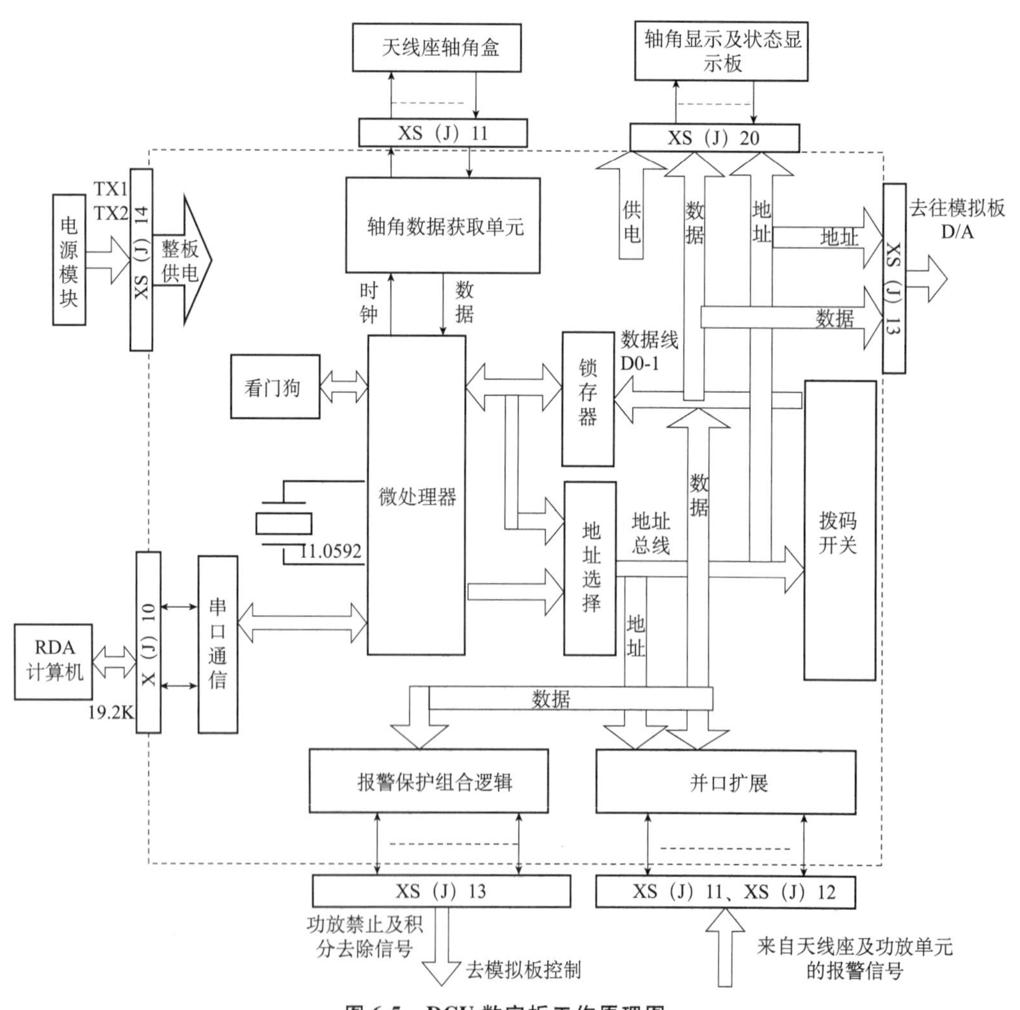

图 6-5　DCU 数字板工作原理图

该板是DCU伺服系统的核心部件，使用智能数字处理芯片进行整个系统的管理，具体为实现与RDASC上位机的通信，根据上位机发来的指令向DCU伺服系统的模拟板（AP1）发送速度命令或闭环该模拟板的位置环，获取天线座单元（UD2）和功放单元（5A7）的各种报警信息并做出相应的保护动作；获取天线的位置信息和速度信息，将所采集到的各种数据上传给RDASC并在DCU的前面板上进行显示，各部分功能详述如下。

①与RDASC上位机（数字中频）的通信使用RS232通信接口，由RDASC获得工作模式的设定，即决定DCU工作于正常模式、BIT模式还是通信闭环自测模式。

②在正常模式下该数字板根据RDASC的指令向模拟板上方位和俯仰两个支路发送数字化的速度命令或者位置误差信号，在模拟板上经过模数变换并经过速度环和加速度环后发往功放单元，控制天线电机动作。同时还要将天线的实际角度位置信息和转动速度信息上传给RDASC。数字板与RDASC的数据交换频率默认为45 ms一次。

③BIT模式除了包含正常模式的全部功能，还要将天线座、天线、伺服功放等的各种报警信息上传给RDASC。雷达在正常运行时交替工作于正常模式和BIT模式，大约3 s切入一次BIT模式，以便RDASC向DCU查询天线座和功放的相关报警信息，而后再切换回正常模式，如此循环往复。

④通信闭环自测模式，是为了测试RDASC和DCU之间的通信链路是否正常工作，此时DCU仅仅将RDASC发来的指令原样送回给RDASC，不产生任何实际控制动作。

⑤获取天线座单元和伺服功放单元传来的报警信号，并对模拟板和功放单元进行开关量控制，具体控制逻辑如下：首先，无论是RDASC发出待机命令还是出现了天线座锁定的情况，由DCU发出的Servo On信号都会失效，以关闭伺服功放单元的强电电源。其次，当方位和俯仰任一支路出现销钉锁定或手轮啮合的情况时由DCU发出禁止该支路伺服功放工作的信号，而俯仰进入死区限位时，俯仰功放的工作也会被禁止。在方位功放被禁止时，方位积分去除信号同时有效，俯仰功放被禁止时，俯仰积分去除信号同时有效，而Servo On信号失效时，无论方位、俯仰功放是否被禁止，这两个支路的积分去除信号均有效。

⑥天线位置信息和速度信息的获取。该板使用智能数字处理芯片和并行接口芯片的普通I/O端口，以程序模拟的方式实现了一个SPI接口，将此模拟SPI口与RS422总线电平转换器相连，借此与天线座轴角电路建立数据通路，从而使用软件实现了方位俯仰轴角数据的获取。该板将方位俯仰两个支路的测速机传来的速度模拟信号进行比例变换后，使用模数转换器将其转换为数字量，供智能数字处理芯片读取。

⑦使用前面板上的数码管和LED灯进行数据的本地显示，该板与安装在前面板上的状态显示电路和轴角显示电路相连，通过对应的LED指示灯显示报警信号和控制信号的状态，对于轴角数据，使用LED显示灯和数码管同时进行二进制和十进制显示。

（3）状态显示板AP3

数字化的天线角度数据进入DCU后，经过DCU内置处理程序进行解码，减去零点等运算后的二进制数据将被发往本电路板进行显示。方位和俯仰每一支路的角度分辨率为14 bit位，最高位MSB权重180°，最低位LSB权重0.022°，角度二进制数从MSB到LSB依次使用该电路板上的14个LED灯进行显示。LED灯亮表示对应的角度二进制位数值为1，灯灭表示为0。

本电路板除了显示天线方位和俯仰角度的二进制数值以外，还要显示各种报警信息和保护/控制动作信息总共 26 个。这 26 个信息含义以及与 LED 灯的对应关系如下。

①天线座状态报警信息 15 个，为方位编码灯故障（V2L1）、俯仰编码灯故障（V1L6）、天线座锁定（V3H7）、方位销钉锁定（V2H7）、方位手轮啮合（V2L6）、方位减速箱油位低（V2L2）、方位大齿轮箱油位低（V2L3）、俯仰销钉锁定（V1H7）、俯仰手轮啮合（V2L5）、俯仰减速箱油位低（V1L7）、俯仰预限位 +（V1L3）、俯仰预限位 -（V1L4）、俯仰死区限位（V1L1）、方位电机过温（V2H6）、俯仰电机过温（V1H6）。

②功放状态报警信息 8 个，为功放单元欠压（V1H5）、功放单元过压（V1H4）、方位功放电源故障（V3H4）、方位功放过温（V2H3）、方位功放短路（V2H2）、俯仰功放电源故障（V3H5）、俯仰功放过温（V1H3）、俯仰功放短路（V1H2）。

③DCU 保护/控制动作信息 3 个，为伺服关断（V3H6）、方位功放禁止（V2H1）、俯仰功放禁止（V1H1）。

对于上述所有 LED 灯，灯亮表示对应的报警或保护/控制动作发生，灯灭表示未发生。

本电路板还使用 3 个 LED 灯（V1H0，V2H0，V3H0）作为标志位来标示 DCU 的运行状态，DCU 在运行实际工作程序时，上电复位完成后，这三个标志灯应该一直都亮，以表明 DCU 的内置工作程序已正常运转。

（4）轴角显示板 AP4

数字化的天线角度数据进入 DCU 后，经过 DCU 内置处理程序进行解码，减去零点等运算后的二进制数据还将进一步被变换为 0～360°的十进制值，该十进制值精确到 0.01°。方位和俯仰各使用 5 组 BCD 码，每组 4 bit 位的 BCD 码分别表示十进制角度数据百位、十位、个位、小数点后第一位和小数点后第二位的数值，方位和俯仰的各 5 组 BCD 码都将被发往 DCU 轴角十进制显示板（UD5A6-AP5）进行数码显示，该板所使用的数码管 CL002 本身具有 BCD 码的解码功能，能够根据 BCD 码的逻辑含义控制自身的 8 段 LED 灯的亮灭来显示对应的数字字形。

6.4.1.4 DCU 调试步骤

将 5A6 上的连接线接好后上电后，首先测量 5A6 的电源模块供电是否正常。电压如表 6-2 所示。电压正常则进行如下测试。

表 6-2　5A6 的电源模块电压

接线排	对应电压
XT2 的（A5，A6，A7）与 XT 的（A8，A9，A10）	交流 220 V 的火和零
XT1 的 B1，B2	+5 V
XT1 的 B3，B4	地
XT1 的 B5，B6	+15 V
XT1 的 B7，B8	-15 V
XT1 的 B10	地
XT1 的 B11	+5 V
XT1 的 B12	地

使用 RDASOT，按如下步骤测试。

①定位精度及过冲调试：先 PARK，观察角度显示方位 0°（±0.1°），俯仰 6°（±0.1°），如果定位误差大于 0.1°须调节电位器（方位调节 RP3，俯仰调节 RP11）。而后方位定位到 100°，再 200°，再 300°，再回到 170°，而后将俯仰定位到 60°，再 0°，而后再 60°，再 0°，方位俯仰每个角度观察定位精度，并观察有无过冲。

②速度精度调试：先 PARK，使用 PPI 模式先将方位速度设为 10（°）/s，再 20（°）/s，再 30（°）/s，每种速度运行 2 圈，观察定位精度。应该处于设定速度值动态稳定。

③升降仰角调试：在 PPI 模式下，先置于状态 1，即方位速度设为 11.3（°）/s，俯仰角度设为 0.5（°）/s，而后置于状态 2，即方位速度设为 19（°）/s，俯仰角度为 19.5°。在两个状态之间切换 3 个来回，观察变化过程中俯仰是否过冲，方位速度是否能够按命令变化。

④最后做两个体扫观察雷达运行是否正常。

如果以上测试均正常，则 5A6 组合工作正常。如有异常按表 6-3 排查指南排查。

6.4.1.5 DCU 常见故障排查指南

数字控制单元故障分析定位见表 6-3。

表 6-3 数字控制单元故障分析排查指南

故障现象	可能原因	诊断步骤	修复措施
①电源模块 GB1 没有直流电源输出。 注意：测量 220 VAC 电压时，一定要注意人身安全	①没有电源输入。 ②电源滤波器坏。 ③功率放大单元保险烧坏	①用万用表测量以下电压：GB1-220 VAC GB1-220 VAC RTN ②用万用表测量电源滤波器的输入和输出电压：测量值应 220（1±10%）VAC。 ③用万用表测量保险的输入电压：测量值应 220（1±10%）VAC。	①如果电压正确，更换电源模块。 ②电源滤波器的输出电压不正确，更换电源滤波器。 ③保险的输入电压正确，更换保险管
②与上位计算机通信接口错误	①电缆或插头没有接好或有损坏。 ②数字板通信接口芯片坏。 ③ C8051F020 单片机坏	①检查数字控制单元和机柜的通信电缆和插头。 ②使用示波器检查 MAX233EPP 通信接口芯片的 4 脚和 5 脚，波形应该为负逻辑： 逻辑“1” -5V ~ -15V 逻辑“0” +5V ~ +15V。 ③检查 C8051F020 单片机芯片。 ④上位计算机有问题	①电缆未连接好，连接好电缆。 ②如果波形不正确，更换 MAX233EPP 通信接口芯片。 ③更换 C8051F020 单片机芯片。 ④查找上位计算机问题

续表

故障现象	可能原因	诊断步骤	修复措施
③方位支路不能准确定位，天线运行不正常。 注意：上天线座之前一定要断开伺服电源，并将天线座上的安全开关置于“安全”位置，否则可能会对人身造成伤害	①GB1 电源模块坏。 ②数字板的 D/A 输出不正常。 ③天线座有问题	①用万用表测量以下电压： GB1- +5 V 测量值应 +5（1 ±10%）V GB1- +15 V 测量值应 +15（1 ±10%）V GB1-15 V 测量值应-15（1 ±10%）V。 ②用万用表测量数字板上的 N2-6，它的最大正速度电压为：+9.5 ~ +10.5 V 最大负速度电压：−9.5 ~ −10.5 V。 ③用万用表测量数字板上的 N6-6，它的最大正速度电压为：+9.5 ~ +10.5 V 最大负速度电压：−9.5 ~ −10.5 V	①如果电压不正确，更换电源模块。 ②如果电压不正确，更换数字板。 ③如果电压不正确，更换模拟板。 ④检查天线座是否存有机械故障
④俯仰支路不能准确定位，天线运行不正常。 注意：上天线座之前一定要断开伺服电源，并将天线座上的安全开关置于“安全”位置，否则可能会对人身造成伤害	①GB1 电源模块坏。 ②数字板的 D/A 输出不正常。 ③天线座有问题	①用万用表测量以下电压： GB1- +5 V 测量值应 +5（1 ±10%）V； GB1- +15 V 测量值应 +15（1 ±10%）V； GB1-15 V 测量值应-15（1 ±10%）V。 ②用万用表测量数字板上的 N14-6，它的最大正速度电压为：+9.5 ~ +10.5 V 最大负速度电压：−9.5 ~ −10.5 V。 ③用万用表测量数字板上的 N34-6，它的最大正速度电压为：+9.5 ~ +10.5 V 最大负速度电压：−9.5 ~ −10.5 V	①如果电压不正确，更换电源模块。 ②如果电压不正确，更换数字板。 ③如果电压不正确，更换模拟板。 ④检查天线座是否存有机械故障
⑤系统状态或者某检测位显示不正常	①电源模块输出电压不正确。 ②数字板和显示板之间的连接电缆有问题。 ③显示板有问题。 ④数字板有问题	①用万用表测量以下电压： GB1- +5 V 测量值应 +5（1 ± 10%）V；GB1- +15 V； 测量值应 +15（1 ±10%）V GB1-15 V 测量值应-15（1 ±10%）V。 ②检查数字板和显示板之间的连接电缆	①如果电压不正确；更换电源模块。 ②如果电缆有问题更换连接电缆。 ③更换显示板。 ④更换数字板

续表

故障现象	可能原因	诊断步骤	修复措施
⑥方位角度显示不正常。 注意：上天线座之前一定要断开伺服电源，并将天线座上的安全开关置于“安全”位置，否则可能会对人身造成伤害	①数字控制单元内的电源模块有问题。 ②数字板和显示板之间的连接电缆有问题。 ③显示板有问题。 ④数字板有问题。 ⑤方位同步箱有问题	①用万用表测量以下电压： GB1- +5 V 测量值应 +5（1 ±10%）V； GB1- +15 V 测量值应 +15（1 ±10%）V； GB1- −15 V 测量值应-15（1 ±10%）V。 ②检查数字板和显示板之间的连接电缆。 ③更换显示板。 ④旋转方位手轮转动天线，同时用示波器测量数字板上的D5的3脚（方位轴角数据）和D5的1脚（移位脉冲信号）和9脚（数据加载信号）。 ⑤检查方位同步箱联轴节是否有松动	①如果电压不正确更换电源模块。 ②如果电缆有问题更换连接电缆。 ③更换显示板。 ④如果移位脉冲不正确或者数据加载信号不正确，更换数字控制板。 ⑤如果连轴节松动，拧紧连轴节，否则更换同步箱
⑦俯仰角度显示不正常 注意：上天线座之前一定要断开伺服电源，并将天线座上的安全开关置于“安全”位置，否则可能会对人身造成伤害	①数字控制单元内的电源模块有问题。 ②数字板和显示板之间的连接电缆有问题。 ③显示板有问题。 ④数字板有问题。 ⑤俯仰同步箱有问题	①用万用表测量以下电压： GB1- +5 V 测量值应 +5（1 ±10%）V； GB1- +15 V 测量值应 +15（1 ±10%）V； GB1-15 V 测量值应-15（1 ±10%）V。 ②检查数字板和显示板之间的连接电缆。 ③更换显示板。 ④旋转方位手轮转动天线，同时用示波器测量数字板上的D5的3脚（方位轴角数据）和D5的1脚（移位脉冲信号）和9脚（数据加载信号）。 ⑤检查俯仰同步箱联轴节是否有松动	①如果电压不正确更换电源模块。 ②如果电缆有问题更换连接电缆。 ③更换显示板。 ④如果移位脉冲不正确或者数据加载信号不正确，更换数字控制板。 ⑤如果连轴节松动，拧紧连轴节，否则更换俯仰同步箱

6.4.2 功放分机

6.4.2.1 功率放大单元的功能及组成

5A7功放单元主要将数字控制单元（5A6）输出的模拟电压送脉宽调制器（PWM），转换成幅度与之相对应的脉冲信号。脉冲信号的占空比同输入信号的幅度成正比，脉冲信号经脉冲分配器分配到功率部件的六组大功率管的控制极上。在功率部件的输出端上获得了经过逆变的平均幅度正比于设定值的交流电压，从而驱动电机按照设定值转动。

5A7 功率放大单元包括三相固态继电器、方位驱动器、俯仰驱动器。

6.4.2.2 功率放大单元的工作原理及技术特性

5A7 功放单元的工作原理如图 6-6 所示。

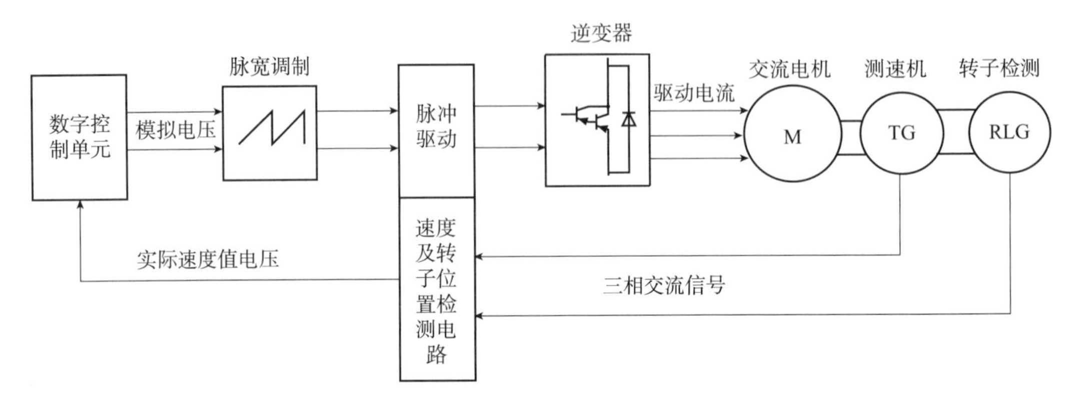

图 6-6 功放单元工作原理

有关重要信号说明：

①电限位 +（XS5：18）。TTL 电平信号，“1”表示控制，“0”表示正常；当信号为“1”时，无论速度环的输入信号是正或负，输出将无正信号输出，只能输出负信号；当信号为“0”时，没有限制。

②电限位 -（XS5：20）。TTL 电平信号，“1”表示控制，“0”表示正常；当信号为“1”时，无论速度环的输入信号是正或负，输出将无负信号输出，只能输出正信号；当信号为“0”时，没有限制。

③功放过压报警。中间直流电压达到 350 V 时，变频器就进入过压监控，使运行中的变频器立即停止。方位过压，XS5：1 端输出低电平；俯仰过压，XS5：12 端输出低电平。

④功放欠压报警。中间直流电压低于 50 V 时，变频器就进入欠压监控，使运行中的变频器立即停止。方位欠压，XS5：17 端输出低电平；俯仰欠压，XS5：14 端输出低电平。

⑤功放电源故障报警。由于某种原因，使得 ±15 V 超差，变频器就会监控，使运行中的变频器立即停止。方位功放电源故障 XS5：6 端输出低电平；俯仰功放电源故障 XS5：32 端输出低电平。

⑥功放短路报警。当速度调节器输出（I_{set}）达到最大值（±10 V）约 200 ms 以上时，速度调节器就监控报警，速度调节器的脉冲闭锁和控制器禁止信号立即有效，使运行中的变频器立即停止。方位功放短路，XS5：21 端输出低电平；俯仰功放短路，XS5：30 端输出低电平。

⑦功放过温。本功能通过对电流实际值的近似平方，其结果再进行积分。如果电流实际值是额定值的 1.1 倍以上，积分器向负积分，否则向正积分。当积分输出低于 -15 V 时，开始进入限流状态，此时变频器仍可继续运行。方位功放过温，XS5：21 端输出低电平；俯仰功放过温，XS5：30 端输出低电平。

⑧电机过温。当电机绕组温度超过 150℃时，变频器发出报警信号，该报警功能不会造成变频器自动停机。方位电机过温，XS5：11 端输出低电平；俯仰电机过温，XS5：25 端输

出低电平。须注意，当俯仰电机过温发生时，DCU 会发出伺服关断，强行关断伺服强电，起到保护作用。

6.4.2.3 功率放大单元测试步骤

5A7 功放单元测试步骤见表 6-4，以此来判断 5A7 功放单元是否工作正常。

表 6-4 5A7 功放单元测试步骤

测试项目	测试流程	备注
线序检查	按照 SA 交流 5A7 组合接线表，仔细检查每一个节点的接线关系是否正确。同时保证电源相关的节点处，不能和其他电源有连通	
三相交流指示灯测试	利用变压器将 200 V 交流变压到 97 V 接入到 XT1 接线排，分别测试 A 项、B 项、C 项的电源指示灯是否能正常发光显示	
功能测试	将 5A7 组合安装到 RDA 机柜，将其后面板的航空插头接好，利用 RDASOT 软件测试如下：利用 PPI 模式测试方位功放模块是否正常工作，速度是否稳定；利用 RHI 模式测试俯仰功放模块是否正常工作；俯仰定位测试，观察是否有过冲现象	

6.4.2.4 功率放大单元故障排除分析

5A7 功放单元故障排除步骤见表 6-5。

表 6-5 5A7 功放单元故障排除分析

故障现象	可能原因	诊断步骤	纠正措施
①风扇不工作	①没有输入电压。 ②线损坏。 ③风扇损坏	①用万压表检查以下电压： XT2-9 到 XT2-11 = 220（1 ± 10%）VAC； XT2-10 到 XT2-12 = 220（1 ± 10%）VAC。 ②外观检查和电气检查（连续）来自风扇 M1 或 M2 到 XT2-9，10 和 XT2-11，12 的线	①电压不正确，检查设备后部电路和线是否断开。如断开，修好，如完好，进行步骤②。电压正确，进行步骤②。 ②线损坏，修复。 ③如果线完好，更换风扇
②功率放大指示灯断开	①没有输入电压	①用万压表检查以下电压： K1-A1 到 T1-2 = 96（1 ± 10%）VAC； K1-B1 到 T1-2 = 96（1 ± 10%）VAC； K1-C1 到 T1-2 = 96（1 ± 10%）VAC。 ②用万压表检查以下电压： K1-INPUT（+）to GND = 7 VDC； K1-INPUT（-）to GND = 0 VDC。 ③用万压表检查以下电压： K1-A2 到 T1-2 = 96（1 ± 10%）VAC； K1-B2 到 T1-2 = 96（1 ± 10%）VAC； K1-C2 到 T1-2 = 96（1 ± 10%）VAC。	①如果电压不正确，检查电源变压器和连接线。如果正确，进行步骤②。 ②电压不正确，检查天线座安全开关可能处于安全状态，把它拨到工作状态；如果电压正确，进行步骤③。 ③如果电压不正确，更换 K1。如果电压正确，进行步骤④。

续表

故障现象	可能原因	诊断步骤	纠正措施
②功率放大指示灯断开	①没有输入电压	④用万压表检查以下电压： T1-1 到 T1-2 = 96（1 ± 10%）VAC； T2-1 到 T2-2 = 96（1 ± 10%）VAC； T3-1 到 T3-2 = 96（1 ± 10%）VAC。 ⑤用万压表检查以下电压： T1-3 到 T1-4 = 12（1 ± 10%）VAC； T2-3 到 T2-4 = 12（1 ± 10%）VAC； T3-3 到 T3-4 = 12（1 ± 10%）VAC	④电压不正确，检查 KA1 到 T1，T2，T3 间的线是否断开，修复。电压正确，继续步骤 5。 ⑤电压不正确，更换变压器 T1 或 T2 或 T3。电压正确，更换相应的指示灯
③上位计算机检测到方位功放故障	①方位功放有问题	①上位计算机决定显示哪种类型故障	①换 A1 方位功放。
④上位计算机检测到俯仰功放故障	①俯仰功放有问题	②上位计算机决定显示哪种类型故障	①更换 A2 俯仰功放

6.4.3 伺服电机

伺服电机采用三相交流伺服电机，型号为 1FT5072-0AC01，制动器为 EBD 2M，力矩 6 N · m。

伺服电机采用同步电机，其转子使用永磁材料制作而成，在定子中嵌入对称的三相绕组。控制需要使用伺服驱动器，驱动器根据要求改变电源频率，控制电动机速度，可以认为驱动器是一个变频器，并且电机通过自身的编码器接入驱动器，构成了闭环控制系统，因此可以实现高精度的调节。

6.4.4 轴角盒

轴角盒负责获取光电码盘传来的轴角数据，并进行格式转换和电平变换，而后发送给 DCU 数字控制单元，轴角盒内部各部分功能描述如下。

使用 54LS245 双向并行接口芯片引入光电码盘传来的 14 位轴角码，光电码盘将天线当前方位和俯仰的角度状态编码为 14 位的并行格雷码传递给轴角盒，轴角盒使用 54LS245 芯片进行缓冲并行输入。

使用 54LS165 并串转换芯片将轴角码变为串行数据，使用两片 54LS165 芯片，依照 DCU 发来的锁存信号（经过上下光纤板或大电缆传输）将 54LS245 传来的 14 位轴角码锁入 54LS165 的并行输入端，而后依照 DCU 发来的移位脉冲信号将轴角数据从 54LS165 的输出端穿行发出。

使用 DA26LS31 发送器和 DSLS33 接收器实现 TTL 单端信号的 RS422 差分信号的电平变换。DS26LS33 负责将 DCU 从 RS422 总线上发来的锁存和移位脉冲信号还原为 TTL 信号供 54LS165 使用，并将 54LS165 发出的串行轴角数据调制为 RS422 总线兼容的差分信号（经光纤链路）发给 DCU。图 6-7 为轴角盒的电路原理图。

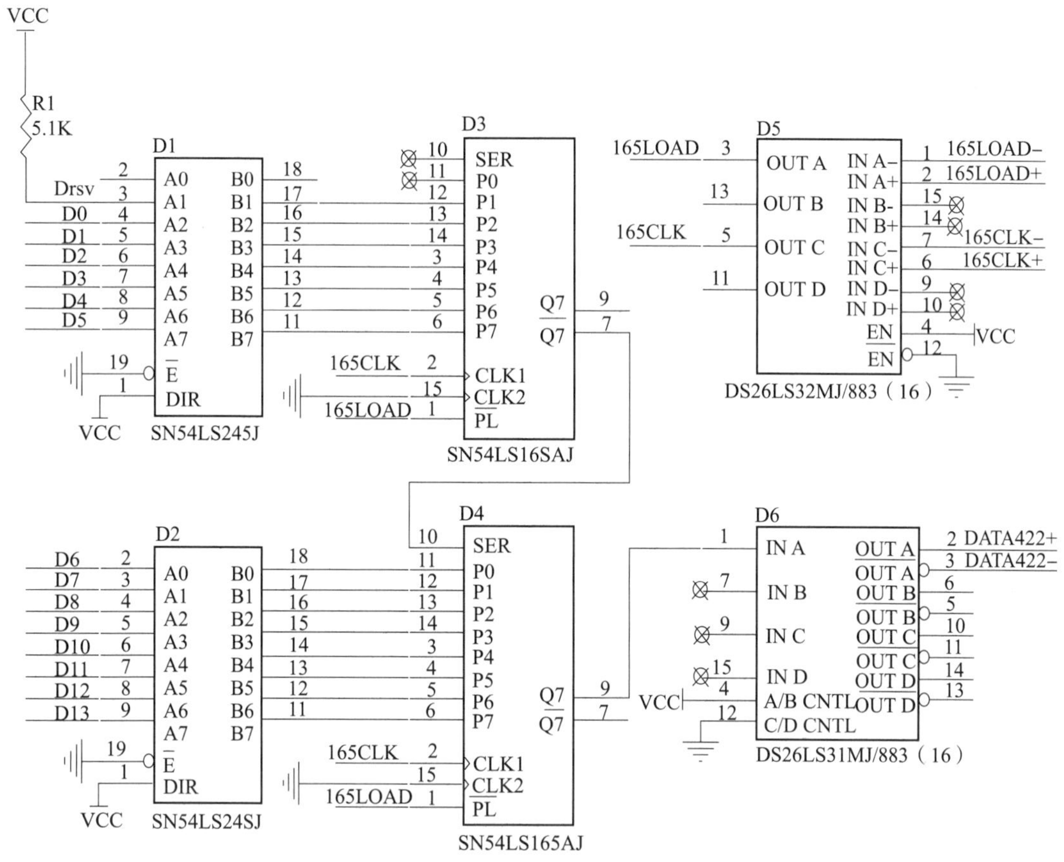

图 6-7 轴角盒电路原理图

6.4.5 汇流环

汇流环又称滑环，其作用是使雷达旋转部分与固定部分之间形成电能（电和光）信号连续的连接。滑环安装在方位筒下端。

伺服系统采用低频柱式汇流环，又称叠式汇流环，该汇流环的接触面是每个导电环的周围面，每一环形成一个信号通道，环与环之间用绝缘环隔开，以保证环与环之间的绝缘度。一环一环叠加在一起构成环芯。使用金属丝（免维护版本）或碳刷（老版本）固定在外壳上，与每一个导电环构成一组物理上电接触，确保电信号传输可靠。

汇流环技术指标见表 6-6。

表 6-6 汇流环主要技术指标

项目		要求
转速		0 ~ 20 rpm
电气接口	电源环	52 路
	信号环	8 路
	接触电阻	≤50 mΩ

续表

项目		要求
转速		0 ~ 20 rpm
绝缘电阻	环对地绝缘电阻	≥500 MΩ
	环与环绝缘电阻	≥500 MΩ
寿命		1500 万转

6.4.6　光电码盘

光电码盘是通过光电转换把位移量变换成数字代码形式的电信号。光电码盘的优点是没有触点磨损，因而允许高转速，高频率响应，稳定可靠，坚固耐用，而且精度高。工作时光投射在码盘上，码盘随运动物体一起旋转，透过亮区的光经过狭缝后由光敏元件接收，光敏元件的排列与码道一一对应，对于亮区和暗区的光敏元件输出的信号，前者为“1”，后者为“0”，当码盘旋转在不同位置时，光敏元件输出信号的组合反映出一定规律的数字量，代表了码盘轴的角位移。天伺系统采用 14 位绝对式光电码盘，码盘的最小角度分辨率为 0.022°。光电码盘采用格雷码编码，避免从编码全 1 到编码全 0 的跳变，可避免大电流扰动。

6.5　伺服系统故障指示灯定义

数字控制单元面板 26 个报警指示灯定义如表 6-7 所示，3 个标志位定义如图 6-8 所示。bit1 = 1223，bit2 = 1，bit3 = 41 对应图中报警信息。每个标志位含有 4 个 bit 位，每个 bit 有 4 位数，包括 2 个高位、2 个低位，每位内权重分别为 1/2/4/8，自下往上数，对应 bit 数从左往右，标志位全为 1 标识正常工作状态。

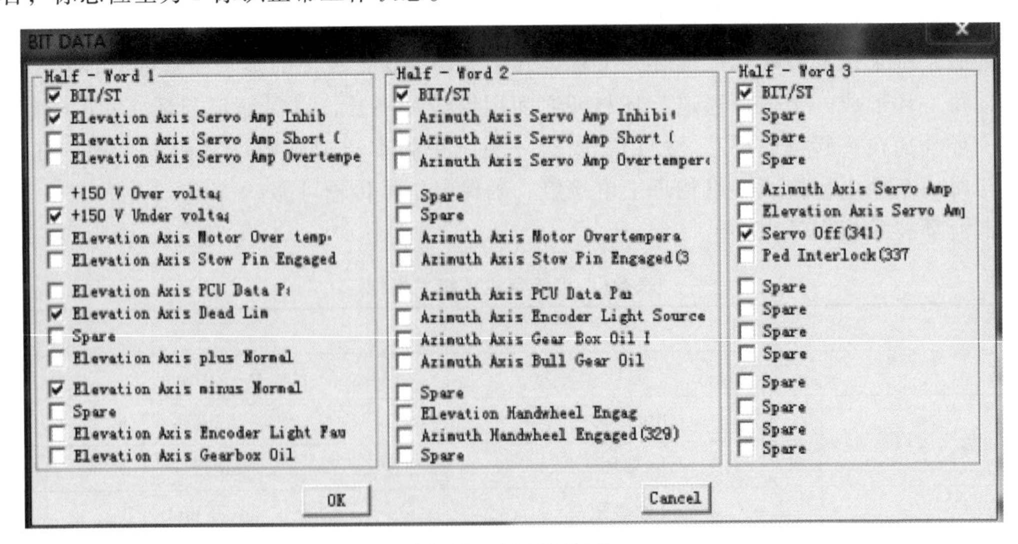

图 6-8　标志位定义

表 6-7 伺服系统故障指示灯定义

序号	信号	功能
1	El 减速箱油位低	当减速箱油位低于规定值时输出报警信号
2	El 光码盘	输出俯仰位置数据
3	El -1.2°预限位	当天线转到 -1.2°时，输出报警信号，同时打开预限位开关接点，使控制二极管工作，以封锁运行方向上驱动电机的电流
4	El +90.2°预限位	当天线转到 90.2°时，输出报警信号，同时打开预限位开关接点，使控制二极管工作，以封锁运行方向上驱动电机的电流
5	El 死区限位	输出状态信号，并使俯仰功率放大器没有输出
6	El 锁定装置锁定	通过禁止俯仰功率放大器使其功率输出不能加至俯仰驱动电机
7	El 电机过温	当电机过温时输出报警信号
8	电源欠压	伺服功放无法工作，低于 150 V
9	电源过压	伺服功放无法工作高于 150 V
10	E 功放过温	俯仰功放温度过高
11	E 功放短路	功放过流
12	E 功放禁止	功放不能工作
13	Az 手轮啮合	通过禁止方位功率放大器使其功率输出不能加至方位驱动电机
14	El 手轮啮合	通过禁止俯仰功率放大器使其功率输出不能加至俯仰驱动电机
15	Az 大齿轮油位低	当大油池油位低于规定值时输出报警信号
16	Az 减速箱油位低	当减速箱油位低于规定值时输出报警信号
17	Az 光码盘	输出方位位置数据
18	Az 锁定装置锁定	通过禁止方位功率放大器使其功率输出不能加至方位驱动电机
19	Az 电机过温	当电机过温时输出报警信号
20	A 功放过温	方位功放温度过高
21	A 功放短路	功放过流
22	A 功放禁止	功放不能工作
23	天线座互锁	通过去除功率放大单元的 165 V 电压，使天线座组合驱动电机不能工作
24	伺服关断	伺服无法控制
25	E 功放电源	电源故障
26	A 功放电源	电源故障

6.6 伺服系统关键点信号波形

伺服系统关键点主要波形在于轴角盒的锁存和时钟信号波形，其测试点位于轴角盒内 D5 芯片 DS26LS32MJ/883 的 3 脚锁存信号和 5 脚时钟信号，如图 6-9 所示。其波形图如

图 6-10所示。

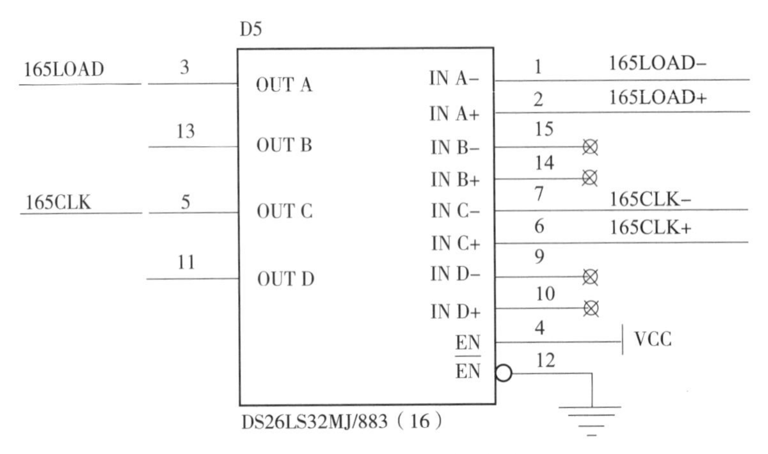

图 6-9　轴角盒的锁存和时钟信号测试点

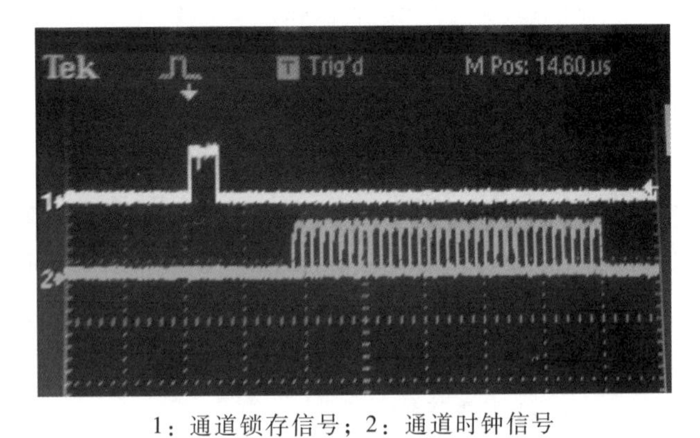

1：通道锁存信号；2：通道时钟信号

图 6-10　轴角盒关键信号波形图

6.7　伺服系统报警代码与分析

6.7.1　与伺服系统相关性能参数有关的报警

伺服系统相关性能参数报警见表 6-8。

表 6-8　伺服系统相关性能参数报警

序号	项目名称	报警代码	可能的状态
1	PED +150 V （天线座 +150 V）	303/304	OK/UNDRVOLT/OVRVOLT （正常/偏低/偏高）
2	EL AMP（俯仰放大器）	300/301/302	OK/INHIBIT/SHT CKT/OVR TMP （正常/禁止/过流/超温）
3	EL MOTOR（俯仰电机）	305	OK/OVR TMP（正常/超温）

续表

序号	项目名称	报警代码	可能的状态
4	EL STOW PIN （俯仰锁定装置）	306	OPER/ENGAGE （正常运行/锁定）
5	EL PCU PARITY （俯仰控制单元奇偶校验）	307	OK/FAIL （正常/故障）
6	EL DEAD LIMIT （俯仰死限位）	308	OK/IN LIM （正常/限位）
7	EL + LIMIT （俯仰正预限位）	310	OK/IN LIM （正常/限位）
8	EL - LIMIT （俯仰负预限位）	311	OK/IN LIM （正常/限位）
9	EL ENCODE LIGHT （方位编码器灯）	313	OK/FAIL （正常/故障）
10	EL GEARBOX OIL （俯仰齿轮箱润滑油）	314	OK/LOW （正常/偏低）
11	EL HANDWHEEL （俯仰手轮）	328	OPER/ENGAGE （正常运行/手轮啮合）
12	EL AMP PS （俯仰放大器电源）	335	OK/FAIL （正常/故障）
13	SERVO（伺服）	341	ON/OFF（正常/关闭）
14	AZ AMP （方位放大器）	315/316/317	OK/INHIBIT/SHT CKT/OVR TMP UPON （正常/禁止/过流/超温）
15	AZ MOTOR（方位电机）	320	OK/OVR TMP（正常/超温）
16	AZ STOW PIN（方位锁定装置）	321	OPER/ENGAGE（正常/锁定）
17	AZ PCU PARITY （方位控制单元奇偶校验）	322	OK/FAIL （正常/故障）
18	AZ BULIGEAR OIL （方位大齿轮润滑油）	326	OK/LOW（正常/偏低）
19	AZ ENCODE LIGHT （方位编码器灯）	324	OK/FAIL（正常/故障）
20	AZ GEARBOX OIL （方位齿轮箱润滑油）	325	OK/FAIL（正常/故障）
21	AZ HANDWHEEL （方位手轮）	329	OPER/ENGAGE （正常运行/手轮啮合）
22	AZ AMP PS （方位放大器电源）	334	OK/FAIL（正常/故障）
23	+28 V PS SB 型雷达为 +24 V	333	____. ____V

续表

序号	项目名称	报警代码	可能的状态
24	+15 V PS	330	____.____V
25	+5 V PS	332	____.____V
26	-15 V PS	331	____.____V
27	SELF TST 1 STATUS（自检 1）	604	OK/FAIL（正常/故障）
28	SELF TST 2 STATUS（自检 2）	605	OK/FAIL（正常/故障）
29	PED INTLK SWITCH（天线座连锁开关）	337	OPER/SAFE（正常运行/安全保护）

6.7.2 与伺服系统相关的其他报警

与伺服系统相关的其他报警见表 6-9。

表 6-9 与伺服系统相关的其他报警

序号	报警代码	报警内容	备注
1	Alarm 701 CONTROL SEQ TIMOUT-RESTART INITIATED		如果在合理的时间内（<240 s）未检测到仰角扫描结束，设置 701 报警。导致 RDA 被迫停机的故障报警，一般最后都生成 701 报警，系统自动重启。而且，在系统重启后，大多能恢复正常。系统自动重启后，系统恢复到重启前的状态
2	Alarm 623 PED TASK PAUSED-RESTART INITIATED	天线座任务终止，系统重启	
3	ALARM 151 RADOME ACCESS HATCH OPEN	打开天线罩门引起待机时报警，直接关闭伺服电源，不用先到 PARK	
4	Alarm 383	径向线时间间隔错误	可能和天线座、伺服控制、数据处理、时序等都有关系
5	Alarm 396	径向数据丢失	
6	Alarm 397	在一个仰角剖面，有过量的径向线（>400 条）	

6.7.3 与伺服系统使能信号及控制信号相关的报警

天线座的仰角使能信号（EASY I3）、方位使能信号（EASY I4）和伺服系统的“STBY/OP”控制信号传输通道中如果发生中断（如发生光耦开路故障时），迫使雷达待机，系统监控程序 RDASC 也将报警，与伺服系统使能信号及控制信号相关的报警见表 6-10。

表 6-10　与伺服系统使能信号及控制信号相关的报警

序号	报警代码	报警内容	备注
1	Alarm 338 PEDESTAL STOPPED（IN）	扫描中如果天线位置连续 30 s 不变，报警并待机	
2	Alarm 701 CONTROL SEQ TIMOUT-RESTART INITIATED	如在合理的时间（人为设定，但 <240 s）未检测到扫描结束则报警：控制序列超时，并重新开始系统初始化	
3	Alarm 450 PEDESTAL INITIALIZATION ERROR（IN）	天线座伺服系统初始化失败	
4	Alarm 623 PED TASK PAUSED-RESTART INITIATED	天线座伺服系统工作暂停	

6.8　伺服系统故障诊断技术与方法

6.8.1　伺服系统信号流程

伺服系统信号流程见图 6-11。

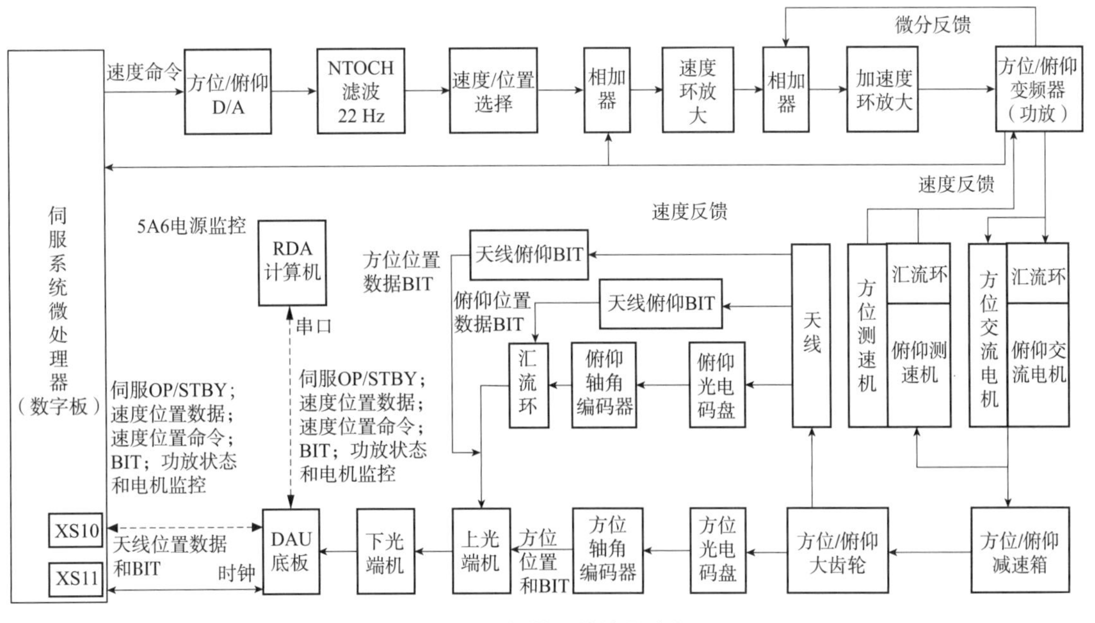

图 6-11　伺服系统信号流程

6.8.2　伺服系统故障诊断方法

SA 雷达天线状态信息（数字信号和模拟信号）经变换后通过光缆传输到伺服系统

DCU。天线状态信息包括：天线转速表（方位和俯仰）输出的四路模拟信号、16 个天线状态数字信号和 2 组天线角度信号。另外，还要传输天线罩温度传感器、天线功率监视器；传送和接收接收机保护器命令和响应信号。

自检 1：在 RDA 计算机和伺服系统间进行数据闭环测试，测试 RDA 计算机和伺服系统间的 RS-232 串行通信连接装置。即 RDA 计算机向天线座发出自检要求指令，随后将 64 组不同的数据发送到伺服系统再让伺服系统将相同的数据转送回来，只测试 2 对发送和返回的数据进行比较。如果一致，则数据有效，RS-232 串行接口无故障。否则，RS-232 串行接口发生故障。

自检 2：是对天线座内部线路的一系列检测，它确定故障范围，识别故障的最小可替换单元（LRU）。只要伺服的俯仰不在终限位，启动时均会进行检测。在进行自检 2 时，基座必须处于连锁状态（Ped. Interlock）。

伺服系统故障首先通过 RDASC 性能参数检查 DAU 电源及伺服电源是否正常，正常后，依次自检 1 检查串口通信情况，自检 2 检查天线 BIT，以及检查 FC 文件信息是否存在天线状态命令传输不正常状况。在保证串口通信正常情况下，一般根据故障现象从三个方面进行分析判断：伺服控制器无法加电；在伺服控制器加电正常下，天线无法控制；天线转速不均匀，有停顿、跳码现象，或天线摆动大、控制精度差。

如果自检 1 没通过，说明串口传输通道问题，雷达运行天线模拟和 DAU 模拟程序判断信号处理器是否正常，模拟正常说明信号处理器正常，否则伺服有问题，则要检查从 5A16 经 DAU 到伺服系统 DCU 的串口线路，找出问题器件。第一种情况应进行伺服供电检查，如果天线状态信息正常（天线不在死区限位、没有安全连锁），并且 RDA 计算机发出天线工作命令（SERVO ON）和 DAU 正常情况下，主要检查 DCU 数字板 AP2 和功率放大器 5A7 的加电控制继电器 K1、交流接触器 KA1 及加电控制电路（直流数字伺服系统）；第二种情况主要检查 DCU 模拟和数字板，如果模拟信号正常，应该是功率放大器或驱动电机，否则为数字板问题。第三种情况比较复杂，首先判断是信号处理器问题或是伺服本身问题，如果观测 DCU 的角码显示正常，无停顿及不均匀变化现象，说明 RDA 计算机或信号处理器问题，应通过更换信号处理器或者重装系统（操作系统、RDASC 应用软件）及更换 RDA 计算机解决问题；如果 DCU 的角码显示有停顿、跳码、转速不均匀现象，或天线摆动大，这说明伺服本身故障。如果有跳码现象，应检查轴角编码器、上下光纤板和光纤传输线路、减速箱及机械传动部分，对于俯仰还应检查汇流环。

6.8.2.1 数字控制单元故障分析与排除

数字控制单元（DCU）5A6 经 RS-232C 数据链与 RDASC 信息处理器进行通信。数字控制单元通过 5W1 电缆和 5W2 电缆与功率放大单元 5A7 相连，为伺服放大器提供控制信号并且监视功率放大器和天线座组合单元 2A1 的工作状态，以确保接收正确的位置和速度数据。

数字控制单元（DCU）5A6 共有五块印制板：AP1 模拟板、AP2 数字板、AP3 电源板、AP4 二进制和状态显示板和 AP5 十进制显示板，其中 AP3 电源板通过支撑件固定在底板上，AP1 模拟板通过支撑件固定在 AP3 上，AP2 数字板通过支撑件固定在 AP1 上。为了测试方便 AP2 板可翻转。

AP1 模拟板与 AP2 数字板通过总线及控制线相连。AP1 模拟板装有模拟伺服电路，为定位天线座方位轴和俯仰轴而用。在AP1模拟板上还装有凹口滤波器，用来抑制天线座的结构谐振。数字板AP2利用8031单片机作微处理器。AP3电源板上装有一块AC/DC转换模块，把220 VAC转换成+300 VDC，还装有5块DC/DC转换模块，把+300 V分别转换成+5 V，+5 V，+15 V，+28 V和-15 V，其中一种+5 V专供显示用。AP4显示天线的二进制位置数据和天线各种报警信息。AP5十进制显示板用来显示天线的十进制位置数据。

数字控制单元包含为处理来自RDASC单元命令所必需的电路并经功率放大单元对天线座组合提供定位命令。天线座组合和功率放大器单元的工作状态被监控，这些状态信号都要送到数字控制单元，以便进行处理和状态显示。状态信号表明了天线定位系统的工作状况，如速度和位置，故障状态如过温、过流和油位低等。设备出现故障通常导致禁止工作，以保护技术人员和设备的安全。状态信号也送到RDASC，RDASC也要对设备的工作状态进行监控。

(1) 模拟板故障分析与排查

速度环由该板上的运放和模拟开关构成的PID电路实现，对于方位或俯仰任一支路而言，模拟板都是根据数字板传来的速度设定和电机的测速机信号反馈，使用板上本支路的速度环对天线进行定速。并且，本支路速度环作为后级电路加入数字板程序中开辟的本支路位置环，与数字板可构成本支路的完整位置环，对天线进行定位。速度环使用完整的PID控制方式，其核心是具有消静差功能的积分电路。速度环会以速度误差（速度设定和实际速度的差值）作为推动天线的依据，自动迫使天线运动速度趋向于设定要求，而只有达到设定后，误差为零，调节作用才自动终止。模拟板上只有完整的速度环。

位置环的起始部分在数字板上的程序中，模拟板上的硬件速度环与数字板上的程序部分共同构成了位置环。速度环是位置环的后半部分。在速率模式即体扫时，速度误差由RDA计算机完成后，通过232串口发送给DUC数字板，DCU数字板将收到的速度误差数据发送到模拟板的DA转换器；在位置模式时，位置误差由DCU数字板中的单片机来完成。位置比较是把计算机输出的位置命令与轴角编码器的二进制进行相减运算，运算要满足伺服系统的差值运算规则，即天线以最短途径运动到命令所规定的位置。

加速度环抑制速度调节中的超调现象，在模拟板上放置的是方位和俯仰两个支路的模拟环路元件。

①方位

U2、U3为方位支路的NOTCH电路，它们是用来消除抑制数字采样频率对环路的影响，其中心频率为22 Hz。N6、N7、N8、N11～N15构成方位支路另一个NOTCH电路，是为了抑制天线座谐振频率对方位伺服环路的影响，其中心频率为12.5 Hz和15 Hz。方位测速机信号经N9平波衰减，形成速度环反馈信号送至速度环。速度环反馈信号经微分电路N10形成加速度环反馈信号送至加速度环。R106～R109、V7～V10构成限幅电路，它把输出限制在±10 V的范围内，印制板上其他的此类电路都具有相同的限幅作用。

②俯仰

U24、U25为俯仰支路的NOTCH电路，它们是用来消除抑制数字采样频率对环路的影响，其中心频率为22 Hz。N27～N30、N33～N37构成俯仰支路另一个NOTCH电路，是为了抑制天线座谐振频率对俯仰伺服环路的影响，其中心频率为12.5 Hz和15 Hz。俯仰测速机信号经N31波衰减，形成速度环反馈信号。速度环反馈信号经微分电路N32形成加速度环反馈信号。

天线控制精度定标误差的调整在模拟板上进行。控制精度分别用12个不同方位角（0～360°）和俯仰角（0～60°）上的实测值与预置值之间差值的均方根误差来表征。方位角、俯仰角的控制精度均要求≤0.1°。

首先进行方位控制精度检查，通过RDASOT软件进入天线人工控制与显示模式，输入指定方位角度后，天线伺服功率驱动天线转动到指定位置，数控单元显示位置与输入指定方位存在误差。多次输入不同指定方位重复操作得到均方根误差超过0.1°时，进行方位控制精度调整。在数控单元DCU中的模拟板上进行调整天线方位控制精度，放大器（N6）输入信号为来自天线方位码信号（AZ notch out），输出信号被送往速率环，电位器RP3、R27等组成放大器的调零电路，稳压管V1、V2实现放大器输出电压嵌位。在数控单元位置模式工作的情况下，调节RP3改变调零电路电压，即改变了放大器N6输入电压，实现对天线方位控制精度的调整。同理，俯仰控制精度的调整通过数控单元DCU的模拟板AP1上电位器RP11进行调整。

（2）数字板故障分析与排查

数字板是数字控制单元DCU的核心部件，使用智能数字处理芯片进行整个系统的管理，根据上位机发来的指令向模拟板（UD5A6-AP1）发送速度命令或闭环该模拟板的位置环，获取天线座单元（UD2）和功放单元（UD5A7）的各种报警信息并做出相应的保护动作，获取天线的位置信息和速度信息，将所采集到的各种数据上传给RDASC并在DCU的前面板上进行显示。

①与RDA计算机通信

由RDASC获得工作模式的设定，即决定DCU工作于正常模式，BIT模式还是通信闭环自测模式。在正常模式下，该数字板根据RDASC的指令向模拟板上方位俯仰两个支路发送数字化的速度命令或位置误差信号，在模拟板上经模数变换并经速度环和加速度环变送后，发往功放单元，控制天线电机动作。同时，还要将天线的实际角度位置信息和转动速度信息上传给RDASC，DCU与RDASC的数据交换频率固定为每45 ms一次（大部分），通信速率为19.2 kB/s。BIT模式除了包含正常工作模式的全部内容，还要将天线座和功放的各种报警信息上传给RDASC。雷达在日常体扫运行时交替工作于正常模式和BIT模式，大约每3 s切入一次BIT模式，以便RDASC向DCU查询天线座和功放的相关报警信息，而后再切回正常模式，如此循环往复，周而复始。至于通信闭环自测模式，顾名思义，是为了测试RDASC与DCU之间的通信链路是否正常，此时DCU仅仅将RDASC发来的指令原样回传给RDASC，而不会据此产生实际的控制动作。

执行速度命令和位置命令：对于方位或俯仰任何一支路，如果DCU的数字板从RDA计算机那边接收到的是速度命令，那么数字板将此命令直接发往模拟板，经过模数转换后作为该支路速度环输入端的速度设定。如果收到位置命令，则与天线传来的轴角数据进行位置闭环，使用软件计算出位置误差作为速度设定发往模拟板，经数模转换后加载到该支路速度环的输入端。

②获取报警信息并做出相应的保护动作。

该板接收由天线座单元和功放单元传来的报警信号，并对模拟板和功放单元进行开关量控制，具体控制逻辑如下：

a. 无论是RDASC发来待机命令还是出现了天线座锁定的情况，由DCU发出的SERVO

ON 信号都会失效，以关闭功放单元的强电电源；

b. 当方位和俯仰任一支路出现销钉锁定或手轮啮合的情况时，由 DCU 发出禁止该支路功放工作的信号，而俯仰进入死区限位时，俯仰功放的工作也会被禁止；

c. 方位功放被禁止时，方位积分去除信号同时有效，俯仰功放被禁止时，俯仰积分去除信号同时有效，而 SERVO ON 信号失效时，不论方位俯仰的功放是否被禁止，这两个支路的积分去除信号均有效。

③数字板有微处理器及外围控制电路。

a. 微处理器

伺服监控的微处理器选用 8031 单片机。8031 内部包含 1 个 8 位的微处理器、128 个字节的 RAM、21 个特殊功能寄存器、4 个 8 位并行口、1 个全双工串行口和 2 个 16 位定时器，是一个完整的计算机。

b. 程序存储器（EPROM）的扩展

8031 单片机内没有程序存储器，必须外接 EPROM 电路作为程序存储器。单片机的 EA 脚接地，CPU 就执行外部 EPROM 中的固化程序。由于单片机的 PO 口是分时复用的地址/数据总线，因此，在进行程序存储器扩展时，必须利用地址锁存器将地址信号从地址/数据总线中分离出来。通常地址锁存器使用带三态缓冲输出的 8 位三态锁存器 74LS573，地址锁存信号为 ALE。

c. 外部数据存储器的扩展

8031 单片机内部有 128 个字节的 RAM 存储器，CPU 对内部 RAM 具有丰富的操作指令，但在用于实时数据采集和处理时，仅靠片内提供的 128 个字节数据存储器是远远不够的，因此，利用 MCS-51 的扩展功能，来扩展外部数据存储器。

数据存储器只使用 WR、RD 控制线，而不用 psen，所以数据存储器和程序存储器的地址可以完全重叠，但数据存储器与 I/O 口及外围设备是统一编址的，即任何扩展的 I/O 口及外围设备均占有数据存储器地址。

d. 数/模（D/A）转换器

数/模（D/A）转换器电路将速度数字信号及位置误差数字信号转换为模拟电信号。

e. 模/数（A/D）转换及状态检测与故障定位

伺服监控要对天线座、PWM 功率放大器，电机等部件进行状态检测与故障定位，定位到最小可更换单元，其间被测对象既有开关量，又有模拟量（如电压、速度等）。对于开关量，8255A 可编程输入/输出接口芯片，通过编程可以改变其工作方式，使用灵活方便，通用性强，是单片机与外围设备连接时的中间接口电路。对于模拟量，需要将检测到的连续变化的信号，通过模/数电路转换成数字量，然后输入微处理器进行处理，将处理后的数据汇同开关量的状态按要求以 Bit 的形式上报 RDASC 信息处理机。

f. 串行通信接口

CINRAD 伺服监控与 RDASC 信息处理机的通信接口采用 EIARS-232C 美国电子工业协会正式颁布的串行总线标准，采用负逻辑：逻辑“1”：－5 V～－15 V；逻辑“0”：＋5 V～＋15 V。

④天线波束空间指向定标

由于天线旋转抛物面的几何图形不完全对称、天线的馈源不是非常精确地在天线的焦点上、馈源波导支架的遮挡作用，使得天线抛物面的几何指向和天线电轴之间存在着微小的差异，雷达发射和接收信号是以天线的电轴为基准，并且由于雷达天线及其驱动系统的机械磨损、变形、松动，会使天线电轴逐渐发生偏移，所以必须对天线的电轴进行标校。用太阳法进行雷达天线电轴的标校能够充分地保证雷达天线电轴的精度，每月至少完成一次太阳法标校雷达天线的电轴精度。

a. 标校原理。地球与太阳的相对运动情况，天文学上早已有精确的计算方法。由地球上观测点的经纬度、当天太阳的视赤纬和观测当时的真太阳时，可以用天文测量学的方法精确地计算出太阳的高度角和方位角。根据求出的太阳轨迹数据指引雷达天线在此区域进行方位和俯仰 ±6°的两维搜索；待全部搜索完成后，记录下接收机输出太阳的热噪声功率最大时的时间和即时雷达天线指向的方位或仰角，再与该时刻的太阳轨迹位置相比较，经过简单的运算，得出雷达天线的电轴指向和实际太阳的位置间的误差。如果误差偏大，应计算出误差并通过对 DCU 单元数字板 AP2 俯仰码位开关 SA3、SA4 和方位码位开关 SA1、SA2 调整，并重新进行天线波束指向定标检查，直到满足技术要求。

b. 前提条件。天线基座水平度达到要求（≤50"）；校对 RDA 计算机时钟，误差应在 10 s 以内（可以拨打电话 01012117 对时）；核对 RDASOT 软件中雷达天线的经纬度，精确到秒。最好是测试当天天气相对晴朗，有太阳，无回波遮挡，且太阳高度在 8°～50°范围，（20°～45°时最佳）即太阳高度较低但又不能太低的时段（以防水汽影响）。

（3）电源板故障分析与排查

板中 U1 将 220 VAC 转换成 308 VDC；U2、U3、U4 和 U5 分别将 308 VDC 转换成 +28 VDC、+5 VDC、+15 VDC、−15 VDC。

220 V 交流电由 5A6 机箱后面板上安装的 XS（J）4 输入并由此转接到 XT2，再由 XT2 转接到轴流风机 M1、电源板 AP3 上的 XS（J）15 和在 5A6 机箱后面板上安装的 XS（J）5。直流电压由 XS（J）15 送到接线排 XT1 和 XT2。由接线排 XT1 送出 +5 V，+5 V，+15 V 和 −15 V 通过 XS（J）14 加到数字板 AP2。其中一组 +5 V 由 XS（J）20 转接到显示板 AP4 上的 XS（J）17，再由 XS（J）18 转接到显示板 AP5 上的 XS（J）19。这组 +5 V 电压专供显示用。由接线排 XT2 送出的 +28 V 和由 XT1 送出的 +5 V，+15 V 和 −15 V 通过后面板上安装的 XS3 加到 5A7 供功率放大器使用。由 XT2 送出的 +28 V 电压也送到 XS（J）14。+5 V，+15 V，−15 V 和 +28 V 电压由 XS（J）14 转到 XS（J）10，再由 XS（J）10 转到在后面板上安装的插座 XS1，供 RDASC 检测用。由 XT1 送出的 +5 V，+15 V 和 −15 V 电压由 XS（J）6 送到 AP1。

（4）二进制和状态显示板故障分析与排查

AP4 除了显示天线方位和俯仰角度的二进制数值以外，还要显示各种报警信息和保护/控制动作信息总共 26 个，其中天线座状态报警信息 15 个、功放状态报警信息 8 个、DCU 保护/控制动作信息 3 个。

6.8.2.2 功率放大单元故障分析与排除

功率放大单元 PAU（UD5A7）由 2 个功率放大器和直流电源（含过压、欠压保护）组成。2 个功率放大器，一个用在俯仰支路，一个用在方位支路，分别用来驱动各自支路的电机，它们受控于来自数字控制单元的控制信号。每个伺服功率放大器最大功率为 9 kW。功率放大器由方位伺服放大器和俯仰伺服放大器、带有瞬变防护装置的高压电源和装在伺服放大器输出端的滤波电感所组成。

（1）加电

当把天线座上的安全开关置于“工作”位置，并且 RDASC 通过数字控制单元 DCU 的 XS1-J2 送出一个低电平信号时（SERVO ON），则 DCU AP2 印制板上的 D33 输出低电平，使 5A7AP1 印制板上的 K1 固态继电器接通。这样，220 VAC 加到交流接触器 KA1 的线包上，KA1 吸合，使三相电源变压器输出的三相 68 VAC 加到三相全桥 VC1 上；同时三相 68 VAC 分别加到变压器 T1、T2 和 T3 上；T1、T2 和 T3 输出的 12 VAC 分别加到指示灯 HL1、HL2 和 HL3 上。三相全桥输出的 165 VDC 电压加到接线排 XT1 上，由 XT1 转接到 R1、R2、C1、AP1 印制板（高低压监测）XS5（Az 功率放大器）和 XS7（E1 功率放大器）插座。

（2）方位和俯仰功率放大器 A1 和 A2

A1 和 A2 都是脉冲宽度被调制（PWM）的双向功率放大器。每一个放大器都能提供高达 45A 的峰值电流以驱动天线座组合电机。XS5-1 和 XS7-1 为高压的正端，而 XS5-2 和 XS7-2 为高压的负端。

（3）高压泄漏电路

为了可靠的保护功率放大器，采用双套高压泄漏电路。该电路安装在 5A7AP1 印制板上，由 N2、N3 和 V1（隔离栅双极性晶体管）等元器件组成一套高压泄漏电路；而由 N4、N5 和 V2（隔离栅双极性晶体管）组成另一套高压泄漏电路。当高压低于 193 VDC 时，N3 和 N5 输出 -5 VDC 电压使 V1 和 V2 关闭。当高压大于 193 VDC 时，比较器 N2 和 N4 输出 +13 VDC 电压经跟随器加至 V1 和 V2 的栅极，使 V1 和 V2 导通，高压得到泄漏，从而使加到功率放大器上的高压不会超过 193 VDC，有效地保护了功率放大器。

（4）轴流风机

在功率放大器单元 5A7 的前、后面板各装有一个轴流风机。冷空气从前面板上安装的轴流风机进入，经过发热元件，热空气从后面板上安装的轴流风机排出。机箱的上盖板开有多个长孔，机箱内的热空气也可由此排出。

（5）高低压监测电路

高低压监测电路安装在 5A7AP1 印制板上。高低压监测电路监视高压电源过压（≥200 VDC）和欠压（≤140 VDC）状态。当高压电源过压或者欠压时，该电路输出报警信号，报警信号为低电平。正常情况下，高压电源输出 +165 VDC，高低压监测电路输出为高电平。

①过压

由 R1、R2、R3、R4、R5、RP1 和 N1A 组成高压过压监测电路。N1A 工作在比较器状态。当把高压电源输出调到 200 VDC 时，调整 RP1，使 N1A 的输入电压 U3 = U2。当高压电源输出小于 200 VDC 时，U3 > U2，NIA 输出为高电平，即 U1 ≈ 5 VDC，不报警。当高压电源输出高于 200 VDC 时，U2 > U3，比较器 N1A 输出为低电平，即 U1 ≈ 0 VDC，表明高压电源输出过压。

②欠压

由 R6、R7、R8、R9、R10、RP2 和 NIB 组成高压欠压监测电路。NIB 也工作于比较器状态。当把高压电源输出调到 140 VDC 时，调整 RP2，使 NIB 的输入电压 U5 = U6。当高压电源输出大于 140 VDC 时，U5 > U6，NIB 输出为高电平，即 U7 ≈ 5 VDC，不报警。当高压电源输出低于 140 VDC 时，U6 > U5，比较器 NIB 输出为低电平，即 U7 ≈ 0 VDC，表明高压电源输出欠压。

（6）自动关电电路

天线在体扫时，其方位转速在不断变化。当天线转速由高变低时，电机反电势要向高压电源馈电，使高压电源输出电压增加。当高压电源输出电压超过 193 VDC 时，V1 和 V2 就会导通，高压得到泄漏，高压就不会继续增加。在这种情况下，V1 和 V2 导通的时间是短暂的。当 V1 或者 V2 被击穿时，V1 或者 V2 就始终处于导通状态。当电网电压升高以致使高压电源输出超过 193 VDC 时，V1 和 V2 也都始终处于导通状态，不仅会将 R1 和 R2 烧坏，而且还会将与其相连接的导线烧焦，甚至会产生更严重的后果。因此，设计了自动关电电路。

自动关电电路装在 5A7AP1 印制板上。自动关电电路由 V5、V6、N6A、N6B、N7A、N7B、D1A、D1B、D1C、D2C 和 K1 等组成。在伺服正常工作时，V1 和 V2 都不导通或者只是瞬间导通。N6A 和 N7A 输出为高电平，电容 C5 和 C6 上的电压接近 +5 VDC，这样 D1B 的输出也就是 D2C 的输入 9 脚为高电平，D1C 的输入 10 脚为高电平，于是 D1C 的输出为低电平，K1 维持导通。

以 V1 已导通为例来说明自动关电电路的工作原理。V1 导通后，二极管 V5 导通，C5 通过 R29 和 N6A 放电，如果高压电源输出一直高于 +193 VDC 或者 V1 被击穿，则经 20 s 左右，电容 C5 上的电压将降至逻辑“0”，这将导致 D2C 输出也就是 D1C 输入 9 脚为低电平（D2C 的 10 脚已为低电平），D1C 输出为高电平，K1 节点断开，交流接触器不工作，高压电源无输出，这样就不会导致事故发生。如果 V1 不导通，而是 V2 导通，或者 V1 和 V2 同时导通，与 V1 导通时的工作原理相同。

由 D3A、D3B、D3E、N8A、N8B、R36 和 C7 组成电路的作用是保证在 3-DISABLE 变为低电平后伺服强电能加上，使高压电源工作。因为在交流接触器 KA1 没吸合前高压无输出，二极管 V5 和 V6 都处于导通状态，使 D2C9 脚为低电平。如果 D2C10 脚也为低电平，则 3-DISABLE 变为低电平后，D1C10 脚为高电玉，但 D1C9 脚却为低电平，因此，K1 和 KA1 都不工作，强电加不上。因此，一开始必须设置 D2C10 脚为高电平，但它不能一直保持为高电平，否则自动关电电路将不起作用。D2C10 脚必须在 D2C9 脚变为高电平后再过几秒钟才能变为低电平。D2C10 脚保持高电平的时间（从 3-DISABLE 变为低电平时算起）是由 R36 和 C7 之积来决定的。必须使 R36 × C7 > R29 × C5。只有这样，才能既保证自动关电电路起作用又能维持 KA1 的吸合。

（7）扼流圈

为了使加至天线座上驱动电机两端的电压平滑、纹波小，在 Az 和 El 功率放大器输出端都加了滤波电感。

6.8.3 伺服系统故障诊断流程

伺服系统故障诊断流程见图 6-12。

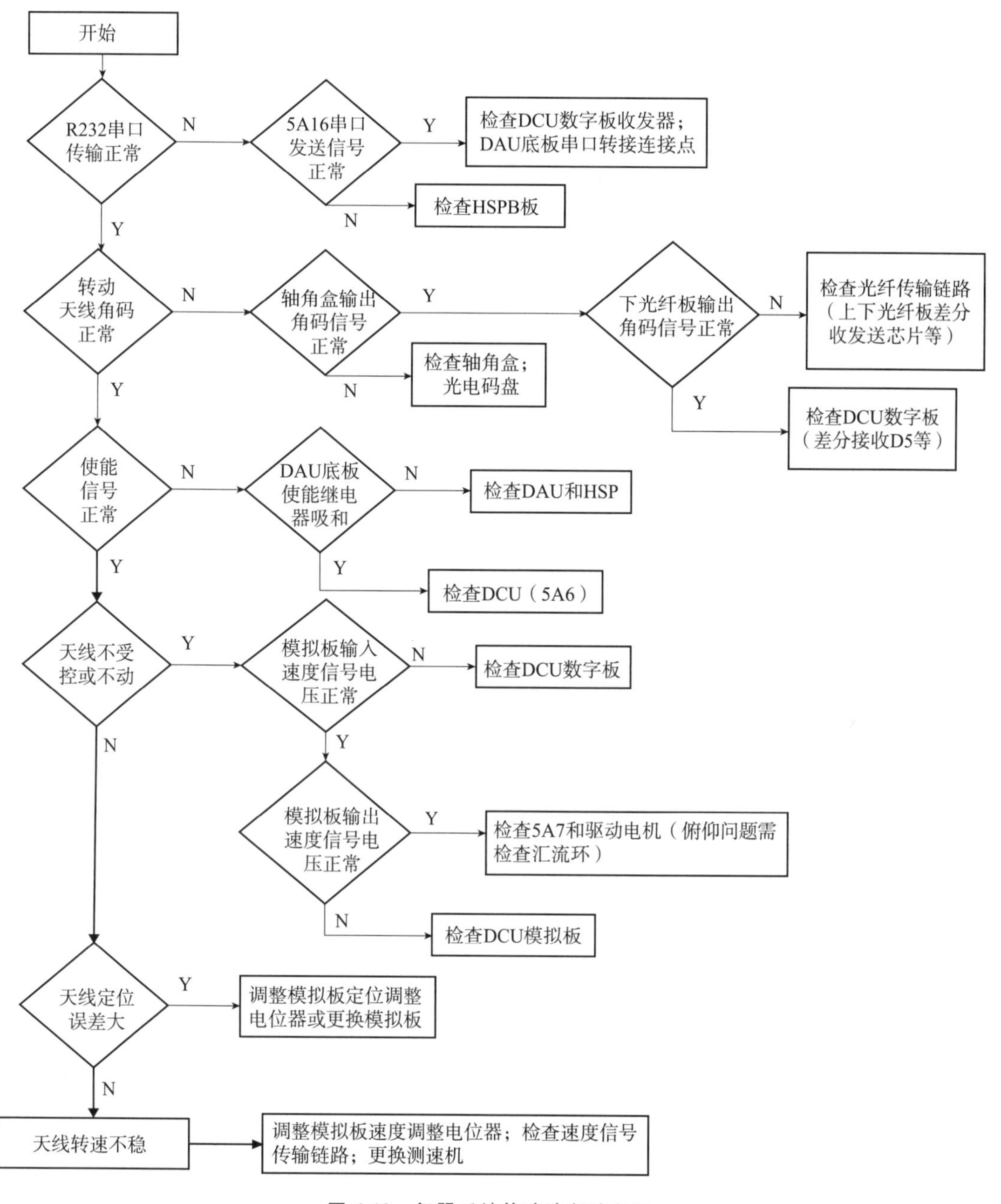

图6-12　伺服系统故障诊断流程图

6.9　伺服系统常见故障处理及排查

6.9.1　数字控制单元故障分析与排除

注意：在检查和修复电子器件过程中，一定要带上静电防护手链，否则可能会破坏元器件。

数字控制单元故障分析排查指南见表 6-3。

6.9.2 功率放大单元故障分析与排除

注意：在检查和修复电子器件过程中，一定要带上静电防护手链，否则可能会破坏元器件。功率放大单元故障分析排除指南见表 6-5。

6.9.3 其他故障分析与排除

其他故障现象、可能原因和排除方法见表 6-11。

表 6-11 其他故障现象、可能原因和排除方法

序号	故障现象	可能原因	排除方法
1	天线驱动开不起	安全开关未接触上	检查安全开关更换或维修
		断线或插头座接触不良	从伺服分机到天线座逐段检查线路，修复断线，扭紧插头或更换插头座
		电源分机“工作”开关接触不良或“应急”开关闭锁常闭不通	更换“工作”或“应急”开关的接触组合头，互锁系统失去作用应更换全套开关
		伺服分机“遥控”或“本控”的中间继电器 K1 线包不吸合或触点接触不良	在伺服分机上更换 K1
2	方位无 +130 V 直流驱动电压	驱动分机保险丝断导致无交流电源供电	更换驱动分机变压器 T1 上面的保险丝 FU1
		可控硅无触发或触发不正常	方位驱动分机中控制器上 KC04 坏，更换 KC04；触发脉冲变压器坏，更换脉冲变压器 T1；充电电容坏更换充电电容 C17；慢起动电容 C16 漏电封锁触发，更换 C16；并参照原理图及说明对照电路检查排除故障
3	+130 V 输出过高或过低不稳	“控制器”上电位器 PP5 及 RP6 接触不良或损坏	“控制器”上电压调节电位器 RP5 及 RP6 坏调整不起作用。更换电位器 RP5、RP6
4	俯仰无 +100 V 直流驱动电压	原因与方位相同	排除方法按方位排除方法
5	俯仰 +100 V 过高或过低不稳	可能原因与方位相同	排除方法按方位排除方法
6	方位误差无输出	运算放大器坏； 无 ±15 V 电压	更换方位伺服放大器的运算放大器 LM124； ±15 V 保险丝断更换保险丝
7	方位输入误差有正有负，伺服放大器输出只有正电压	方位伺服放大器 K3 常闭触点接触不良，触点虚焊	检查 K3 触点是否焊接良好，修复或更换继电器 K3

续表

序号	故障现象	可能原因	排除方法
8	方位输入误差有正有负，伺服放大输出器只有负电压	方位伺服放大器 K4 常闭触点接触不良，触点虚焊	检查 K4 触点是否焊接良好，修复或更换继电器 K4
9	方位手控时未转手轮有误差输出且极性不定调零不起作用	伺服放大器中 K2 动合触点接触不良造成阻尼信号或手控信号未接上，使运放开路	检查继电器动合触点是否焊接良好，修复或更换继电器 K2
10	方位数控无误差输入但伺服放大器有误差输出且极性不定，调零不起作用，天线快速运转	伺服放大器中继电器 K1，K2 常闭触点接触不良	检查 K1，K2 触点焊接是否良好，修复，或更换继电器 K1 或 K2
11	俯仰误差有正有负，伺服放大器输出只有正电压	原因与方位相同（第 7 项）	排除方法与方位相同（第 7 项）
12	俯仰输入误差有正有负，伺服放大器输出只有正电压	原因与方位相同（第 8 项）	排除方法与方位相同（第 8 项）
13	俯仰手控时未转手轮，有误差输出且极性不定，调零不起作用	可能原因与方位相同（第 9 项）	排除方法与方位相同（第 9 项）
14	俯仰数控无误差输入，但伺服放大器有误差输出且极性不定，调零不起作用	可能原因与方位同（第 10 项）	排除方法与方位相同（第 10 项）
15	俯仰数控时不受控	同步机无激磁	信号处理柜上交流 110 V 保险丝断更换保险丝
		俯仰发送器上同步机坏	更换同步机
		同步机三相中少相	天线座上汇流环接触不良，清洗汇流环，插头座接触不良更换插头座，焊点松动补焊或断线应修复断线
		方位角码变换器失效	更换角码变换器
		操作软件不正常	重新装软件
		伺服放大器不正常	按排除方法中的第 7、8、9、10 项排除
		伺服接口板有故障	伺服放大器故障 在信号处理中的主控分机上按该分机的故障排除方法排除故障
16	方位数控时不受控	可能原因参照俯仰第 15 项	排除方法参加俯仰第 15 项

续表

序号	故障现象	可能原因	排除方法
17	方位无误差信号输入天线自转	方位伺服放大器中调零电位器 RP3 接触不良使输出不为 0	更换电位器 RP3
		零误差时在脉宽调制器上的动力润滑方波不对称，可能 RP3 及 RP4 接触不良或虚焊	检查焊点，更换 RP3、RP4，然后调节 RP3、RP4、R18、R20 上端测试的方波应一致（脉宽≤20 μs）
18	俯仰无误差输入天线自转	可能原因与方位系统相同，如 17 项	按方位系统排除方法排除故障第 17 项
19	在数控时俯仰系统天线振荡	测速发电机无输出； 汇流环接触不良	测速发电机坏更换电机和清洗测速发电机的集电环
		测速信号时有时无可能断线，虚焊或插头座接触不良	清洗汇流环，松的压紧； 修复断线，焊点，更换插头座
		俯仰伺服放大器中阻尼调节电位器 RP8 接触不好	更换电位器 RP8
		俯仰伺服放大器中运算放大器第一级或第二级，反馈电阻开路，变质或焊点虚焊； 增益太高	更换电阻 R15 或 R25 修补焊点
		误差信号不稳定时大时小	微调伺服放大器中的增益电位器 RP5； 检查主控分机或控制系统软件
20	在数控时方位系统天线振荡	可能原因与俯仰系统第 19 项相同	按俯仰系统第 19 项的排除方法排除故障
21	数控时天线方位或俯仰小角度振荡次数增多至 5 ~ 6 次以上	减速器回差太大； 系统增益太高，降低增益	检修减速器有无松动重新装好，固紧降低系统增益使系统稳定微调伺服放大器中 RP5
22	方位有误差输出，直流驱动电源正常，驱动器无电压输出，天线不转（在出现这类故障时必须立即关掉驱动电源，放在手控下进行检查）	脉宽调制器板上无三角波输出	检查运放 N1 ~ 8 的三角波为对称三角波，频率 4 ~ 5 kHz，若无输出，更换 N1LM324（LM224）；或其周围元器件电容，电阻，有无损坏。
		无四路控制脉冲或方波输出	检查 N2 ~ 7 和 12 脚，有无方角波输出，无方角波输出更换 N2
		四个驱动模块 N4、N5、N6、N7 中直流 20 V 电源不正常（注意电源不接地）	用示波器检查 D3 ~ 2，4，6，10 脚的脉冲或方波（可在 R18，R19，R20，R21 脚量）且 2 和 4 同相位，6 和 10 同相位，无输出更换 D_3HBF4050 驱动模块，N4 ~ N7 中 20 V 电源不正常分别检查驱动模块 2 脚对 9 脚应为 +20 V，调节三端可调稳压器的电位器，使其满足要求，还不正常应检查三端稳压器 RG1 ~ 4 或整流桥 U1 ~ 4，更换三端稳压器或整流桥及滤波电容，交流不正常应更换驱动分机中变压器 T1
		驱动模块无输出	用示波器（不接地）检查驱动模块 3 对 6 脚应有脉冲或方波输出，无输出驱动模块坏更换驱动模块 EXB841

续表

序号	故障现象	可能原因	排除方法
23	俯仰有误差输出，直流驱动电压正常，无驱动电压输出天线不转	可能原因参照方位驱动中第22项	排除方法按方位驱动中第22项排除故障
24	方位驱动系统有驱动电压输出天线不转	①连接电缆断线或插头座虚焊； ②电机碳刷松动移位，集电环绝缘变差； ③电机坏	①修复断线及焊点； ②清洗集电环，更换新碳刷； ③更换电机
25	俯仰驱动系统有驱动电压输出天线不转	①可能原因参照方位驱动系统第24项； ②汇流环接触不良碳刷松动	①排除方法按方位驱动系统第24项排除故障； ②清洗汇流环，固定好电刷
26	方位或俯仰开驱动立即过流	功率模块IGBT被击穿	更换驱动模块CM300DY-24H/CM200DY-24H
27	发出“启动天线”命令但天线不转	①安全开关处于断开状态； ②伺服电源分机未处在“工作”状态； ③伺服分机未处于“遥控”状态	①检查，更换安全开关，分段检查是否断线； ②检查“工作”“应急”开关状态，检查相应的继电器是否吸合； ③检查“遥控”“本控”开关是否良好，更换相关的开关、继电器
28	无驱动电压	①保险丝断； ②无交流电输入； ③可控硅触发不正常	①更换保险丝； ②查找供电系统； ③参照原理图查找检修相关的变压器、电容、二极管等
29	驱动电压不稳	控制器上的可调电位器接触不良或损坏	参照原理图检查、更换相关的可调电位器
30	无误差电压输出	①无±15 V电压； ②运放损坏	①检修±15 V电源电路； ②更换运算放大器
31	误差电压输出正常但是天线只能单向运转(向上或向下；正转或者反转)	相关的继电器触点脏，接触不良，或者有虚焊点	参照原理图检修、更换相关继电器
32	“手控”状态时，未转动手轮天线就开始运转，但极性不定，“调零”不起作用	①运放开路，阻尼信号未加上； ②调零电位器坏	①对照原理图找查阻尼信号是否加到运算放大器上，可更换相关继电器，电位器，直至运放； ②更换电位器
33	“数控”状态下，未给出期望值，即误差电压 为“0”时，天线仍在转动，且极性不定“调零”不起作用	①伺服放大器中相关继电器接触不良； ②调零电位器坏	①参照原理图检修更换相关继电器； ②更换调零电位器

续表

序号	故障现象	可能原因	排除方法
34	“数控”状态下天线不受控	①自整角机无励磁； ②自整角机损坏； ③自整角机缺相； ④伺服放大器故障； ⑤操作软件运行不正常； ⑥角码变换器失效	①信号处理机柜中交流 110 V 保险丝断，更换之； ②更换自整角机； ③汇流环脏，清洗之。插头座接触不良或断线； ④参照原理图维修伺服分机； ⑤重装实时处理程序； ⑥更换角码变换器
35	“数控”状态下停天线时天线追摆次数太多或震荡不停	①测速电机损坏或连线有断点； ②汇流环不洁； ③阻尼电位器接触不良或失效； ④伺服放大器运算放大器周边有虚焊点； ⑤增益调整不当； ⑥误差信号不稳，时大时小	①更换测速电机或修复断线； ②清洗汇流环； ③更换阻尼电位器； ④检查维修之； ⑤微调伺服放大器中的增益电位器； ⑥检查主控分机相关元器件
36	方位驱动输出正常但天线不转	①电缆断线或插头座接触不良； ②方位驱动电机损坏； ③天线转台损坏此时天线转动时有啸叫声	①将方位驱动连接电缆（4xs403）与俯仰驱动连接电缆（4xs403）对调，判断是否是电缆问题； ②更换方位驱动电机； ③更换天线转台
37	俯仰驱动输出正常但天线不能做改变仰角的动作	①汇流环脏； ②连接电缆问题； ③俯仰驱动电机损坏	①清理汇流环； ②对调方位，俯仰电缆试试； ③更换俯仰驱动电机； （注：更换俯仰电机前，将天线抬到一定仰角，插好定位销）
38	开驱动后立即过流	功率模块 IGBT 被击穿	更换 IGBT（注：IGBT 为贵重器件，更换时要放掉身上静电，禁止用手触摸 IGBT 的控制级 G1、G2、G3、G4，不能用万用表测量 IGBT，不能用电烙铁焊接，未用的新模块禁止取下短路环）
39	RHI 扫描时仰角范围 > 30° 导致 RHI 扫描时间过长	实时处理程序中命令 RHI 扫描上限的语句出错	①更改程序语句，将其设定在 0°～30°； ②临时可在 RHI 扫描状态控制的画面中将滑块拖至 30°

第7章 天馈系统

7.1 天馈系统工作原理

双偏振天伺系统能同时进行水平极化和垂直极化，天线在水平方向上能够360°连续转动，垂直方向上能够在0°~+90°范围内转动。双偏振天伺系统通过对天线的控制，将天线准确定位到指定角度，然后通过馈线系统和天线将电磁波发射和接收回来。

天线系统由天线反射器、天线波导、天线座组成。天线系统是用来收发电磁波的，天线是一种前馈抛物面双偏振天线，天线正常工作时，一方面将馈源发出的电磁波反射出去，另一方面将通过大气层反射回来的电磁波聚焦到馈源接收下来。电磁波发射时，首先通过两路馈线波导分别传输到馈源（垂直极化经由极化双工器侧口到馈源，水平极化经由极化双工器直通口到馈源，双工器侧口与直通口极化是正交的，相互隔离），再通过天线发射出去；接收时通过双极化馈源把天线收到反射回来的两种极化电磁波通过各自的馈线分别传输到接收系统，实现了双极化信号同时收发的功能。

馈线系统是指连接发射机、接收机和天线的微波传输线，以及有关的微波器件。发射状态：脉冲电磁波经馈线系统传输到极化双工器，转换为水平/垂直极化脉冲电磁波送给馈源，由天线反射体向空间辐射。接收状态：天线接收回波脉冲电磁波后，经极化双工器对回波极性进行转换后通过馈线系统输入接收双通道。

7.2 技术特性

天线主要技术指标见表7-1。

表7-1 双偏振天线技术指标

序号	项目	技术规格要求
1	天线类型	S波段中心馈电旋转抛物面
2	频率范围	2 700 MHz~3000 MHz
3	天线尺寸（m）	8.54（直径）

续表

序号	项目			技术规格要求
4	波束宽度（°）	水平	H 面	≤1.0
			E 面	
		垂直	H 面	≤1.0
			E 面	
5	天线功率增益（dB）	水平		≥44.0
		垂直		
6	极化方式			H 和 V 正交线性极化
7	交叉极化隔离度（dB）	水平		≥35.0
		垂直		
8	功率容量			≥1.2 MW（脉冲峰值功率），2.4 kW（平均功率）
9	电压驻波比			≤1.2：1
10	旁瓣（dB）	第一旁瓣		≤ -29.0
		远端旁瓣		≤ -42.0（±10°以外）
11	波束指向（°）	方位角		±0.05 之间
		仰角		
12	双极化波束宽度差异（°）	H 面		≤0.1（3dB 处）
		E 面		
13	双极化正交度（°）			90±0.03
14	俯仰角转动范围（°）			-2°~90°

7.3 天馈系统功能

双偏振伺服系统通过对天线的控制，将天线准确定位到指定角度，然后通过馈线系统和天线，实现电磁波发射和接收。天线、馈线组合主要由天线反射器和馈线两部分组成。馈线由馈源喇叭、极化双工器、直波导、定向耦合器、弯波导、俯仰旋转关节、方位旋转关节、软波导等部分组成。天线和馈线完成发射机输出的高功率信号由馈线输入馈源喇叭中，再由馈源喇叭以球面波的形式向抛物面天线辐射，经过抛物面后形成平面波向空间辐射出去。同样接收到的回波能量由抛物面天线聚焦到馈源喇叭中，经过馈线进入接收机，完成雷达系统的发射和接收。

7.3.1 天线系统

天线系统是天线面及馈源系统的简称，天线反射器选择前馈抛物面形式，喇叭的相位中心必须置于抛物线的焦点，天馈系统的电气性能才能达到最佳。从发射机输出的高功率信号，由馈线输入喇叭中，再由喇叭以球面波的形式向抛物面辐射，经抛物面变成平面波向空间辐射出去；接收是发射的逆过程，由抛物面接收到的信号聚焦到喇叭中，经由馈线进入接收机。

天线反射器由反射面、支撑杆和中心体、馈源支撑等组成。为了保证天线反射面的精度和技术指标要求，反射面由扇形实心面反射体组成，表面精度可达0.5 mm（RMS）。馈源支撑杆有三根，采用铝波导材料，用BJ-32波导型材加工而成，其中的两根支撑杆件是馈线波导的一部分。

馈源安装采用专用定位工装完成，工装两端分别与反射面中心及馈源连接，可保证馈源相对反射面位置精度。

7.3.1.1 天线馈线系统

天气雷达工作时候馈线中传输的是大功率的脉冲发射信号和天气目标反射回来的信号。馈线组合实现雷达工作中传输大功率的发射脉冲信号和接收目标反射回来的回波信号，实现天线在任意位置都能完成发射和接收信号的传输。

馈线系统主要由喇叭、分支OMT、软波导、十字耦合器、波导同轴转换、俯仰旋转关节、双通道方位旋转关节、大功率环流器、接收机保护器以及各种BJ-32弯波导等组成。馈线中所有部件均为铝合金材料，都按能承受大功率设计，在法兰盘端面设有扼流槽。

法兰盘采用的是国标《波导法兰盘　第二部分：普通矩形波导法兰盘规范》（GB/T 11449.2—1989）FA.32型号的FAP32平法兰盘和FAE32扼流法兰盘。矩形波导管型号为BJ32，工作频率范围2.7~3.0 GHz，波导管材料有铜、铝两种，本系统使用的是铝波导管，表面涂覆AL/Ct·Ocd导电氧化，外表面涂漆（白色）S04-80·Ⅲ。

双发双收模式：雷达发射机的高功率射频经馈线系统功分（魔T）并由极化双工器改变为正交水平/垂直线极化后给天线。8.54 m直径的抛物面反射体产生水平和垂直极化的0.99°的笔形波束。反射体还将RF回波聚集到馈源喇叭。RF回波信号通过馈源喇叭经极化双工器将水平/垂直线性极化回波转变为单一极化RF信号后进入接收机前端。

单发单收模式：雷达发射机的高功率射频经发射机馈线两个收发开关，通过发射水平单一极化馈线系统给天线。

馈源喇叭：馈源喇叭选用90°平面波纹喇叭，该喇叭具有下列优点：喇叭对天线面边缘的照射电平≤-15 dB；喇叭的电压驻波比小；E面和H面方向图等化好。

圆矩过渡采用节圆阶梯过渡的匹配方式，这种结构方式不但加工容易，电压驻波比也可以做得很小。雷达在工作时，馈线内充干燥高压空气，因此，在喇叭口的截面有一个半圆形聚丙乙烯罩子，它既能承受干燥空气的压力，又能承受高功率脉冲信号。通常干燥空气压力不要超过5 PSI。

极化双工器：当天线工作于双线极化工作模式时，通过双工器可以将同时发射的水平和垂直两路线极化信号合在一起，经馈源喇叭和天线发射出去。反之，它可将通过天线和馈源喇叭接收到的水平和垂直两路线极化信号，经双工器分离后分别传输到两路馈线波导中，满足了天线同时收、发水平和垂直两路线极化信号的指标要求。

俯仰旋转关节：俯仰旋转关节作为馈线组合中一个关键器件，传输大功率的发射脉冲信号和接收目标反射回来的回波信号，实现天线在任意位置都能完成发射和接收信号的传输。俯仰旋转关节的各项电气性能指标见表7-2。

表 7-2　S 波段俯仰旋转关节电气性能指标

序号	项目	性能指标
1	工作频率	2.7～3.0 GHz
2	驻波比	≤1.15
3	关节旋转一周的驻波变化	≤0.05 dB
4	插入损耗	≤0.15 dB
5	关节旋转一周的插入损耗变化	≤0.05 dB
6	同角度插入损耗的重复性	≤0.05 dB
7	关节旋转一周的相位变化	≤ ±1.25°
8	同角度的相位重复性	≤ ±0.5°
9	峰值功率	≥1.2 MW
10	平均功率	≥2.4 kW
11	波导与接口法兰	BJ32/FAE32

测试条件：+25℃温度，0.07 MPa 通道气压，匹配负载的情况下。

俯仰旋转关节的物理特性见表 7-3。

表 7-3　俯仰旋转关节物理性能指标要求

序号	项目	指标要求
1	启动力矩	≤3 N·m（−40～+70℃）
2	最大转速	≥6 rpm
3	角加/减速度	≥19（°）/s^2
4	气密性（耐压）	≥0.1 MPa
5	泄露量	≤10 cm^3/min（0.1 MPa 压力下）
6	使用寿命	50×10^6 转
7	重量	≤20 kg
8	主体材料	不锈钢
9	表面处理	铬酸盐处理，喷优质白色亚光漆

方位旋转关节：方位旋转关节作为馈线组合中一个关键器件，传输大功率的发射脉冲信号和接收目标反射回来的回波信号，实现天线在任意位置都能完成发射和接收信号的传输。

方位旋转关节的各项电气性能指标见表 7-4。

表 7-4　S 波段双通道方位旋转关节电气性能指标

序号	项目	性能指标
1	工作频率	2.7～3.0 GHz
2	驻波比	≤1.15
3	关节旋转一周的驻波变化	≤0.05 dB
4	插入损耗	≤0.18 dB
5	关节旋转一周的插入损耗变化	≤0.05 dB

续表

序号	项目	性能指标
6	同角度插入损耗的重复性	≤0.05 dB
7	关节旋转一周的相位变化	≤ ±1.25°
8	同角度的相位重复性	≤ ±0.5°
9	峰值功率	≥1.2 MW
10	平均功率	≥2.4 kW
11	波导与接口法兰	BJ32/FDM32
12	双通道隔离度	≥60 dB

7.3.1.2 天线/天线座

天线座由座体支撑部分（上圆筒、下圆筒）、方位驱动组合、俯仰驱动组合等组成。通过电机的驱动，天线座的方位轴和俯仰轴发生转动，从而带动天线的方位角度和俯仰角度发生变化。

座体支撑部分是方位和俯仰的支撑部件，在其中安装了旋转关节和滑环。

方位、俯仰组合各包括：

①方位和俯仰组合提供了安装抛物面天线和其他元件的接口；

②一套装有电机的减速箱；

③一套与方位轴、俯仰轴同步转动的传动装置；

④装有带安全互锁销的锁定装置，在天线不操作或进行维修的时候，能确保方位和俯仰组合及人员的安全；

⑤监视大齿轮及减速箱油位是否满足要求的油位传感器；

⑥俯仰齿轮的润滑系统；

⑦可以手动驱动天线的带有安全互锁销的手轮驱动装置；

⑧俯仰装置装有带缓冲的机械限位装置及使天线保持平衡的配重块；

⑨方位和俯仰设有检修门和检修用的盖板，为检查和维修而用；

⑩在上圆筒检修门旁边设有“工作/安全”开关，在进行检修的时候必须把其切换到“安全”位置，这样就切断了天线座中的电机驱动电源，保证了人身和设备的安全。

天线/天线座 UD2 由天线座部件 2A1、天线馈源部件 2A2、上光端机 2A20 和功率监视器 2A5/2A85 组成。原位于天线座的接收机保护器 2A3/2A83、低噪声放大器 2A4/2A84 下移至设备机房馈线部分，便于更好地实施温湿度控制，保证双通道一致性和稳定性。

天线座部件提供对天线部件的支撑，包含方位/仰角驱动单元和位置测量数据装置。天线座电子线路被置于 RDA 监控设备 UD5 内。天线座部件在一个固定仰角上驱动天线在方位上旋转。其方位旋转最大速度为 6 rpm（每分钟 6 转）。天线仰角驱动部件允许仰角从 -1°到 +91°（测试时到 +60°）按增量步进方式运动，典型值为每圈一个步进（正常的工作范围是 -1°到 +20°）。天线座由 RDA 状态和控制处理器来的命令经数字控制单元（DCU）UD5A6 和功率放大器单元 UD5A7 来驱动。天线位置数据由天线座部件产生并送给天线座控制单元。天线座部件还监视关键的内部工作情况。这些信号也送入数字控制单元。

天线采用8.5 m 前馈抛物面天线的型式，天线座结构型式为俯仰轴在方位轴之上，重约9.8 t。

7.3.1.3 方位组合

方位驱动链由交流电机和减速比为316∶1的行星减速箱所组成。减速箱竖直地安装在方位壳体上，在减速箱的侧壁上安装有油位传感器，对减速箱里的油位进行监视，并且在减速箱上安装有出气阀、溢油阀等。

方位大齿轮在大油池中转动，在大油池的底部和减速箱上都装有油位传感器，以对大油池和减速箱油位进行监视，同时在方位壳体上设有观察孔，可以直接观察到润滑油油面的位置。在方位大油池的上面安装有盖板，以防止灰尘及其他的杂物进入润滑油池内。

在方位同步传动装置上装有测角元件光电码盘，产生14位轴角数据。

方位轴可以在0°和90°两个位置被锁定。在方位锁定装置中安装有安全互锁销，当安全互锁销手柄从收藏凹口处的离开时，方位锁定装置中的开关发送一个状态信号到DCU，产生方位驱动器使能禁止信号。向上推锁定轴，使锁定轴镶入方位转台上的凹口，就可以锁定方位轴。

转动方位手轮驱动装置可以驱动方位轴使天线转动。手轮驱动装置中装有安全互锁开关，在手动驱动天线时必须把安全互锁销从“工作”孔中取出，此时方位手轮驱动装置中的开关发送一个状态信号到DCU，产生方位驱动器使能禁止信号，以关断电机电源。再插到“啮合”孔中，这时转动方位手轮驱动方位轴使天线转动。俯仰的各种电信号传递需要通过位于方位圆筒中的汇流装置。

7.3.1.4 俯仰组合

俯仰部分包括俯仰箱体、俯仰传动装置、俯仰同步装置、俯仰旋转关节、俯仰锁定装置、俯仰电限位装置、俯仰机械限位装置、天线支臂、配重等部分。俯仰驱动链由交流电机和减速比为316.297∶1的行星减速箱所组成。

减速箱水平地安装在俯仰箱上，在减速箱的侧壁上安装有油位传感器，对减速箱的油位进行监视，并且在减速箱上安装有出气阀、溢油阀等。

电机轴带动减速箱输入轴转动，减速箱输出齿轮和俯仰左轴承/大齿轮啮合使天线绕俯仰轴转动。左轴承/大齿轮是四点角接触球轴承，其具有极强的抗倾覆能力和高效的承载能力。驱动力直接由左轴承/大齿轮传递给左轮毂，并且由俯仰轴传递给右轮毂，从而使天线绕俯仰轴转动。在俯仰箱的上部装有润滑装置，由导管通到两轴承的内圈上，用润滑脂润滑俯仰左轴承/大齿轮和右轴承。俯仰箱两侧装有盖板，防止灰尘及其他的杂物进入。

在俯仰同步传动装置上装有测角元件光电码盘，产生14位轴角数据。在俯仰箱的上部装有两个锁定装置，可以在0°、23°、90°附近锁定天线。在俯仰锁定装置中安装有安全互锁销，当安全互锁销手柄从收藏凹口处的离开时，方位锁定装置中的开关发送一个状态信号到DCU，产生方位驱动器使能禁止信号。水平推锁定轴，使锁定轴镶入左支臂或右支臂上的凹口，就可以锁定俯仰轴。当天线仰角位于0°~90°任意位置时，转动俯仰手轮驱动装置可以使天线绕俯仰轴转动。手轮驱动装置中装有安全互锁开关，在手动驱动天线时必须把安全互锁销从“工作”孔中取出，此时俯仰手轮驱动装置中的开关发送一个状态信号到DCU，产生俯仰驱动器使能禁止信号。再将互锁销插到“啮合”孔中，这时转动俯仰手轮就可以使天线绕俯仰轴转动。

7.3.1.5 俯仰限位

在俯仰箱上安装有两个预限位开关和两个死区限位开关。当安装在俯仰轴上的撞块压下预限位开关触头时，预限位开关就会发出一个状态信号到DCU，DCU将阻止电机继续向前转动但不阻止电机向相反方向转动。一旦安装在俯仰轴上的撞块压下死区限位开关触头时，死区限位开关就会发出一个状态信号到DCU，DCU将使俯仰驱动器无输出，使电机不能转动。如果天线转动角度超过俯仰死区限位的角度，则装在俯仰箱两侧的两个机械缓冲装置就会吸收天线转动的动能，以保护天线座系统的安全。

7.3.1.6　俯仰限位位置

这些限位开关的限位角度在出厂时已调整好，其值如下：

①预限位（+）：90.2°±0.2°；

②死区限位（+）：94.0°±0.2°；

③机械限位（+）：95.0°±0.5°；

④预限位（-）：-1.2°±0.2°；

⑤死区限位（-）：-2.0°±0.2°；

⑥机械限位（-）：-3.0°±0.5°。

7.3.1.7　俯仰手轮装置

转动俯仰手轮驱动装置可以驱动俯仰轴使天线转动。手轮驱动装置中装有安全互锁开关，在手动驱动天线时必须把安全互锁销从“工作”孔中取出，此时俯仰手轮驱动装置中的开关发送一个状态信号到DCU，产生俯仰驱动器使能禁止信号（俯仰手轮中的微动开关发送一个状态信号到DCU以关断电机电源）。再插到“啮合”孔中，这时转动俯仰手轮驱动俯仰轴使天线转动。

汇流环又称滑环，其作用是使雷达旋转部分与固定部分之间形成电能（电和光）信号连续的连接，滑环安装在方位筒下端。伺服系统采用低频柱式汇流环，又称叠式汇流环，该汇流环的接触面是每个导电环的周围面，每一环形成一个信号通道，环与环之间用绝缘环隔开，以保证环与环之间的绝缘度。一环一环叠加在一起构成环芯。使用金属丝（免维护版本）或碳刷（老版本）固定在外壳上，与每一个导电环构成一组电接触。

汇流环技术指标要求见表7-5。

表7-5　汇流环主要技术指标

项目		要求
转速		0~20 rpm
摩擦力矩（N·m）		≤2 N·m
外形尺寸	法兰尺寸	∅370 mm
	内径尺寸	∅212 +0.046 mm
	高度尺寸	573 mm
	安装螺孔尺寸	∅315 ±0.2-12-M8EQS
	安装螺孔尺寸	∅200 ±0.2-8-M8EQS 深 20 mm
	安装螺孔尺寸	∅226 ±0.2-8-M8 EQS 深 20 mm
	内径尺寸	∅182 mm

续表

项目		要求	
配线长度		内环	接入接插件
		外环	接入接插件
电气接口		电源环	52 路
		信号环	8 路
绝缘电阻	接触电阻	≤50 MΩ	
	环对地绝缘电阻	≥500 MΩ	
	环与环绝缘电阻	≥500 MΩ	
寿命		1500 万转	

位置识别和数据传输包括方位和俯仰同步箱、联轴节、光电码盘、轴角盒和连接电缆。

同步箱分为方位同步箱和俯仰同步箱，作用是将天线的方位位置和俯仰位置通过机械传动的方式传递到光电码盘输入轴，为了避免机械传动中因齿隙带来的角度误差，同步箱采用了消隙齿轮设计；光电码盘是通过光电转换把位移量变换成数字代码形式的电信号。光电码盘的优点是没有触点磨损，因而允许高转速、高频率响应、稳定可靠、坚固耐用而且精度高。工作时光投射在码盘上，码盘随运动物体一起旋转，透过亮区的光经过狭缝后由光敏元件接受，光敏元件的排列与码道一一对应，对于亮区和暗区的光敏元件输出的信号，前者为“1”，后者为“0”，当码盘旋转在不同位置时，光敏元件输出信号的组合反映出一定规律的数字量，代表了码盘轴的角位移。天伺系统采用 14 位绝对式光电码盘，码盘的最小角度分辨率为 0.022°。光电码盘采用格雷码编码，避免从编码全 1 到编码全 0 的跳变，可避免大电流扰动；轴角盒负责获取光电码盘传来的轴角数据，并进行格式转换和电平变换，而后发送给 DCU 数字控制单元，轴角盒内部各部分功能描述如下：

①使用 54LS245 双向并行接口芯片引入光电码盘传来的 14 位轴角码，光电码盘将天线当前方位和俯仰的角度状态编码为 14 位的并行格雷码传递给轴角盒，轴角盒使用 54LS245 芯片进行缓冲并行输入；

②使用 54LS165 并串转换芯片将轴角码变为串行数据，使用两片 54LS165 芯片，依照 DCU 发来的锁存信号（经过上下光纤板或大电缆传输）将 54LS245 传来的 14 位轴角码锁入 54LS165 的并行输入端，而后依照 DCU 发来的移位脉冲信号将轴角数据从 54LS165 的输出端串行发出；

③使用 DA26LS31 发送器和 DSLS33 接收器实现 TTL 单端信号的 RS422 差分信号的电平变换。DS26LS33 负责将 DCU 从 RS422 总线上发来的锁存和移位脉冲信号还原为 TTL 信号供 54LS165 使用，并将 54LS165 发出的串行轴角数据调制为 RS422 总线兼容的差分信号发给 DCU。

天线伺服系统具有互锁、油位、限位、轴锁定等安全保护功能，当任何一个保护功能被触发后都会产生相应的报警信号和保护动作。详细报警信号见表 7-6 所示。

表 7-6 天线报警信息和信号列表

序号	信号	功能
1	Az 手轮啮合	通过禁止方位功率放大器使其功率输出不能加至方位驱动电机
2	Az 锁定装置锁定	通过禁止方位功率放大器使其功率输出不能加至方位驱动电机
3	天线座互锁	通过去除功率放大单元的 165 V 电压，使天线座组合驱动电机不能工作
4	EI 测速机	输出与俯仰轴转动速度成比例的直流电压
5	Az 减速箱油位低	当减速箱油位低于规定值时输出报警信号
6	EI 死区限位	输出状态信号，并使俯仰功率放大器没有输出
7	EI 手轮啮合	通过禁止俯仰功率放大器使其功率输出不能加至俯仰驱动电机
8	EI 电机过温	当电机过温时输出报警信号
9	EI -1.2°预限位	当天线转到 -1.2°时，输出报警信号，同时打开预限位开关接点，使控制二极管工作，以封锁运行方向上驱动电机的电流
10	EI +90.2°预限位	当天线转到 90.2°时，输出报警信号，同时打开预限位开关接点，使控制二极管工作，以封锁运行方向上驱动电机的电流
11	EI 减速箱油位低	当减速箱油位低于规定值时输出报警信号
12	EI 锁定装置锁定	通过禁止俯仰功率放大器使其功率输出不能加至俯仰驱动电机
13	Az 电机过温	当电机过温时输出报警信号
14	Az 测速机	输出与方位轴转动速度成比例的直流电压
15	Az 编码器数据	输出方位位置数据
16	EI 编码器数据	输出俯仰位置数据
17	Az 大齿轮油位低	当大油池油位低于规定值时输出报警信号

7.3.1.8 上光端机 UD2A20

光纤链路由上光端机单元、下光纤电路模块和光缆组成。光纤链路功能是将塔/天线座所有的数字和模拟信号，包括天线角码及报警信息，经上光端机变化后，多路复用，经光缆传输到下光纤电路模块。下光纤电路模块将这些信号多路分离，然后将它们送到相应的执行单元。

上光端机单元采集天线罩温度、天线功率、天线转速（方位和俯仰）输出的 4 路模拟信号，然后将这 4 路模拟信号进行 12 位的 A/D 转换。上光端机单元还采集 16 个数字状态信号和 2 组天线角度信号（方位和俯仰），将这些信号通过光缆传输到 RDA 机柜中的下光纤电路模块。

光纤链路采用光电隔离以杜绝雷击等造成后端设备损害，上光端机同时也提供 +15 V、-15 V、+5 V、+5.2 V 为上光纤板、轴角盒、光电码盘、互锁开关、限位开关等供电。

7.3.1.9 天线功率采集器 UD2A5/2A85

天线功率采集探头在俯仰旋转关节（就在天线前边）的定向耦合器处（双偏振技术升级后改为天线上双偏振 ZDR 参数在线定标信号源），测量水平和垂直发射脉冲的功率电平数据，经 DAU 送给 RDASC 处理器供在线校正用。

7.3.2 馈线系统功能

馈线系统主要有以下功能：

①S 波段脉冲信号极化方式转换功能：把大功率发射脉冲转换为线性水平和垂直极化电

磁波，并传输给馈源；将馈源送来的水平/垂直极化回波脉冲信号转换为电磁波。

②S 波段线性水平/垂直极化回波脉冲信号传输功能：将馈源接收的水平/垂直极化回波脉冲信号低损耗地传输给接收机前端。

③收发转换功能。

④为发射脉冲信号（脉冲重复频率、波形、功率）检测和标定校准提供信号接口。

⑤隔离保护功能：保护发射机速调管和接收机前端的低噪声微波放大器。

⑥微波馈线由一系列微波控制器件和波导节组成，把雷达发射机的输出传送到天线/天线座。

波导控制器提供下列功能：衰减发射机信号中不需要的频率成分；扼制反射能量；单一线性极化和水平/垂直线性极化的切换；馈线系统包括两个波导开关，当发射机命令发出、所有互锁开关闭合时，波导开关被电控置为使 RF 脉冲以单极化发射或者双极化同时发射的模式传到天线或假负载。经雷达接收机提供高功率 RF 采样信号给 RDA 供在线和离线雷达发射机输出功率的校正，并作为 Burst 信号实时校准修正系统回波信号。在驻波比变大或者馈线打火导致环形器过热时，给 DAU 提供过热指示。

CINRAD/SA-D 雷达馈线系统采用了国家标准的 BJ32 系列矩形波导和微波器件，各器件的连接采用 FAE32 带密封和扼流法兰盘，保证连接密封可靠。

主要微波器件功能如下：

①谐波滤波器功能：谐波滤波器是抑制速调管的非线性工作所产生的二次、三次、四次谐波的低通滤波器，同时将射频信号输出到起隔离和保护速调管作用的环形器。

②环行器功能：采用 3 个环行器作为收发开关部件，完成雷达收发工作转换和隔离保护功能，保证速调管和低噪声微波放大器安全。反射功率由中功率负载吸收。

③定向耦合器功能：采用两个定向耦合器，两路是正向发射功率取样，另外两路是反射功率取样。正向功率取样送给接收机机柜（UD4），其中一路送给接收机测试源选择，作为测试信号和功率监测，另一路为机外发射机功率测量点；两路反向功率取样经检波器检波后送给驻波检测模块，作为驻波检测报警。

④波段开关功能：采用两个波导开关提供了以下功能：

a. 使发射的高功率射频脉冲进入天线或者大功率负载（假负载）。运行时，波导开关将高功率射频脉冲传送到天线；标定时，传送到假负载。

b. 极化模式的组合控制。当雷达工作在双偏振模式下，高功率射频信号进入波导开关 1、功率分配器，然后进入两个环形器。当雷达工作在水平极化模式下，大功率射频信号进入波导开关 1、波导开关 2，然后进入水平环形器，在这种模式下，垂直通道内没有射频能量。

⑤功率分配器（魔 T）功能：功率分配器（魔 T）是一个高功率微波功分器，功能是产生双路射频输出。接收发射机输出的一路高功率射频信号，在两个输出端口分别输出两路射频信号。

7.4 天馈系统信号流程

CINRAD/SA-D 雷达馈线系统指从发射机输出端至天线馈源输入端间的 S 波段的波导接口标准为 FAE32/FAP32 的微波器件及连接波导（波导标准为 BJ32）、法兰等附件。馈线系统信号流程见图 7-1。发射机柜顶双偏振馈线系统信号流程见图 7-2。

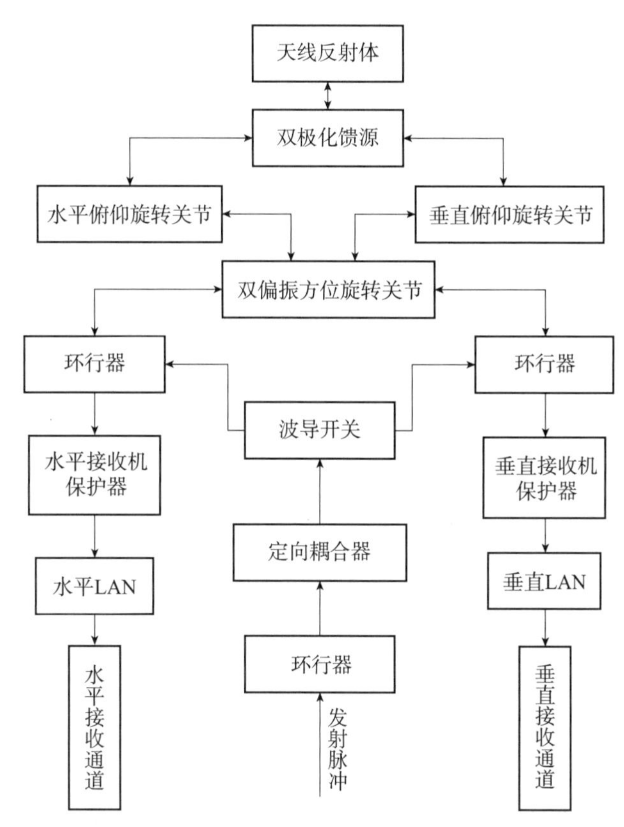

图 7-1　CINRAD/SA-D 雷达馈线信号流程图

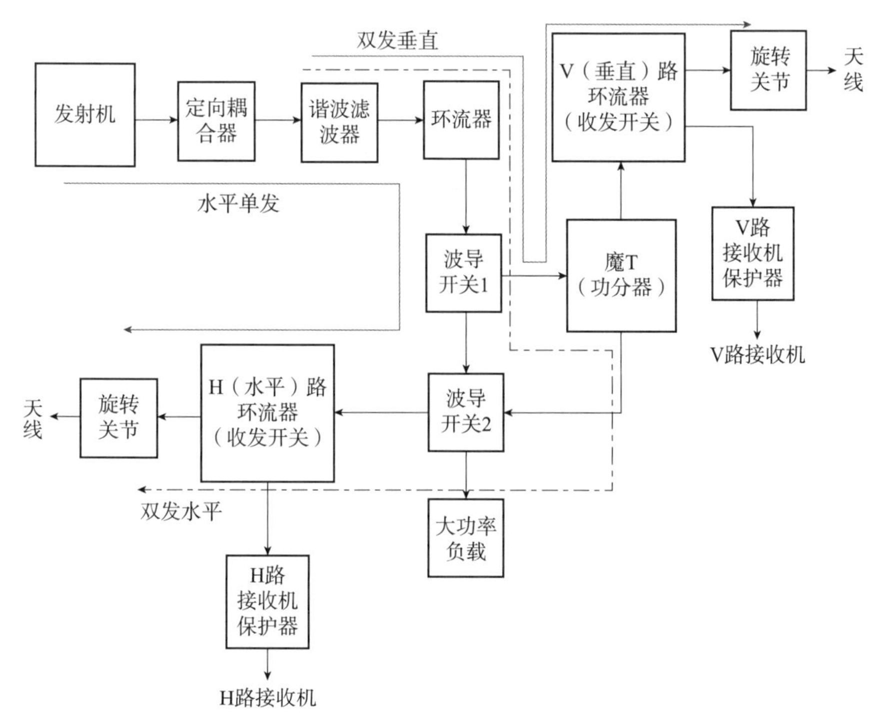

图 7-2　发射机柜顶双偏振馈线系统信号流程图

CINRAD/SA-D 雷达馈线部件按安装位置分为三部分：发射机速调管输出法兰至发射机柜顶馈线部件、发射机柜至天线座间馈线部件、天线座内部至天线馈源馈线部件。

馈线系统中的水平/垂直俯仰旋转关节、双偏振方位旋转关节等微波器件安装在天线座内，其他微波器件安装在发射机柜内或机柜顶部，采用各种形状波导连接或直接连接。

各部件的连接关系如图 7-3 所示。

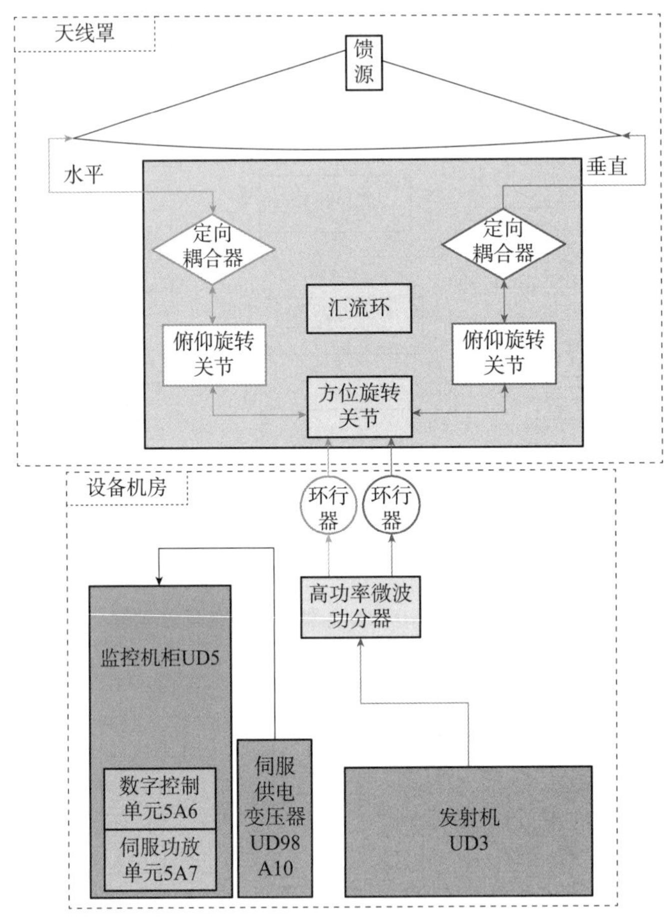

图 7-3　天伺系统各部件的连接图

7.5　天馈系统报警代码与分析

天馈系统报警代码及取样和报警来源见表 7-7。

表 7-7　天馈系统报警代码列表

序号	报警代码	中文报警信息	报警来源及说明		备注
			取样位置	报警位置及门限	
1	43	波导开关故障	波导开关	天线罩门开关未关闭	

续表

序号	报警代码	中文报警信息	报警来源及说明		备注
			取样位置	报警位置及门限	
2	44	波导开关/PFN 连锁		①波导连锁报警，低电平报警；正常状态下为高电平。DAU 后面 28 V 电源电压不够会造成此灯闪烁，高压不断且随着报警灯的闪烁时断时续。 ANTENNA CMD 经历通路：RDA 计算机→数字板→模拟板→DAU 底板（继电器）→波导开关 关键器件：波导开关、数字板 U50、模拟板 U26 备注：天线罩门必须关闭 ②当发射机的 PFN 处于过渡状态时，出现此报警，使 RDA 无法工作	对应发射机面板“波导开关故障”
3	58	电弧报警/电压驻波比	一路为速调管出口 ARC 检测；另一路为波导 VSWR 检测	3A7 电弧检测报警模块，速调管波导打火	对应发射机面板“ARC 报警”
4	95	波导湿度/压力故障	空气压缩机内继电器/湿度传感器	空气压缩机，波导漏气或空压机故障	对应发射机面板“波导压力/湿度故障”
5	204	天线峰值功率低	天线定向耦合器处功率探头	≤238 kW = Adap Data/Trans. 1/T15	经历通路：功率探头→上光端机→上光纤板→光纤→下光纤板→DAU 模拟板→DAU 数字板→RDA 计算机 关键器件：上光纤板 U2、下光纤板 U2、DAU 模拟板 U9、U7
6	204	天线峰值功率低	天线定向耦合器处功率探头	≤238 kW = Adap Data/Trans. 1/T15	经历通路：功率探头→上光端机→上光纤板→光纤→下光纤板→DAU 模拟板→DAU 数字板→RDA 计算机 关键器件：上光纤板 U2、下光纤板 U2、DAU 模拟板 U9、U7

续表

序号	报警代码	中文报警信息	报警来源及说明		备注
			取样位置	报警位置及门限	
7	208	发射机/天线功率比率变坏	RDASC 软件	在无 206、207、209、210 报警下，发射机/天线平均功率估值比超限 ≥ 发射路径损耗 ± 1 dB (Adap Data/Trans. 1/T11) 受环境温度影响此值要变化	
8	210	天线功率机内测试设备错误		(天线平均功率估值≤0)	
9	306	俯仰轴锁定	俯仰定位插销		EL STOW PIN ENGAGED 经历通路：上光端机采集→上光纤板→光纤→下光纤板→DAU 底板→DCU 关键器件：上光纤板 D19、D27、U31
10	308	俯仰死区限位	俯仰死区限位开关	俯仰死区限位开关	1. EL FINAL LIMIT + 经历通路：上光端机采集→上光纤板→光纤→下光纤板→DAU 底板→DCU 关键器件：上光纤板 D3、D11、U30 2. EL FINAL LIMIT – 经历通路：上光端机采集→上光纤板→光纤→下光纤板→DAU 底板→DCU 关键器件：上光纤板 D4、D12、U30
11	310	俯仰 + 限位预限位	俯仰 + 限位开关	俯仰 + 限位开关	EL PRE LIMIT + 经历通路：上光端机采集→上光纤板→光纤→下光纤板→DAU 底板→DCU 关键器件：上光纤板 D1、D9、U30

续表

序号	报警代码	中文报警信息	报警来源及说明		备注
			取样位置	报警位置及门限	
12	311	俯仰－限位预限位	俯仰－限位开关	俯仰－限位开关	EL PRE LIMIT-经历通路：上光端机采集→上光纤板→光纤→下光纤板→DAU底板→DCU 关键器件：上光纤板D2、D10、U30
13	314	俯仰齿轮箱油位低	俯仰减速箱油位开关		EL REDUCER OIL LOW经历通路：上光端机采集→上光纤板→光纤→下光纤板→DAU底板→DCU 关键器件：上光纤板D18、D26、U31
14	325	方位齿轮箱油位低	方位减速箱油位传感器		AZ REDUCER OIL LOW经历通路：上光端机采集→上光纤板→光纤→下光纤板→DAU底板→DCU 关键器件：上光纤板D5、D13、U30
15	326	大齿轮油位低	大齿轮油箱传感器		BULL GEAR OIL LOW经历通路：上光端机采集→上光纤板→光纤→下光纤板→DAU底板→DCU 关键器件：上光纤板D6、D14、U30
16	328	俯仰手轮啮合	俯仰手轮插销		EL HANDWHEEL ENGAGED经历通路：上光端机采集→上光纤板→光纤→下光纤板→DAU底板→DCU 关键器件：上光纤板D21、D29、U31

续表

序号	报警代码	中文报警信息	报警来源及说明		备注
			取样位置	报警位置及门限	
17	329	方位手轮啮合	方位手轮插销		AZ HANDWHEEL ENGAGED 经历通路：上光端机采集→上光纤板→光纤→下光纤板→DAU 底板→DCU 关键器件：上光纤板 D8、D16、U30
18	325	方位齿轮箱油位低	方位减速箱油位传感器		AZ REDUCER OIL LOW 经历通路：上光端机采集→上光纤板→光纤→下光纤板→DAU 底板→DCU 关键器件：上光纤板 D5、D13、U30
19	326	大齿轮油位低	大齿轮油箱传感器		BULL GEAR OIL LOW 经历通路：上光端机采集→上光纤板→光纤→下光纤板→DAU 底板→DCU 关键器件：上光纤板 D6、D14、U30
20	328	俯仰手轮啮合	俯仰手轮插销		EL HANDWHEEL ENGAGED 经历通路：上光端机采集→上光纤板→光纤→下光纤板→DAU 底板→DCU 关键器件：上光纤板 D21、D29、U31
21	329	方位手轮啮合	方位手轮插销		AZ HANDWHEEL ENGAGED 经历通路：上光端机采集→上光纤板→光纤→下光纤板→DAU 底板→DCU 关键器件：上光纤板 D8、D16、U30

续表

序号	报警代码	中文报警信息	报警来源及说明		备注
			取样位置	报警位置及门限	
22	337	天线座互锁打开	天线座安全开关		PEDESTAL INTERLOCK 经历通路：上光端机采集→上光纤板→光纤→下光纤板→DAU底板→DCU 数字板 关键器件：上光纤板D24、D32、U31

天馈系统报警一般分为五类：波导开关相关报警、天线座有关 BIT 报警、波导湿度报警、波导压力报警、波导打火报警。

对于波导开关相关报警，一般处理方法为：先检查波导供电电压，如正常再检查波导开关；如不正常依次检查天线罩门开关、光纤链路、DAU。

对于天线座有关 BIT 报警，先检查对应报警的开关（信号电平），如正常依次检查光纤链路、DCU 数字板、DCU 串口。

波导湿度报警一般由两个原因导致：湿度传感器故障；波导内空气需要换气。

波导压力报警一般由两个原因导致：波导漏气；波导充气机故障。

波导打火报警一般由两个原因引起：波导湿度大或进水；波导变形。

7.6　天馈系统故障诊断技术与方法

7.6.1　馈线系统漏气故障检查和处理方法

馈线系统的各器件均为无源器件，各器件出厂前经测试均满足技术指标的各项要求，每件都按要求做充气压力试验和耐大功率试验，全部指标检验合格后才交付工程使用，正常使用中一般不会出现问题。

馈线系统相对而言比较容易出现的是漏气问题。当充气机频繁启动，充气压力充不上去时，是馈线系统漏气的表现。

（1）馈线漏气的检查和修复

馈线系统出现漏气时，通常可以先检查馈线系统相对容易出现漏气的器件，如馈源喇叭罩、充气机出气口处、旋转关节转动部分、波导同轴转换器的同轴芯位置。当馈线漏气较快时，沿着馈线走线方向，通过耳朵仔细听，一般可以听到漏气部位发出轻微的漏气声音，这样可以很快找到漏气的具体位置。当馈线漏气较慢时，可根据具体情况耐心细致地分段用毛刷和肥皂水查找，一一排除，直到查出漏气的具体位置。找出漏气的具体位置后，如慢漏气点在波导上，可以刮去外层局部漆层，清洗干净漏气处，直接 DAD-40 双组分导电胶堵住，胶 24 h 固化后补漆，无误后再充气。如果使用中馈线系统出现异常或器件出现大的问题时（打火等），请立即停止工作，查明原因，并及时与生产厂家联系，生产厂家将根据情况委派专业技术人员前来维修或更换新器件。

（2）馈源罩漏气的检查

由于馈源罩终年处于2.5～3 PSI压力充气状态，加之时间长导致材料会发生老化，可能会在馈源罩和喇叭交界部位出现裂纹，造成漏气。

检查方法：首先将天线仰下来，使馈源部分降低高度，便于查看和维修。将人字梯放到馈源喇叭的下方，同时有人要协助扶牢梯子，人沿梯子上去，重点查看馈源罩与馈源喇叭相接直线段边缘四周是否有裂纹，通过耳朵仔细听，一般可以听到漏气部位发出轻微的漏气声音，当查出馈源罩漏气时，需要更换新馈源罩。

（3）旋转关节故障的处理

当旋转关节在工作状态时，若发现旋转关节出现异常或发生故障（含漏气故障），请立即停止工作，并及时与生产厂家联系，生产厂家将委派专业技术人员前来维修，严禁私自拆装。当馈线系统发生漏气时，按前述方法先检查馈源罩和相关部分，如果各件均正常，此时可重点检查两个旋转关节。首先检查方位关节，拆下馈线与方位关节连接的波导，用堵气法兰板堵好关节出口，打开充气机检查气压，如果气压无法充上去，说明方位关节本身漏气，如果气压正常，说明方位关节本身没问题，而是俯仰关节漏气。

（4）馈线系统排除潮湿空气的方法

当整个系统首次完成安装开机前或日后需要拆开波导进行维修检查时，馈线内自然存有同现场环境一样的空气（但不是我们需要的干燥空气），如果当时是多雨潮湿天气环境，那馈线内就是同环境一样的潮湿空气。由于馈线系统是密封的，尽管打开充气机，但馈线内的非干燥空气仍无法排出去。系统指标要求馈线内充有2.5～3 PSI压力的干燥空气，用来满足天气雷达发射大功率微波信号。排除馈线中非干燥空气的解决方法：先把天线俯仰角放置0°（目的使天线降低高度，便于拆开连接法兰的操作），将人字梯放到馈源喇叭的下方，同时有人要协助扶牢梯子，人沿梯子上去，松开馈源喇叭与后面连接弯波导法兰，使馈线漏气状态就行，打开充气机充气，就可把进入波导内的非干燥空气从该缝隙中渐渐赶出去，充气10～15 min之后旋紧该处法兰，充气机继续工作直到压力限位停机，此时馈线内已充满压力为2.5～3 PSI的干燥空气，处在正常工作状态。

7.6.2 馈线系统损耗大故障诊断方法

如果出现回波强度偏弱现象时伴随回波显示面积也会缩小，也就是说，接收机灵敏度也不正常，一般是天馈系统故障所致。如果雷达定标显示正常，无任何报警信息，这种故障现象主要原因是天馈系统天线座环流器（收发开关）到保护器之间接收支路损耗增大（和出厂时测量值相比损耗增大），或者接收环路堵塞，由于无法进行在线修正，将导致雷达回波强度偏弱；天馈系统损耗增大（馈源到收发开关环流器天线端之间馈线）导致回波强度减弱和回波面积减少现象，有时会伴随天线和发射机发射功率比变坏报警，严重时还伴有天线功率超限（下限）报警；如果环流器（收发开关）回波端到发射机定向耦合器（发射功率测量点）之间损耗增大，会出现天线和发射机发射功率比变坏报警，但回波强度偏弱，远距离弱回波探测能力变差（探测范围减小），这是由于实际天线发射功率变小，但理论计算发射功率会采用发射机正常输出功率，实际天线发射功率变小并未得到校正所致。

天馈系统的损耗轻微变化（小于1 dB）在雷达运转中不易发现，一般根据高精度仪表测量结果，通过调整相关适配参数，并对回波强度进行重新定标解决。只有出现大的损耗，导致回波强度偏弱一个层次（大于 3 dB），或探测回波面积减少一个层次以上，才容易发现，应当故障处理，需要更换有问题的微波器件解决。

出现天馈系统损耗大故障时首先检查天线馈源和馈电波导有无异常，一般在生产厂家采用网络分析仪，按照关键点分段测试天馈系统驻波性能和损耗，一般可以定位到故障点，但是在雷达站一般都不配备网络分析仪，通常根据雷达站配备仪表，采用下列方法进行故障定位。一般频谱仪最大接收电平为 30 dBm、最小接收电平为 -100 dBm 左右，功率计最大测量功率为 20 dBm、最小测量功率为 -30 dBm，信号源联合功率计和信号源联合频谱仪两种测量方法的差别在于功率计的动态范围小。天馈系统单程总损耗正常情况下小于 3 dB，对于 10 cm 波长雷达，直波导损耗小于 0.1 dB/m，定向耦合器等的直通损耗在 0.2 dB 左右，因此在测量馈线插入损耗时功率计的测量范围可以满足要求。

内、外信号源的差别是机内信号的注入功率相对较小，且增加了额外的连接电缆损耗。测量天馈系统的损耗用的是相对测量法，即：直接测量出信号源输出功率值（作为参考值），仪表不断电，在同样的测试条件下再测量加上待测天馈系统（微波器件）后功率值，两者的相减值即为这一段天馈系统的损耗值。

具体来说，天馈系统损耗大故障定位方法依据台站配备仪表状况，以及信号源类型和功率测量方法，分为 6 种方法：外接信号源联合频谱仪定位法、外接信号源联合功率计定位法、机内信号联合频谱仪定位法、机内信号联合功率计定位法、机内信号联合回波强度定标检查法（固定信号功率和距离的回波强度对比）、机外信号联合回波强度定标检查法（固定信号功率和距离的回波强度对比）。注意，6 种方法都是在发射机不开高压情况下进行。

①外接信号源联合频谱仪定位法

对于接收支路，这种方法按照回波信号接收方向，将频谱仪通过波导同轴转换连接到接收机保护器输入口波导上，外接信号源按照信号流程，通过波导同轴转换连接到关键点注入信号，分段测量馈线的损耗，最终找到损耗大的微波器件；对于发射支路，则按照发射信号发射方向，信号源利用波导同轴转换连接到发射源头波导口注入信号，频谱仪按照信号流程通过波导同轴转换连接到关键点分段测量馈线的损耗。外接信号源在雷达工作频点调节输出功率，满足频谱仪要求电平的连续波信号，并留有余地，一般在 -30 dBm 左右即可。如果测量的损耗太大，一般都是这段馈线有问题，就可进一步测量到最小可更换微波器件损耗，定位故障点。

②外接信号源联合功率计定位法

如果没有频谱仪，也可以用功率计代替，方法同外接信号源联合频谱仪定位法，信号源的注入功率应在功率计测量范围并留有余地，一般在 0 dBm 左右。

③机内信号联合频谱仪定位法

如果雷达站无外接信号源，可以采用机内 CW（连续波）测试信号，在测试平台（RDASOT 平台下信号测试菜单）将射频衰减器设置 0 dB，将接收机保护器连接的机内测试电缆卸下，连接到额外低损耗射频连接电缆，按照外接信号源联合频谱仪定位法进行故障定位。测试信号在保护器输入端注入最大功率在 6 dBm 左右，为满足故障定位要求，额外低损耗射频连接电缆不超过 20 m，插损不超过 20 dB，计算出的注入功率可以满足故障定位需求。

④机内信号联合功率计定位法

如果没有频谱仪，也可以用功率计代替，这种方法比较适用于雷达站，方法同机内信号联合频谱仪定位法，应注意连接电缆长度不要太长，使之满足功率计功率测量范围并留有余地。

⑤机内信号源法

这种方法适合没有配备随机测量仪表的数字中频接收机雷达站，方法同机内信号联合频谱仪定位法，利用机内 CW 测试信号，在天线座内通过连接低损耗射频连接电缆，注入信号到天馈系统各关键测量点，按照相同条件下加上和不加待测馈线方法，通过同轴转换注入信号，按照回波强度定标检查方法，运行 RDASOT 平台下反射率定标菜单，计算固定距离（100 km）回波强度测量差值，从而计算出所测馈线的损耗定位故障点。注意测试通道射频衰减器衰减量应满足在接收机前端注入功率值在接收机动态范围内的线性段范围，一般在 -50 dBm 左右，以剔除动态范围内小信号和大信号区段回波强度测量误差大的影响因素。

⑥机外信号源法

这种方法要求机外信号源必须频率和输出功率稳定可靠，将机外信号通过波导同轴转换接入天馈系统各关键测量点，按照回波强度定标检查方法，将机内测试信号在保护器注入端电缆拔掉，将机外信号频率调为雷达工作频率，注入功率调整为 -50 dBm 左右（信号注入功率应在接收机动态范围内的线性段范围），运行 RDASOT 平台下反射率定标菜单，按照加上和不加待测馈线方法通过同轴转换注入机外信号，依据回波强度定标检查方法，计算固定距离（100 km）的回波强度测量变化值，从而计算出馈线的损耗，定位故障点。

7.6.3 天馈系统故障诊断流程

馈线系统损耗偏大故障诊断流程见图 7-4。

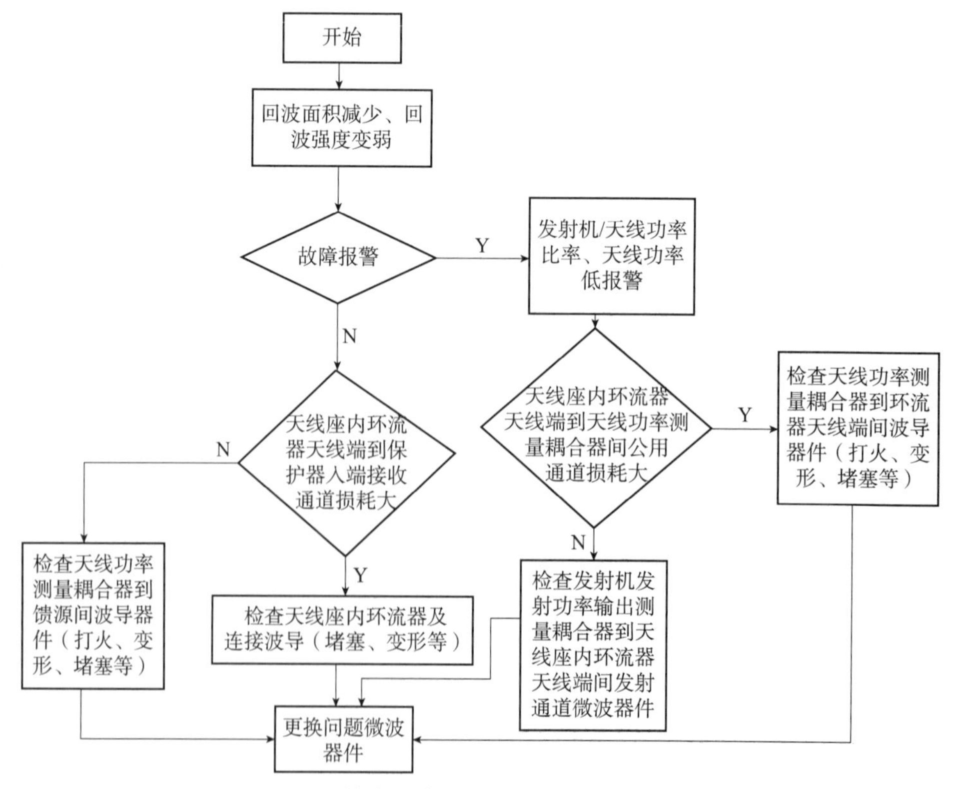

图 7-4　馈线系统损耗偏大故障诊断流程图

7.7　天馈系统常见故障处理

常见故障处理见表7-8。

表7-8　天线座常见故障处理

故障现象	可能原因	诊断步骤	修复措施
①俯仰没有运行到限位。	①限位开关安装错误。 ②轴角没有设置到正确位置。	①检查限位开关。 ②检查轴角零点。	①重新安装。 重新设置零点。
②方位转动突然停止。	①互锁打开。	①检查开关和接线。	①更换有问题开关。
③俯仰转动突然停止。	①互锁打开。	①检查开关和接线。	①更换有问题开关。
④方位或俯仰未响应。	①方位/俯仰手轮啮合。 ②查互锁。 ③模拟板。 ④数字板。 ⑤功放故障。 ⑥电机故障。 ⑦方位/俯仰轴啮合。	①检查方位/俯仰手轮是否啮合。 ②检查方位手轮开关。 ③积分去除禁止无驱动命令。 ④积分去除禁止无驱动命令。 ⑤没有驱动电机的信号。 ⑥外观检查电机没有转动。 ⑦查方位/俯仰天线座轴状态。 ⑧查方位/俯仰互锁开关。 ⑨查方位/俯仰手轮使能。 ⑩查方位/俯仰微动开关动开关。	①如果啮合，脱开手轮，插入互锁插销。 ②更换有问题开关。 ③更换模拟板。 ③更换数字板。 ④更换伺服功放。 ⑥更换电机。 ⑦更换有问题开关。 ⑧更换有问题开关。 ⑨未插好方位/俯仰插销。 ⑩更换有问题开关。
⑤方位油池油位低。	①渗油。 ②传感器故障。	①查油位。 ②查油位。	①如低，隔离渗油，然后修补渗油孔。 ②如在正常油位，更换传感器。
⑥手动驱动以及方位/俯仰均正常，但天线无法工作，从DCU中可以看出天线座处于工作状态。	①手轮开关设置不正确或线短路。	①用欧姆表检查开关。	①更换有问题的开关。
⑦手动驱动系统啮合，但是并没有驱动俯仰上下运动。	①天线座锁定销处于锁定状态。 ②手轮啮合断开。	①检查锁定销。 ②外观察看手轮啮合时，手轮旋转自由。	①将锁定销脱开。 ②更换。

续表

故障现象	可能原因	诊断步骤	修复措施
⑧手动驱动系统啮合，但方位并没有转动。	①座锁定销处于锁定状态。 ②手轮啮合断开。	①检查锁定销。 ②外观察看手轮啮合时，手轮旋转自由。	①将锁定销脱开。 ②更换。
⑨方位/俯仰手轮未能驱动电机。	①手轮内部损坏。	①未安装好或进行外部察看。	①更换手轮。
⑩方位/俯仰齿轮箱油位低。	①渗油。 ②传感器坏。	①查渗油。 ②查油位。	①如渗油出现，修复。 ②如果显示低，更换传感器。
⑪方位/俯仰齿轮箱油位始终低。	①未加满油。 ②坏传感器。 ③渗油。	①查确切的油位。 ②查确切的油位。 ③隔离渗油。	①加满油到合适位置。 ②如还显示低，查传感器如果坏，更换传感器，如果好，检测5A6AP1板和线。 ③更换或修理。
⑫方位/俯仰漏减速箱漏油较多。	①漏油严重。	①隔离漏油。	①更换有故障的元件。
⑬座开关不工作。	①线短路。 ②开关坏。	①用欧姆表查线。 ②用欧姆表查开关。	①更换。 ②更换开关。
⑭轰隆声很大或者天线座波动很大（方位/俯仰轴）。	①伺服功率放大器有问题。 ②方位/俯仰轴小齿轮到大齿轮的回差不正确。 ③电机故障。	①查功率放大器是否坏。 ②检查两个轴的回差。 ③检查电机的电阻。	①在有问题的轴上更换功率放大器。 ②重新调整小齿轮到大齿轮间的回差。 ③在有问题的轴上更换电机。
⑮方位/俯仰过冲。	①时间间隔错误信息。	①检查减速箱是否自由旋转。 ②增益设置不正确。	①更换或修理减速箱和电机之间的连轴节。 ②重新调整增益以得到比较光滑的测速反馈。
⑯终端回波强度很弱，灵敏度降低很多，无任何报警。	①天线座内馈线系统环流器接收支路故障。	①RDASOT平台，接收机动态范围正常，回波强度定标正常； ②采用信号源联合功率计发测量环流器损耗偏大很多（10 dB以上）。	①更换环流器（收发开关）。
⑰终端回波无，报警天线功率测试设备故障、天线功率和发射机输出功率比变坏。	①发射链路馈线故障。	①外观检查波导、旋转关节等微波器件有无变形； ②采用信号源联合功率计发测量发射馈线链路微波器件损耗是否偏大。	①更换损坏或变形的微波器件。

第 8 章

监控系统

8.1 监控系统（DAU）工作原理

DAU 是连接 RDA 计算机（软件信号处理服务器）的双向通信链路。数据采集单元收集发射机、天线定位电路、微波馈电、接收机、RDA 环境传感器和 RDA 应用程序的故障报警和状态数据传送给 RDA 计算机。它也接收来自计算机的信息来驱动维护面板的灯，传输从 RDA 计算机发出的控制命令给其他单元，如发射机开高压命令和伺服加电（使能）命令等。

这些数据是以下三种形式之一：模拟、并行二进制字或离散状态位。所有这些数据在一起被多路复用，并通过 RS-232 串行链路传送。RDASC 也向 DAU 接口传送串行数据，这些数据包括天线定位控制命令，发射机控制命令和市电、发电机供电转换命令等。

该接口为 EIA-232 串口，以 19200 波特率操作，异步全双工电路。

DAU 负责雷达系统的状态监测和控制，它可以监测来自发射机、铁塔/供电系统、接收机及直流电源的 112 个数字信号和 48 个模拟信号。同时可以发送 4 种控制命令（发射机开高压命令、波导开关转换命令、伺服工作命令、音频报警命令）。

雷达设备的性能、状态的监控信息获取依赖于机内检测设备 BITE（Build in Test Equipment）：即各种传感器、电气参数获取装置以及有关的软件。各种信号送到 DAU，经变换处理转送给 RDASC（监控）计算机。DAU 收集来自塔/市电、发射机、接收机、环境传感器、RDA 应用程序的状态数据和故障报警信息。这些信息有三种形式，即模拟信号、离散状态位、二进制数。

这些数据以多路复用的方式传输，并通过 RS-232 串行链路传递给 RDASC 计算机。RDASC 计算机将波导开关控制、天线座操作、发射机开/关高压及市电/备用油机切换等命令通过串行链路传给 DAU，然后再传送到控制对象。来自天线/天线座的状态数据是经 DAU 底板转送到伺服数字控制单元（DCU）。

CINRAD/SA-D 型雷达 RDA 监控系统采用全自动、集总式、软件硬件相结合的雷达监控模式，实现雷达工作状态实时监视、显示，雷达性能参数实时测试和标定，雷达故障自动隔离定位、报警和显示。监控内容如下：

①雷达运行环境的监控信息。显示的信息包括：发射机房环境温度和湿度、天线罩内温

度和湿度、发射机排气气温和湿度。

②天线/天线座的监控信息（BIT）。对天线及天线座的监测包括：俯仰轴限位、伺服放大器（过热、短路）、伺服电机过热、伺服5A7电源（通、断），天线座互锁等。这些信息通过DCU串口传到数字中频，经转换后经网线传到RDA计算机。

③发射机的监控信息。来自发射机的BIT位状态信息分为8组，每组8个，经DAU获取后向RDASC传送。这些信息涉及环行器、谐波滤波器、波导/电弧检测、波导开关位置、速调管、聚焦线圈、机柜连锁等。还有3位状态码，表示发射机是否有故障及对应发射机高压开关工作情况。

④数字中频接收机的监控信息。接收机的监测信息显示接收机前端、接收机通道、接收机电源、标定和检查数据（DC偏置、噪声温度）等部件的状态。

⑤软件信号处理器的监控信息。信号处理器的性能数据包括：质控、定标、通信等。

⑥射频功率监控信息。射频功率监控信息包括：发射机射频功率检测头位于接收机内的发射机端RF功率监测信息、天线端射频功率头位于天线俯仰箱一侧的天线端RF功率监测信息。

RDA监控系统具有以下特点：

①最大限度地简化操作、检测程序：

各分机（分系统）有重点地设置检测点和故障显示、告警装置，便于对分机工作状态监测，将故障隔离定位到最小可更换单元；

各分机（分系统）有自保电路（装置），当出现故障能切断高压或电源，或制动，确保雷达设备和人员安全；

BIT数据或信号，以差分方式（TTL）或二进制数字方式传输到状态数据采集单元。

雷达监控系统保证对雷达工作过程实施连续监控，使雷达处于良好工作状态，及时发现和隔离、定位故障，缩短维修时间，降低对操作人员要求。

②RDA监控设备UD5在雷达运行期间进行自动控制和在线实时标定监测：

采用机内自动测试设备（BITE）对雷达接收通道实施在线监测、校正、标定；

雷达机柜面板上不需要设置调整旋钮，雷达调整测试不需要外加测试设备。

③在维护期间提供本地控制和离线标定检测。

④形成并传输RDA数据给系统的其他部分。

⑤确定RDA的状态。

⑥执行监测功能。

8.2 监控系统组成

RDA监控系统主要由数据采集单元5A3（DAU）的数字板和模拟板，以及电源5PS1、维护面板和天线BIT信息传输链路（光纤链路）、监控信息接收和处理计算机（RDA计算机5A12）组成，安装在设备UD5机柜内，在雷达运行期间进行自动控制和在线实时标定监测；在维护期间提供本地控制和离线标定检测；形成并传输RDA数据给系统的其他部分；确定RDA的状态；执行监测功能。

RDA 监测设备 UD5 的控制和指示包括：维护面板 UD5A2；数据采集接口 UD5A3；直流电源 UD5PS1，伺服数字量监控信息直接由 DCU 数字板串口传到数字中频。CINRAD/SA-D 型雷达 RDA 监控系统组成如下：①维护面板 5A2；②数据采集接口 5A3；③光纤链路；④直流电源 5PS1；⑤RDA 计算机 5A12（计算机硬件和 RDASOT、RDASC 软件）。

8.3　监控系统功能

RDA 的状态和控制接口中包含数据采集单元和接口电路，这些接口电路将发射机、接收机、天线定位电路与 RDA 计算机联接起来。该接口收集的数据有模拟、数字和二进制码。

从 RDA 单元收集的接收机、发射机故障报警信息和状态数据，以及伺服电源模拟量监控信息，由多路选择以后，经一个 RS-232 串口送到 RDA 计算机；从 RDA 单元收集的天线定位电路故障报警信息和状态数据，由多路选择以后，经一个 RS-232 串口送到位于接收机内数字中频，在经数字中频（WRSP）转换经网线传输送到 RDA 计算机。

8.3.1　DAU 组合

DAU 组合由 DAU 底板、数字板、模拟板、DAU 接口组成。DAU 监测的数据包括：①DAU 组合监测的模拟量（室内温度传感器、发射机风道温度传感器、天线罩温度传感器、天线功率监视器、发射机功率监视器、功率调零等）；②数字板监测的接收机电源报警；③RDA 计算机通过 DAU 发送的命令（发射机开高压命令、波导开关转换命令、伺服工作命令、音频报警命令）；④模拟板监测的电源报警；⑤DAU 系统的其他数据接口。

DAU 组成包括：①DAU-数字板；②DAU-模拟板；③DAU-下光纤板；④DAU-上光纤板；⑥DAU-大底板。

8.3.1.1　DAU 接口功能

DAU 接口是将来自 DAU 的状态和机内测试（BIT）信息传输给 RDASC 处理器，以及把来自 RDASC 处理器的命令和数据请求发送给 DAU 的设备。状态和 BIT 信息是由 DAU 从发射机、塔/供电设备等收集的数据，也包括 RDA 各种电源电压。接口为 EIA-232 串口，以 19200 波特率操作，同步全双工电路。DAU 与 RDA 计算机直接连接，不使用调制解调器。

DAU 能监测雷达系统的状态和控制，它可以监测来自发射机、铁塔/供电系统、接收机及直流电源的 112 个数字信号和 48 个模拟信号。同时可以发送 4 种控制命令（发射机开高压命令、波导开关转换命令、底座操作命令、音频报警命令）。DAU 数据共包含 62（14 + 48）个字节。如图 8-1 所示。

DAU 接口功能部件，是把 RDASC 与 RDA 各种功能部件相连接。接口功能包含：模拟状态数据监测、离散状态数据监测、DAU/RDASC 状态数据接口、RDASC/DAU 命令数据接口。

①模拟状态数据监视功能：通过 DAU 接收 RDA 内各监测设备的模拟电流和电压信号。每个电压或电流值均正比于取样参数的幅度。取样参数包括机房和天线罩温度、发射机 RF 功率等。这些数据将向 DAU/RDASC 数据接口发送。

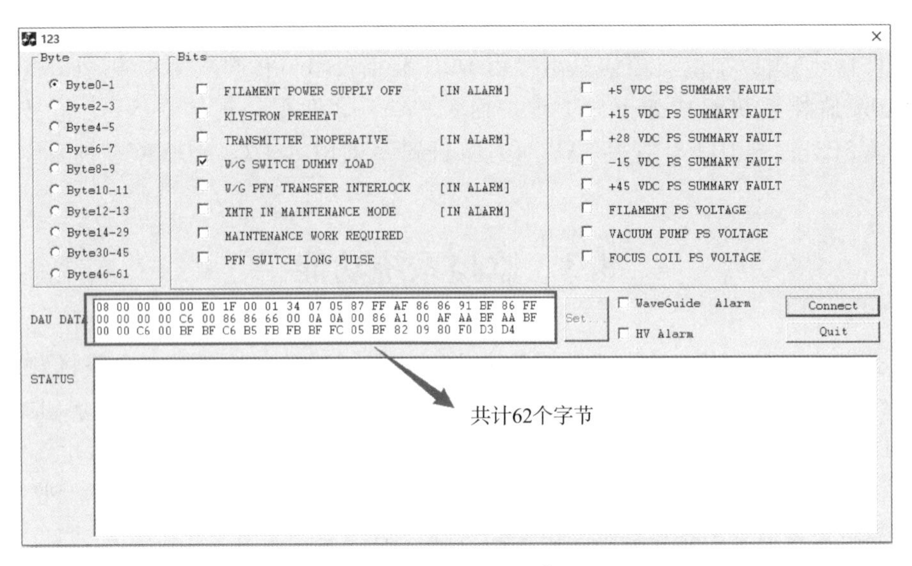

图 8-1　DAU Byte 位

在设备室中，监测五个不同位置的温度。在发电机设备中，监测发电机油位和发电机电流。在 UD5 中，监测 DC 电源。从三个 RF 功率监视器，获取传输 RF 功率的 DC 电压，一个安装在接收机机柜（UD4）中，另外两个位于天线座中。最后测量雷达天线罩中的温度。

所有模拟电压/电流监测值，发给 DAU 模拟处理单元 UD5A3A2 的模拟信号接收和定标功能部件，经给每个电压/电流监测值定标后，发送到选择和 A/D 转换功能部件中的模拟多路复用器，用 DAU 数字控制器的定时和选通脉冲，模拟 MUX 将所有模拟监测值在线路共用基础上组合成一个单独线路。每个通道上的电压/电流占一个固定的时隙。在一个时隙中每个通道的电压可以变化，这样就能利用采样保持电路对时帧中每个时隙采样信号的中部进行顺序采样。取样保持电路将输出一个脉冲序列，每个脉冲幅度与通道抽样时的电压成正比。这个脉冲序列发送到 A/D 转换器。A/D 转换器定时接收每个脉冲，并把脉冲幅度转换成 8 位二进制数。该数被称为 A/D 字，作为 8 位并行总线发送到 DAU/RDASC 接口的 DAU 数字控制器 UD5A3A1。转换完成后，CONVCOMP 信号从 A/D 变换器输出到 DAU/RDASC 接口的 UART 发射机控制和选通脉冲产生功能部件。

②离散状态数据监视：离散状态数据监视功能通过 DAU 收集所有 RDA 状态和故障的离散数据信号，这些数据将向 DAU/RDASC 数据接口发送。

③DAU/RDASC 状态数据接口：DAU/RDASC 状态数据接口接收离散和模拟状态数据，并根据请求还接收发射机的状态数据。这些数据由多路选择器选择后，经过串口向 RDA 计算机发送。DAU/RDASC 状态数据接口具有接收和选择电路、主控定时、UART 发射机控制和选通脉冲产生、RS-232 异步传输功能。

④RDASC/DAU 命令数据接口：RDASC/DAU 命令数据接口功能部件用于接收 RDA 计算机的串行命令数据，将其分配给合适的目标执行。此功能部件位于 DAU 数字控制器和部分模拟处理器模块上。

RDA 的状态和控制接口功能部件是 RDASC 连接 RDA 各种功能的部件，其功能框图如图 8-2 所示。

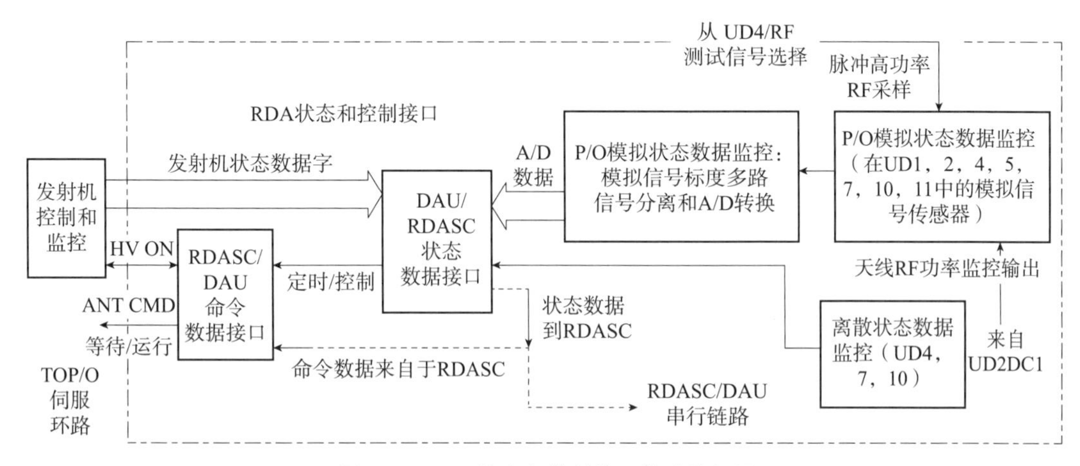

图 8-2 RDA 状态和控制接口的功能框图

（1）RDASC/DAU 命令数据接口

RDASC/DAU 命令数据接口功能部件的用途是通过 RS-232TX 接收来自 RDASC 处理器的外围接口命令和控制的串行数据并把它分配给 RDA 合适的目标。此数据用于控制波导开关、天线座操作、发射机高压、DAU 以及市电/发电机等设备的工作。从 RDASC 处理器接口向 RDASC/DAU 命令数据接口的输入是在异步接收和多路信号分离电路上进行的。RDASC 处理器使用命令和数据与 DAU 通信。此功能部件位于 DAU 数字控制器（5A3A1）和部分模拟处理器（5A3A2）电路上，其功能框图和信号流向如图 8-3 所示。

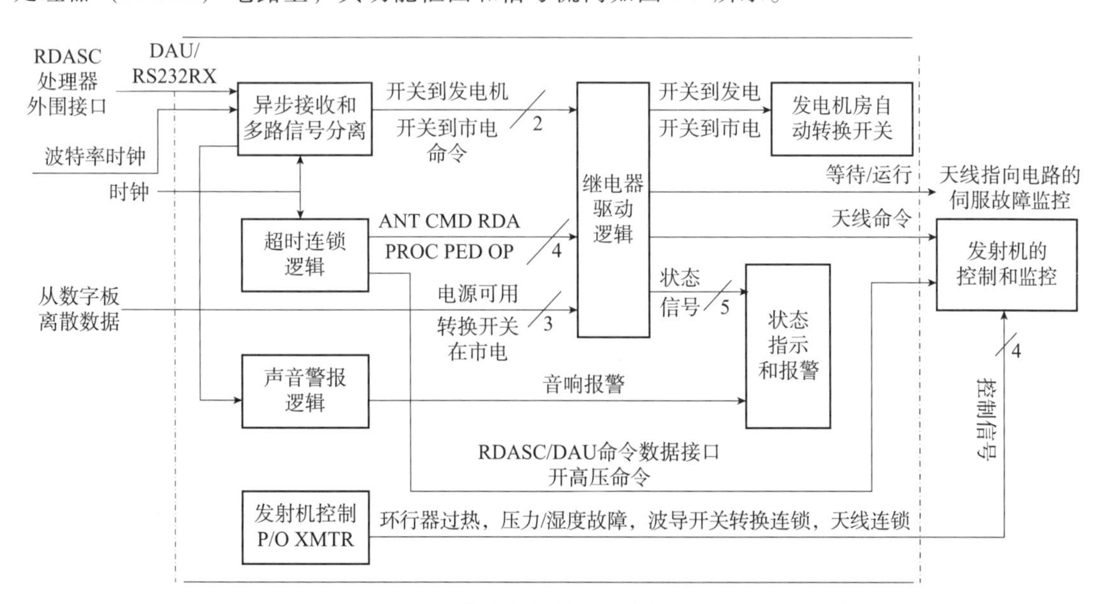

图 8-3 RDASC/DAU 命令数据接口功能框图和信号流向示意图

复位命令：RESET DAU 命令可以在导通时传输，以使得 DAU 初始化；此命令也可以在任何时候传输，以使得 DAU 复位。例如：在电源中断之后。STATUS DATA REQUEST（状态数据请求）是来自处理器的命令，它让 DAU 收集和传输状态数据于处理器。DAU 以完整的状态数据集来应答此命令。RECEIVE DATA MESSAGE INITIALIZATION（接收数据信息初始化）命令通知 DAU，数据将从处理器传输给 DAU。这个命令发出之后，每个数据字节依次传输，直到所有数据字节传输完为止。字节可以以一次连续流传输或者每隔一段时间传输（有可能在数据字节之间发送状态数据请求）。从处理器向 DAU 的传输可能发生在任何时候，但一般大约每 2 s 传送一次。

异步接收和多路信号分离：从 RDA 计算机传输过来串行数据被转换成 8 位并行数据给 DAU。

超时连锁逻辑：见数字板功能相关内容（8.3.1.3 小节）。

继电器驱动器逻辑电路：见模拟板板功能相关内容（8.3.1.2 小节）。

声音报警逻辑：声音报警逻辑电路接收异步接收和多路信号分离功能部件的声音报警和触发信号，并产生声音启动信号，使维护面板上的声音报警发声。报警逻辑电路的维护面板开关输入，根据开关位置来决定报警器是否发声。此开关还用于在声音报警器响过之后，使其复位。

发射机控制：发射机控制逻辑功能部件，是波导开关、雷达天线罩舱门开关、发射机及波导加压装置出现环形器过温情况时的故障状态路径的连锁接口。如果雷达天线罩舱门开关处于关的位置，则向继电器 K3 输入 28 V 直流电压，经过天线 CMD 激发，使波导开关转至天线位置。波导开关位置是波导开关由天线转至假负载或由假负载转至天线的连锁位置。向波导开关输入 +28 V 直流电压，表示开关处于天线位置。发射机控制逻辑功能如下。

① 波导开关转接连锁，当有 +28 V 时，表示波导开关在天线位置，发射机可以工作；当没有 +28 V 时表示波导开关处于连锁位置，禁止发射机工作。

② 波导开关天线位置指示，当有 +28 VDC 时，表示波导开关处于天线位置；当无 +28 VDC 时，表示波导开关处于假负载位置。

③ 环形器过温连锁，当有 +28 VDC 时，可以启动发射机工作；无 +28 VDC 时则切断发射机高压。

④ 波导压力湿度报警，有 +28 VDC 时，表示波导内的空气压力和湿度合适；无 +28 VDC 时，允许发射机工作，但会产生相应的报警。

⑤ 频谱滤波器压力故障，有 +28 VDC 时，启动发射机工作；无 +28 VDC 时，则切断发射机高压。

（2）DAU/RDASC 状态数据接口

DAU/RDASC 状态数据接口提供 RDA 向 RDASC 处理器传输 RDA 状态数据的途径。DAU/RDASC 接口对离散信号同时进行多路传输，并把这些信号与模拟信号 A/D 处理后的数据字相组合，将结果转换到一个串行（RS-232TX）接口，然后传输给 RDASC 的外围接口。DAU 通过对发射机、塔/供电设备（T/U）和其他数据采样，并把它们传输给 RDA 计算机，作为对其状态数据请求的应答。先传输多路复用发射机数据，然后传输发射机离散数据、COHO/CLOCK、UART（通用异步收发两用机）、T/U 离散数据、T/U 模拟数据、两个模拟 RF 功率信号，最后传输电源电压。其功能框图和信号流向如图 8-4 所示。

DAU/RDASC 状态数据接口，具有以下功能：接收和选择电路、主控定时、UART 发射机控制和选通脉冲产生、RS-232 异步传输。

8.3.1.2 模拟板功能

模拟状态数据监控接收来自整个 RDA 采集的模拟电流和电压。每个电压或电流与抽样

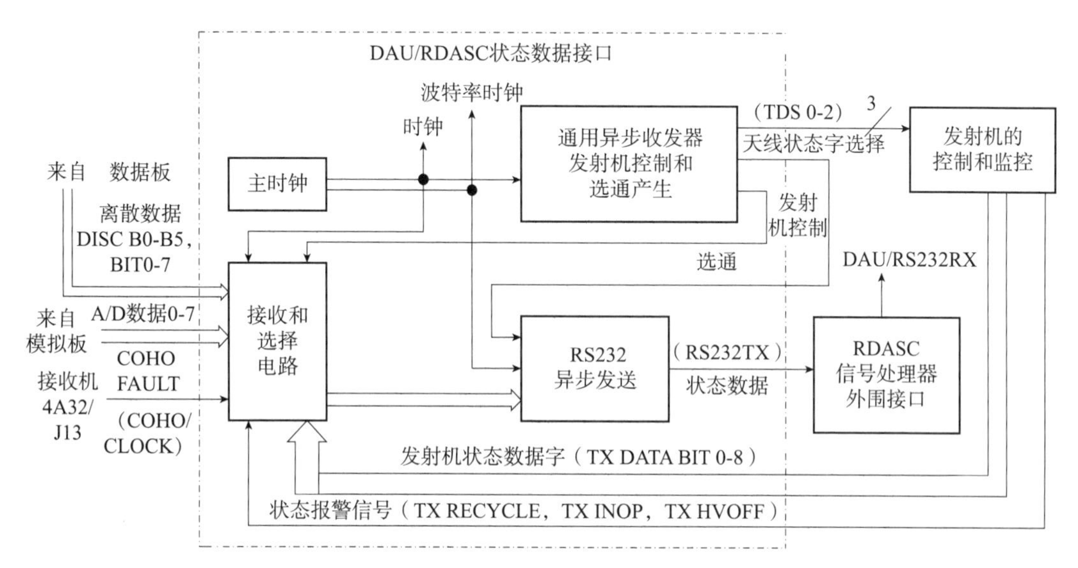

图 8-4 DAU/RDASC 状态数据接口功能框图

参数的量值成正比。模拟状态数据监控功能电路收集温度传感器、电源和 RDA 其他模拟数据（电压和电流）。这些数据经 A/D 处理，转换成数字数据，发往 DAU/RDASC 接口功能组件。包括采集机房中两个不同位置的温度及雷达天线罩中的温度。从两个辐射热测量计探头采集和 RF 功率相关的 DC 电压，一个 RF 功率计安装在接收机柜中，另一个位于天线底座的俯仰箱侧。模拟状态数据监控功能的主要部分 UD5A3A2 模拟板功能框图如图 8-5 所示，信号流向示意图如图 8-6 所示。

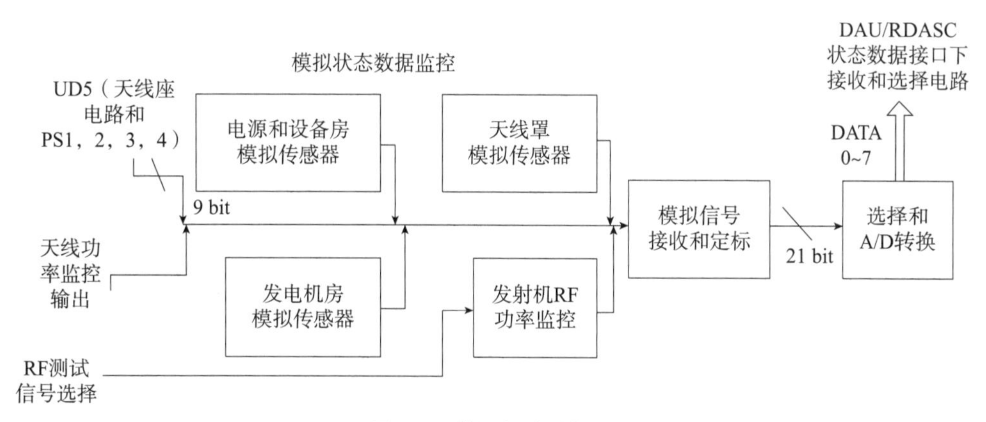

图 8-5 模拟板功能框图

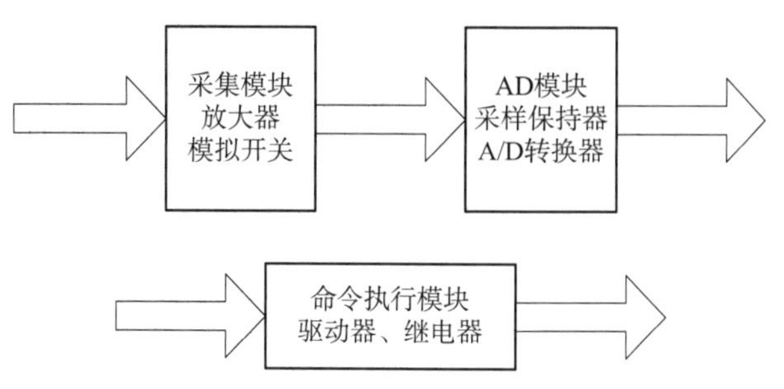

图 8-6 模拟板信号流向示意图

模拟状态数据监测功能流程图主要部分的电路框图如图 8-7 所示。

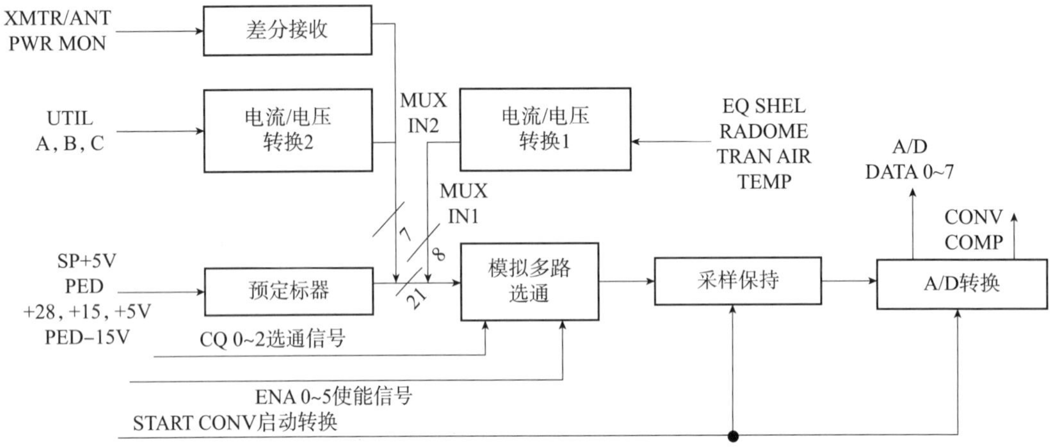

图 8-7　模拟板电路框图

模拟板上有唯一的一个可调电位器，调节数值参考 RDASOT 中 DAU 测试的三个测试位：7 < DAU TEST 0 < 11，118 < DAU TEST1 < 136，221 < DAU TEST2 < 252。三个测试数据是联动的。数据源头来自于模拟板上的 7805，三路经过精密电阻分压以及电压跟随器，送给三个模拟通道，然后经 AD 转化得到数据，在软件中读取数据然后调节电位器进行 AD 调零。

模拟状态数据监控内容如下。

（1）温度传感器

所有温度传感器都是输出 4 ~ 20 mA 器件，是电流量输出传感器。电压传感器是 0.4 ~ 2 mA 器件，通过 1 kΩ 串联限流电阻器（用于 15 V 或 15 V 以下的电源）和 2 kΩ 电阻器（用于更高的电压）把采集样本传给 DAU。接收机/信号处理器电源电压样本是通过串联 1 kΩ 限流电阻后传给 DAU。

温度传感器由于是电流量输出传感器，需要经过电流/电压转换，该转换电路的输入阻抗为 249 Ω，转换因子 249 mV/mA；温度传感器的输出范围为 4 ~ 20 mA，经电流电压转换电路转换成电压范围为 0.996 ~ 4.980 V，对应测流的空气温度范围为 −50 ~ +50℃，经 A/D 转换后送去模拟多路分离器，经 MUXIN1 输出为 8 路信号（实际只有 3 路输出）：EQ SHEL TEMP（雷达设备房空气温度），TRAN AIR TEMP（发射机通风口气流温度），RADOME TEMP（天线罩内空气温度）。

（2）RF 功率和供电电源监测

发射机端的 RF 功率和天线端的 RF 功率须经过差分接收和低通滤波送到模拟多路分离器，经 MUXIN2 输出；而供电电源检测可将三相电源作为电流源直接输入电流/电压转换器 2，该转换电路输入阻抗为 2490 Ω，转换因子 2.49 V/mA；去模拟多路分离器，经 MUXIN2 输出为 7 路信号（实际应有 5 路输出）：XMTR PWR MON OUT（发射机端功率监测输出），ANT PWR MON OUT（天线端功率监测输出），VOLT A，VOLT B，VOLT C。

（3）模拟信号选择和 A/D 转换

伺服 5A6 所有低压电源和 SP +5 V 的采样样本都被发送到 DAU 模拟处理单元 UD5A3A2 中的 P/O 模拟信号接收和定标功能部件中。给每个电压样本定标后混合上述的 MUXIN1 和 MUXIN2 众多信号发送到选择和 A/D 转换功能部件中的模拟多路复用器中，使用 DAU 数字控制器的选通（CQ 0～2）和使能（ENA 0～5）脉冲，模拟 MUX 把所有模拟样本在线路共用基础上组合成一个单独线路。每个通道上的电压/电流占一个固定的时隙。在一个时隙中每个通道的电压可以变化，这样就能利用采样保持电路对时帧中每个时隙的中部进行顺序采样。在脉冲（/START CONV）控制下，采样保持电路将输出一个脉冲序列，每个脉冲幅度与通道抽样时的电压成正比。这个脉冲序列被发送到 A/D 转换器。在脉冲（/START CONV）控制下，A/D 转换器定时接收每个脉冲并把脉冲幅度转换成 8 位二进制数。该数被称为 A/D 字（A/D DATA 0～7），作为 8 位并行总线发送到 DAU/RDASC 接口的 DAU 数字控制器 UD5A3A1 的接收和选择电路的多路输入和多路缓冲器中。转换完成后，CONV COMP 信号从 A/D 变换器输出到 DAU/RDASC 接口 UART 发射机控制和选通脉冲产生功能部件。

（4）DAU 底板和外围驱动电路

①DAU 底板

DAU 底板提供接口电路，用于各分系统的数据采集、通信及控制命令。在 PCB 版 DAU 底板背面的 PCB 板上，可以测量各种监控信号电压或波形，如下光纤板、DAU 模拟板及各 D 型头的输入/输出等。

②外围驱动电路

模拟板 5A3A2 还有一部分作为外围驱动电路。它接收来自 RDASC/DAU 的数字板 5A3A1 的异步接收和多路信号分离功能部件以及超时连锁逻辑电路的命令和控制信号并把它们施加给外围驱动器。这些信号包括：数字板 5A3A1 来的信号：开关到发电机命令、开关到市电命令、天线座等待/运行命令、波导开关命令、RDA 处理器故障信号；来自于 5A3 并同时去 5A3A1 数字板的信号：目前在用电源状态、市电和发电机转换信号。

其中二路信号经外围驱动器芯片 U25 或 U26 驱动 5A3A2 的继电器 U29（开关到发电），或 U25 或 U26 驱动 5A3A2 的继电器 U30（开关到市电），最终送到发电机房 UD10A1 自动转换开关；一路信号经 5A3A2 继电器 U31（天线待机/运行），最终送到天线座控制单元。

③5A3A1 驱动信号作用

a. 继电器 DR2 信号

如果 RELAY DR2 信号存在，它就会闭合继电器 U29。继电器 U29 会使发电机电源转换，向发电机的自动转换开关发送“SW to GEN”信号来完成转换。

b. 继电器 DR3 信号

如果 RELAY DR3 信号存在，它就会闭合继电器 U30。继电器 U30 会使自动转换开关的市电电源转换。

c. 继电器 DR4 信号

如果 RELAY DR4 信号存在，RELAY DR4 信号闭合继电器 U31。继电器 U31 闭合后，控制继电器 k2 工作，继电器 k2 工作与否，可控制天线座控制单元控制天线待机或运行。继电器 k2 是与雷达天线罩的门开关连锁。

d. ANT CMD 继电器信号

在 RDASC/DAU 的 ANT CMD RELAY 信号提供 5A3 的 k3 继电器闭合，驱动波导开关 UD9，将开关置于天线位置。

e. Status/Alarm 信号

剩余四路信号（PWR AVAIL、RDA ON UTIL PWR、RDA ON GEN PWR、RDASC INOP）

经外围驱动器后直接送到5A2进行状态显示和报警。

DAU底板继电器电路图见图8-8。

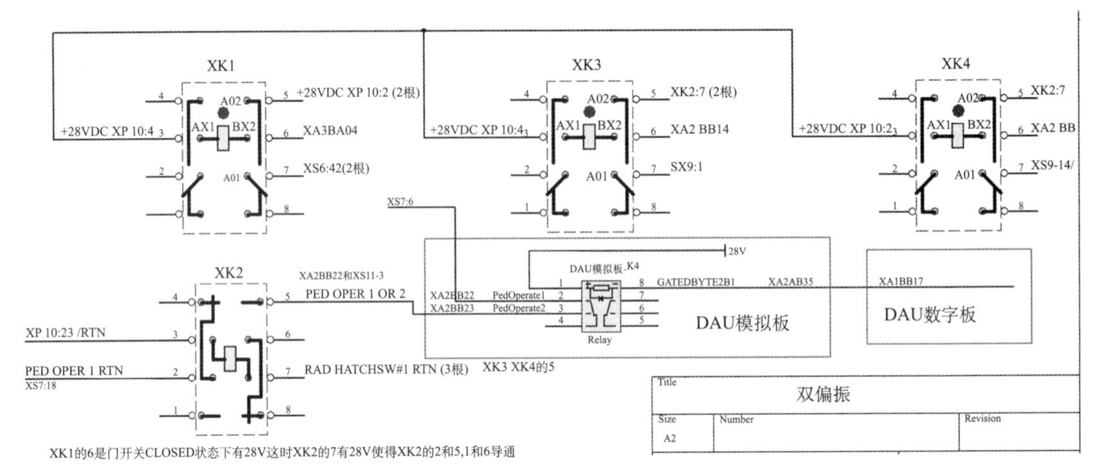

图8-8 DAU底板继电器电路图

（5）模拟板监测的电源报警

模拟板监测的电源报警如表8-1所示。

表8-1 模拟板监测的电源报警

序号	报警名称
1	天线座+5 V电源
2	天线座+15 V电源
3	天线座-15 V电源
4	天线座+28 V电源
5	维护控制台+5 V电源
6	维护控制台+15 V电源
7	维护控制台+28 V电源
8	维护控制台-15 V电源

8.3.1.3 数字板功能

（1）离散数据监控功能

离散状态数据监控功能部件收集所有来自RDA状态和故障有关的离散位数据，并把该数据发送到DAU数字控制板5A3A1。收集继电器和开关闭合引起的报警和故障数据（这些继电器和开关分布在整个RDA上）。包括：雷达发射机（主控板）还接收包含在功能区域的离散状态和故障数据，发射机把这些离散的状态数据处理为并行总线数据后，送到DAU/RDASC状态数据接口功能部件；配电设备和铁塔组合件的离散信号处于总线上，由DAU/RDASC接口功能部件接收，DAU/RDASC接口功能部件把数据置于多路复用总线上，发送到RDASC处理器。通过RDASC/DAU接口功能部件上的继电器驱动逻辑电路把可用的发电机电源、可用的市电电源及转换开关状态等的离散信号发送到维护面板，以表示电源的可用性和电源的切换。UD5A3A1数字板功能框图和信号流向示意图分别见图8-9和图8-10。

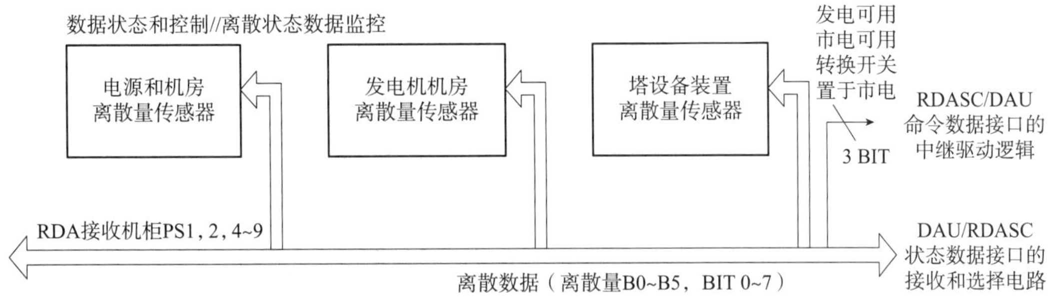

图 8-9 数字板功能框图

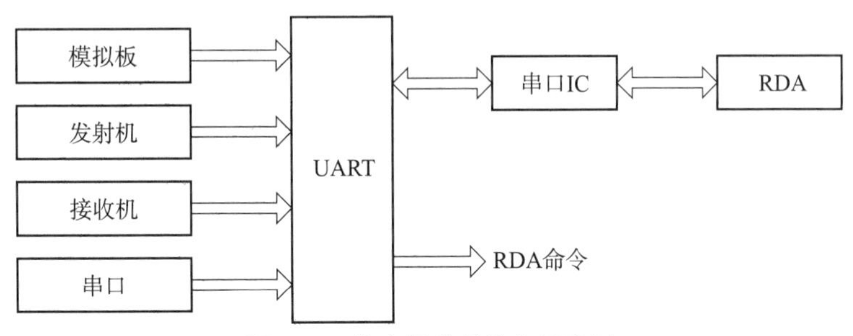

图 8-10 数字板信号流向示意图

（2）异步接收和多路分离器

来自 RDASC 处理器的串行数据经 RS232 接收、UART 接收器后转变成 8 位并行数据字（RD0-7）。该数据字的三个最低有效位（RD0-2）被送到 UART 接收控制器，用以产生多路分离器的四路选通脉冲（STRB0-3）。D 触发器接收数据字和多路选通脉冲，将 8 个状态以 bit 方式分离。这些位的分配方式如下：

①2 个 BIT（BYTE2，BIT3 和 BYTE2，BIT4）通过继电器逻辑电路送到自动转换开关，用于电源选择控制。

②3 个 BIT 经过超时连锁门，然后发送到：

a. BYTE1，BIT5 经预驱动器作为天线 CMD 送到 W/G 开关 UD9，用以波导开关的接通和释放；

b. BYTE1，BIT4 经预驱动器作为发射机 UD3 HV 控制功能的 HV ON CMD RET；

c. BYTE2，BIT1 经继电器逻辑电路（Gated Byte2 B1），作为底座控制装置的等待/工作命令。

③3 个 BIT（BYTE1，BIT2-3 和 BYTE2，BIT5）被送到音响报警逻辑电路，该逻辑电路决定是否发出音响报警。维护面板 UD5A2 上的报警控制开关，使报警逻辑电路复位或者禁止发出报警音响（报警音响 OFF）。

如果 UART 出现故障状态，就向 DAU/RDASC 接口功能部件输出一个差错信号（UART ERR），此信号又传输回 RDASC 处理器。

数字板的小开关位置（SET UP BITS）也能控制 UART 接收能力。异步接收、多路分离器和超时连锁逻辑电路如图 8-11 所示。

（3）超时连锁逻辑电路

当 RDASC 与 DAU 之间通信失效时，超时连锁逻辑就使发射机高压、波导开关和伺服系统停止工作。为了做到这一点，UART 接收控制器就向超时连锁逻辑发生器（监视定时器）

发送一个 STRB0 信号。每当计算机向 DAU 发送数据时，STRB0 信号就被认定。STRB0 信号使 TIMER RST 信号被确定，它使超时产生功能部件复位。超时产生功能部件从 TIMER RST 信号最后一次认定起，开始对时钟（2400 CLK）的时钟周期计数。如果计数器计数约 9.3 s，就产生 TIME OUT 信号。每当 TIME OUT 信号被认定，RDA PROC 信号就被认定。2400 Hz CLK GEN 功能块是一个八分频电路。TIME RST 是 STRB0、/BMR 和/CLR RCVR ERR 的逻辑“或”。/BMR 是 MR（master reset）的逻辑“非”。/RST ERR 是/BMR 和/CLR RCVR 的逻辑“或非”。当 TIME OUT 被认定后，功能部件 TIME OUT GATE 使 GATED BYTE1 B4、GATED BYTE1 B5 和 GATED BYTE2 B1 终止，它们使预驱动器截断并使伺服系统和发射机高压停止工作。异步接收、多路分离器和超时连锁逻辑电路如图 8-11 所示。

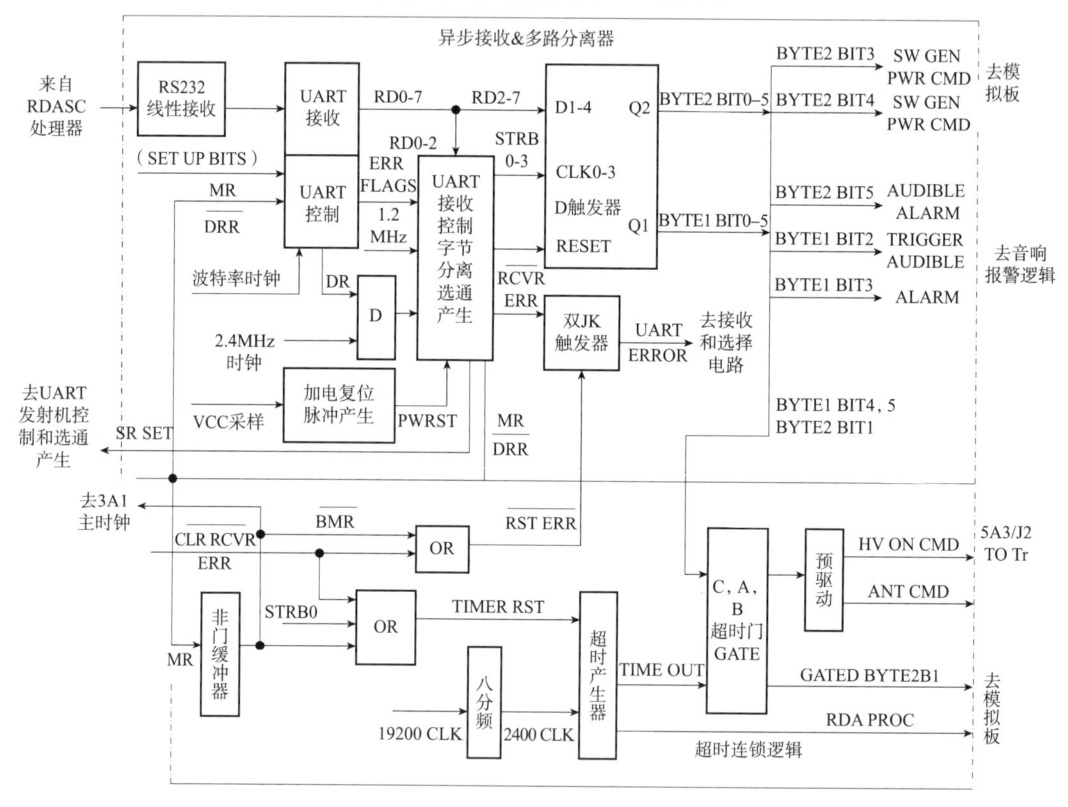

图 8-11 异步接收、多路分离器和超时连锁逻辑电路框图

（4）音响报警逻辑电路

音响报警逻辑电路框图如图 8-12 所示。

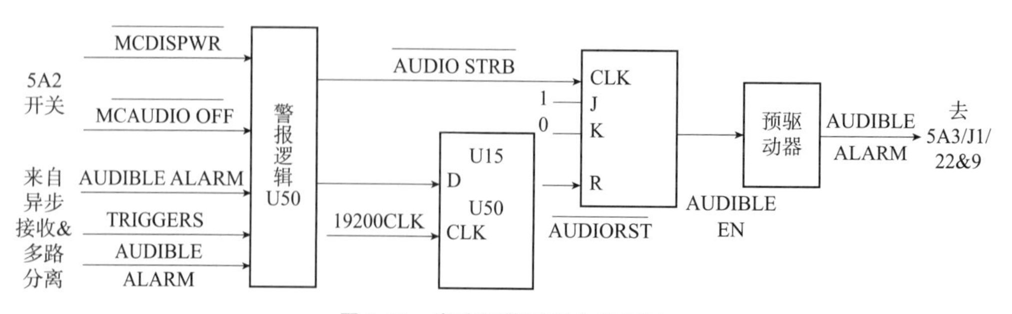

图 8-12 音响报警逻辑电路框图

音响报警逻辑电路接收来自异步接收机和多路信号分离功能部件的音响报警和触发信号，并产生音响启动信号，使维护面板上的音响报警器发声。报警逻辑的维护面板 5A2 开关输入根据开关位置来决定报警器是否发声。5A2 开关还用于在音响报警器响过之后使其复位（开关往上复位、开关往下关闭报警声、开关居中等待报警）。

（5）接收和选择电路

数字输入多路复用器，接收模拟状态数据监控功能的 A/D 字、发射机的状态数据字和离散数据监控功能的离散数据。多路复用器将这些数据输入通道，向单并行总线多路传输。并行总线包含发射机循环、发射机不可操作和高压关闭等发射机离散报警信号以及 COHO 故障信号（COHO/CLOCK）。发射机对所有收集到的信号进行多路调制，加工成具有 8 个分时通道的 8 位总线。这样就可以监控 64 个状态位。状态字选择信号 TD01、TD02 和 TD03，告诉发射机何时把每个通道置于总线上。状态字选择总线是在 DAU/RDASC 状态数据接口中由 UART 发射机控制和选通脉冲发生器产生的。发射机还通过离散数据路径发送三个状态报警信号。

5A3A1 的接收和选择电路框图如图 8-13 所示。

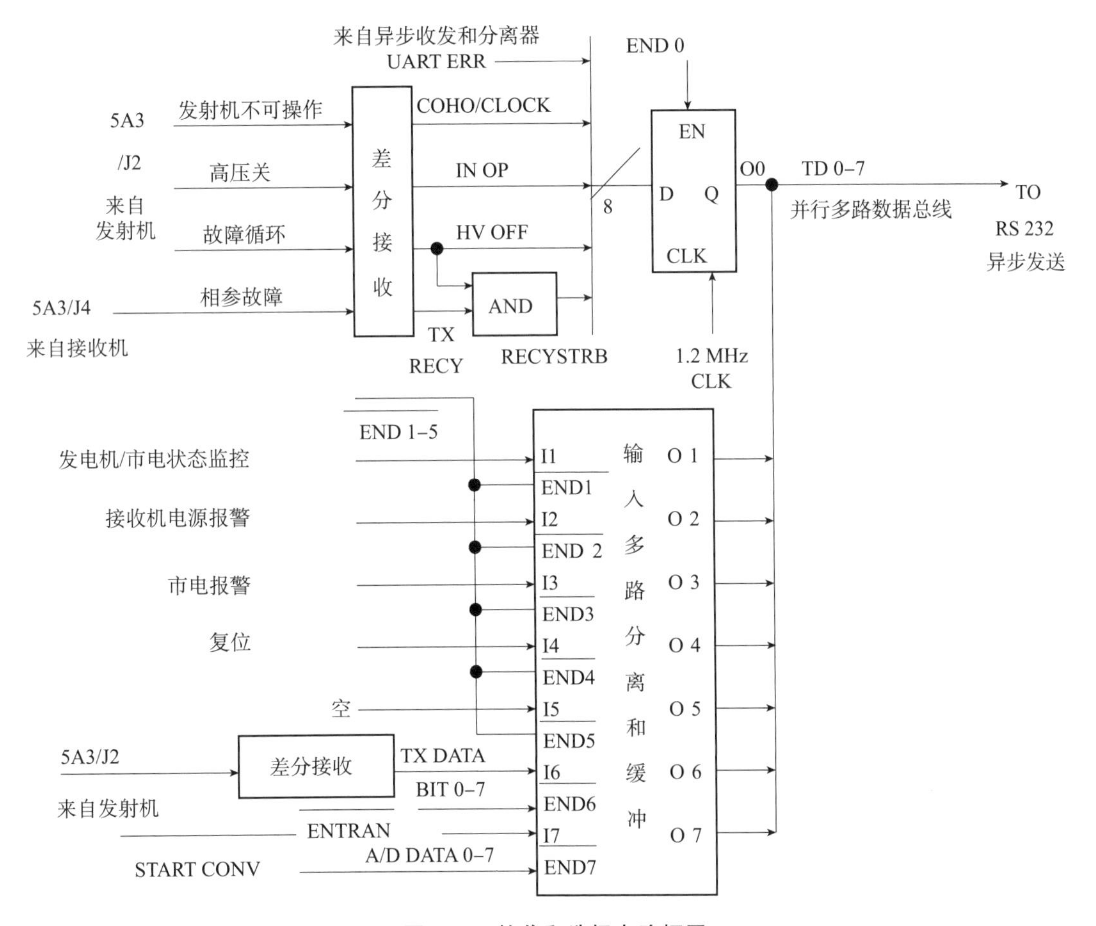

图 8-13　接收和选择电路框图

（TX DATA BIT0-7 信号是发射机 UD3/J2 来的天线 8 位信息码 64 种状态信号；DATA0-7 是来自模拟板 5A3A2，所有 RDA 自动监控的模拟量经 A/D 转换后的数据信号；ENTRY 和 START CONV 均是来自于 5A3A1，为 UART 发射机控制 & 选通产生的控制器 U2 输出之一；END0 和 END1 ~ 5 是来自于 5A3A1 的 UART 发射机控制和选通产生器；1.2 MHz CLK 是来自于 5A3A1 主时钟的输出定时信号之一）

三种状态报警信号如下：

①发射机循环 XMTR RECYCLE。发射机循环表明发射机已经历了一次故障状态，并且正在通过自动重复循环程序试图恢复正常工作。在产生发射机不可操作之前，最多可运行 4 次间隙为 2 min 的重复循环程序。

②发射机不可操作 XMTR INOP。发射机不可操作表示自动故障重复循环过程已不能恢复正常的发射机操作，或者发射机处于本地控制方式。

③高压关 HV OFF。高压关闭表示发射机高压已切断。如果发射机循环和发射机不可操作两者都为“低”，则表示发射机高压已由被操作人员关闭，否则就是因故障而关闭。

差分接收 COHO FAIL 和发射机报警、状态信号，然后发送到锁存电路。由主控定时的 1.2 MHz 时钟对锁存计时，向并行总线输出报警数据作为 TD0-7 数据。此数据发送到 RS-232 异步传输功能部件，最后传输到 RDASC。

（6）主时钟

5A3A1 的主时钟电路框图如图 8-14 所示。

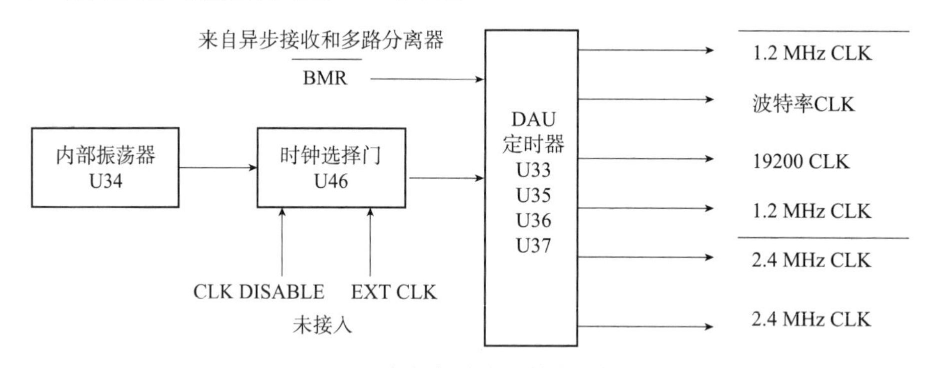

图 8-14　数据板的主时钟电路框图

主控定时功能部件向整个 DAU 提供定时。定时信号来源于内部振荡器。内部振荡器输出经时钟选择门 U46，而 U46 又受外部时钟控制（未接入），最后经 DAU 定时逻辑电路产生出 4 路时钟信号（1.2 MHz、2.4 MHz、19200 bit/s 时钟和波特率时钟）用于整个 DAU 定时控制。

（7）发射机控制和选通脉冲产生

发射机控制和选通脉冲产生功能部件的用途如图 8-15 所示。

①向 RS-232 异步传输功能部件中的 UART 发射机提供控制信号。

②发送数据 MDX 选通脉冲发生器的信号，启动数据多路分离选通脉冲产生器信号 CQ 0 ~ 2、ENA 0 ~ 5，以在模拟状态数据监控功能部件中完成模拟信号的 A/D 转换。

③向发射机监控装置提供选择位（TXMUXSEL 0 ~ 2 = TDS 0 ~ 2），用以选择要发送给 RDASC 处理器的发射机状态数据。

④当需要进行模拟数据转换时，就将 CONV 信号输出发送到 5A3A2 的 A/D 转换器。主控定时功能部件的时钟输入，产生控制和启动信号输出。

（8）RS-232 异步发送

5A3A1 的 RS232 异步发送电路框图如图 8-16 所示。

UART XMTR 接收经过接收和选择电路处理过的多路复用数据 TD0-7，通过 RS232 驱动

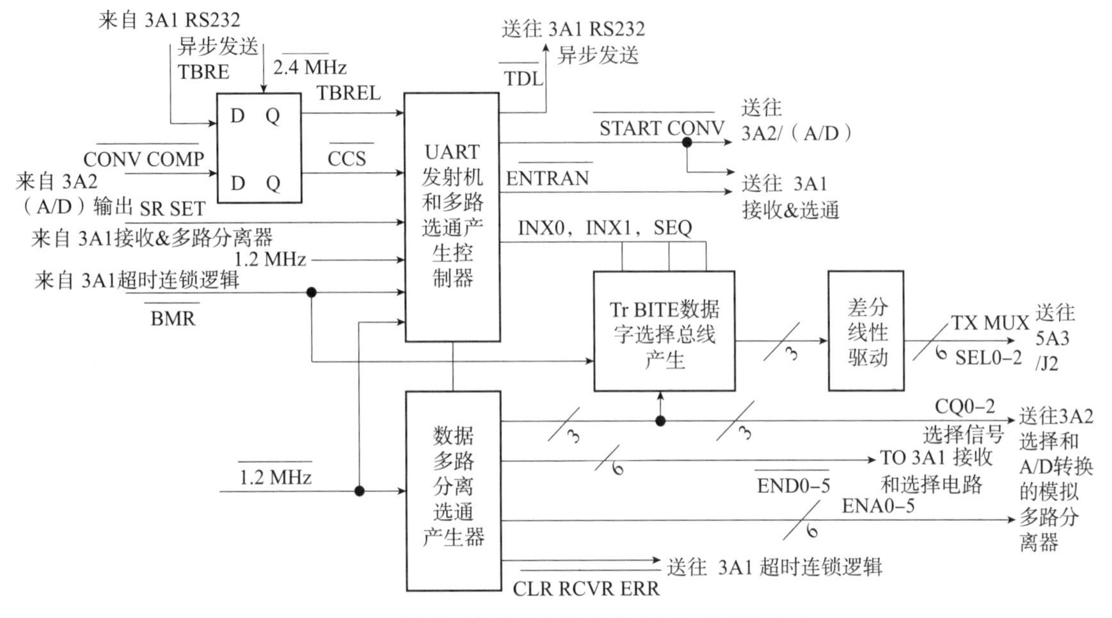

图 8-15 发射机控制和选通脉冲产生功能部件用途

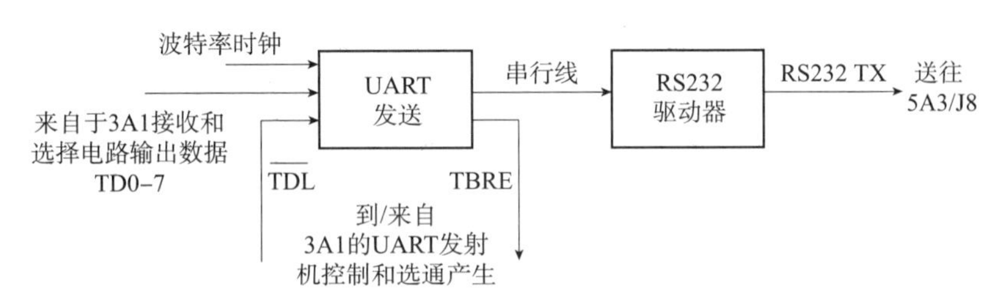

图 8-16 5A3A1 的 RS232 异步发送电路框图

器电路把该数据传输给 RDASC 处理器。数据传输由 BAUD CLK 和 TDL 控制信号控制。DAU 传输的每个数据字节包含 8 个数据位。DAU 通过对发射机、塔/市电设备（T/U）及其他数据采样，并把数据传输给处理器来应答处理器的状态数据请求。首先传输多路复用的发射机数据，然后传输离散发射机数据、COHO/CLOCK、UART ERR、离散 T/U 数据、模拟 T/U 数据、两个模拟 RF 功率信号，最后传输各种电源电压。

串行数据从 RDA 计算机中出来，被转换成 8 位并行数据字。这些位的分配方式如下。

①其中 2 位（字节 2，位 3 和字节 2，位 4），通过继电器逻辑电路送到自动转换开关，用于电源选择控制。

②其中 3 位经过暂停连锁门送到：继电器驱动器/继电器（字节 1，位 5），天线 CMD 送到 W/G 开关，用于波导开关的切换。驱动器（字节 1，位 4），作为发射机 UD3 高压控制功能的 HV ON CMD RET。继电器逻辑电路（字节 2，位 1），作为伺服等待/工作命令。

③这些位（字节 1，位 2、3 和字节 2，位 5）送到音响报警逻辑电路，决定是否发出音响报警。维护面板上 UD5A2 上的报警控制开关，使报警逻辑电路复位或者禁止发出报警音响（报警音响 OFF）。

如果出现故障状态，就向 DAU/RDASC 接口功能部件输出一个故障信号，传输给 RDA 计算机。

一般注释：

故障状态 No. 1：发射机已发生故障并自动恢复正常工作。RDA 控制装置读出发射机状态（选择 000～110）和故障数据，以便故障隔离。如果保护电路可予复位，则 XMTR RECYCLE 报警清除之。在 2 min 时间间隔内，可做到 4 次再循环尝试。如果在发射机内检测到防护性维护状态，则会出现再循环报警。

故障状态 No. 2：发射机已发生故障，而自动再循环电路未能恢复正常工作（在 2 min 内发生 4 次以上的故障）。RDA 控制装置读出发射机状态和故障数据端口，以便执行故障隔离程序，使发射机不能工作。为了恢复正常工作，必须进行人工复位和修理。

RDA 控制装置可由发射机再循环报警（XMTR RECYCLE）而进入发射机的维护状态。在请求维护状态时，RDA 控制装置将读出维护数据端口的数据，以确定发射机需要进行何种维护工作，由此决定发射机高压是否依然保持接通。

（9）数字板监测的接收机电源报警

数字板监测的接收机电源报警如表 8-2 所示。

表 8-2　数字板监测的接收机电源报警表

序号	报警名称
1	±18 V RECEIVER P. S SUMMARY FAULT
2	+5 V A/D CONVERTER P. S SUMMARY FAULT
3	-15 V A/D CONVERTER P. S SUMMARY FAULT
4	-9 V RECEIVER P. S SUMMARY FAULT
5	+5 V RECEIVER P. S SUMMARY FAULT
6	+9 V RECEIVER P. S SUMMARY FAULT
7	-5. 2 V A/D CONVERTER P. S SUMMARY FAULT
8	+15 V A/D CONVERTER P. S SUMMARY FAULT
9	+5 V RECEIVER PROTECTOR P. S SUMMARY FAULT

（10）控制命令

数字板控制命令见表 8-3。

表 8-3　DAU 控制命令

命令名称	信号通路	备注
波导开关切换命令（ANTENNA CMD）	PC→数字板（解释命令）→模拟板（产生驱动电平）→DAU 底板（继电器，低电平起作用）→波导开关	①天线罩门必须关闭，硬件保护既上光端机 XS（J）3 的 C、D 针短路，RADOME ACCESS HATCH#1（必须）；②如果 1 未关闭，RAD HATCH SW#1 RTN = +28 V，波导开关不可操作；③EF 短路，RADOME ACCESS HATCH#2（RDAsot 软件显示）（无关）
底座操作命令（PED OPERATOR）	PC→数字板（解释命令）→模拟板（产生驱动电平）→DAU 底板 XS7→DCU	天线罩门必须关闭，硬件保护既上光端机 XS（J）3 CD 针短路，RADOME ACCESS HATCH#1

续表

命令名称	信号通路	备注
发射机开高压命令（HV ON CMD）	PC→数字板（解释命令）→DAU 底板 XS2（17+/35-）→发射机	
音频报警命令（AUDIBLE ALARM）	PC→数字板（解释命令）→DAU 底板→5A2 面板	

（11）DAU 发射机接口

①26LS33 接收信号——对应 RDAsot BYTE0-7；

②旧版 U23、U24——TD4-7、TD0-3；

③新版 U2、U4——TD4-7、TD0-3。

8.3.2 光纤链路

光纤链路由上光端机单元、下光纤电路模块和光缆组成。光纤链路功能是将塔/天线座所有的数字和模拟信号，包括天线角码及报警信息，经上光端机变化后，多路复用，经光缆传输到下光纤电路模块。此链路还传送接收机保护器命令和接收机保护器响应信号。下光纤电路模块将这些信号多路分离，然后将他们送到相应的执行单元。光纤链路采用光电隔离以杜绝雷击等造成后端设备损害，上光端机同时也提供 +15 V、-15 V、+5 V、+5.2 V 为上光纤板、轴角盒、光电码盘、互锁开关、限位开关等供电。

8.3.2.1 上光纤电路模块

上光端机单元采集天线罩温度、天线功率、天线转速（方位和俯仰）输出的 4 路模拟信号，然后将这 4 路模拟信号进行 12 位的 A/D 转换。此外，上光端机单元还采集 16 个数字状态信号和 2 组天线角度信号（方位和俯仰），将这些信号通过光缆传输到 RDA 机柜中的下光纤电路模块。

8.3.2.2 下光纤电路模块

下光纤电路接收上光端机传来的所有信号。将其中 4 路模拟信号进行 12 位 D/A 转换。在这种方式下，下光纤电路输出的 4 路模拟信号与输入上光端机单元的 4 路模拟信号是一样的。模块中的时序控制电路将这些信号进行多路分离，然后传送给 DAU 和天线座 DCU（5A6）。

8.3.2.3 光纤

光纤链路使用 6 芯（其中一芯作为备用）62.5 μm/125 μm 的多模室外用光缆传输信号，光缆两端各伸出 6 根 0.5 m 长的跳线，每根跳线外接一工业标准 ST 插头。光缆一端伸出的 6 根跳线直接连接到上光端机线路板上的光发射或光接收器件上。另一端伸出的 6 根跳线连接在 RDA 机柜顶板上的法兰盘上，然后再通过 6 根跳线，其中 5 根连接在下光纤线路板上，3 根作为备份。光纤分别传输多路复用数据、时钟和同步脉冲三种信号。如果其中一根光纤发生故障，备用光纤可以替代任何一根。光纤的优点是隔离度好、干扰小、衰减小，传输数字信号。

注：因保护器下移至机房，光纤不再传输保护器命令和保护器响应，两路光纤留作备

份，故共有三路备份。

8.3.2.4 模拟量数据

模拟量监测数据：室内温度、发射机风道温度、天线罩温度、天线功率、发射机功率、功率调零。

8.3.2.5 光纤链路监控的离散数据位

①EL PRE LIMIT +；

②EL PRE LIMIT –；

③EL FINAL LIMIT +；

④EL FINAL LIMIT –；

⑤AZ REDUCER OIL LOW；

⑥AZ BULL GEAR OIL LOW；

⑦AZ MOTOR OVER TEMP；

⑧AZ HANDWHEEL ENGAGED；

⑨AZ STOW PIN ENGAGED；

⑩EL REDUCER OIL LOW；

⑪EL STOW PIN ENGAGED；

⑫EL MOTOR OVER TEMP；

⑬EL HANDWHEEL ENGAGED；

⑭PEDESTAL INTERLOCK。

8.3.2.6 接收机电源报警监控

① ±18 V RECEIVER P. S SUMMARY FAULT；

② –9 V RECEIVER P. S SUMMARY FAULT；

③ +5 V RECEIVER P. S SUMMARY FAULT；

④ +9 V RECEIVER P. S SUMMARY FAULT；

⑤ +5 V RECEIVER PROTECTOR P. S SUMMARY FAULT。

8.3.2.7 RDA 控制命令

①波导控制；

②天线底座运行；

③发射机高压开；

④声音报警。

8.3.2.8 模拟板监控电源

①PED +5 V power supply；

②PED +15 V power supply；

③PED –15 V power supply；

④PED +28 V power supply；

⑤MC +5 V power supply；

⑥MC +15 V power supply；

⑦MC +28 V power supply;

⑧MC -15 V power supply。

8.3.2.9 经过 DAU 的其他数据接口

①天线角码（DAU 底板转接）;

②DAU A/D 调零。

8.4 DAU 对外电缆连接图

DAU 对外电缆连接图和电缆信号属性见图 8-17。

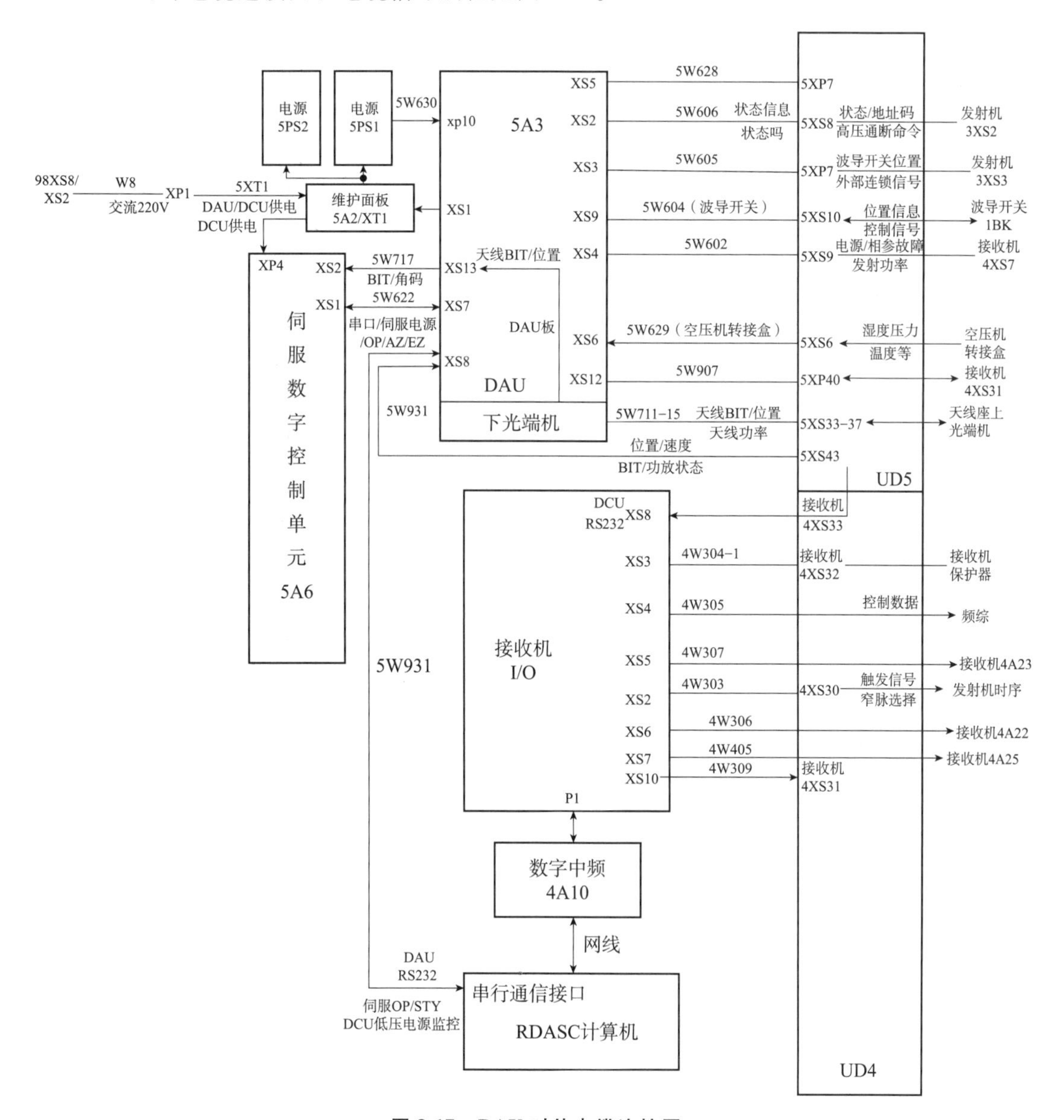

图 8-17 DAU 对外电缆连接图

8.5 DAU信号流程

RDA监控分系统的信号流程图如图8-18所示。其中状态与控制命令接口功能包括UD5A3/DAU和UD5A2/维护面板这两个单元相关联的部分。DAU（5A3）模拟板信号流程和数字板信号流程分别见图8-19和图8-20。

上光纤板信号流程和下光纤板信号流程分别见图8-21和图8-22。

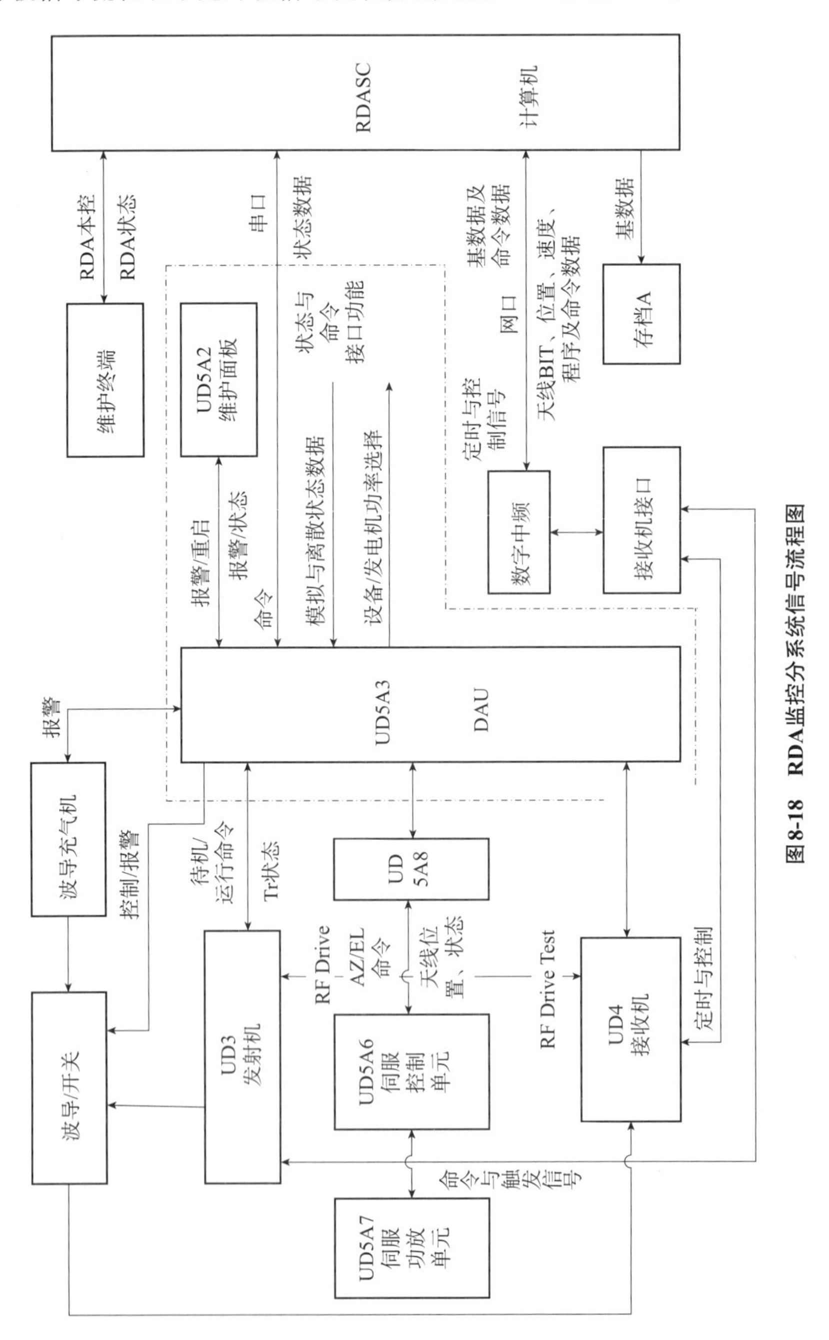

图8-18　RDA监控分系统信号流程图

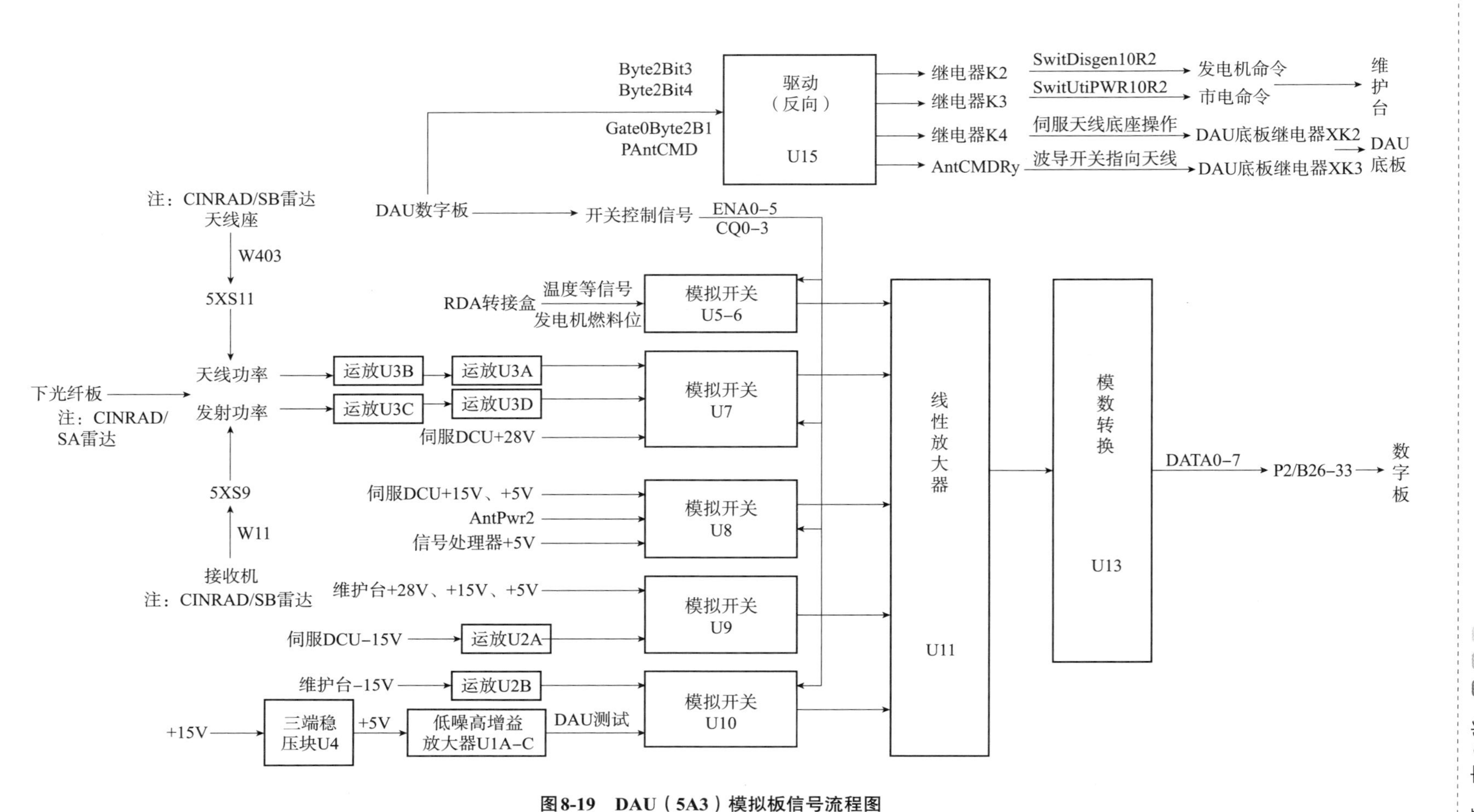

图8-19 DAU（5A3）模拟板信号流程图

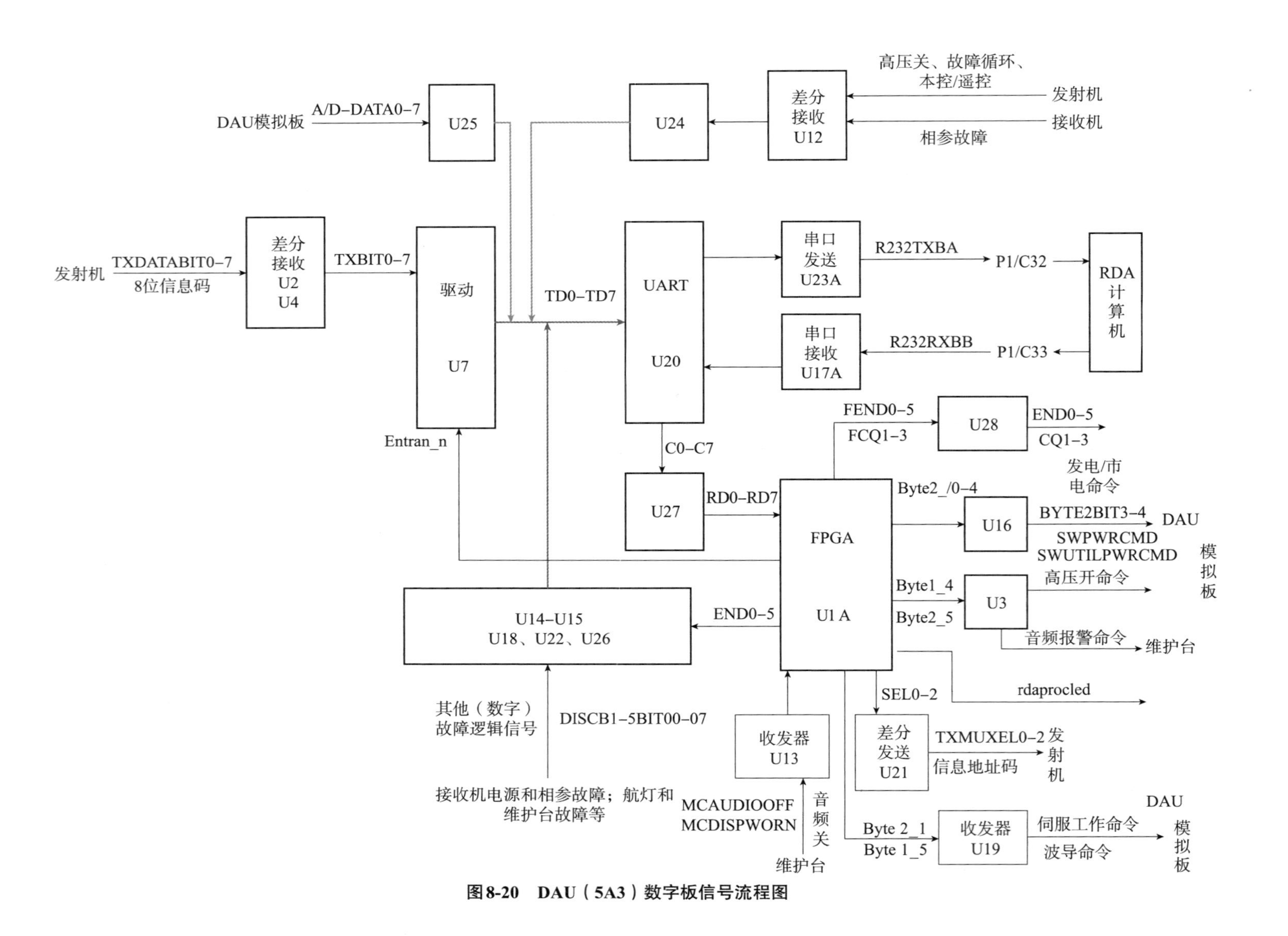

图8-20　DAU（5A3）数字板信号流程图

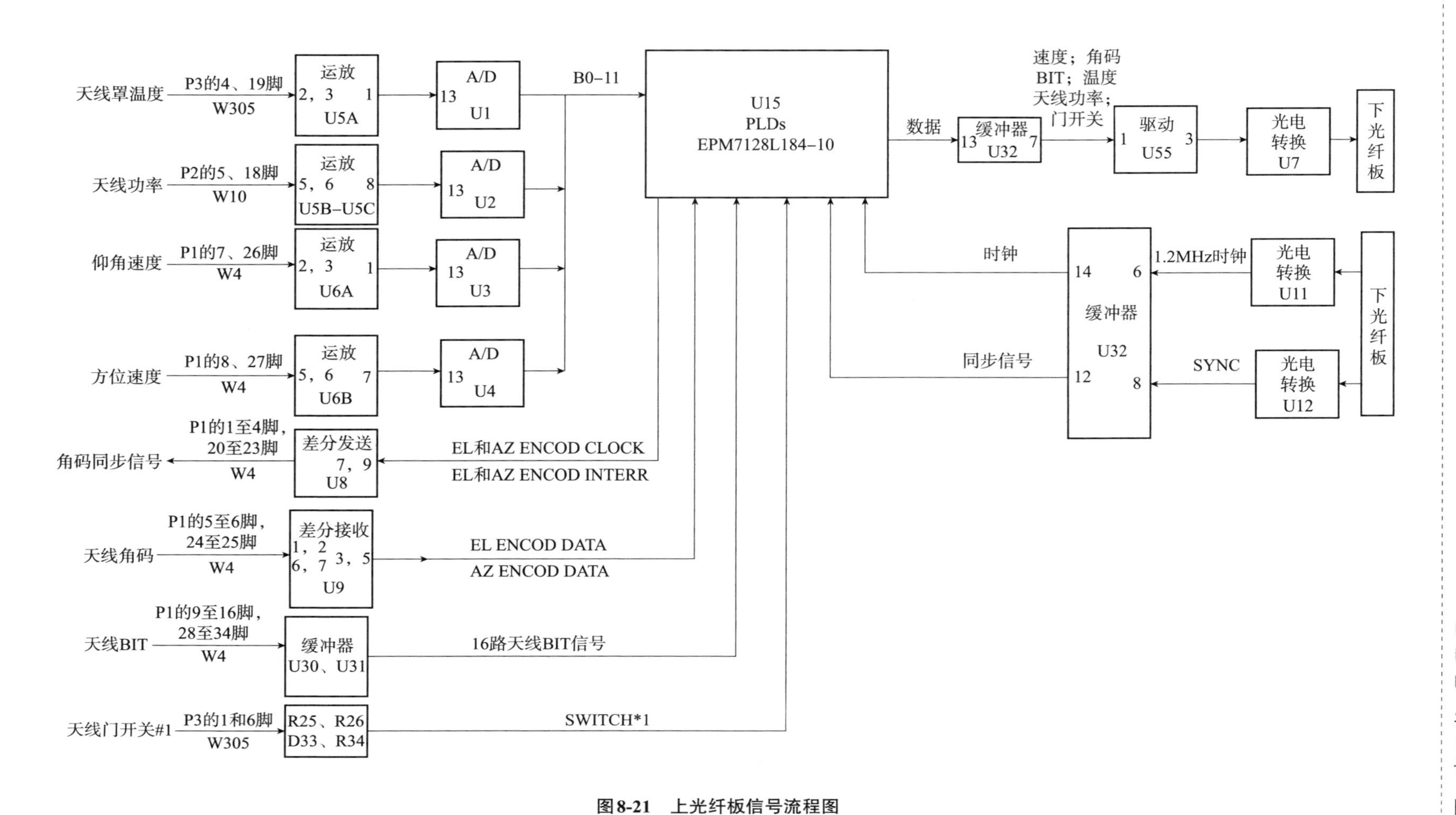

图8-21 上光纤板信号流程图

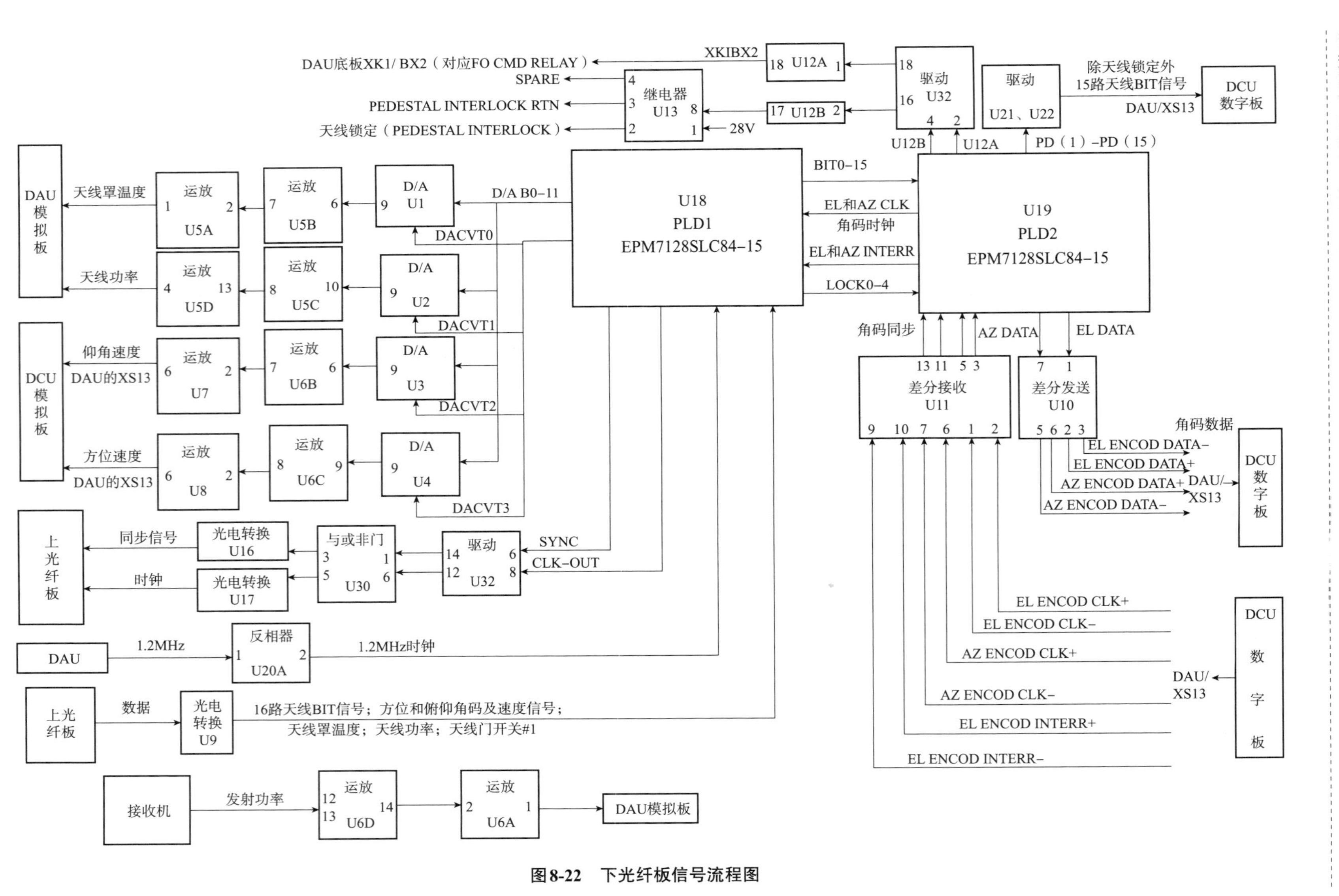

图8-22 下光纤板信号流程图

8.6 DAU关键点监测值

（1）接收机接口XS8的DCU串行通信插座（9芯D型头孔型，DCU通信）：2脚DCU_TX，3脚DCU_RX，5脚GND。接收机接口XS8的DCU串行通信插座针脚定义见表8-4。

表8-4 接收机接口XS8的DCU串行通信插座针脚定义

针脚	信号名称	针脚	信号名称
2	DCU_TX	3	DCU_RX
5	GND		

接收机接口XS8的2脚DCU_TX波形见图8-23，3脚DCU_RX波形见图8-24。

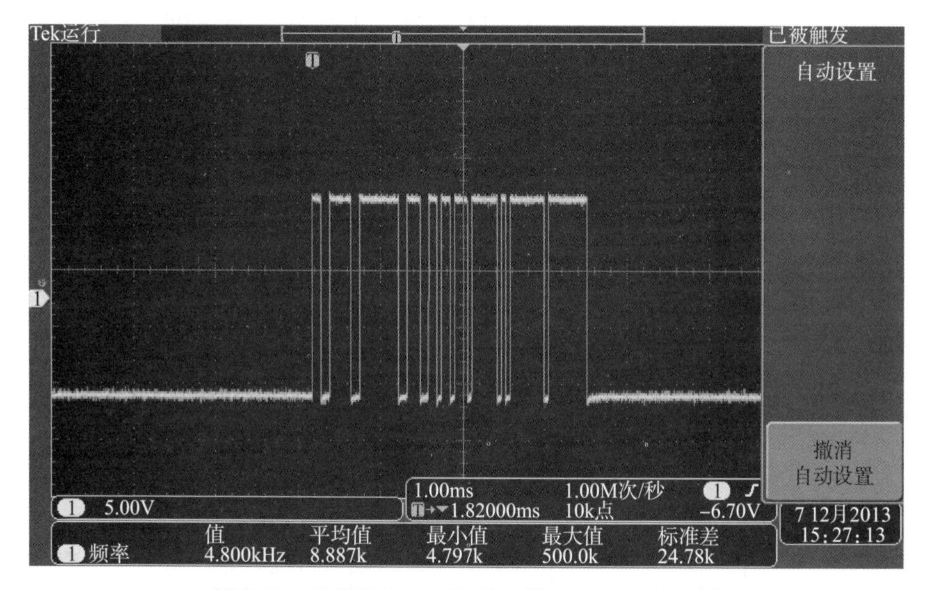

图8-23 接收机接口XS8的2脚DCU_TX波形图

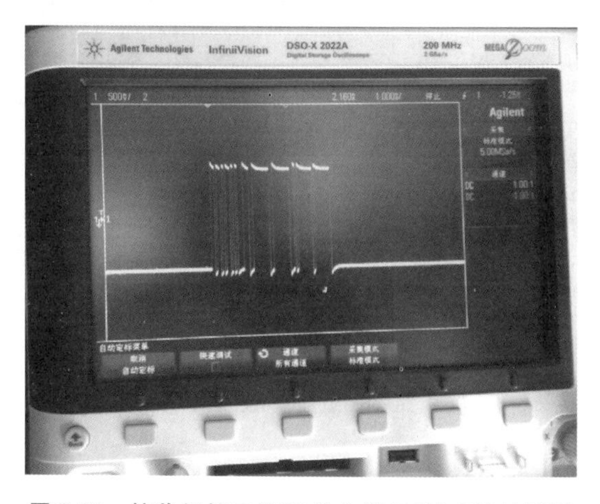

图8-24 接收机接口XS8的3脚DCU_RX波形图

（2）RDASC 计算机的 DAU 串行通信插座（9 芯 D 型头孔型，DAU 通信），其中 DAU_TX 波形见图 8-25，DAU_RX 波形见图 8-26。

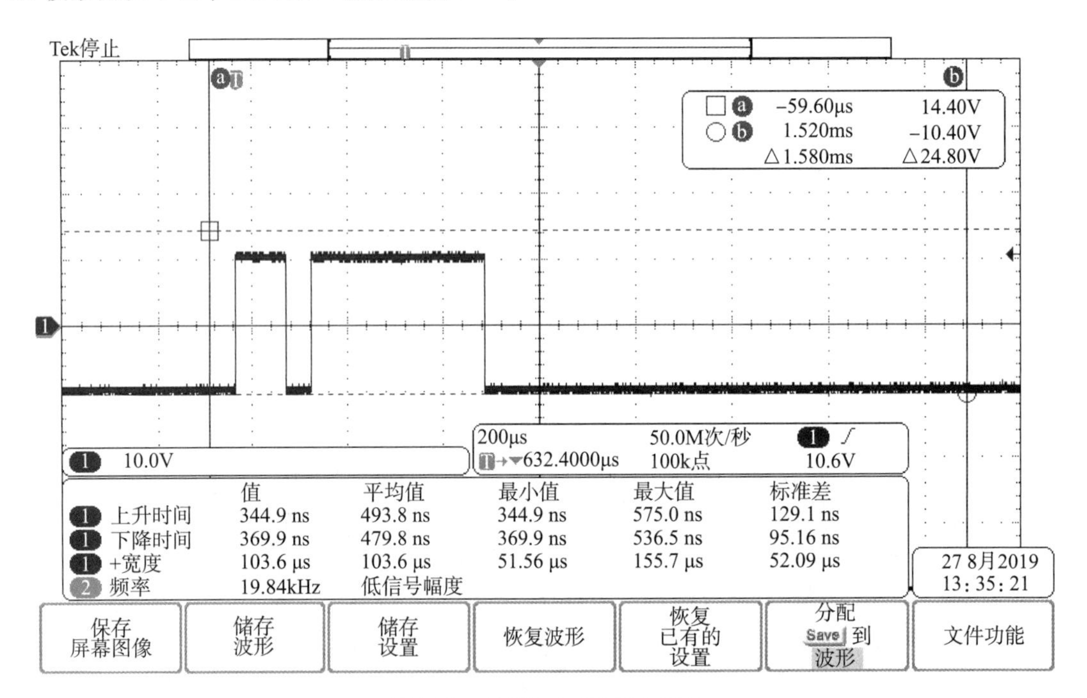

图 8-25 计算机 DAU-TX 波形

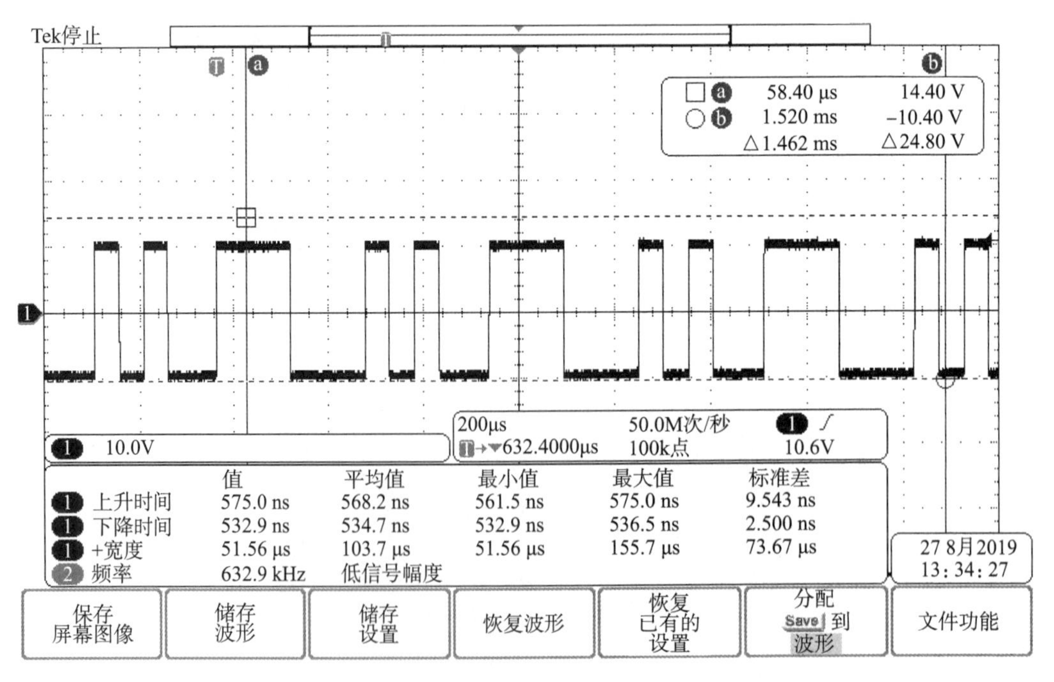

图 8-26 计算机 DAU-RX 波形

天线 BIT 报警信号电平见表 8-5。

表 8-5 天线 BIT 报警信号电平

序号	报警名称	正常电平（V）	报警电平（V）
1	座锁定	0	5
2	俯仰手轮	0	5
3	俯仰油位传感器	0	5
4	负预限位	0	5
5	极限限位	0	5
6	正预限位	0	5
7	极限限位	0	5
8	俯仰轴锁定	0	5
9	方位手轮	0	5
10	油位传感器	5	0
11	方位轴锁定	0	5
12	天线罩门开	0	5

8.7 DAU 报警代码与分析

如果雷达出现报警，首先检查报警部分电路的参数是否正常，如果正常，DAU 单元主要用来采集其他分系统的状态和报警信息，所以 DAU 自身的功能和通信是否正常非常重要。DAU 自检主要完成 DAU 和执行程序的接口通信检查。如果接口通信中断，运行程序会发出超时互锁标志，即停止发射机、波导开关、伺服驱动等设备的运行命令。程序会发出接口错误报警：DAU I/O STATUS ERROR（数据采集单元输入/输出状态错）。

如该接口故障在 5 min 内出现 3 次，系统则会发出以下报警：MULT DAU I/O ERROR-RDA FORCED TO STBY。

如果正好在执行 DAU 向运行程序读数据时发生超时报警，系统则会发出以下报警：DAU STATUS READ TIMED OUT（读数据采集单元状态超时）。

如果正好在程序向 DAU 发送命令时，程序显示超时，系统则会发出以下报警：SEND DAU COMMAND TIMED OUT（发送 DAU 命令超时）。如果连续出现 3 次这样的发送命令超时情况，强制系统重启，则系统发出以下报警：MULT DAU CMD TOUTS-RESTART INITIATED（多个 DAU 命令超时-重新初始化）。

8.7.1 DAU 有关的报警信息

如果与 DAU 或 RDA 维护终端通信时出现 I/O 差错，就发出相应的报警：Alarm 461 DAU I/O STATUS ERROR（DAU I/O 状态错）。

I/O 的差错状态 16 进制码、日期和时间都包含在 RDA 性能数据中：Performance Data/Device Status/DAU（I/O ERROR STATUS，DATA，TIME）。

如果在 5 min 内出现 3 次 DAU I/O 差错，就报警：Alarm 465 MULT DAU I/O ERROR-RDA FORCED TO STBY（多个 DAU I/O 状态错-RDA 强制到等待）。

当 DAU 定期读入 RDASC 命令时，如果读命令发出后，DAU 没有在一个读循环中把有关数据返回，就调用报警：Alarm 400 DAU STATUS READ TIMED OUT（DAU 读状态超时）。

如果向 DAU 发送命令时，RDASC 程序指示暂停，就调用报警：Alarm 651 SEND DAU COMMAND TIMED OUT（发送 DAU 命令超时），并再一次发该命令。

如果连续 3 个命令暂停，就调用报警：Alarm 654 MULT DAU CMD TOUTS-RESTART INITIATED（多个 DAU 命令超时-重新初始化）。

当 DAU 和维护终端接口初始化之后，则根据初始化是否成功将 RDA 性能数据中包含的 DAU 初始化状态和维护控制台状态设定为 OK 或 FAIL。

如果在初始化过程中检测初始化差错，表现在 RDASC 的性能参数上：Performance Data/Device Status/DAU INIT STATUS = NO（DAU 初始化出错），就调用相应的报警 481：Alarm 448 DAU INITIALIZATION ERROR（DAU 初始化错）。

如果调用了 DAU INITIALIZATION ERROR 或 DAU I/O STATUS ERROR 报警，就在不超过 2 s 的时间间隔内定期地尝试接通维护控制台接口，直到接口初始化成功为止。如果调用以下任一种报警，就进行类似的尝试重新接通 DAU 接口：

Alarm 400DAU STATUS READ TIMEDOUT（DAU 读状态超时）；

Alarm 448 DAU INITIALIZATION ERROR（DAU 初始化错）；

Alarm 461 DAU I/O STATUS ERROR（DAU I/O 状态错）；

Alarm 465 MUL DAU I/O STATUS ERROR-RDA FORCED TO STBY（多个 DAU I/O 状态错-RDA 强制到等待）；

报警 461、465 在 RDASC 的性能参数上表现为：Performance Data/Device Status/DAU（I/O ERROR STATUS，DATA，TIME），即给出 DAU 的 I/O 状态出错的 16 进制错误代码和时间。

如果维护控制台或 DAU 初始化功能不能在一个合理的时间间隔内（最大不超过 45 s）完成，就调用报警：Alarm 700 INT SEQ TIMEDOUT-RESTART INITIATED（初始化序列超时-重新初始化）。

如果在 DAU 数据接收电路中检测奇偶差错或成帧差错，在 RDASC 的性能参数上表现为：Performance Data/（Tower/Utilities）/UART = FAIL（通用异步收发器故障），并调用报警 100：Alarm 100 DAU UART FAIL（DAU 通用异步收发器故障）。

如果 DAU 任务的运行过程因故障暂停或超时，则报警：Alarm 621 DAU TASK PAUSED-RESTART INITIATED（DAU 作业暂停-重新初始化）。

模拟 DAU 的测试数据，用 0.2 V/2.5 V/4.8 V 输入检查 DAU 中的 A/D 转换器的状态，模拟数据的检查和计算。在 RDASC 的性能参数上表现为：Performance Data/Tower Utilities/DAU TEST 0≈(7～11)（DAU 测试 0≈7～11）；Performance Data/Tower Utilities/DAU TEST 1≈(118～136)（DAU 测试 1≈118～136）；Performance Data/Tower Utilities/DAU TEST 2≈(221～252)（DAU 测试 2≈221～252）；

如 DAU 的 A/D 设置的电平变动超出范围，产生对应报警：Alarm 266 DAU A/D LOW LEVEL OUT OF TOLERANCE（DAU 的 A/D 转换低电平超出容许偏差）；Alarm 267 DAU

A/D MID LEVEL OUT OF TOLERANCE（DAU 的 A/D 转换中电平超出容许偏差）；Alarm 268 DAU A/D HIGH LEVEL OUT OF TOLERANCE（DAU 的 A/D 转换高电平超出容许偏差）。一旦报警 266/267/268，就禁止使用 DAU。

每当从磁盘文件读数据或向磁盘文件写数据时，就根据操作系统报告的状态和 RDA 性能数据包含的状态来修改磁盘文件读/写状态。磁盘文件为 RDA 状态文件、旁路图、RDASC 校准数据、适用性数据（电流）、检查区和远程 UCP 的维护。如果读写磁盘文件时出现 I/O 故障，磁盘 I/O 差错状态（Disk I/O Error Status）就和故障最后一次出现的日期与时间一起包含在 RDA 性能数据中。如果 from/to 磁盘文件读写数据时出现差错，就调用相应的报警。

由于 RDA 系统几乎所有的监控信号都经过 5A2 和 5A3 及 5A3A1 数字板和 5A3A2 模拟板，所以 RDA 状态和控制命令接口电路的任何故障都会造成 RDA 报警，根据电路情况可能是单个故障报警，也可能是和 RDA 监控系统电路相关联的几个故障报警，甚至可能是并联或者串联监控数据错误造成的一系列表面上互不相关的故障报警。

8.7.2　监控系统的报警信息

如表现在 RDASC 的性能参数上：performance Data/Tower Utilities/PWR XFER SWITCH = MAN（性能参数/塔设备/电源转换开关为手动），则报警 128：Alarm 128 POWER TRANSFER NOT ON AUTO（电源转换开关并未在自动），此时电源开关的切换只能依靠人工动作，不能自动切换，但不影响雷达回波质量。

如表现在 RDASC 的性能参数上：Performance Data/Tower Utilities/AIR CRAFT LIGHTING = FAIL（航警灯全部损坏），则报警 130：Alarm 130 AIRCRAFT HAZARD LIGHTING FAILURE（航警灯故障）。

如表现在 RDASC 的性能参数上：Performance Data/Tower Utilities/SITE SECURITY = ALARM（场地安全报警），则报警 144：Alarm 144 UNAUTHORIZED SITE ENTRY（场地未经许可，擅自进入）。

如表现在 RDASC 的性能参数上：Performance Data/Tower Utilities/RADOME HATCH = OPEN（天线罩门开着），传感器在天线罩的门边，则报警 151：Alarm 151 RADOME ACCESS HATCH OPEN（天线罩的门是打开的）。

如表现在 RDASC 的性能参数上：Performance Data/Tower Utilities/EQUIP SH TEMP = T1℃（设备房温度 = T1℃），如果 T1℃的值超过适配数据规定的上下限范围：Adaptation Data/Tower3/T3 = MINIMUM EQUIPMENT SHELTER ALARM = 8 DEG C（适配数据/塔第 3 页/第 3 项：设备房报警温度低限 = 8℃），Adaptation Data/Tower3/T4 = MAXIMUM EQUIPMENT SHELTER ALARM = 29 DEG C（适配数据/塔第 3 页/第 4 项：设备房报警温度高限 = 29℃），则报警 171：Alarm 171 EQUIPMENT SHELTER TEMP EXTREME（设备房温度超限）。一般要求设备房的温度为 20 ~ 22℃；其传感器在机房排线架上。

如表现在 RDASC 的性能参数上：Performance Data/Tower Utilities/RADOME AIR TEMP = T2℃（天线罩气温 = T2℃），如果 T2℃的值超过适配数据规定的上限：Adaptation Data/Tower3/T7：MAXIMUM RADOME ALARM TEMPERATURE = 45 DEG C（适配数据/塔第 3 页/第 7 项：天线罩报警温度上限 = 45℃），则报警 174：Alarm 174 RADOME AIR TEMP EXTREME

（天线罩内气温超限）。此传感器在天线座外接线开关箱内，通过鼓风机或空调一般控制在≤40℃。

如表现在 RDASC 的性能参数上：Performance Data/Tower Utilities/MC +28V PS = 28 ± ΔV（维护控制台 =28 ± ΔV），如果 Δ 的值超过适配数据规定的误差门限：Adaptation Data/Tower1/T11：MAINT CONSOLE 28V POWER SUPPLY TOLERANCE = 15 PERCENT（适配数据/塔第 1 页/第 11 项：维护控制台 28 V 电源误差 =15%），则报警 250：Alarm 250 MAINT CONSOLE +28V POWER SUPPLY FAIL（维护控制台 +28 V 电源故障）。

如表现在 RDASC 的性能参数上：Performance Data/Tower Utilities/MC +15V PS = 15 ± ΔV（维护控制台 =15 ± ΔV），如果 Δ 的值超过适配数据规定的误差门限：Adaptation Data/Tower1/T10：MAINT CONSOLE +/ –15V POWER SUPPLY TOLERANCE = 15 PERCENT（适配数据/塔第 1 页/第 10 项：维护控制台 +/ –15 V 电源误差 =15%），则报警 251：Alarm 251 MAINT CONSOLE +15V POWER SUPPLY FAIL（维护控制台 +15 V 电源故障）。

如表现在 RDASC 的性能参数上：Performance Data/Tower Utilities/MC +5V PS = 5 ± ΔV（维护控制台 =5 ± ΔV），如果 Δ 的值超过适配数据规定的误差门限：Adaptation Data/Tower1/T9：MAINT CONSOLE 5V POWER SUPPLY TOLERANCE = 15 PERCENT（适配数据/塔第 1 页/第 9 项：维护控制台 5 V 电源误差 =15%），则报警 252：Alarm 252 MAINT CONSOLE +5V POWER SUPPLY FAIL（维护控制台 +5 V 电源故障）。

如表现在 RDASC 的性能参数上：Performance Data/Tower Utilities/MC –15V PS = –15 ± ΔV（维护控制台 = –15 ± ΔV），如果 Δ 的值超过适配数据规定的误差门限：Adaptation Data/Tower1/T10：MAINT CONSOLE +/ –15V POWER SUPPLY TOLERANCE = 15 PERCENT（适配数据/塔第 1 页/第 10 项：维护控制台 +/ –15 V 电源误差 =15%），则报警 265：Alarm 265 MAINT CONSOLE –15 V POWER SUPPLY FAIL（维护控制台 –15 V 电源故障）。

凡是遇到不可操作报警的 RDA 故障，RDA 都会被强制到等待状态，报警 398：Alarm 398 STANDBY FORCED BY INOP ALARM（由于不可运行的警报强制待机）。

如表现在 RDASC 的性能参数上：Performance Data/Tower Utilities/PWR SOURCE = GEN（电源开关在发电设备），除非断电，平时应将此开关置于市电，否则报警 421：Alarm 421 RECOMMEND SWITCH TO UTILITY POWER（建议开关到市电）。Alarm 454 SYSTEM STATUS MONITOR INIT ERROR（系统状态监控初始化错）。Alarm 627 WDOG TIMER TSK PAUSED-RESTART INITIATED（看门狗定时器作业暂停-重新开始初始化）。

RDA 冷启动后，如在初始化或重新初始化期间有任何初始化步骤未在有效时间内，任何宽带初始化出现超时，在工作、待机、离线状态下，任何操作步骤未在设计规定时间内完成时，均报警 700：Alarm 700 INIT SEQ TIMEOUT-RESTART INITIATED（初始化序列超时-重新开始初始化）。

如在 120 s 内，RDA 任一控制功能未完成，如在合理的时间内（基于设计）未检测到仰角扫描结束，则报警 701：Alarm 701 CONTROL SEQ TIMEOUT-RESTART INITIATED（控制序列超时-重新初始化）。

8.7.3 基于通信部分报警信息

在 RDA 启动及通信链路重新初始化时，闭环测试自动初始化。闭环测试对在适配数据中由 RPG 宽带环路测试间隔定义的 RPG 链路进行自动的周期性测试。如果接收的位模式在环路测试响应超时，则报警 391：Alarm 391 RPG LOOP TEST TIMED OUT（RPG 回路测试超时）。

闭环测试对在适配数据中由 RPG 宽带环路测试间隔定义的 RPG 链路进行自动的周期性测试，如果传输和接收位模式不匹配，则报警 392：Alarm 392 RPG LOOP TEST VERIFICATION ERROR（RPG 回路闭环测试验证出错）。

如表现在 RDASC 的性能参数上：Performance Data/Disk File Status/REMOTE VCP FILE STATUS/READ = ERROR（磁盘文件状态/远程 VCP 文件状态/读 = 错），则报警 393：Alarm 393 INVALID REMOTE VCP RECEIVED（遥控时，RDA 接收到 RPG 的无效的体扫模式命令）。

如表现在 RDASC 的性能参数上：Performance Data/Disk File Status/REMOTE VCP FILE STATUS/WRITE = ERROR（磁盘文件状态/远程 VCP 文件状态/写 = 错），则报警 687：Alarm 687 REMOTE VCP FILE WRITE FAILED（远程 VCP 文件写故障）。报警 394：REMOTE VCP NOT DOWNLOADED 为遥控时，RDA 未从 RPG 的下载到体扫模式文件。报警 395：INVALID RPG COMMAND RECEIVED 为“控制 RDA”接收到无效的 RPG 命令。

如表现在 RDASC 的性能参数上：Performance Data/Device Status/RPG LINK INIT STATUS = NO（设备状态/RPG 链路初始化 = 故障），则报警 452：Alarm 452 RPG LINK INITIALIZATION ERROR（RPG 链路初始化出错）。报警 624：WIDBND TASK PAUSED-RSATART INITIATED 为宽带任务暂停-重新初始化。

传输宽带数据时，如果 RDA 状态信息传输在有效时间间隔内未完成，则报警 650，并且传输被重试一次。报警 650：SEND WIDEBAND STATUS TIMED OUT 为发送宽带状态超时。设计中 RDA 可以连接两个宽带口：RPG 和 USER。RPG link 是 RDA 和 RPG 的通信链路；USER link 是 RDA 到 USER 的通信链路。USER 口和 RPG 口的通信功能一样，但是软件功能上 USER 口不能遥控 RDA，RDA 也可将雷达产生的基数据传送出到 USER 去。类似报警 391、392、452，USER 口同样有报警 671、672、453。

8.7.4 基于存档部分报警信息的故障诊断

适配数据有 A 级存档安装标志设置：Adaptation Data/Tower 1/T1：ARCHIVE DRIVE INSTALLED FLAG = 1（适配数据/塔第 1 页/第 1 项：归档安装标志 = 1，0 = 未安装；1 = 已安装），必须是 1，否则就报警 625；另外，只有在 RDASC 的性能参数上没有存档错误：Performance Data/Device Status/ARCHIVE A SUMMARY ERROR STATUS = 0（设备状态/存档总的 A 错误状态 = 0），A 级存档才正确，否则报警 625：Alarm 625 ARCH A TASK PAUSED-RESTART INITIATED（A 级存档作业暂停-重新开始初始化）。

例如：在 RDASC 的性能参数上，Performance Data/Device Status/ARCH A（设备状态/存档 A）出现 I/O ERROR Status、DATA、TIME（16 进制错误代码），则报警 751：Alarm 751 ARCHIVE A I/O ERROR（A 级存档 I/O 接口错）。

A 级存档媒介无法再存储一个体扫的基数据，报警 752：ARCH A ALLOCATION/MEDIA FULL ERROR（存档 A 分配/介质满故障）。

适配数据 A 级存档回放允许标志设置：Adaptation Data/Tower 1/T2：ARCHIVE A PLAY-

BACK ENABLED FLAG =1（适配数据/塔第 1 页/第 2 项：存档 A 回放允许标志 =1，0 = 不允许；1 = 允许），必须是 1，否则报警 753：Alarm 753 ARCHIVE A FILE MANAGEMENT ERROR（A 级存档文件管理故障）。报警 754：ARCHIVE A LOAD ERROR（A 级存档装载期间故障）。

RPG 发回放命令，是通过设置基数据的启动/停止和日期来对回放的体扫进行检索；如 RPG 指定回放的启动/停止和日期在体扫记录数据以外或没找到，则报警 755：ARCH A PLAYBCK VOLUME SCAN NOT FOUND（A 级存档回放的体扫没找到）。

如果存档容量小于适配数据的规定：Adaptation Data/Tower1/T3：ARCHIVE A CAPACITY LOW WARNING THRSHOLD =3VOL SCANS（适配数据/塔第 1 页/第 3 项：存档 A 容量低报警门限 =3 个体扫），则报警 756：ARCH A CAPACITY LOW（A 级存档容量小于门限）。

8.7.5 关键参数监测及传输路径

关键参数监测及传输路径如表 8-6 所示。

表 8-6 关键参数监测及传输路径

序号	DAU 相关报警信息及命令	通路及管件器件
1	室内温度传感器 EQUIPMENT SHELTER TEMP EXTREME	经历通路：温度传感器→电缆转接盒→DAU 底板→模拟板→数字板→RDA 计算机 关键器件：温度传感器、模拟板 U02
2	发射机风道温度传感器 TRANSMITTER LEAVING AIR TEMP EXTREME	经历通路：温度传感器→电缆转接盒→DAU 底板→模拟板→数字板→RDA 计算机 关键器件：温度传感器、模拟板 U02
3	天线罩温度传感器 RADOME AIR TEMP EXTREME	经历通路：温度传感器→电缆转接盒→上光端机→上光纤板→光纤→下光纤板→模拟板→数字板→RDA 计算机 关键器件：温度传感器、上光纤板 U1、下光纤板 U1、模拟板 U1
4	天线功率监视器 ANTENNA POWER BITE FAIL	经历通路：功率探头→上光端机→上光纤板→光纤→下光纤板→模拟板→数字板→RDA 计算机 关键器件：上光纤板 U2、下光纤板 U2、模拟板 U9、U7
5	发射机功率监视器 TRANSMITTER POWER BITE FAIL	经历通路：功率探头→DAU 底板→下光纤板→模拟板→数字板→RDA 计算机 关键器件：模拟板 U9、U7
6	天线动态故障-方位转速（AZ TACH）	经历通路：测速机→上光端机→上光纤板→光纤→下光纤板→DAU 底板→DCU 关键器件：上光纤板 U4、下光纤板 U4

续表

序号	DAU 相关报警信息及命令	通路及管件器件
7	天线动态故障-俯仰转速（EL TACH）	经历通路：测速机→上光端机→上光纤板→光纤→下光纤板→DAU 底板→DCU 关键器件：上光纤板 U3、下光纤板 U3
8	俯仰正预限位 ELEVATION + NORMAL LIMIT	经历通路：上光端机采集→上光纤板→光纤→下光纤板→DAU 底板→DCU 关键器件：上光纤板 D1、D9、U30
9	俯仰负预限位 ELEVATION-NORMAL LIMIT	经历通路：上光端机采集→上光纤板→光纤→下光纤板→DAU 底板→DCU 关键器件：上光纤板 D2、D10、U30
10	俯仰正死区限位 ELEVATION IN DEAD LIMIT	经历通路：上光端机采集→上光纤板→光纤→下光纤板→DAU 底板→DCU 关键器件：上光纤板 D3、D11、U30
11	俯仰负死区限位 ELEVATION IN DEAD LIMIT	经历通路：上光端机采集→上光纤板→光纤→下光纤板→DAU 底板→DCU 关键器件：上光纤板 D4、D12、U30
12	方位减速箱油位低 AZIMUTH GEARBOX OIL LEVEL LOW	经历通路：上光端机采集→上光纤板→光纤→下光纤板→DAU 底板→DCU 关键器件：上光纤板 D5、D13、U30
13	大齿轮箱油位低 BULL GEAR OIL LEVEL LOW	经历通路：上光端机采集→上光纤板→光纤→下光纤板→DAU 底板→DCU 关键器件：上光纤板 D6、D14、U30
14	方位电机过温 AZIMUTH MOTOR OVERTEMP	经历通路：上光端机采集→上光纤板→光纤→下光纤板→DAU 底板→DCU 关键器件：上光纤板 D7、D15、U30
15	方位手轮啮合 AZIMUTH HANDWHEEL ENGAGED	经历通路：上光端机采集→上光纤板→光纤→下光纤板→DAU 底板→DCU 关键器件：上光纤板 D8、D16、U30
16	方位轴锁定 AZIMUTH STOW PIN ENGAGED	经历通路：上光端机采集→上光纤板→光纤→下光纤板→DAU 底板→DCU 关键器件：上光纤板 D17、D25、U31
17	俯仰减速箱油位低 ELEVATION GEARBOX OIL LEVEL LOW	经历通路：上光端机采集→上光纤板→光纤→下光纤板→DAU 底板→DCU 关键器件：上光纤板 D18、D26、U31
18	俯仰轴锁定 ELEVATION STOW PIN ENGAGED	经历通路：上光端机采集→上光纤板→光纤→下光纤板→DAU 底板→DCU 关键器件：上光纤板 D19、D27、U31

续表

序号	DAU 相关报警信息及命令	通路及管件器件
19	俯仰电机过温 ELEVATION MOTOR OVERTEMP	经历通路：上光端机采集→上光纤板→光纤→下光纤板→DAU 底板→DCU 关键器件：上光纤板 D20、D28、U31
20	俯仰手轮啮合 ELEVATION HAND-WHEEL ENGAGED	经历通路：上光端机采集→上光纤板→光纤→下光纤板→DAU 底板→DCU 关键器件：上光纤板 D21、D29、U31
21	天线座锁定 PEDESTAL INTERLOCK OPEN	经历通路：上光端机采集→上光纤板→光纤→下光纤板→DAU 底板→DCU 关键器件：上光纤板 D24、D32、U31
22	接收机 ±18 V 电源综合故障 ±18V RECEIVER P. S SUMMARY FAULT REC PS1 FAULT	经历通路：DAU 底板采集→数字板→RDA 计算机 关键器件：数字板 U22
23	+5 V A/D 转换器电源综合故障 +5V A/D CONVERTER P. S SUMMARY FAULT REC PS2 FAULT	经历通路：DAU 底板采集→数字板→RDA 计算机 关键器件：数字板 U29
24	-15 V A/D 转换器电源综合故障 -15V A/D CONVERTER P. S SUMMARY FAULT REC PS3 FAULT	经历通路：DAU 底板采集→数字板→RDA 计算机 关键器件：数字板 U29
25	接收机 -9 V 电源综合故障 -9V RECEIVER P. S SUMMARY FAULT REC PS4 FAULT	经历通路：DAU 底板采集→数字板→RDA 计算机 关键器件：数字板 U22
26	接收机 +5 V 电源综合故障 +5V RECEIVER P. S SUMMARY FAULT REC PS5 FAULT	经历通路：DAU 底板采集→数字板→RDA 计算机 关键器件：数字板 U22
27	接收机 +9 V 电源综合故障 +9V RECEIVER P. S SUMMARY FAULT REC PS6 FAULT	经历通路：DAU 底板采集→数字板→RDA 计算机 关键器件：数字板 U31
28	-5.2 V A/D 转换器电源综合故障 -5.2V A/D CONVERTER P. S SUMMARY FAULT REC PS7 FAULT	经历通路：DAU 底板采集→数字板→RDA 计算机 关键器件：数字板 U29
29	+15 V A/D 转换器电源综合故障 +15V A/D CONVERTER P. S SUMMARY FAULT REC PS8 FAULT	经历通路：DAU 底板采集→数字板→RDA 计算机 关键器件：数字板 U29
30	+5 V 接收机保护器电源综合故障 +5V RECEIVER PROTECTOR P. S SUMMARY FAULT REC PS9 FAULT	经历通路：DAU 底板采集→数字板→RDA 计算机 关键器件：数字板 U30

续表

序号	DAU 相关报警信息及命令	通路及管件器件
31	天线座 +5 V 电源 PEDESTAL +5V POWER SUPPLY 1 FAIL	经历通路：DCU→DAU 底板→模拟板→数字板→RDA 计算机 关键器件：模拟板 U12、U10
32	天线座 +15 V 电源 PEDESTAL +15V POWER SUPPLY 1 FAIL	经历通路：DCU→DAU 底板→模拟板→数字板→RDA 计算机 关键器件：模拟板 U12、U10
33	天线座 -15 V 电源 PEDESTAL -15V POWER SUPPLY 1 FAIL	经历通路：DCU→DAU 底板→模拟板→数字板→RDA 计算机 关键器件：模拟板 U14、U13
34	天线座 +28 V 电源 PEDESTAL +28V POWER SUPPLY 1 FAIL	经历通路：DCU→DAU 底板→模拟板→数字板→RDA 计算机 关键器件：模拟板 U08、U07
35	维护控制台 +5 V 电源 MAINT CONSOLE +5V POWER SUPPLY FAIL	经历通路 5PS1→DAU 底板→模拟板→数字板→RDA 计算机 关键器件：模拟板 U15、U13
36	维护控制台 +15 V 电源 MAINT CONSOLE +15V POWER SUPPLY FAIL	经历通路 5PS1→DAU 底板→模拟板→数字板→RDA 计算机 关键器件：模拟板 U15、U13
37	维护控制台 +28 V 电源 MAINT CONSOLE +28V POWER SUPPLY FAIL	经历通路 5PS1→DAU 底板→模拟板→数字板→RDA 计算机 关键器件：模拟板 U15、U13
38	维护控制台 -15 V 电源 MAINT CONSOLE -15V POWER SUPPLY FAIL	经历通路 5PS1→DAU 底板→模拟板→数字板→RDA 计算机 关键器件：模拟板 U18、U16
39	波导开关转换命令 ANTENNA CMD	经历通路：RDA 计算机→数字板→模拟板→DAU 底板（继电器）→波导开关 关键器件：波导开关、数字板 U50、模拟板 U26 备注：天线罩门必须关闭
40	天线座运行命令 PED OPERATE	经历通路：RDA 计算机→数字板→模拟板→DAU 底板→DCU 关键器件：数字板 U50、模拟板 U26
41	发射机开高压命令 TRANSMITTER HV SWITCH FAILUTE	经历通路：RDA 计算机→数字板→DAU 底板→发射机 关键器件：下光纤板 U54，U50
42	声音报警不响	经历通路：RDA 计算机→数字板→DAU 底板→维护面板 关键器件：下光纤板 U54

续表

序号	DAU 相关报警信息及命令	通路及管件器件
43	DAU/发射机接口 XMTR/DAU INTERFACE FAILURE	经历通路：发射机→DAU 底板→数字板→RDA 计算机，共 8 位 关键器件：数字板 U23、U24
44	天线角码传输 AZIMUTH ENCODER LIGHT FAILURE ELEVATION ENCODER LIGHT FAILURE	经历通路：轴角编码器→上光端机→上光纤板→光纤→下光纤板→DAU 底板→DCU 关键器件：轴角编码器、上光纤板 U9、U8、下光纤板 U10、U11

8.8 综合监控系统（DAU）故障诊断技术与方法

8.8.1 DAU 故障诊断方法

DAU 系统出现故障主要由数字板和模拟板引起，一般体现在四个方面：

①DAU 和发射机状态监控错误（自检）；

②DAU 和 RDA 计算机串口错误（自检）；

③DAU 故障导致监控参数报警；

④DAU 故障导致控制命令异常。

数字板故障现象主要体现在通信自检和 I/O 故障，通信主要涉及 DAU 和 RDA 计算机串口自检错误、DAU 输入/输出错误等，I/O 涉及发射机/DAU 接口，都有具体报警信息。

依据信号流程，主要从监控信息综合分析，如果多路都涉及电路的公共器件，一般通过更换故障器件解决问题；如果多路涉及器件比较多，则需要检查控制、时钟信号是否正常；对于模拟信号，如果只是单路监控参数报警，主要检查采集电路故障，如果多路监控参数报警，则需要检查模拟板公用的模拟开关、采样保持、A/D 转换等电路问题。比如对于射频功率测量出现问题，如果只是单一射频功率、天线功率或者发射机输出功率出现报警，在机外仪表检测正常的情况下，需要依据信号流程检查对应功率检测探头、上光纤板、下光纤板、模拟板运放器件是否有问题；如果是两个射频功率测量都有问题，只需要检查公共部分的 DAU 模拟板 U9，如果还有 DCU +28 V 电源报警，那就需要检查模拟板 U07。

由于伺服到数字中频串口信号是经过 DAU 大底板转接，伺服初始化序列超时时主要检查 DCU 数字板（5A6）收发串口。

综上所述，当雷达出现报警时，首先检查报警部分电路参数是否正常。在正常的情况下，则要检查与此参数相关的监控线路，重点检查发射功率探头、温度传感器等采集电路以及模拟参数的 A/D 变换电路；如果几种报警同时出现，就需要检查这几种信号的公共部分或监控线路公共部分；如果出现有关发射机/DAU 接口、RDASC/DAU 接口故障报警，说明发射机监控系统 3A3A1 和 DAU 之间以及 RDASC 和 DAU 之间数据接口检测出错，或者 DAU 命令接口出错，在这种情况下一般需要关机后 3 min 再重新开机即可解决问题。如果多次仍出错，就要检查 DAU 数字板、3A3A1、信号处理器及串口传输线，查出问题原因。

8.8.2　DAU 故障诊断流程

综合监控系统故障诊断流程见图 8-27。

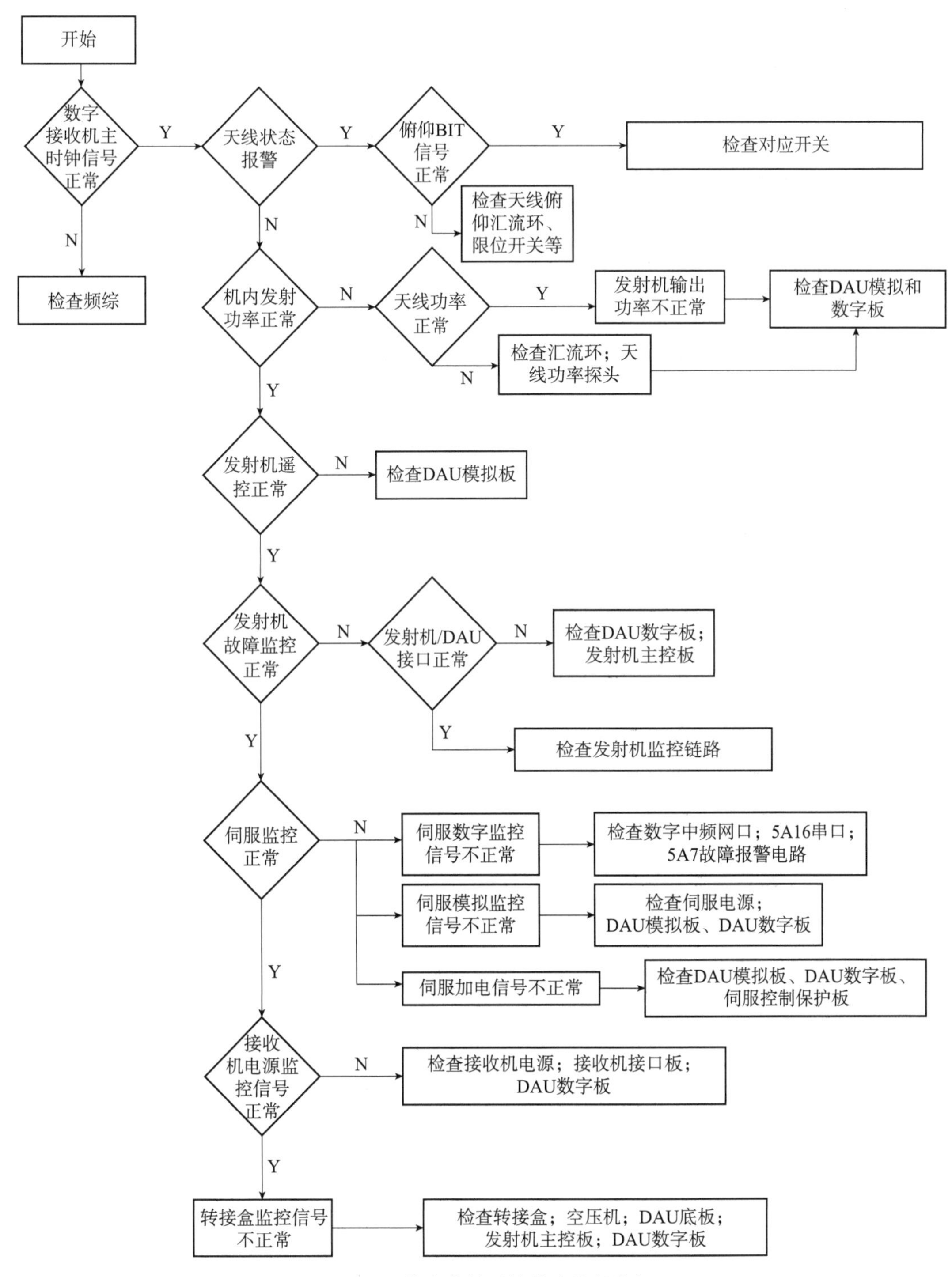

图 8-27　综合监控系统故障诊断流程

8.9 DAU 常见问题处理

综合监控系统常见故障处理见表 8-7。

表 8-7 DAU 常见故障处理表

序号	故障名称	处理方法
1	维护控制台 +28 V 电源故障	检查 5PS1 电源是否工作正常
2	维护控制台 +15 V 电源故障	检查 5PS1 电源是否工作正常
3	维护控制台 +5 V 电源故障	检查 5PS1 电源是否工作正常
4	维护控制台 −15 V 电源故障	检查 5PS1 电源是否工作正常
5	DAU 接口失败	更换 DAU
6	DAU 初始化失败	更换 DAU

第9章

配电分系统

9.1 工作原理

配电机柜需要接收到来自市电经稳压器或不间断电源（UPS）的稳定三相交流供电（三相五线制），线电压380 VAC ±10%，频率50 Hz（60 Hz）±5%，并向雷达的各个分机柜及部件提供稳定的滤波过的供电。如果供电存在过压/欠压、过流、缺相/错相、雷击等情况，配电机柜会做出及时的保护，断开向后端输送的供电，以保障后端设备的安全。

配电机柜可监视雷达运行过程中三相交流电之间的线电压和三相电流，并通过前面板的电压指示表和电流指示表显示出来，便于用户查看。

具有手动/自动按钮控制配电机柜的控制权限，即本地控制还是远程控制。当选择手动模式时，QF1主开关控制配电机柜总电源的输入至配电机柜内A9A1交流接触器，红色停止按钮控制A9A1交流接触器线圈的供电，进而控制A9A1交流接触器的吸合与断开。A9A1交流接触器吸合之后，供电送至各个分机开关，各个分机的开关控制配电机柜向各个分机输出的供电。

当手动/自动按钮选择自动时，红色停止按钮和各个分机开关的控制均由配电机柜内的远程控制盒完成，远程控制盒通过网线与外部的远程控制计算机相连，远程控制计算机发出指令之后，通过网线送至配电机柜内远程控制盒，远程控制盒内部的继电器做出相应的动作，控制配电机柜内部的A9A1交流接触器以及控制各个分机开关的交流接触器的线圈供电，从而控制各个交流接触器的吸合或断开，从而实现远程控制配电机柜各个开关的功能。

9.2 系统组成

配电机柜UD98构成一个独立的机柜。表9-1列出了组成配电机柜各单元的代号、名称。

表 9-1　配电机柜各组成单元

高层代号	名称
98A1	98A1 面板组合
98A2	98A2 面板组合
98A9	98A9 面板组合
98A16	远程控制盒
98A17	控制组合
98A10	浪涌保护器组合
FNF202B2	电源滤波器
FNF402B10	电源滤波器
FNF202B10	电源滤波器
UD98M1，UD98M2	风扇
98A9A2	三相电源监视器
SA103BA-100A	总开关
DGTT 230 400 FM385	避雷器
E4CB110CEC10	断路器
98A9A1	交流接触器
LMZJ1-0.5	交流互感器

配电机柜 UD98 主要技术指标如下。

输入电源：~380 V ±10%，50 Hz（60 Hz）±5%，TN-S 制式。

功率容量：不小于 30 kVA。

输出电源：

①天线座（UD2 天线驱动）：~380 V ±10%，50 Hz，4.0 kW；

②天线座上光端机：~220 V ±10%、50 Hz ±5%，0.2 kW；

③发射机柜（UD3）：~380 V ±10%，50 Hz ±5%，11 kW；

④接收机柜（UD4）：~220 V ±10%，50 Hz ±5%，0.8 kW；

⑤监控机柜（UD5）：~220 V ±10%，50 Hz ±5%，1.0 kW；

⑥RPG：~220 V ±10%，50 Hz ±5%，0.5 kW；

⑦PUP：~220 V ±10%，50 Hz ±5%，0.5 kW；

⑧波导充气单元：~220 V ±10%，50 Hz ±5%，0.3 kW；

⑨配电机柜（UD98）：~380 V ±10%，50 Hz ±5%，0.5 kW；

⑩铁塔（照明、风机）：~380 V/220 V ±10%，50 Hz ±5%，1.2 kW。

输入、输出形式：输入采用接线排、输出采用插头/插座方式，插头/插座允许通过的额定电流应大于实际通过电流的 2 倍。

交流工作接地要求：接地电阻≤4 Ω。

保护功能：具有防雷、过压、过流、缺相、欠压、相序等保护；

冷却方式：风机冷却。

9.3 系统功能

电源输入部分由 XT1 接线端子和 98A9 总配电组成。98A9 由主开关 QF1、交流接触器 A9A1、停止按钮、手动/自动切换按钮组成；接线端子 XT1 在机柜后面中下部。外部电源连接在接线端子 XT1 上；经过主开关 QF1 送给交流接触器 A9A1，停止按钮控制交流接触器的通断，手动/自动切换按钮选择配电机柜的控制方式是本地手动控制还是远程自动控制。以上器件完成外部电源与后级设备电源的连接，具有输入电源监视和控制功能。

手动/自动按钮控制配电机柜的控制权限，即控制权限是本地控制还是远程控制，当选择手动模式时，QF1 主开关控制配电机柜总电源的输入至配电机柜内 A9A1 交流接触器，红色停止按钮控制 A9A1 交流接触器线圈的供电，进而控制 A9A1 交流接触器的吸合与断开。A9A1 交流接触器吸合之后，供电送至各个分机开关，各个分机的开关控制配电机柜向各个分机输出的供电。

当手动/自动按钮选择自动时，红色停止按钮和各个分机开关的控制均由配电机柜内的远程控制盒完成，远程控制盒通过网线与外部的远程控制计算机相连，远程控制计算机发出指令之后，通过网线送至配电机柜内的远程控制盒，远程控制盒内部的继电器做出相应的动作，进而控制配电机柜内部的 A9A1 交流接触器以及各个分机开关的交流接触器的线圈供电，从而控制各个交流接触器的吸合或断开，以便实现远程控制配电机柜各个开关的功能。

9.3.1 浪涌保护器件

配电设备内雷电保护由二类防雷器件浪涌保护器 A9A3 和保险丝组件（FUSE）组成。当遭遇雷电袭击时浪涌保护器 A9A3 负责泄放高电压，避免后级设备过压。保险丝组件（FUSE）负责保护浪涌抑制器 A9A3，当 A9A3 出现故障短路时，保险丝组件切断对浪涌抑制器 A9A3 供电。

浪涌保护器 A9A3 主要指标：

①额定电压 UC：385 VAC；

②标称放电电流（8/20）IN：20 kA；

③最大放电电流（8/20）Imax：40 kA；

④保护级别：≤1.5 kV；

⑤响应时间：≤25 ns。

9.3.2 输入电源的监控和测量

输入电源的监视和控制由 A9A2 电源监视器、电压监视器、中间继电器组成。A9A2 负责对输入电源的相序、三相电压是否平衡进行监控，电压监视器负责对输入电源的欠电压、过电压进行监控。

9.3.2.1 监控功能

如果输入电源有缺相、逆相、三相电压不平衡，或低于、高于额定电压中任何一项都会向 A9A1 交流接触器发出指令，使其切断对后级供电，以保护雷达设备不受损害。

配电设备中的 A9A2 电源监视器、电压监视器、中间继电器由 TVR2000 系列三相电源监视器实现，实现过欠电压、缺相、相序保护功能。

电压不平衡率高于 9 ±1.5% 时，保护器动作（延时时间 <1.5 s）；当不平衡率低于 7 ±1.5% 时自动恢复。

过欠压持续 8 s，判定故障，输出保护信号。

9.3.2.2 电压电流指示

电压表 PA1、PA2、PA3 完成对输入电压的指示，PA1 指示 A ~ B 间电压值；PA2 指示 A ~ C 间电压值；PA3 指使 B-C 间电压值。

电流表 CA1 和电流互感器 CT1 电流互感器完成 A 相输出电流指示；电流表 CA2 和电流互感器 CT2 完成 B 相输出电流指示；电流表 CA3 和电流互感器 CT3 完成 C 相输出电流指示。

（1）分机电源开关

98A1 配电面板：98A1 配电面板，主要控制天线罩、维护使用等供电分配，该单元有五路输出，分别为：QF2：天线座照明；QF3：航警灯；QF4：备用；QF5：天线罩通风；QF11：维修用电源。

98A2 配电面板：98A2 配电面板，主要控制雷达机房设备供电，该单元有五路输出，分别为：QF6：RDA 机柜；QF7：接收机；QF8：发射机；QF9：伺服功放；QF10：空气压缩机。

（2）关键支路的浪涌保护和滤波

为了使后级设备工作更加安全，对关键分机增加了过压保护器（表 9-2），同时还增加了电源滤波器。

表 9-2 支路过压保护器的组成和指标

组成	98A10A1（保护空气压缩机）； 98A10A2（保护接收机）； 98A10A3（保护 RDA 机柜）； 98A10A4（保护上光端机）； 98A10A5（保护维修用电源）； 98A10A6（保护发射机）； 98A10A7（保护伺服动力）
指标	额定电压 UC：255 VAC； 标称放电电流（8/20）IN：3 kA； 总放电电流（8/20）Itotal：5 kA； 保护级别：≤10 kV； 响应时间：≤25 ns

支路浪涌保护和滤波正常及技术指标如表 9-3 所示。

表9-3 支路浪涌保护和滤波正常及技术指标

组成	A3：RDA机柜电源滤波器； A4：伺服动力电源滤波器； A5：上光端机电源滤波器； A6：接收机电源滤波器
指标	额定电压250 V； 工作频率：0～60 Hz

滤波后的输出采用屏蔽电缆直接送至机柜顶部，通过专用电缆连接器转接送入分机，防止二次干扰。

（3）雷达系统接地

在机柜后面底部和机柜顶部均装有地线汇流板，汇流板材料为经过导电氧化的铝板。机柜顶部的汇流板上设PE1～PE5五个连接螺栓，分别对应接接收机、RDA机柜、发射机、波导和雷达系统接地母线。

雷达接地母线必须从建筑物地网上引出，通过走线桥架铺设到雷达设备室；分机设备对地的电阻应该小于或等于4 Ω。

风扇安装处采用波导通风窗进行电磁屏蔽，前后门内框粘贴导电屏蔽条对门缝进行了有效的屏蔽。

9.4 配电机柜手动和自动模式下的开关机方法

9.4.1 手动模式开机

手动模式下配电机柜的开机操作：开启雷达配电机柜供电的输入开关，保证雷达配电机柜有正常的供电输入；开启配电机柜的主开关QF1，配电机柜顶部风机应正常工作，可以听到风机运转的声音，此时可观察线电压指示表，电压指示应为380 V左右，输入电源正常情况下（即没有过压、过流、缺相、欠压、错相等情况），且配电机柜在手动控制状态，红色的停止按钮顺时针旋转打开，此时配电机柜内部A9A1交流接触器吸合，可以听到交流接触器吸合的声音，交流接触器吸合之后，供电送至各个分机单元的开关（QF2-QF11）。打开各个分机的空气开关，空气开关上方对应的指示灯亮起，实现分机的供电。

9.4.2 自动模式开机

开启雷达配电机柜供电的输入开关，保证雷达配电机柜有正常的供电输入，将手动/自动按钮选择为自动模式，然后依次将配电机柜主开关打开，红色停止按钮顺时针旋转打开，各个分机的空气开关打开，此时配电机柜并没有实际开启，只是硬件上将各个开关置于打开状态。

登录远程控制界面，然后在远程控制计算机的界面打开主开关，此时配电机柜风机应正常工作，观察电压表状态，确认供电正常的情况下，在远程控制界面打开各个分机的开关。

9.4.3 手动模式关机

手动模式下关闭配电机柜操作，首先确认各个分机均处于关闭状态，其次将配电机柜的各个分机输出空开依次关闭，然后将红色停止按钮按下，此时可以听到配电机柜内 A9A1 的交流接触器断开的声音，之后将主开关 QF1 断开，风机停止工作，此时雷达配电机柜关闭完成，最后将雷达配电机柜的输入开关断开。

9.4.4 自动模式关机

自动模式下关闭配电机柜操作，首先，确认各个分机均处于关闭状态，其次，在远程控制界面将配电机柜的各个分机输出空开依次关闭，然后关闭主开关，此时可以听见 A9A1 交流接触器断开的声音，配电机柜风机停止工作，此时雷达配电机柜关闭完成，再手动将配电机柜上的各个开关关闭，最后将雷达配电机柜的输入开关断开。

9.4.5 RDA 报警箱

RDA 报警箱的主要作用有两个。一是作为报警监控单元监控雷达机房的温湿度变化，这个功能是通过安装在 RDA 报警箱上的温湿度传感器来实现的。二是作为报警信号转接单元，将波导压力/湿度报警、发射机风温报警、环流器过热报警从报警单元送到 RDA 监控机柜中。

（1）RDA 报警箱信号流程

RDA 报警箱信号流程见图 9-1。

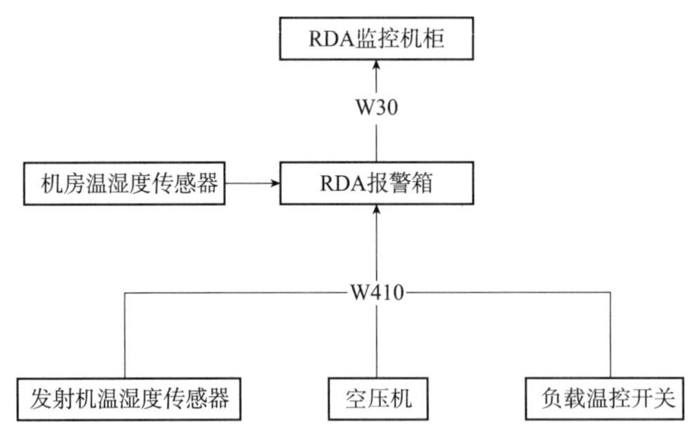

图 9-1 RDA 报警箱信号流程

（2）电缆转接盒

电缆转接盒分铁塔平台电缆转接盒和水泥平台电缆转接盒两种。水泥平台电缆转接盒的主要作用是将从机房送过来的三相电转送至天线罩航警灯、天线罩内的插座以及照明、天线排风扇，并将天线座门开关状态信息送至上光端机中。铁塔平台电缆转接盒是在水泥平台电缆转接盒的基础上增加罩外防爆灯供电以及天线罩内百叶窗调节器供电。

（3）转接盒信号流程

机房三相电送到电缆转接盒的接线排，然后从接线排给各个设备供电，其中红色框图部分是铁塔平台外部设备。天线罩门开关的状态送至电缆转接盒接线排，然后从接线排送到上光端机中。电缆转接盒的信号流程如图 9-2 所示。

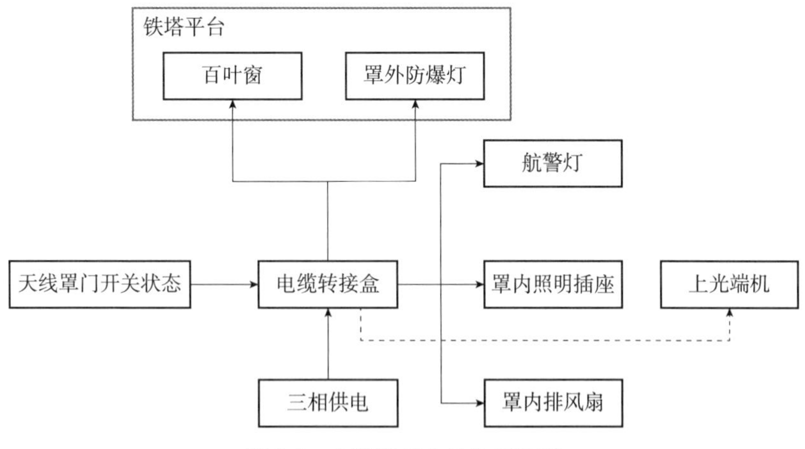

图 9-2　电缆转接盒的信号流程

9.5　信号流程

配电机柜 UD98 内部强电供电流程如图 9-3 所示。

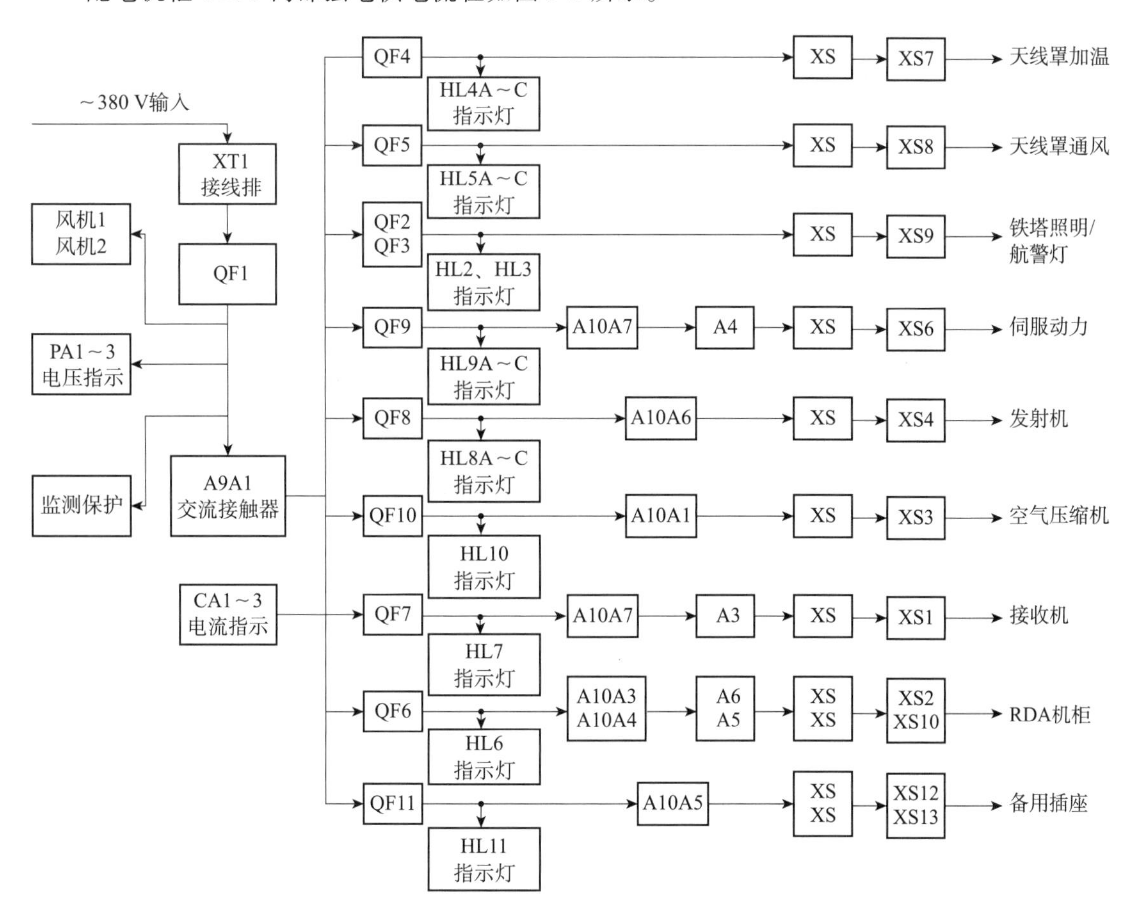

图 9-3　配电机柜 UD98 内部强电供电流程图

雷达供电系统本控/遥控控制原理见图 9-4。

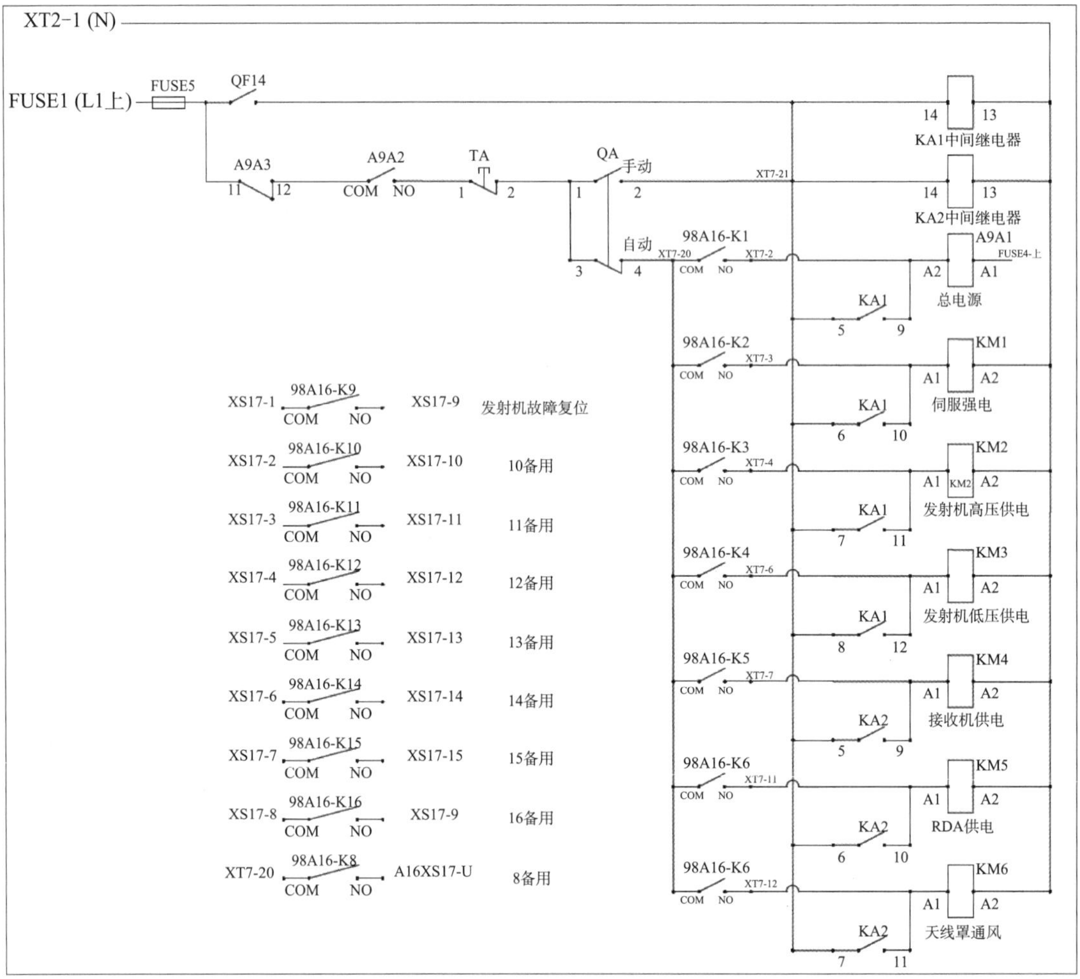

图 9-4　雷达供电系统本控/遥控原理图

9.6　供电系统常见故障诊断技术与方法

9.6.1　电源输入过/欠电压

配电机柜通电，开启 QF1 主开关后，查看配电机柜前面板上方的电压表，如果发现某一项或者两项高于或者低于 380 VAC ± 10% 的范围，打开配电机柜前面板可以看到电源监视器上过/欠压指示灯亮起，说明配电机柜输入的电压不符合要求，可以用万用表查看配电机柜主输入的线电压和相电压，找出问题所在，处理完成之后，再进行之后的开机操作。

9.6.2　电源输入缺相或错相

配电机柜通电，开启 QF1 主开关后，查看配电机柜前面板上方的电压表，如果发现某一相或者两相明显不足380 VAC，实际指示在200 V左右，打开配电机柜前面板可以看到电源监视器上缺相指示灯亮起，说明配电机柜输入的电压缺相，可以用万用表查看配电机柜主输入的线电压和相电压，找出问题所在，处理完成之后，再进行之后的开机操作。

如果电压表显示各项电压值正常，但是手动模式下操作停止按钮开机的时候听不到继电器吸合的声音，应该考虑错相的可能性，打开配电机柜前面板，查看电源监视器的错相指示灯是否亮起，如果亮起，说明配电机柜输入的相序错误，应该关闭配电机柜供电之后，在主输入接线排上，调换两根相邻的火线，处理完成之后，然后再进行之后的开机操作。

9.6.3 熔断器或停止按钮故障

配电机柜通电后，检查各项输入电压正常，且无错相，电源监视器上无报警，但是手动模式下操作停止按钮开机时，听不到交流接触器吸合的声音，可以考虑熔断器熔断或者停止按钮故障，打开配电机柜前面板，找到熔断器位置，配电机柜断电后，取出熔断器，用万用表查看熔断器状态，如果熔断器损坏，更换相应的熔断器，然后配电机柜通电开机；如果熔断器未发现异常，交流接触器还是无法吸合，则可怀疑是停止按钮或电源监视器故障，此时可以闭合电源监视器旁的空气开关，之后应该可以听到交流接触器吸合的声音。此时供电已送至各个分机空开的输入端，可以进行各个分机的供电操作。

9.6.4 分机开关指示灯故障

配电机柜开启之后，开启各个分机空气开关，各个分机供电正常，但是配电机柜上分机供电的指示灯未亮，可以怀疑是指示灯故障，更换相应的指示灯即可。

9.7 供电系统故障诊断流程

根据雷达遥控功能电源控制流程图和配电机柜UD98内部流程图，故障诊断主要从五方面入手：手动状态应急开关闭合，遥控交流接触器（其中有一路）是否吸合，可以诊断控制电路前端电源监视器、浪涌保护器、停止旋钮是否有问题；手动状态，其中某一路负载控制不正常，通过断开负载，可以诊断是负载短路或者控制电路有问题；如果手动状态应急开关闭合后，总电源、发射机高低压、伺服强电供电遥控交流接触器是否吸合，可以判断中间继电器KA1是否有问题；如果手动状态RDA、接收机、天线罩通风控制都不正常，可以判断中间继电器KA2有问题；如果手动正常，自动（遥控）不正常，则是远程控制问题。具体方法如下。

首先，手动（本控）状态控制是否正常，如不正常，再闭合应急开关，如果有一路控制正常，说明控制电路前端的电源监视器、浪涌保护器、停止旋钮正常；如手动闭合应急开关后所有分机遥控控制交流接触器都没有吸合，需要检查电源监视器是否有报警，如有报警，可根据报警信息，检查供电的电压是否过压或者欠压，供电相序是否错误或者缺相，找出为电源机柜供电故障根源，直至不出现报警；如无报警，进一步检查停止旋钮顺时针旋转后1脚和2脚对零线是否有交流220 V电压，如输入（1脚）有，输出（2脚）没有，则为停止旋钮故障，须更换，否则检查浪涌保护器。如手动状态只是某一个分机供电控制不正常，如断开负载后，控制正常，说明负载有短路现象，须检查故障分机散热风扇、直流电源等交流供电是否过载；断开负载后控制仍不正常，需要检查对应中间继电器控制电压是否正常，如电压正常，继电器不吸合，则更换继电器，如继电器正常则更换对应空气开关。如手动状态 RDA、接收机、天线罩通风供电控制都不正常，则是中间继电器 KA2 问题，需要检查中间继电器 KA2 控制电压是否正常，如电压正常，继电器不吸合，则须更换继电器，KA2 控制电压不正常则检查交流 220 V 控制信号线路；如手动状态应急开关闭合后，总电源、发射机高低压、伺服强电供电控制的遥控交流接触器都不吸合，则是中间继电器 KA1 问题，需要检查中间继电器 KA1 控制电压是否正常，如电压正常，继电器不吸合，则更换继电器，KA1 控制电压不正常则检查交流 220 V 控制信号线路；如果手动正常，自动（遥控）不正常，则是远程控制问题，须检查远程控制盒。

配电系统故障诊断流程见图 9-5。

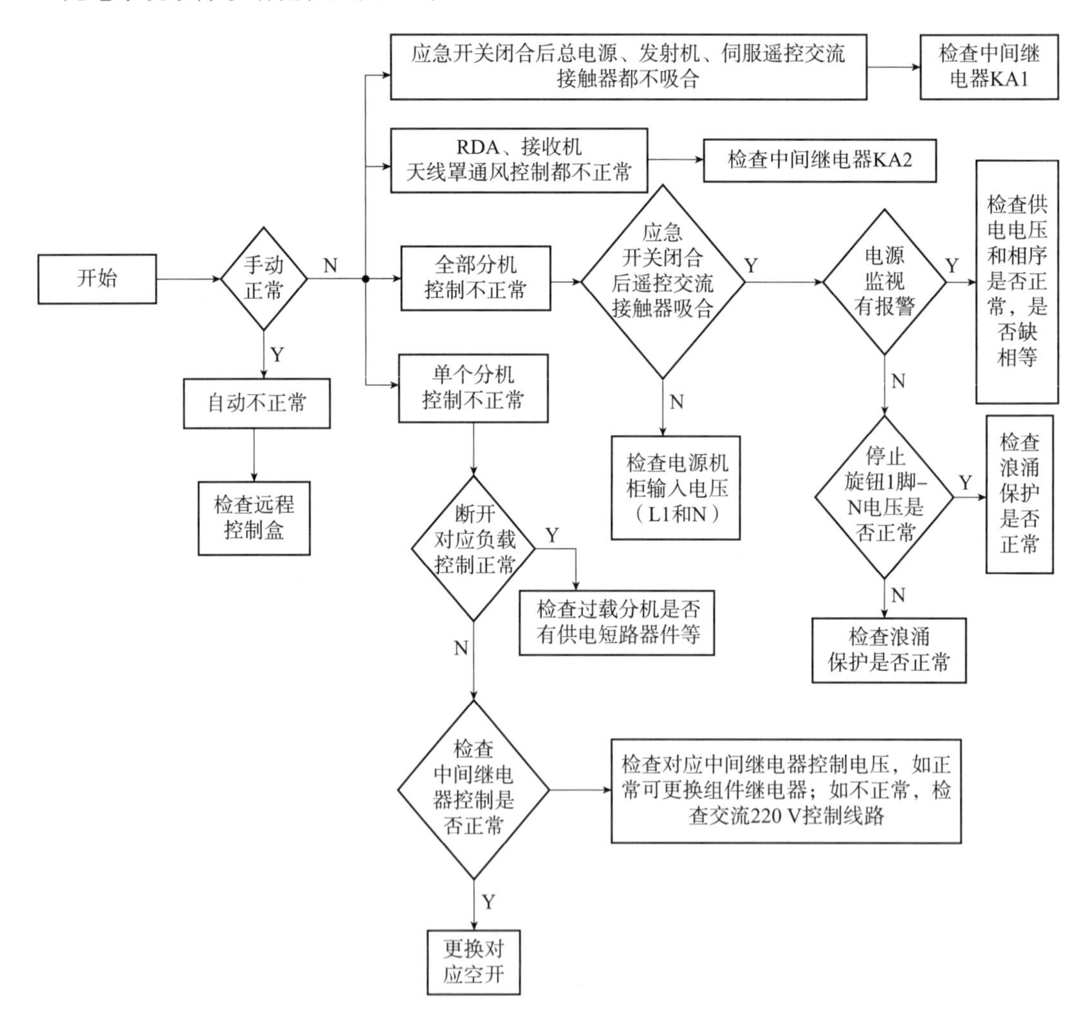

图 9-5 配电系统故障诊断流程图

第10章

双偏振雷达参数测试和标定

10.1 信号双通道一致性

10.1.1 概念定义

双通道一致性指的是水平发射/接收支路与垂直发射/接收支路的幅度和相位的一致性。通常发射支路由波导等无源器件组成，稳定性较高，所以本节仅介绍对双通道一致性影响较大的接收通道一致性。接收通道一致性指的是将相同幅度和相位的测试信号经过二路功分器后注入两路接收通道，在信号处理WRSP端读取到的两个通道幅度和相位在不同信噪比下的一致性，幅度一致性记为CW ZDR，相位一致性记为CW PDP。

10.1.2 技术指标

①幅度一致性标准差：≤0.2 dB；

②相位一致性标准差：≤3°。

10.1.3 测量方法

双通道一致性检验分为自动在线检查和离线手动测试两种。自动在线检查采用机内信号用RDASC软件自动检查两个接收通道幅度和相位的一致性，检查结果在RCW平台性能数据的标定1中，分别记为CW ZDR和CW PDP（图10-1）；离线手动测试用RDASOT软件中的动态范围功能来检验双通道的一致性。

离线手动测试使用机外（或机内）信号在RDASOT测试平台手动检查两通道一致性。用机外（或机内）信号源输出连续波信号经过二路功分器，分别送入水平和垂直接收通道，经过低噪声放大器和混频/前置中频放大器变成中频信号后送入数字中频信号处理器WRSP，经信号处理器得到水平和垂直通道信号幅度的差值记为ZDR，相位差值记为PDP，计算线性范围内的ZDR和PDP的标准差。

ZDR和PDP取值范围：低端取信噪比≥20 dB，高端取动态范围上拐点低10 dB以下数值。

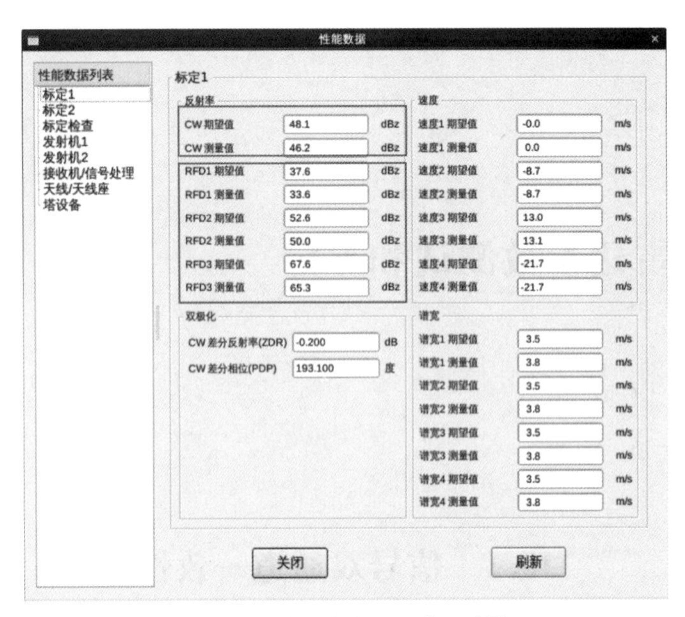

图 10-1　在线检查双通道一致性

10.1.4　所需仪表

①信号源（Agilent E8257D 或同类仪表）；

②测试电缆；

③射频转接头。

10.1.5　测量步骤

机外信号源输出信号通过接收机测试通道功分器输入端接入接收机前端。

①打开 RDASOT 软件，鼠标单击“动态范围”，如图 10-2 所示。

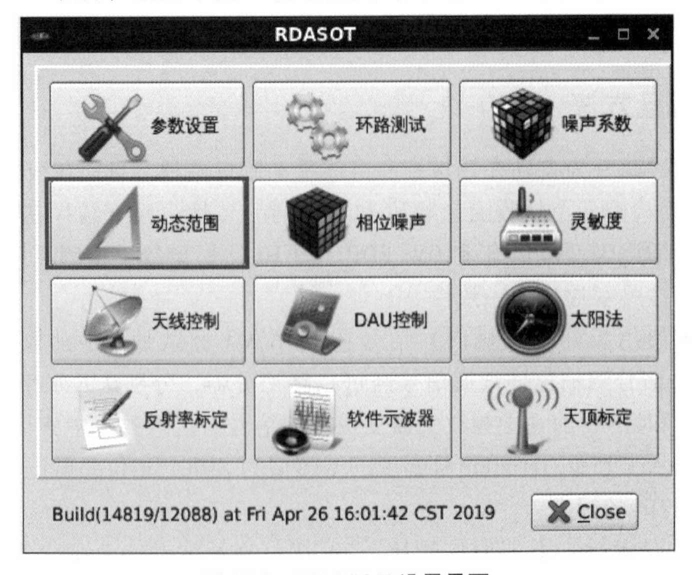

图 10-2　RDASOT 设置界面

②极化方式选择 Simu，图标类型分别选择 ZDR 或 PDP，脉冲宽度选择 1.57 μs，选项选机外（或机内），如图 10-3、图 10-4 所示。

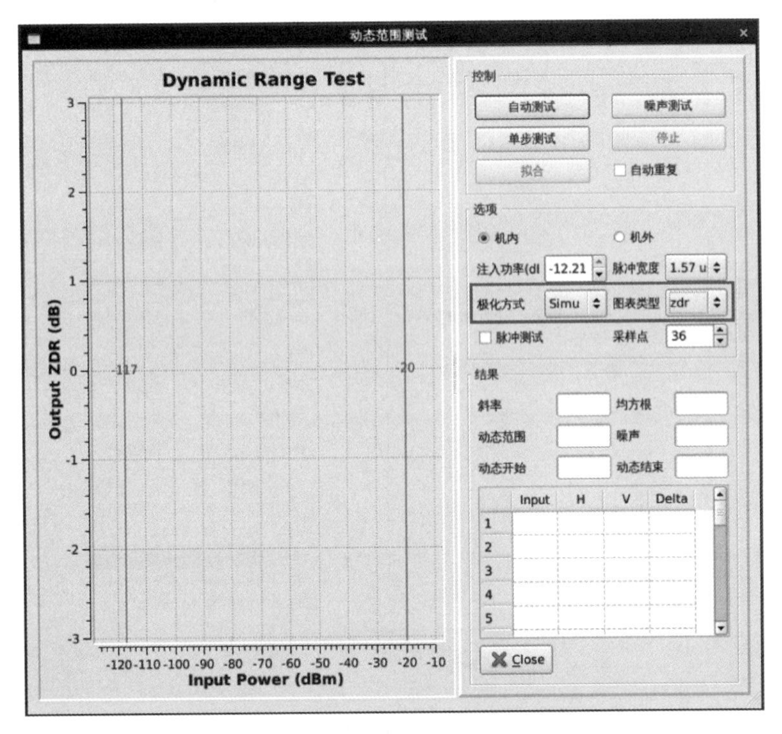

图 10-3　图表类型 ZDR 选择

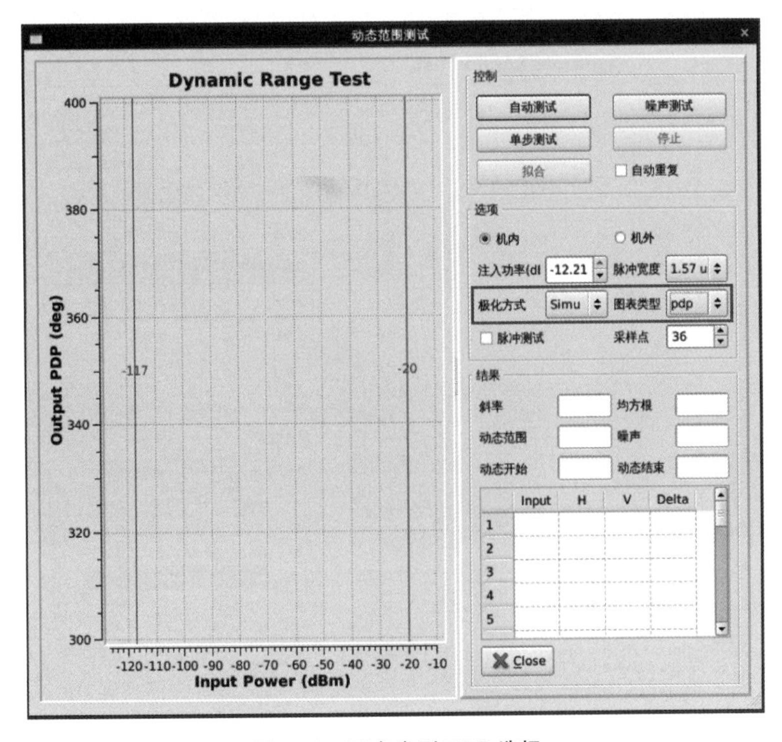

图 10-4　图表类型 PDP 选择

③点击自动测试，测试结果如图 10-5、图 10-6 所示。

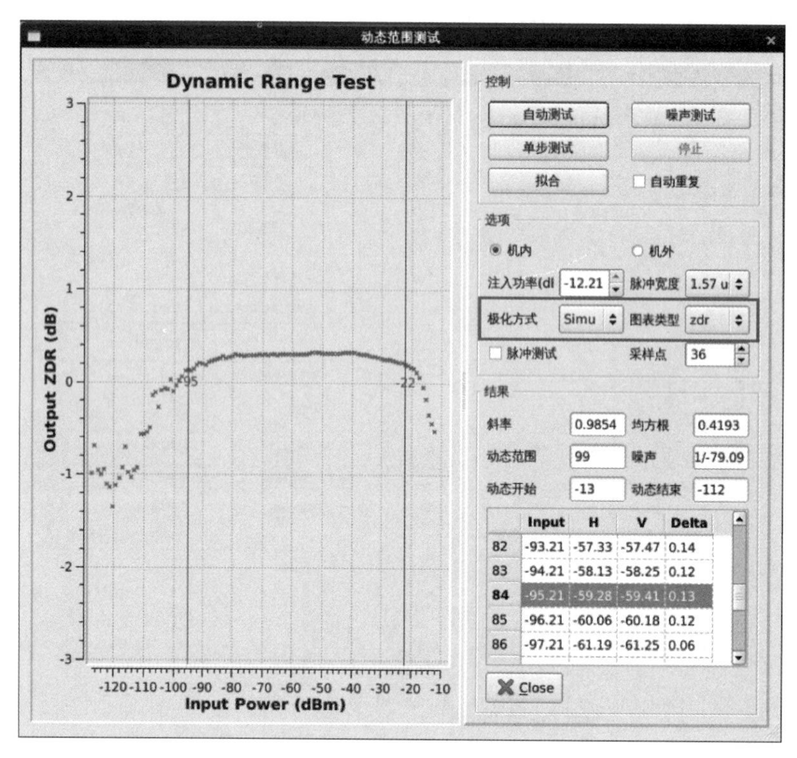

图 10-5　ZDR 测试结果

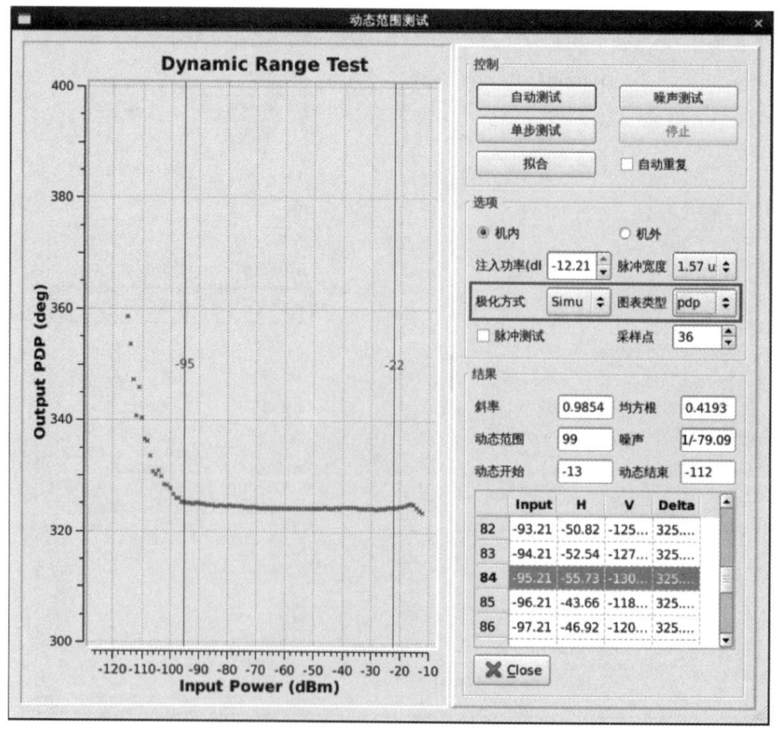

图 10-6　PDP 测试结果

④在 log 文件夹下打开 DynTestResult. txt 记录文件，选择可用数据区间并计算标准差。

⑤重复步骤①～④，选取 4. 5 μs 脉宽测试并分析数据。

10. 1. 6　调整方法

测量结果不满足要求时通常分为两种情况，如图 10-7 和图 10-8 所示。图 10-7 中两路接收通道底部噪声相差较大，导致两个通道一致性出现交叉和分叉；图 10-8 中两路接收通道的底部噪声接近，但是在低信噪比情况下两通道一致性出现较大的分叉。出现测试结果不满足要求时，需要排查引起双通道不一致的原因，首先检查所有电缆连接，查看所有射频接头是否有开焊、虚接等情况。然后再检查两路接收通道内放大器增益的一致性，所用固定衰减器的衰减值是否正确、一致。最后检查两路接收机保护器和驱动模块的工作是否异常。

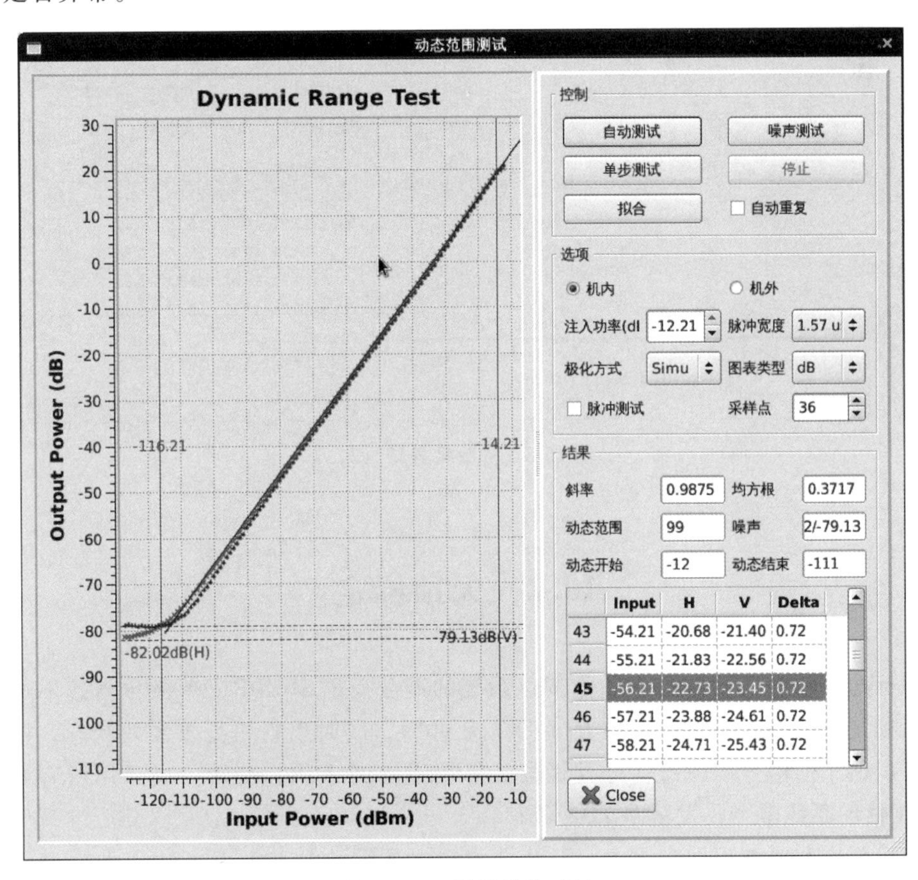

	Input	H	V	Delta
43	-54.21	-20.68	-21.40	0.72
44	-55.21	-21.83	-22.56	0.72
45	-56.21	-22.73	-23.45	0.72
46	-57.21	-23.88	-24.61	0.72
47	-58.21	-24.71	-25.43	0.72

图 10-7　一致性异常（1）

10. 1. 7　注意事项

图表类型不同，数据存储的类型也不相同，所以对 ZDR 和 PDP 标准差的计算需要做两次测试。

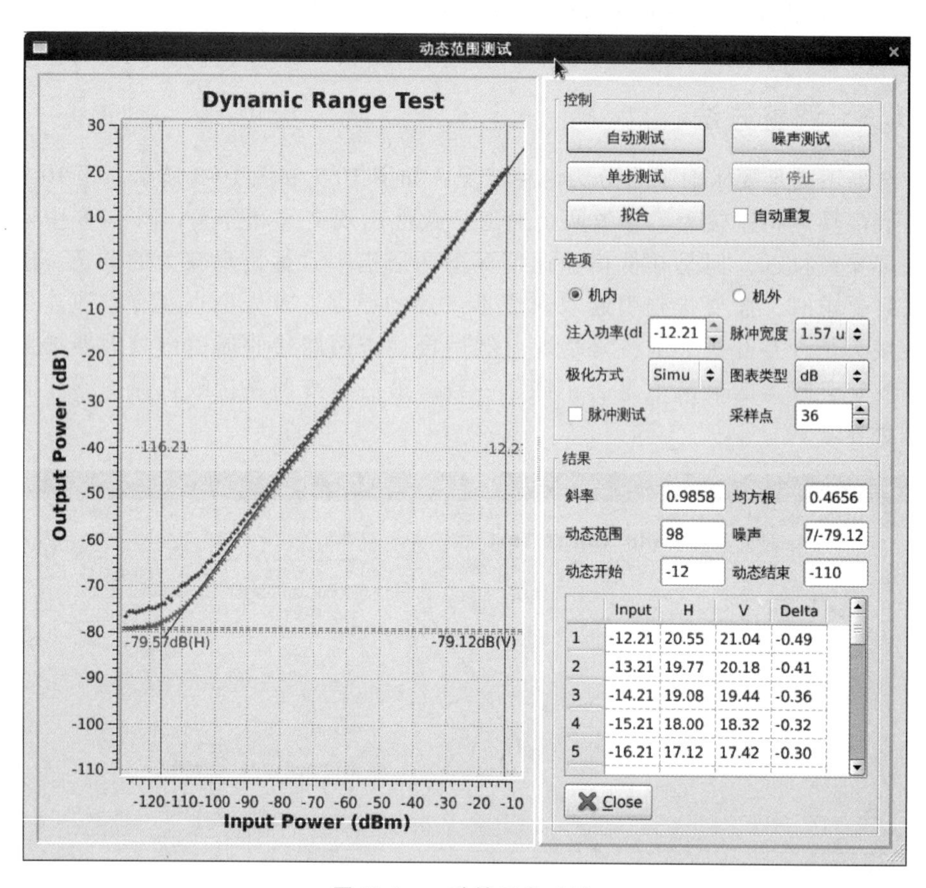

图 10-8　一致性异常（2）

10.2　天顶标定

天顶标定子程序用于标定双极化雷达系统的差分反射率 ZDR，单极化雷达不适用此功能。天顶标定命令天线指向垂直位置（仰角为 90°），同时发射机处于发射状态，接收机接收天顶反射回来的信号，经过信号处理器计算出系统的 ZDR，旋转一周后用所有方向上的有效 ZDR 估计系统整个收发链路 ZDR 偏移。

在定量降水和回波识别应用中，ZDR 测量精度要求达到 0.1 dB，由于两通道硬件本身会存在不一致，所以系统提供一个可调的偏移量来校准 ZDR。为了提高雷达定量降水估值和回波识别的准确性，在更换可能影响系统 ZDR 偏移的部件后需要重新进行天顶标定，不定时地更新偏移量以保证 ZDR 的精度也是很有必要的。

天顶标定需要选择合适的天气，小雨和干雪天气是最合适的，这时天顶标定理论得到的 ZDR 为零，实际得到的 ZDR 就可以作为系统 ZDR 偏移。天顶标定包含了一个或多个 PPI 全扫描。在整个标定扫描过程中，仰角必须位于垂直的位置（仰角为 90°）。

如图 10-9 所示，点击天顶标定进入天顶标定参数设置控制界面。

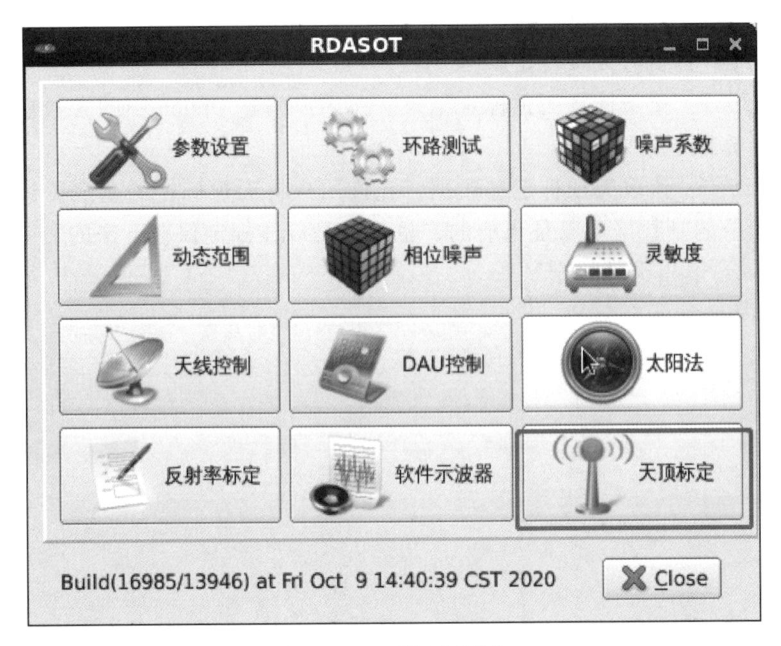

图 10-9 天顶标定测试

图 10-10 是天顶标定的参数设置及控制。

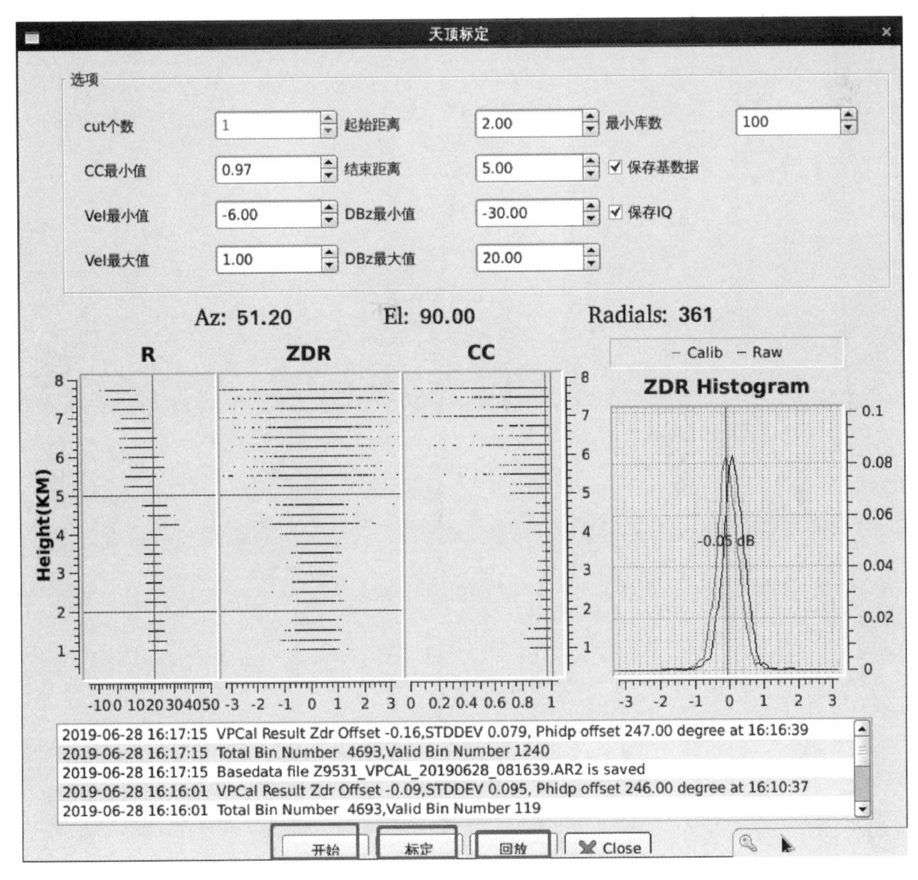

图 10-10　天顶标定参数设置及控制界面

在天顶标定参数设置及控制界面按照下列 4 个步骤进行天顶标定。

①点击“开始”：执行天顶标定扫描。

②点击“标定”：重新计算天顶标定结果。在用户调整 Option 中的参数后，针对当前的基数据中重新计算标定结果。

③点击“回放”：读取天顶标定基数据。允许用户将天顶标定的基数据读进天顶标定程序重新计算。读取的基数据可以是当前的，也可以是以往标定保存下来的。

④点击 Close：退出天顶标定。

参考资料

敖振浪，2008. CINRAD/SA 雷达使用维修手册［M］. 北京：中国计量出版社.

北京敏视达雷达有限公司，2001. 中国新一代天气雷达手册［Z］. 北京：北京敏视达雷达有限公司.

北京敏视达雷达有限公司，2021. 双偏振多普勒天气雷达 CINRAD-SA-D 用户手册［Z］. 北京：北京敏视达雷达有限公司.

蔡宏，高玉春，秦建峰，等，2011. 新一代天气雷达接收系统噪声温度不稳定性分析［J］. 气象科技，39（1）：70-72.

柴秀梅，2011. 新一代天气雷达故障诊断与处理［M］. 北京：气象出版社.

陈忠用，2013. CINRAD/SA 充电开关控制板工作原理及应用维护［J］. 气象科技，41（2）：250-253.

陈忠用，王宏记，周若，2012. CINRAD 发射机后充电校平器 3A8 工作原理及维修［J］. 气象科技，40（4）：563-566.

董建设，杜丽娅，2014. 新一代天气雷达发射机灯丝电源故障分析［J］. 气象与环境科学，37（4）：114-117.

郭泽勇，梁国锋，曾广宇，2015. CINRAD/SA 雷达业务技术指导手册［M］. 北京：气象出版社：1-30.

黄晓，熊毅，2006. 脉冲多普勒气象雷达发射机相位稳定性分析［J］. 气象科技，34（3）：332-335.

黄裔诚，黄殷，郭泽勇，2017. 一次 CINRAD/SA 天气雷达频率源故障的分析与处理［J］. 气象与环境科学，40（2）：127-132.

姜小云，王天宝，张永莉，2019. 新一代天气雷达发射机常用芯片自动检测技术研究［J］. 气象与环境科学，42（4）：133-141.

李珂，任京伟，2013. CINRAD/SB 雷达模拟中频接收机动态高端失控故障诊断方法［J］. 气象与环境科学，36（3）：90-95.

潘新民，2017. 新一代天气雷达故障诊断技术与方法［M］. 北京：气象出版社.

潘新民，柴秀梅，申安喜，等，2009. 新一代天气雷达（CINRAD/SB）技术特点和维护、维修方法［M］. 北京：气象出版社：180-210.

潘新民，汤志亚，柴秀梅，等，2010. CINRAD SA/SB 发射机故障定位方法［J］. 气象与环境科学，33（3）：78-85.

潘新民，王全周，崔炳俭，等，2013. CINRAD/SB 型新一代天气雷达故障快速定位方法［J］. 气象与环境科学，36（1）：71-75.

潘新民，王全周，熊毅，等，2009. 回波强度测量的误差因素分析及解决方法［J］. 气象环境与科学，32（4）：74-79.

潘新民，杨奇，杜云东，等，2020. CINRAD/SA 雷达充电开关组件芯片级故障诊断技术［J］. 气象与环境科学，43（3）：124-133.

王志武，张建敏，2013. 大型电子设备规范化维修［J］. 气象科技，41（5）：791-795.

王志武，张建敏，杨安良，2015. CINRAD 通用性测试维修平台［M］. 北京：气象出版社：6-9，128-130.

王志武，周红根，林忠南，等，2005. CINRADSA&B 的故障分析［J］. 现代雷达，27（1）：16-18.

吴少峰，胡东明，黎德波，等，2009. CINRAD/SA 雷达开关组件故障分析处理［J］. 气象科技，37（3）：

353-355.
杨传风，袁希强，黄秀韶，2008. CINRAD/SA 雷达发射机故障诊断技术与方法 [J]. 气象，34 (2)：115-118.
杨传风，黄秀韶，刁秀广，2006. 济南 CINRAD/SA 雷达发射高压故障诊断 [J]. 气象，31 (1)：88-89.
杨奇，李传柱，2020. CINRAD/SA-SB 雷达高频放大链前级组件故障诊断系统设计与实现 [J]. 气象科技，48 (6)：809-815.
姚文，刘志邦，王浩宇，等，2013. CINRAD/SA 雷达接收机故障个例分析与处理 [J]. 气象水文海洋仪器 (3)：91-97.
袁希强，杨传风，吕庆利，等，2009. CINRAD/SA 雷达回扫充电控制电路调试技巧及故障处理 [J]. 气象科技，37 (3)：349-351.
中国气象局综合观测司，2018. 新一代天气雷达（CINRAD/SA）维修手册 [M]. 北京：气象出版社.